# PALLADIUM-KATALYSIERTE KREUZKUPPLUNGS-REAKTIONEN ZUM AUFBAU VON *C*-DISACCHARIDEN und STUDIEN ZUR INTRAMOLEKULAREN OXYCYANIERUNGS-REAKTION UNGESÄTTIGTER SYSTEME

Dissertation

zur Erlangung des

mathematisch-naturwissenschaftlichen Doktorgrades

„Doctor rerum naturalium"

an der GEORG-AUGUST-Universität Göttingen

im Promotionsprogramm Chemie

der GEORG-AUGUST University School of Science (GAUSS)

vorgelegt von

DENNIS CHRISTOFER KÖSTER

aus Lohne (Oldb.)

Göttingen 2013

Die vorliegende Arbeit wurde von März 2008 bis Dezember 2012 im Institut für Organische und Biomolekulare Chemie der Georg-August-Universität Göttingen unter der Betreuung von Priv.-Doz. Dr. DANIEL B. WERZ sowie während eines Inter-Doc-Aufenthalts am Department of Material Chemistry der Graduate School of Engineering der Kyōto University (京都大学), Japan, unter der Betreuung von Prof. Dr. YOSHIAKI NAKAO angefertigt.

Meinem Doktorvater Priv.-Doz. Dr. DANIEL B. WERZ sei an dieser Stelle besonders gedankt. Seine engagierte Betreuung und sein unermüdlicher Einsatz waren mir stets Vorbild und Ansporn. Ich danke ihm ausdrücklich für das mir entgegengebrachte Vertrauen, die interessanten wissenschaftlichen Gespräche und die gewährte Freiheit bei der Durchführung meiner Experimente.

**Betreuungsausschuss**

Priv.-Doz. Dr. DANIEL B. WERZ, Institut für Organische und Biomolekulare Chemie

Prof. Dr. Dr. *h.c.* LUTZ F. TIETZE, Institut für Organische und Biomolekulare Chemie


**Mitglieder der Prüfungskommission**

Referent: Priv.-Doz. Dr. DANIEL B. WERZ, Institut für Organische und Biomolekulare Chemie

Korreferent: Prof. Dr. Dr. *h.c.* LUTZ F. TIETZE, Institut für Organische und Biomolekulare Chemie


Weitere Mitglieder der Prüfungskommission:

Prof. Dr. LUTZ ACKERMANN, Institut für Organische und Biomolekulare Chemie

Prof. Dr. CHRISTIAN DUCHO, Department Chemie, Universität Paderborn

Prof. Dr. HARTMUT LAATSCH, Institut für Organische und Biomolekulare Chemie

Prof. Dr. CLAUDIA STEINEM, Institut für Organische und Biomolekulare Chemie


Tag der mündlichen Prüfung: 10. April 2013

# PUBLIKATIONSLISTE

## 2013

11. *Flexible Synthesis of 2-Deoxy-C-Glycosides and (1-2)-, (1-3)-, and (1-4)-Linked C-Glycosides*, Dennis C. Koester, Ella Kriemen, Daniel B. Werz, *Angew. Chem.* **2013**, *125*, ASAP; *Angew. Chem. Int. Ed.* **2013**, *52*, ASAP.

## 2012

10. *Sonogashira-Hagihara reactions of halogenated glycals*, Dennis C. Koester, Daniel B. Werz, *Beilstein J. Org. Chem.* **2012**, *8*, 675-682.

9. *Intramolecular Oxycyanation of Alkenes by Cooperative Pd/BPh₃ Catalysis*, Dennis C. Koester, Masato Kobayashi, Daniel B. Werz, Yoshiaki Nakao, *J. Am. Chem. Soc.* **2012**, *134*, 6544-6547.

## 2011

8. *Total Synthesis of α-Linked Rha-Rha-Gal Undecaprenyl Diphosphate Found in Geobacillus stearothermophilus*, Annika Holkenbrink, Dennis C. Koester, Johannes Kaschel, Daniel B. Werz, *Eur. J. Org. Chem.* **2011**, 6233-6239.

7. *Hot on the Trail of Trehalose: A Carbohydrate-Based Method for Imaging Mycobacterium tuberculosis* (Highlight), Dennis C. Koester, Shahid I. Awan, Daniel B. Werz, *ChemBioChem* **2011**, *12*, 1975-1977.

6. *Des Palladiums kleiner Bruder: Neues aus der Nickel-Katalyse*, Dennis C. Koester, Daniel B. Werz, *Nachrichten aus der Chemie* **2011**, *59*, 40-43.

## 2010

5. *A Pd-Catalyzed Approach to (1→6)-Linked C-Glycosides*, Dennis C. Koester, Markus Leibeling, Roman Neufeld, Daniel B. Werz, *Org. Lett.* **2010**, *12*, 3934-3937.

4. *Recent Advances in the Synthesis of Carbohydrate Mimetics*, Dennis C. Koester, Annika Holkenbrink, Daniel B. Werz, *Synthesis* **2010**, 3217-3242.

3. *Hybrids of sugars and aromatics: A Pd-catalyzed modular approach to chromans and isochromans*, Markus Leibeling, Dennis C. Koester, Martin Pawliczek, Daniel Kratzert, Birger Dittrich, Daniel B. Werz, *Bioorg. Med. Chem.* **2010**, *18*, 3656-3667.

2. *Domino access to highly substituted chromans and isochromans from carbohydrates*, Markus Leibeling, Dennis C. Koester, Martin Pawliczek, Svenia C. Schild, Daniel B. Werz, *Nature Chem. Biol.* **2010**, *6*, 199-201.

## 2009

1. *Aldol Creation Differently: How to Build up Aldol Products with Quaternary Stereocenters Starting From Alkynes* (Highlight), Dennis C. Koester, Daniel B. Werz, *Angew. Chem.* **2009**, *121*, 8113-8115; *Angew. Chem. Int. Ed.* **2009**, *48*, 7971-7973.

*Meiner Familie*

# INHALTSVERZEICHNIS

# 1 EINLEITUNG

## 1.1 Nitrile

Nitrile stellen eine wichtige funktionelle Gruppe in der organischen Synthesechemie dar. Nicht nur ihr Vorkommen in zahlreichen Pharmazeutika, Agrochemikalien und optoelektronischen Materialien, sondern auch ihr flexibler Einsatz als synthetische Intermediate zur Synthese von Carbonsäuren, Estern, Aminen und Amiden macht ihren Einsatz hochinteressant. Ihre effiziente Synthese wurde in der Vergangenheit von vielen Gruppen erforscht. Ein besonders imposantes Beispiel ist die industrielle Synthese von Adiponitril durch eine Nickel-katalysierte Hydrocyanierungsreaktion.[1] Neben dieser Hydrocycanierungsreaktion wurden aus akademischem Interesse eine ganze Reihe weiterer Heteroatom-Cyanierungsreaktionen entwickelt. Diese Reaktionen sind deshalb von besonderer Bedeutung, weil die Cyanofunktionalität gleichzeitig mit einer anderen Funktionalität in definierter Stereochemie eingebracht wird. So wurden z.B. die Carbocyanierung,[2] die Silylcyanierung,[3] die Stannylcyanierung,[4] die Borylcyanierung,[5] die Thiocyanierung[6] sowie die Bromcyanierung[7] eingehender untersucht. Unter dem Aspekt der kooperativen Katalyse ist besonders die Carbocyanierung zu erwähnen, da in dieser Reaktion eine üblicherweise unreaktive C-C-Bindung aktiviert wird. Aus diesem Grund soll die Carbocyanierungsreaktion im Folgenden näher beschrieben werden.

## 1.2 Kooperative Katalyse

Als kooperative Katalyse wird der Einsatz mehrerer Katalysatorsysteme zur Abwicklung verschiedener Reaktionsschritte in einer Reaktion bezeichnet. Sie stellt ein hilfreiches Instrument in der selektiven Aktivierung und Funktionalisierung unreaktiver chemischer Bindungen – wie C-H-, C-O- oder C-C-Bindungen – dar, die für die synthetische Chemie eine besondere Herausforderung sind. Viele Arbeitsgruppen haben sich in der Vergangenheit auf diesem Gebiet betätigt.[8]

### 1.2.1 Carbocyanierungsreaktionen

Das Potential der kooperativen Katalyse lässt sich besonders am Beispiel der Carbocyanierungsreaktion ungesättigter Systeme illustrien. Als Katalysatorstem wurden ein Metallkatalysator und eine LEWIS-Säure eingesetzt.[2] Im Jahre 2004 wurde von NAKAO die erste intermolekulare Carbocyanierungsreaktion von Alkinen beschrieben.[9] Dabei stellte er fest, dass die gewünschten Carbocyanierungsprodukte zwar in guten Ausbeuten erhalten werden können, die Reaktion jedoch bei hohen Temperaturen von 100 °C und für bis zu 159 h (etwa 7 Tage) durchgeführt werden muss. Diese Methode war jedoch auf Arylcyanide beschränkt. Später fanden NAKAO und Mitarbeiter, dass die Reaktionsgeschwindigkeit durch den Einsatz eines zusätzlichen LEWIS-Säure-Katalysators dramatisch erhöht wird.[10] Dadurch konnte die Substratpalette auf Alkenyl- und sogar Alkylcyanide ausgeweitet werden. Um zu dieser Erkenntnis zu gelangen, wurden Ergebnisse von JONES und Mitarbeitern genutzt.[11] Dieser hatte bei seinen kinetischen Untersuchungen der oxidativen Addition von Nickel in die C-CN-Bindung von Benzonitrilen festgestellt, dass *para*-substituierte Benzonitrile positive ρ-Werte zeigen. LEWIS-Säuren wurden häufig dazu eingesetzt, um Carbonylfunktionen zu aktivieren. Ihr Potential in metall-katalysierten Reaktionen war jedoch bis *dato* relativ unerforscht, sodass sich hier eine interessante Anwendung zeigt. Später konnten NAKAO und Mitarbeiter sogar Allylcyanide wie **1** umsetzen.[12] Sie nutzten die etablierte Methode zur milden Carbocyanierung des Alkins **2**, die nach Hydrolyse in sehr guter Regio- und Stereoselektivität zum Aldehyd **3** führte. Nach einigen weiteren synthetischen Transformationen konnte das Terpen Plaunotol (**4**) erhalten werden (Schema 1-1).

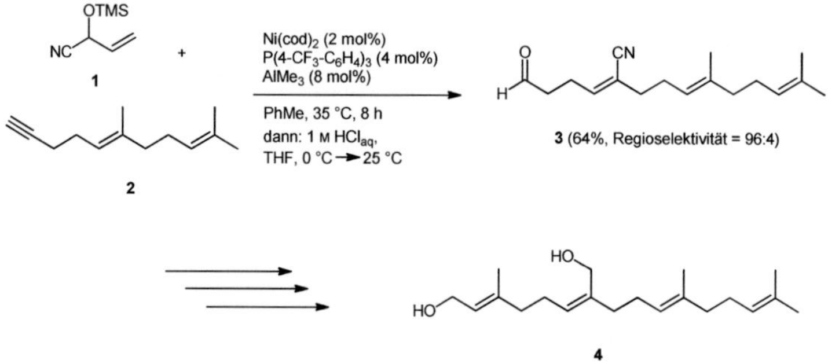

**Schema 1-1:** Totalsynthese von Plaunotol (**4**) durch eine Carbocyanierungsreaktion.

In weiteren Arbeiten konnten NAKAO und Mitarbeiter intramolekulare Carbocyanierungs-reaktionen von Alkenen wie **5** und **9** durchführen (Schema 1-2). Hervorzuheben ist der enantioselektive Ablauf dieser Reaktion, welcher durch den Einsatz chiraler Liganden gesteuert werden kann. Unter Verwendung dieser Methode konnten das Indolalkaloid (–)-Esermenthol (**8**) und das Opioid (–)-Eptazocin (**12**) synthetisiert werden. Ersteres ließ sich durch den zweizähnigen, Ferrocen-basierten Liganden (*R,R*)-*i*PrFoxap (**6**) generieren. Die intramolekulare 5-*exo*-trig-Cyclisierung lieferte dabei das chirale Dihydroindol **7** in einer Ausbeute von 88% mit einem Enantiomerenüberschuss von 96%. Weitere synthetische Transformationen förderten schließlich den Naturstoff (–)-Esermenthol zu Tage. (–)-Eptazocin konnte durch eine asymmetrische 6-*exo*-trig-Cyclisierung mithilfe des (*R,R*)-ChiraPhos-Liganden (**10**) erhalten werden. Die Ausbeute betrug hierbei 96%, der Enantiomerenüberschuss belief sich auf 92%.[13]

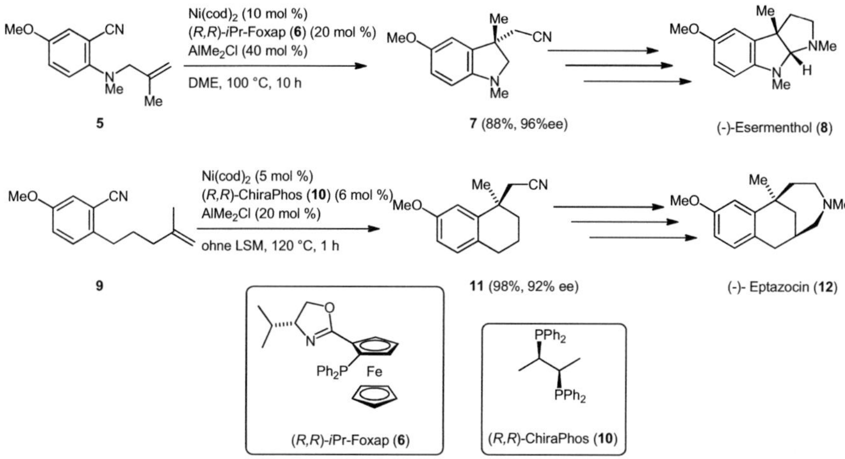

**Schema 1-2:** Totalsynthese von (–)-Esermenthol (**8**) und (–)-Eptazocin (**12**) durch intramolekulare Carbocyanierung.

## 1.3  Ausgewählte C-O-Bindungsaktivierungen

In der letzten Zeit wurden – wie bereits erwähnt – viele Arbeiten zur Aktivierung unreaktiver chemischer Bindungen veröffentlicht. In diesem Kapitel soll ein besonderer Fokus auf die Aktivierung von C-O-Bindungen gelegt werden. Es sollen besonders Reaktionen beschrieben werden, die der Oxycyanierungsreaktion ähneln. Bei solchen Reaktionen wird zunächst eine C-O-Bindung aktiviert und zusätzlich in derselben Reaktion eine wichtige weitere Funktionalität ins Molekül eingebracht.

### 1.3.1  Oxyacylierungsreaktionen

Bei der Oxyacylierungsreaktion handelt es sich um eine Reaktion bei der gleichzeitig eine C-O-Bindung aktiviert und eine Acylfunktionalität ins Molekül eingebracht wird. Eine solche Reaktion Übergangsmetall-katalysiert durchzuführen ist aufgrund der möglichen Decarb-oxylierung durch den Metallkatalysator eine große Herausforderung. Das große synthetische Interesse basiert darauf, dass ein solcher Prozess einen sehr atom-ökonomischen Zugang zu Aldol-Produkten liefert. Im Jahre 2011 wurde von der Arbeitsgruppe um DOUGLAS das erste Beispiel für eine Alken-Insertion in eine Acyl-C-O-Bindung beschrieben. [14] Dabei setzte er Ester vom Typ **13** ein, die eine dirigierende Chinolin-Gruppe besitzen (Schema 1-3). Der aktive Rhodium-Katalysator kann durch Zugabe von dppp zu [Rh(cod)₂]BF₄ erhalten werden. Als erster Schritt im postulierten Katalysecyclus wird eine C-O-Aktivierung angenommen, bei der Rhodium in die Acylbindung insertiert. Das Produkt einer solchen oxidativen Addition wäre das

Intermediat **I**. Bei genügend hohen Temperaturen findet nun eine Insertion des Alkens in die Rh-O-Bindung statt. Das kinetisch günstigere Produkt, welches bei geringeren Temperaturen entsteht, ist das entsprechende Phenol. Eine reduktive Eliminierung des Rhodium-Katalysators aus **II** regeneriert die katalytisch aktive Spezies und setzt das Aldol-Produkt **14** – ein Dehydrobenzofuran mit quartärem Stereozentrum – frei.

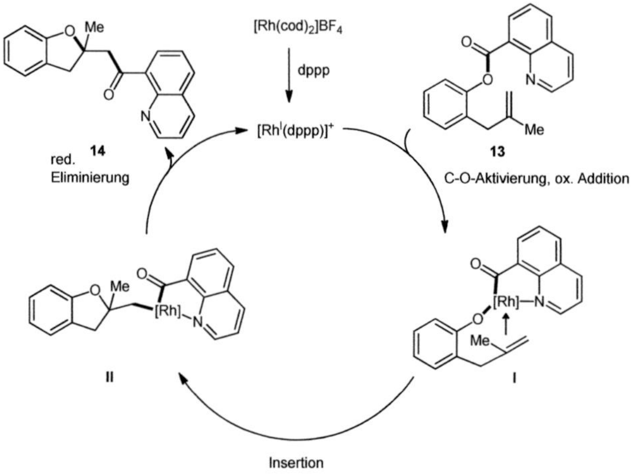

**Schema 1-3:** Postulierter Katalysecyclus der Oxyacylierungsreaktion.

### 1.3.2   Synthese von Tetrahydrofuran-Derivaten durch eine *syn*-Oxypalladierung

Um die mechanistische Beschreibung der *syn*-Oxypalladierung hat sich insbesondere Wolfe verdient gemacht. In seiner im Jahre 2004 erschienenen Arbeit und in einigen Folgearbeiten betrieb er intensive mechanistische Studien zur Cyclisierungsreaktion von γ-Hydroxyalkenen und Arylbromiden unter Palladium-Katalyse.[15,16] Bei diesem Prozess wird sowohl eine C-O- als auch eine C-C-Bindung generiert. Dabei konnten Tetrahydrofuran-Derivate **17** in einer hohen Diastereoselektivität erhalten werden. Diese Diastereoselektivität wird von den Autoren durch einen cyclischen Übergangszustand erklärt und bietet gleichzeitig Anhaltspunkte für den operierenden Mechanismus. Bei den Untersuchungen stellten die Autoren fest, dass weder ein Wacker-analoger Mechanismus, nach welchem die *syn*-Produkte statt der beobachteten *anti*-Produkte erhalten werden sollten, noch ein Mechanismus mit einer *syn*-Carbopalladierung (6-*endo*-trig) alle Ergebnisse korrekt erklären können. Stattdessen postulierte Wolfe eine bisher in der Literatur nur selten beschriebene *syn*-Oxypalladierung (5-*exo*-trig). Dazu unternahm er zahlreiche Markierungsexperimente, die seine These vom Ablauf dieser Reaktion bestätigten. Die Grundidee seiner Reaktion sowie der postulierte Katalysecyclus seien im Folgenden kurz referiert. Bromarene **15** und γ-Hydroxyalkene **16** werden mit Pd$_2$dba$_3$ als Katalysatorprecursor und dem DPE-Phos-Liganden (24) bei 65 °C für 2 h in THF umgesetzt. Zusätzlich war die starke Base NaOtBu für den erfolgreichen Ablauf der Reaktion notwendig. Der postulierte Katalysecyclus ist in Schema 1-4 abgebildet. Zunächst findet eine oxidative Addition des Pd⁰-Komplexes in die C-Br-Bindung statt, sodass II erhalten wird. Im zweiten Schritt wird ein Ligandenaustausch angenommen, bei dem der Bromid-Ligand durch einen Alkoholat-Liganden ersetzt wird und Natriumbromid ausfällt. Das Produkt dieser Reaktion ist der Palladiumkomplex III. Die starke Base, die zum Ablauf der Reaktion eingesetzt werden muss, sorgt für die Deprotonierung des aliphatischen Alkohols. Im nächsten Schritt erfolgt die genau untersuchte *syn*-Oxypalladierung, bei der es sich nach den BALDWIN-Regeln um eine 5-*exo*-trig-Cyclisierung handelt. Im letzten Schritt des Katalysecyclus wird der Katalysator durch reduktive Eliminierung regeneriert und das Tetrahydrofuran-Derivat 17 als Produkt freigesetzt.

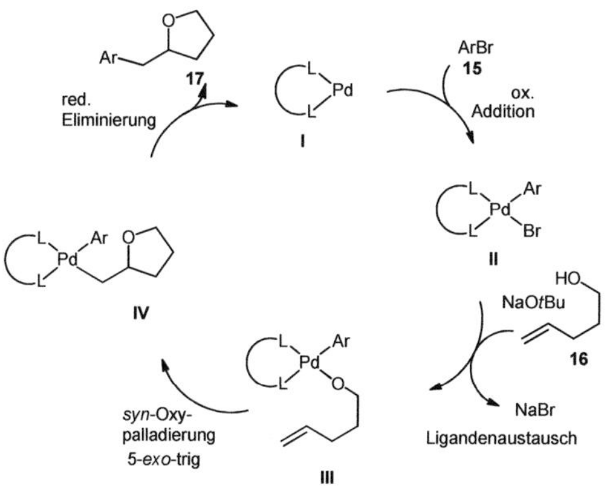

**Schema 1-4:** Katalysecyclus einer Oxyarylierung mit *syn*-Oxypalladierung.

## 1.3.3 Oxyalkinylierung

Als letztes Beispiel für eine Oxyfunktionalisierung soll die intramolekulare Oxyalkinylierung von Alkenen besprochen werden (Schema 1-5). Sie stellten fest, dass bei der Oxyalkinylierung von Phenolen 21 völlig andere Bedingungen zum Erfolg führten, als bei der Oxyalkinylierung aliphatischer Alkene 18.[17,18] Als Ursache dafür wurden zwei unterschiedliche Mechanismen dieser beiden Transformationen ausgemacht. Während die Oxyalkinylierung aliphatischer Alkene unter den von WOLFE für die Oxyarylierung von Alkenen entwickelten Bedingungen hervorragend abläuft, versagten dieselben Bedingungen in der Oxyalkinylierung aromatischer Alkene. Als Alkinquelle erwies sich im erstgenannten Beispiel das Bromalkin 19 als geeignet, während im letztgenannten Fall das hypervalente Iodreagenz EBX-TIPS (22) benötigt wurde. Der Mechanismus der aliphatischen γ-Hydroxyalkene 18 ist ähnlich zu dem in Kapitel 1.3.2 besprochenen Mechanismus der Oxyarylierung, was aufgrund der ähnlichen Bedingungen nicht sonderlich überraschend erscheint. Außerdem gelang es der Arbeitsgruppe um WASER eine Aminoalkinylierung aliphatischer Alkene unter denselben Bedingungen durchzuführen. Im Falle aromatischer Alkene wurde ein anderer Mechanismus für plausibel befunden. Hier konnten bislang keine Aminoalkinylierungen berichtet werden. Aufgrund des Einsatzes eines elektronenarmen Palladium-Katalysators wie Pd(hfacac)$_2$ und den angewandten oxidativen Bedingungen, muss hier von einem Pd$^{IV}$-Intermediat ausgegangen werden. Daraus ergibt sich, dass zunächst die Koordination des Palladium-Komplexes an die phenolische Hydroxy-Gruppe erfolgt. Eine anschließende *syn*-Oxypalladierung liefert das Benzodihydrofuran. Nun kann eine oxidative Addition stattfinden, sodass ein Pd$^{IV}$-Komplex generiert wird. Reduktive Eliminierung liefert den aktiven Pd$^{II}$-Katalysator zurück und setzt das gewünschte Produkt **23** frei.

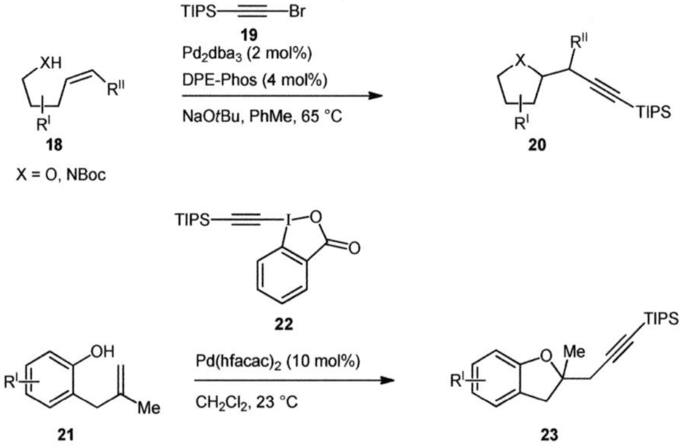

**Schema 1-5:** Oxyalkinylierung aliphatischer Alkene (oben), Oxyalkinylierung phenolischer Alkene (unten).

## 1.4    Bidentate Liganden mit großem Bisswinkel

Der bereits erwähnte Ligand DPE-Phos (**24**) gehört zu den bidentaten Liganden mit großem Bisswinkel. Bei einem quadratisch planaren Komplex ist ein Koordinationswinkel von etwa 90° zu erwarten. Liganden mit großem Bisswinkel weisen gewöhnlich Koordinationswinkel von über 100° auf, was weitreichende Effekte auf die Reaktivität des Metallkomplexes hat. Für die in dieser Arbeit beschriebene Oxycyanierungsreaktion stellte sich Xantphos als einzig geeigneter Ligand heraus. Aus diesem Grund soll ein kurzer Überblick über die Eigenschaften und Einsatzmöglichkeiten von bidentaten Liganden mit großen Bisswinkeln gegeben werden, zu denen auch Xantphos zählt. [19]

DPE-Phos (**24**) wurde im Jahre 1984 von TAUBE eingeführt, konnte seine katalytische Aktivität jedoch erst im Jahre 1995 in einer Rhodium-katalysierten Hydroformylierung unter Beweis stellen.[20] Der Bisswinkel hat sich für die Regioselektivität dieser Reaktion als sehr bedeutend herausgestellt. Je größer der Bisswinkel, desto mehr lineares Produkt kann beobachtet werden. Dieses Phänomen ist einfach durch den sterischen Anspruch des Liganden erklärbar.

Eine weitere Klasse von Liganden mit großem Bisswinkel stellen die Xantphos-Liganden (**25a-e**) dar (Abbildung 1-1). Sie alle haben die Xanthen-Grundstruktur gemeinsam. Durch Modifikation der aromatischen Ringe oder kleine Veränderungen im mittleren Ring lassen sich die elektronischen Eigenschaften und der Bisswinkel dieser Liganden einfach modulieren. Des Weiteren sind auch Modifikationen am Phosphor-Donoratom denkbar, was z.B. die Synthese von chiralen Xantphos-Derivaten wie **25d** und **25e** ermöglicht. Bei röntgenkristallographischen Untersuchungen wurde festgestellt, dass sich die Geometrie von Xantphos-Liganden durch Koordination an ein Metall kaum verändert. Xantphos-basierende Liganden bilden keine bimetallischen Übergangszustände aus und stabilisieren in der Regel niedrige Koordinationszahlen. Für den Xantphos-Liganden **25a** wurde eine Flexibilität des Bisswinkels im Bereich von 97° bis 133° berechnet. Der übliche Bisswinkel beträgt jedoch 111°. Bei DPE-Phos **24** beträgt der Bisswinkel 102°, bei Nixantphos **25b** hingegen 114°.[21] Es können sowohl *cis*- (idealer Winkel 90°) als auch *trans*-Komplexe (idealer Winkel 180°) aufgebaut werden. Der Bisswinkel in einem *trans*-Palladium-Xantphos-Komplex wurde auf 153° bestimmt. Dadurch kommt es zu einer Annäherung des Sauerstoffatoms aus dem Xantphos-Rückgrat an das Metallzentrum, was z.B. bei der Ligandendissoziation in einer BUCHWALD-HARTWIG-Aminierung hilfreich sein kann. Wird die Donorstärke weiter erhöht, indem z.B. das Sauerstoffatom durch Schwefel substituiert wird (in Struktur **25c**), kommt es zur Ausbildung eines stabilen Komplexes, der keine katalytische Aktivität mehr zeigt.

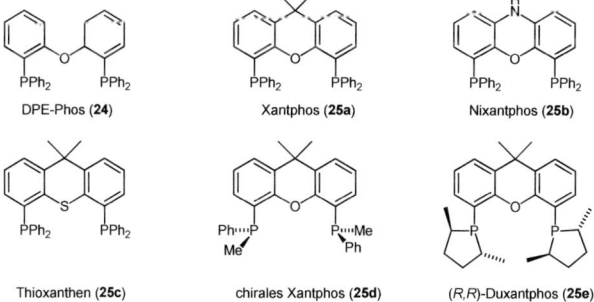

Abbildung 1-1: DPE-Phos **24** und verschiedene Xantphos-Liganden **25a-25e**.

Ein chiraler Xantphos-Ligand kann Chiralität am Phosphoratom (**25d**) oder in seinem Rückgrat (**25e**) aufweisen. Beide gezeigten Liganden lieferten in einer asymmetrischen TSUJI-TROST-Reaktion Enantioselektivitäten von bis zu 85%, wobei der Ligand **25d** dem Liganden **25e** in der Regel überlegen war.[22]

Liganden mit großem Bisswinkel reduzieren die Geschwindigkeit einer β-Hydrid-Eliminierung, da durch die große sterische Hinderung keine zusätzliche Koordinationsstelle am Metall vorhanden ist und eine cis-Anordnung durch den großen sterischen Bedarf des Liganden erschwert ist.[23] Sie beschleunigen stattdessen die reduktive Eliminierung, indem sie beide Substituenten näher zusammen bringen.[24]

## 1.5    Kohlenhydrate und Kohlenhydratmimetika

### 1.5.1    Kohlenhydrate und ihre Eigenschaften

Kohlenhydrate zählen neben Proteinen und Nukleinsäuren zu den drei großen Klassen der Biomoleküle. Sie zeichnen sich insbesondere durch ihre sehr hohe Dichte an funktionellen Gruppen und Stereozentren sowie ihre Vielfalt an Verknüpfungs- und Verzweigungs-möglichkeiten aus. Die Synthese und die medizinische Anwendung von Poly- und Oligosacchariden sind allerdings nicht zuletzt wegen ihrer hohen Komplexität weniger erforscht als die von Proteinen und Nukleinsäuren ähnlicher Kettenlänge. [25] Während für die Synthese langer Ketten von Proteinen und Nukleinsäuren bereits seit langem automatisierte Methoden existieren, befindet sich deren Entwicklung bei den Kohlenhydraten gerade erst in den Anfängen. Verschiedene konventionelle Möglichkeiten zur Synthese von O-Glycosiden wurden bereits vielfach in Übersichtsartikeln zusammengefasst und sollen hier nicht thematisiert werden.[25]

Kohlenhydrate sind besonders als Energiespeicher (z.B. Stärke oder Glykogen) und als Gerüstsubstanzen (z.B. Cellulose oder Chitin) bekannt. Ihre Funktion als Informationsüberträger blieb lange verborgen. Die stete Erforschung von Glycokonjugaten (z.B. Glycoproteine oder Glycolipide) konnte in der letzten Zeit immer mehr Informationen über ihre Funktion in zahlreichen Signal-Kaskaden, Zell-Zell-Erkennungs- sowie Entzündungsprozessen, in der Zellentwicklung und -differenzierung, der Metastasenbildung und schließlich auch bei Immunreaktionen offenlegen. [25,26]

Häufig diskutiert wurde der Einsatz von Kohlenhydraten als Impfstoff. Aufgrund der Tatsache, dass Zellen ihren Zustand teilweise dadurch erkennen lassen, welche Oligosaccharide auf ihrer Oberfläche exprimiert werden, kann mit genau definierten Kohlenhydraten eine Immuntherapie durchgeführt werden, indem diese Kohlenhydrate als Antigene eingesetzt werden, um bestimmte Antikörper zu erzeugen.[25,27] Besonders interessant sind diesbezüglich Anwend-ungen im Bereich der Krebstherapie.

**1.5.2   Kohlenhydratmimetika**

Kohlenhydratmimetika sind Verbindungen, welche eine kohlenhydrat-ähnliche Struktur aufweisen und die Wirkung von Kohlenhydraten nachahmen. Bei der Verwendung solcher Mimetika kommt es darauf an, gezielt die Eigenschaften der gewünschten Verbindung zu steuern. Kohlenhydrate besitzen für die Anwendung als Pharmazeutika einige Nachteile, die z.T. durch die Verwendung von Mimetika beseitigt werden können. Aufgrund ihrer hohen Polarität sind Kohlenhydrate nicht oral resorbierbar, was die Einnahme von Medikamenten auf Kohlenhydratbasis erschwert. Aufgrund fehlender hydrophober oder geladener Funktionalitäten weisen sie z.T. nur eine geringe Affinität zu bestimmten Rezeptoren auf. Des Weiteren stellt die Labilität der $O$-glycosidischen Bindung ein Problem dar. Nicht zuletzt aufgrund dieser Sensitivität gegenüber enzymatischer Hydrolyse ist es von entscheidender Bedeutung stabile Kohlenhydratmimetika zu synthetisieren.[28] Eine Klasse dieser Mimetika stellen die $C$-Glycoside dar. Bei ihnen ist das die Kohlenhydrateinheiten verbrückende Sauerstoffatom durch eine Methyleneinheit ersetzt. Diese Substitution bewahrt solche Kohlenhydrat-Analoga vor einem enzymatischen Abbau und macht es zudem stabil gegenüber chemischer Hydrolyse.

## 1.6   Vergleich zwischen C- und O-Glycosiden

### 1.6.1   Medizinische Aspekte

#### 1.6.1.1   Anwendung von Agelasphin-Derivaten gegen einige schwerwiegende Erkrankungen

Ein viel zitiertes Beispiel für die unterschiedliche therapeutische Aktivität von $O$- und $C$-Glycosiden ist die des Agelasphin-Derivates KRN7000 (**26a**) im Vergleich zum $C$-glycosidischen Analogon **26b** (Abbildung 1-2).[29] Bei KRN7000 handelt es sich um ein α-Galactosylceramid. Dieses besteht aus einem Kohlenhydratteil und einem Sphingosin-Derivat, das durch eine Amidbindung mit einer Fettsäure verknüpft ist.

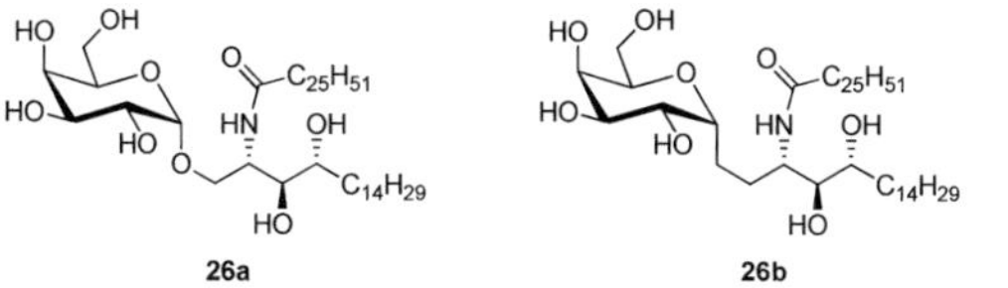

**Abbildung 1-2:** KRN7000 (**26a**) und sein $C$-glycosidisches Analogon **26b**.

In ersten Untersuchungen wurde eine relativ unspezifische Aktivität gegen einige schwerwiegende Erkrankungen wie Krebs (im wesentlichen gegen Hautkrebs, hepatische Metastasen des Bauchspeicheldrüsen- und Darmkrebs), Malaria, juvenile *Diabetes mellitus*, Hepatitis B und Autoimmun-Encephalomyelitis gefunden. Es stellte sich heraus, dass das

C-glycosidische Analogon **26b** im Maus-Malaria-Modell eine 100fach-höhere Aktivität zeigt als das synthetische O-Glycosid KRN7000 **26a**. Kinetische Studien zeigten, dass das C-Glycosid 4mal länger protektiv wirkt als das O-Glycosid. Als Gründe hierfür können zum einen die Beständigkeit gegenüber der enzymatischen Hydrolyse durch α-Galactosidasen, als auch die unterschiedliche Bindungsweise an den CD1d-Rezeptor der antigen-präsentierenden Zelle benannt werden. Durch die Bindung an diesen Rezeptor entsteht ein Komplex, der wiederrum an NKT-Zellen bindet und dort eine Kaskade in Gang setzt, welche die Freisetzung von Zytokinen bewirkt, die den Ausbruch der Krankheit unterdrücken. Biologische Untersuchungen deuten darauf hin, dass die unterschiedliche Bindung an den CD1d-Rezeptor die Hauptursache für diesen Effekt ist. In einer weiteren Studie mit denselben Substraten konnte die Aktivität der beiden Analoga gegen Lungenkrebs verglichen werden. Hierzu wurde ein C57BL/6 Maus-Modell eingesetzt. Bei der Analyse der Dosis-Wirkungs-Beziehung konnte festgestellt werden, dass die Gabe des C-Glycosids **26b** bei einer Dosis von 10 ng etwa 100mal effektiver ist als die Gabe des O-glycosidischen α-Galactocerebrosids **26a**. Eine effektive Synthesemethode für C-Glycoside dieser Art konnte mit dem Ansatz von POSTEMA entwickelt werden.[30]

### 1.6.1.2 Anwendung in der HIV-Therapie und Prävention

Als weiteres Beispiel für die therapeutische Anwendung von C-Glycosiden soll deren Bedeutung in der HIV-Therapie (Humanes Immundefizienz-Virus) näher beleuchtet werden. Dazu muss zunächst die Aufnahme des HI-Virus in die Wirtszelle auf molekularer Ebene verstanden werden.

Mitte der 1980er Jahre wurde vermutet, dass HI-Viren durch die Wechselwirkung des HIV-spezifischen gp120-Glycoproteins mit CD4-Rezeptormolekülen, die sich auf der Oberfläche von Zellen des Immunsystems befinden, in die Wirtszellen aufgenommen werden können.[31] Als Endgruppe am nicht-reduzierenden Ende des Kohlenhydratanteils im gp120-Glycoprotein fand man das Sialyl-Tn-Epitop **27a** (Abbildung 1-3).[32] Später wurde festgestellt, dass auch Zellen ohne CD4-Rezeptoren eine erhöhte Durchlässigkeit für den HI-Virus aufweisen, sodass konstatiert wurde, dass es noch andere Rezeptoren auf den Wirtszellen gibt, welche die Aufnahme des HI-Virus begünstigen.[33] In diesem Zusammenhang wurden spezifische Antikörper für Galactosylceramide **28a** (GalCer) als Inhibitoren der HIV-1-Infektion bei CD4-negativen Zelllinien gefunden (Abbildung 1-3).[34] Es wurde ebenfalls belegt, dass GalCer an gereinigte rekombinante gp120-Proteine bindet.[35] Möglicherweise stellt also ein Glycoprotein mit einer Galactosylceramid-Endgruppe ein weiteres Rezeptormolekül für die Bindung und Aufnahme von HI-Viren in Zellen des Immunsystems dar.

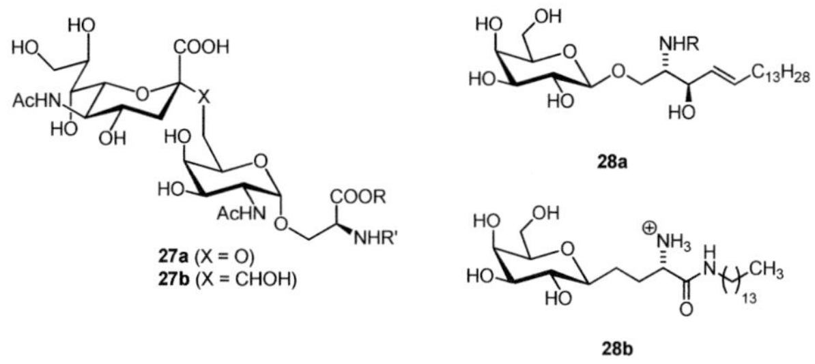

**Abbildung 1-3:** Sialyl-Tn-Epitop **27** und GalCer **28**.

Der Einsatz $C$-glycosidischer Analoga sowohl des Sialyl-Tn-Epitops **27a** als auch des Galactosylceramids **28a** ist für die Therapie der HIV-Infektion sehr interessant. Prinzipiell könnten Verbindungen wie **27b** als stabile Antigene für eine Immuntherapie eingesetzt werden. Die $O$-glycosidische Bindung zu Sialinsäure, wie sie in **27a** vorkommt, ist eine der labilsten natürlich vorkommenden $O$-glycosidischen Bindungen. Der Einsatz stabiler Derivate wie **27b** ist hier also durchaus sinnvoll. [36]

Ein weiterer Ansatz, um das Eindringen des HI-Virus in die Zellen des Immunsystems zu verhindern, ist die Absättigung der auf der Virusoberfläche vorhandenen Bindungsstellen des gp120-Proteins. Dazu ist ein stabilerer Ligand für das gp120-Protein als das GalCer **28a** nötig. Mithilfe eines ELISA-Assays wurde die Bindung des Antigens **28b** an rekombinantes gp120 (rgp120) nachgewiesen.[37] Um die Spezifität der Bindung zu belegen, wurde ein HPTLC-Konkurrenz-Bindungsassay durchgeführt. Nach Präinkubation des rgp120 mit dem Substrat **28b** wurde dazu mit immobilisiertem GalCer **28a** auf einer HPTLC-Platte inkubiert und die Abnahme der Konzentration des gebundenen rgp120 gemessen. Dabei konnte festgestellt werden, dass Substrat **28b** eine leicht stärkere Affinität aufweist als ein äquivalentes $O$-Glycosid (IC$_{50}$ = 120 μM vs. 160 μM). Als Grund dafür wird die höhere Hydrophilie des $C$-glycosidischen Derivates **28b** gegenüber einem $O$-glycosdischen Analogon vermutet.[38]

### 1.6.2  Konformationelle Aspekte

Um die konformationelle Analyse von $C$-Glycosiden haben sich besonders die Arbeitsgruppen von KISHI und JIMÉNEZ-BARBERO verdient gemacht. Die beiden vertreten jedoch eine unterschiedliche Ansicht in Bezug auf konformationelle Unterschiede und Ähnlichkeiten der $C$-Glycoside zu den $O$-Glycosiden.

KISHI begann 1987 die Konformationen von $C$-Glycosiden zu studieren.[39,40] Er zog die drei gestaffelten Konformere **A**, **B** und **C** für ein $\alpha$-$C$-Glycosid in Betracht (Abbildung 1-4). In Analogie zu den $O$-Glycosiden, die durch den *exo*-anomeren Effekt eine zu Konformation **A** analoge Organisation präferieren, erwartete KISHI auch bei $C$-Glycosiden Konformer **A** als Hauptkonformer zu finden. In identischer Weise argumentierte er für β-*C*-Glycoside. Als experimenteller Indikator sollten dafür Kopplungskonstanten dienen. Durch die Synthese von deuterierten Verbindungen in denen die absolute Konfiguration bekannt war, konnte KISHI zwischen den Protonen des verbrückenden Kohlenstoffatoms pro-$H_R$ und pro-$H_S$ unterscheiden. Dieses stellte sich für die Analyse der Vorzugskonformation als essentiell heraus. Die Kopplungskonstanten der jeweiligen Protonen in den drei verschiedenen Konformeren unterscheiden sich drastisch, sodass jedes Konformer anhand dieser Kopplungskonstanten identifizierbar sein sollte. Im Konformer **A** ist für die Axial-Axiale-Kopplung zwischen H-1' und $H_S$ eine große Kopplungskonstante von etwa 13 Hz zu erwarten. In Konformer **B** und **C** wäre diese Kopplungskonstante aufgrund der *gauche*-Stellung eher klein, im Bereich von 2-4 Hz. Bei Konformer **B** wäre hingegen eine große Kopplungskonstante von H-1' zu $H_R$ zu erwarten, die in Konformer **A** und **C** nicht auftritt. Mit der Analyse der Kopplungskonstanten sollte also die Konformation der *C*-glycosidischen Bindung bestimmt werden können.

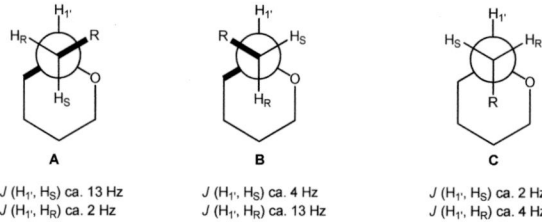

**A**

*J* ($H_{1'}$, $H_S$) ca. 13 Hz
*J* ($H_{1'}$, $H_R$) ca. 2 Hz

**B**

*J* ($H_{1'}$, $H_S$) ca. 4 Hz
*J* ($H_{1'}$, $H_R$) ca. 13 Hz

**C**

*J* ($H_{1'}$, $H_S$) ca. 2 Hz
*J* ($H_{1'}$, $H_R$) ca. 4 Hz

**Abbildung 1-4:** Gestaffelte Konformationen eines α-*C*-Glycosids.

Als Beispiel für einen solchen Fall dient das α-(1→4)-*C*-Glucosylglycosid **Ia**. In Abbildung 1-5 sind die gemessenen Kopplungskonstanten im von KISHI eingeführten Kopplungskonstanten-diagramm dargestellt (oben rechts). Es ist deutlich erkennbar, dass das Ergebnis des NMR-Experiments der Vorhersage für eine Präferenz der Konformation **A** sehr nahe kommt. Die Kopplungskonstante von H-1' zu $H_S$ beträgt demnach 10.3 Hz, was eindeutig für eine Axial-Axiale-Kopplung und damit für eine *exo*-anomere Konformation des *C*-Glycosids **Ia** spricht.

Überraschende Ergebnisse wurden allerding bei der Betrachtung der Kopplungskonstanten der *C*-aglycosidischen Bindung von den Protonen des verbrückenden Kohlenstoffatoms zu 4-H erhalten. Hier schlug KISHI die Verwendung des Diamantgitters zur Vorhersage sterischer Wechselwirkungen als Methode zur Analyse der Vorzugskonformation vor. Anhand der Kopplungskonstanten von 4-H zu den Protonen des verbrückenden Kohlenstoffatoms wurde deutlich, dass entweder eine Mischung verschiedener Konformere oder eine Abweichung von der gestaffelten Konformation auftreten muss.

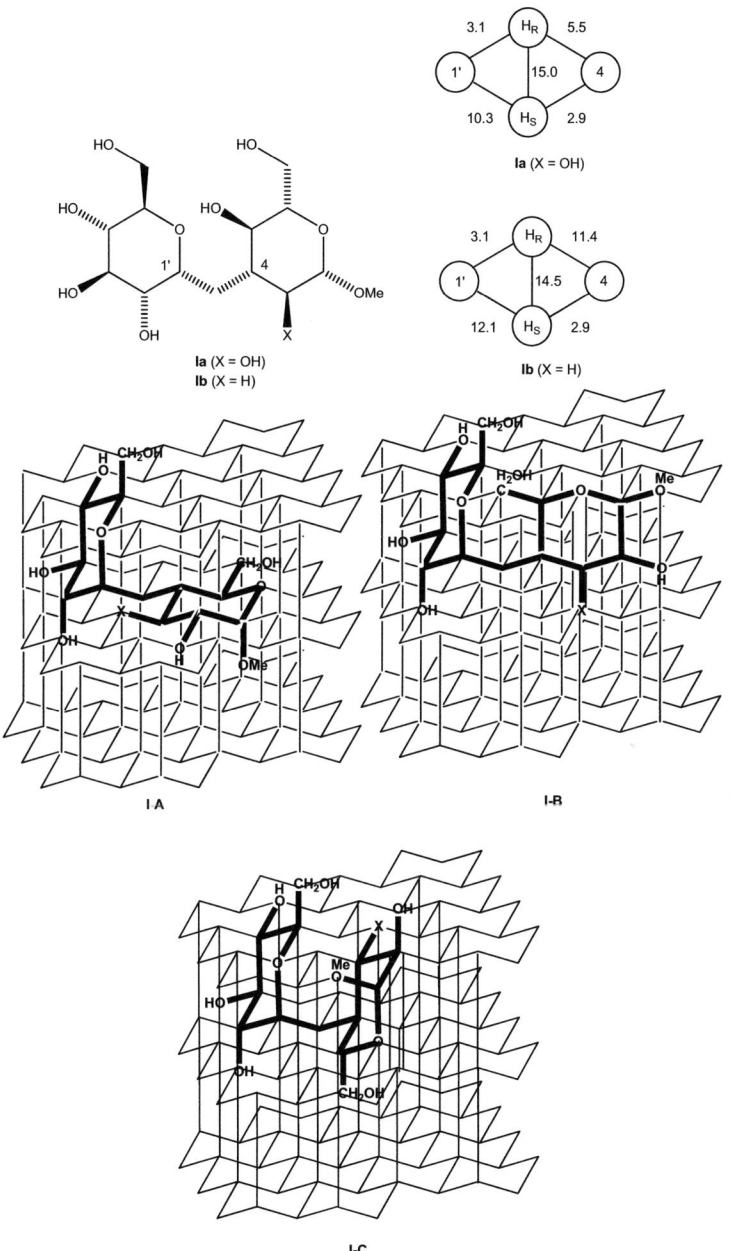

**Abbildung 1-5:** Kopplungskonstantendiagramm und Strukturvorhersage mithilfe des Diamantgitters nach KISHI.

I-A wird mit einer 1,3-diaxialen Wechselwirkung (zwischen C-1'—Cα und C-3—O-3) als am wenigsten destabilisiert angenommen, was sich in der Analyse der Kopplungskonstanten widerspiegelt ($J$ = 5.5 Hz von H-1' zu $H_R$ und $J$ = 2.9 Hz von H-1' zu $H_S$). Konformer I-B ist aufgrund von zwei 1,3-diaxialen Wechselwirkung (zwischen C-5—C-6 und C-1'—Cα sowie zwischen C-1'—O und C-4—C-5) ungünstig. Konformer I-C wird durch die *gauche*-Stellung von C-1'—Cα zu C-3 und C-5 destabilisiert.

Durch die Eliminierung der in Konformer I-A vorhandenen 1,3-diaxialen Wechselwirkung müsste es möglich sein, dieses als Hauptkonformer nachzuweisen und den Einfluss der Konformere I-B und I-C zurückzudrängen. Dazu synthetisierte KISHI das α-(1→4)-3-Desoxyglucosylglucosid Ib. In dieser Verbindung dürfte die für das Konformer I-A vorgesagte 1,3-diaxiale Wechselwirkung nicht auftreten, sodass dieses das stabilste darstellen müsste. Durch die Analyse der Kopplungskonstanten (Diagramm Abbildung 1-5) wurde festgestellt, dass seine Hypothese zutrifft, da die Kopplungskonstante zwischen H-4 und $H_R$ in der Verbindung Ib 11.4 Hz beträgt, was eindeutig auf eine antiperiplanare Stellung, die nur in Konformer I-A denkbar ist, hindeutet.

Weiterhin untersuchte KISHI mit röntgenkristallographischen Methoden die Bindung von C-Lactose 29b an das Erdnuss-Lectin (Abbildung 1-6).[41]. Dieses Lectin wurde ausgewählt, da bereits hochaufgelöste röntgenkristallographische Daten für ein Kokristallisat aus Erdnuss-Lectin und O-Lactose 29a vorlagen und somit eine gute Vergleichsmöglichkeit gegeben ist. Bei der Untersuchung eines Komplexes aus C-Lactose 29b und dem Erdnuss-Lectin fanden KISHI und Mitarbeiter ein sehr ähnliches Bindungsverhalten, was sich an den Bindungswinkeln und der beobachteten Elektronendichte feststellen ließ.

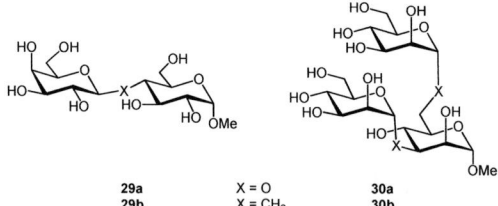

| 29a | X = O |
| 29b | X = CH$_2$ |

| 30a |
| 30b |

**Abbildung 1-6:** O- und C-Lactose **29a** und **29b** sowie das verzweigte O- und C-*manno*-Trisaccharid **30a** und **30b**.

JIMÉNEZ-BARBERO betont jedoch häufig, dass C-Glycoside den O-glycosidischen Analoga zwar in der Konformation der C-glycosidischen Bindung, wie von KISHI beschrieben, ähnlich seien, die C-aglycosidische Bindung jedoch in ihrer Konformation weitaus flexibler sei und eine höhere Anzahl von konformationellen Zuständen annehmen könne.[42] Er widersprach der Annahme KISHIS, dass die Konformation der C-agycosidischen Bindung mithilfe der Betrachtung sterischer Wechselwirkungen unter Zuhilfenahme des Diamantgitters vorausgesagt werden könne und schlug stattdessen die Verwendung moderner NMR-Spektroskopie (NOE- und Kopplungs-konstantenanalyse) in Kombination mit theoretischen Methoden (Analyse von Hyperpotentialflächen) als Analysetechnik vor.[43] JIMÉNEZ-BARBERO unterstützte seine Aussagen teilweise mit (tar)-MD-Simulationen (time averaged restrained-Molecular Dynamics)[44] auf Basis eines AMBER 5.0 Kraftfeldes.[45] Diese Methodenkombination wurde bisher selten in der Konformationsanalyse von Oligosacchariden eingesetzt.

Er fand, dass im Falle der freien C-Lactose **29b** die C-glycosidische Bindung in Übereinstimmung mit KISHIS Hypothese eine *exo*-anomere Konformation annimmt. Die C-aglycosidische Bindung nehme jedoch im Gegensatz zur freien O-Lactose **29a** eine *anti*-Konformation an. Dieses belegte er durch theoretische Studien und NMR-Experimente. Die höhere Stabilität dieses Konformers im Falle des C-Glycosids **29b** könne mit einer 1,3-diaxialen Wechselwirkung zwischen C-1'—O und C-4—C-5 erklärt werden. Aufgrund der kürzeren Bindungslänge einer C-O-Bindung im Vergleich zu einer C-C-Bindung sei diese Konformation im C-Glycosid **29b** deshalb günstiger als im O-Glycosid **29a**, welches eher eine *syn*-Konformation annehme.

Um bessere Aussagen über die Konformation der C-aglycosidischen Bindung im freien C-Glycosids **29b** machen zu können, nahm JIMÉNEZ-BARBERO die NOESY-NMR-Spektren in verschiedenen Lösungsmitteln – $D_2O$, DMSO-$d_6$, DMF-$d_6$ und Pyridin-$d_5$ – auf. KISHI verwendete für seine Spektren in der Regel in $CD_3OD$. JIMÉNEZ-BARBERO fand, dass beim C-Glycosid **29b** keine Änderung im Temperaturkoeffizienten auftritt und schloss daraus, dass in Lösung kaum Wasserstoffbrücken ausgebildet werden. Des Weiteren nahm er an, dass aufgrund der konstanten $^3J_{H-OH}$-Kopplung von 6 Hz keine Vorzugskonformation der C-O-Bindung vorherrscht. Im O-glycosidischen Analogon **29a** könne jedoch aufgrund der kleinen $^3J_{H-OH}$-Kopplungskonstante von 2 Hz und dem kleinen Temperaturkoeffizienten von 2 ppb im Falle des 3-OH eine Wasserstoffbrücke vermutet werden. Außerdem war eine lösungsmittelabhängige Stabilisierung des *gauche-gauche*-Konformers (Cα—C4 zu C-1'—O und C-1'—C-2') zu beobachten, die von ihm mit theoretischen Methoden vorhergesagt wurde. Diese zeigte sich aufgrund der steigenden H-1'-$H_S$-Kopplung in unpolaren Lösungsmitteln und dem Anstieg der H-1'-$H_R$-Kopplung in polaren Lösungsmitteln. Des Weiteren konnten mithilfe der NOE-Intensität qualitative Aussagen über das Vorliegen verschiedener Konformere gemacht werden, die das *gauche-gauche*-Konformer in unpolareren Lösungsmitteln (DMF im Vergleich zu $H_2O$) bevorzugt sahen. Als Indikator dafür dienten die konformerspezifischen NOE-Kopplungen von H-1' zu H-3 im Falle des *anti*-Konformers und H-2' zu H-4 im *gauche-gauche*-Konformer. Dieses lösungsmittelabhänge Konformationsverhalten zeigt, dass – ebenso wie Rechnungen vorhersagen – nur kleine Energiebarrieren zwischen den verschiedenen Konformeren vorliegen und eine hohe konformationelle Flexibilität der C-Glycoside erwartet werden kann.

Unter Verwendung von TR-NOESY- und TR-ROESY-Methoden untersuchte JIMÉNEZ-BARBERO auch die Bindung von C-Glycosid **29b** an das Lectin Ricin-B. Ebenso wie bei der Untersuchung der Bindung des C-Trisaccharids **30b** an die mannose-bindenden Con A und daffodil-Lectine konnte er eine effiziente Bindung über negative NOE-Kreuzpeaks nachweisen. Er fand beim Studium der Bindung des O-Glycosids **29a** eine gewisse Abweichung von der *exo*-anomeren Konformation der O-glycosidischen Bindung und eine ausschließliche *syn*-Konformation der O-aglycosidischen Bindung. Im C-Glycosid **29b** wurde aufgrund konformationsspezifischer NOE-Signale jedoch eine *anti*-Konformation der C-aglycosidischen Bindung im gebundenen Zustand ausgemacht.

Mittels SPR-Untersuchungen konnte er die Kinetik der Bindung der Trisaccharide **30** zu verschiedenen Lectinen studieren (Abbildung 1-6).[42g] In Con A, welches alle Mannose-Einheiten der Trisaccharide **30** bindet, konnte dabei eine höhere Affinität des O-Glycosids **30a** im Vergleich zum C-Glycosid **30b** festgestellt werden. Ursache dafür sei die höhere konformationelle Flexibilität des C-Glycosids, welche im Bindungsfall entropisch ungünstig ist. Bei der Bindung zum daffoldil-Lectin konnte eine ähnlich gute Bindung des C-Glycosids **30b** im Vergleich zum O-Glycosid **30a** beobachtet werden, die auf die Präferenz für lineare im Vergleich zu verzweigten Liganden zurückzuführen sei. Da nur periphere Mannose-Einheiten gebunden werden, ist die Bindungsaffinität der Trisaccharide **30** insgesamt im Vergleich zu Con A kleiner. C-Glycosid **30b** kann aufgrund seiner höheren konformationellen Flexibilität eher eine lineare Konformation annehmen, dabei muss jedoch die höhere Entropie durch einen Gewinn in der Enthalpie ausgeglichen werden.

## 1.7    *Synthese von* C-*Glycosiden*

### 1.7.1    Synthese von Aryl-C-Glycosiden

Nicht nur wegen ihrer medizinischen und konformationellen Eigenschaften, sondern auch aufgrund der methodischen Herausforderungen in ihrer Synthese sind C-Glycoside besonders interessante Verbindungen. Als Schlüsselschritt diente häufig der Einsatz von Kreuzkupplungsreaktionen. Dabei wurden metall- oder halogensubstiuierte Glycale eingesetzt. So fanden Glycale mit einer Abgangsgruppe wie z.B. Iodglycale, Glycaltriflate und Glycalphosphate für SUZUKI-MIYAURA-,[46] STILLE-KOSUGI-MIGITA-,[47-49] und SONOGASHIRA-HAGIHARA-Reaktionen[50,51] als elektrophile Reaktionspartner Verwendung. Auch Metallglycale wie Indiumglycale,[52] Stannylglycale[47,48] und Borylglycale[53] wurden in diversen Kreuz-kupplungsreaktionen angewandt. Besonders die Synthese vieler Alkyl- und Aryl-C-Glycoside gelang auf diese Art und Weise. Drei innovative Ansätze sollen im Folgenden kurz näher beschrieben werden.

Sehr interessante Ansätze zur Synthese von Alkyl- und Aryl-C-Glycosiden wurden von GAGNÉ beschrieben. Dabei publizierte er im Jahre 2007 die Anwendung einer Nickel-katalysierten NEGISHI-Kupplung unter Verwendung von in der KOENIGS-KNORR-Methode[54] zur O-Glycosid-Synthese verwendeten Bromglycosiden 31 mit aliphatischen Organozinkverbindungen.[55] Ein Jahr später gelang es, diesen Ansatz auf Aryl-C-Glycoside 32 auszudehnen (Schema 1-6).[56] Ein weiteres Jahr später berichtete die Gruppe schließlich über die Synthese von Alkyl-C-Glycosiden durch konjugierte Addition an aktivierte Alkene.[57] Beachtlich waren dabei besonders die Stereoselektivitäten, die erzielt werden konnten. Er postulierte einen radikalischen Mechanismus. Glucosyl-Radikale nähmen dabei eine Boot-Konformation an, während von Mannosyl-Radikalen eine Sessel-Konformation angenommen wird. GAGNÉ zeigte, dass nicht allein durch das Substrat, sondern auch durch den Katalysator die Stereoselektivität der Reaktion gesteuert werden kann. In der Regel war jedoch zumindest bei den Aryl-C-Glycosiden im Mannosyl-Fall eine α-Selektivität und im Glucosyl-Fall eine β-Selektivität zu beobachten. Höchst beachtenswert ist hierbei, dass es sich bei der zuerst diskutierten Synthese um eine C(sp³)-C(sp³)- und in den anderen beiden Fällen um eine C(sp³)-C(sp²)-Kupplung handelt.

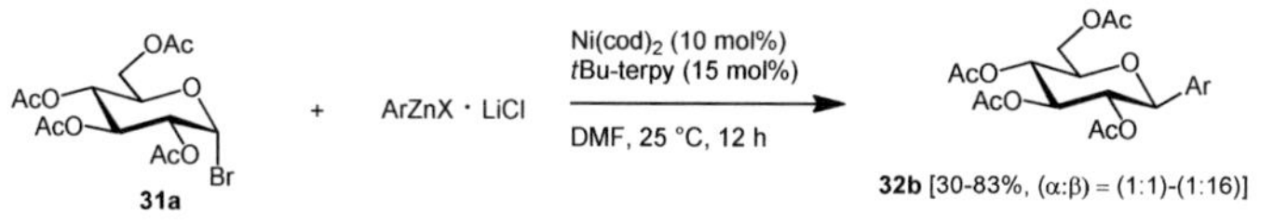

**Schema 1-6:** Synthese von Aryl-C-Glycosiden 32 durch Nickel-Katalyse nach GAGNÉ.

GAGNÉs photokatalytischer Ansatz zur Synthese von Alkyl-C-Glycosiden basierend auf den besprochenen Arbeiten ist ebenfalls interessant (Schema 1-7).[58] Aus seinen Ergebnissen zur Nickel-katalysierten reduktiven Kupplung von Bromglycosiden 31a mit aktivierten Alkenen schloss er, dass auch andere Metallkatalysatoren, welche die Fähigkeit haben einen Ein-Elektronen-Transfer zu erleichtern, in der Lage sein müssten, eine solche Reaktion zu katalysieren. [Ru(bpy)₃]²⁺ hatte sich im Aufbau komplexer Bindungen mithilfe von Photokatalyse durch sichtbares Licht besonders ausgezeichnet.[59] Die Addition des Glycosyl-Radikals 33 an das Alken, beschrieben durch die Geschwindigkeitskonstante $k_2$ steht dabei in Konkurrenz zur reduktiven Debromierung des Bromglycosids 31a ($k_1$) zu 34. Bei elektronenarmen Alkenen kann in der Regel eine höhere Geschwindigkeitskonstante $k_2$ erwartet werden, da es sich bei 33 um ein elektronenreiches Radikal handelt. Ähnlich wie von GIESE unter Zinn-Katalyse beschrieben, konnte die Gruppe um GAGNÉ hierbei substratunabhängig eine hohe α-Selektivität beobachten.[60,61] Die zunächst auftretende Überaddition zu 36 ($k_3$) an das durch radikalische Addition des Glycosylradikals 33 an das Alken gebildete elektronenarme Radikal 35 konnte durch Zugabe des HANTZSCH-Esters 38 (Beschleunigung von $k_4$) unterbunden werden. Die

Verwendung von HANTZSCH-Estern als Additiv wurde von STEPHENSON inspiriert, der zuvor an anderen Substraten das Abfangen von Radikalen mit ähnlichen Additiven gezeigt hatte.[62]

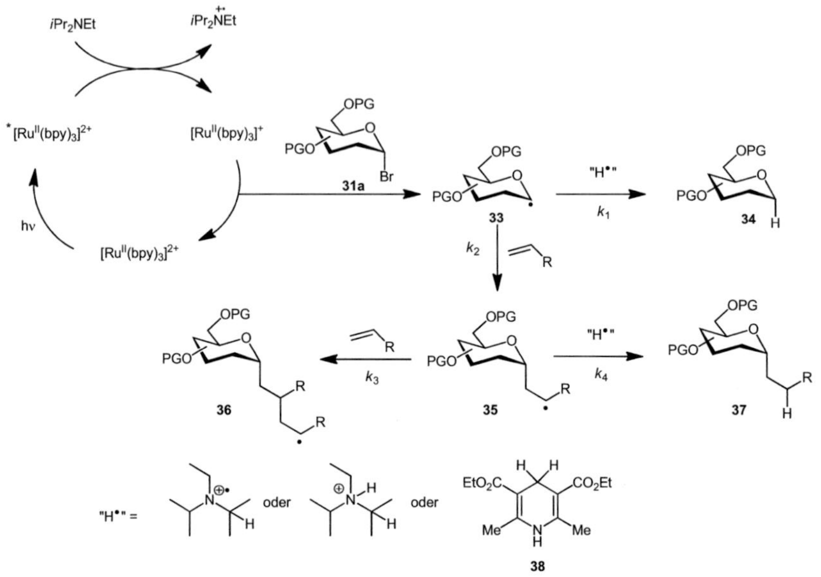

**Schema 1-7:** Photokatalytische Synthese von C-Alkyl-Glycosiden **37** durch Ruthenium-Katalyse.

Neben GAGNÉS Methoden ist besonders noch eine Synthese von LEMAIRE und KNOCHEL erwähnenswert (Schema 1-8).[63] Diese basiert im Gegensatz zu GAGNÉS Methoden auf einem ionischen Mechanismus. Dabei kommt sie ohne die Verwendung von Übergangsmetallen aus und verknüpft in einer direkten Kupplungsreaktion eine Organozinkspezies mit einem Glucosylbromid **31b**. Ihre vollständige Stereoselektivität basiert auf der anchimer partizipierenden Estergruppe an C-2, sodass ähnlich zur O-Glycosid-Synthese ausschließlich das β-Epimer gebildet wird (via **I**, Schema 1-8). Diese Methode ist bisher jedoch auf Glucoside limitiert.

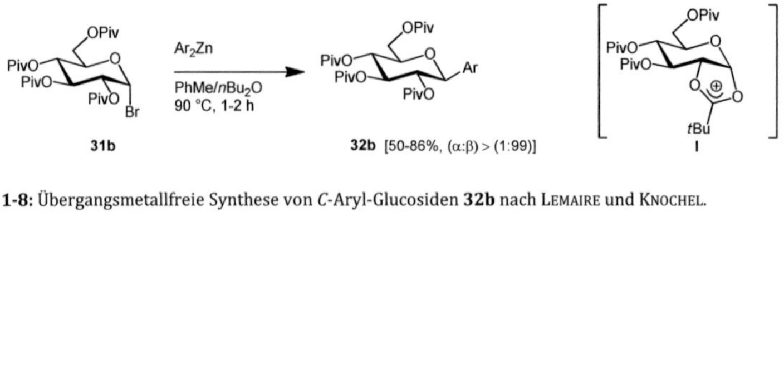

**Schema 1-8:** Übergangsmetallfreie Synthese von C-Aryl-Glucosiden **32b** nach LEMAIRE und KNOCHEL.

## 1.7.2  Synthese von *C*-Di- und Oligosacchariden

Zur Synthese von *C*-Di- und Oligosacchariden existiert eine weitaus begrenztere Anzahl von Methoden als im Falle der *C*-Aryl- und *C*-Alkylglycoside. Ein kleines Repertoire an Methoden zur Synthese von *C*-Disacchariden ist etabliert, während für die Darstellung von *C*-Trisacchariden und höheren Oligosacchariden nur eine äußerst beschränkte Auswahl von Methoden zur Verfügung steht.

Die Pionierarbeiten von SCHMIDT, der sich nicht nur in der Synthese von *O*-Glycosiden, sondern auch bei der Erforschung der *C*-Glycosid-Synthese einen Namen gemacht hat, liegen bereits seit Ende der 1980er Jahre vor. Vor allen Dingen die Synthese des tumorassoziierten T*n*-Antigens durch eine WITTIG-analoge Reaktion sowie die *de-novo*-Synthese des biologisch bedeutendenden *C*-Disaccharids aus Neuraminsäure und Galactose durch eine 6-*exo*-trig-Cyclisierung mit anschließender *selena*-PUMMERER-Umlagerung sind aus seinen Arbeiten zu nennen. Aufgrund ihrer Vielzahl und Diversität würde die detaillierte Erläuterung der von ihm entwickelten Methoden den Rahmen der vorliegenden Arbeit sprengen. Die wichtigsten seiner Arbeiten seien jedoch an dieser Stelle zitiert.[28,64]

Im Folgenden soll auf vier wichtige Beiträge zur *C*-Di- und Oligosaccharidsynthese näher eingegangen werden. Zahlreiche wertvolle Arbeiten auf diesem Gebiet können aus Platzgründen leider nicht in diese Arbeit eingebracht werden. Es sei an dieser Stelle auf die Originalartikel und einige Übersichtsartikel verwiesen.[61,65]

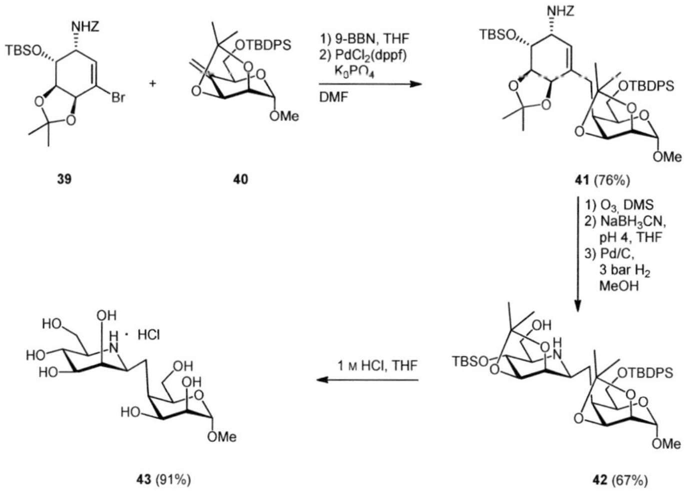

**Schema 1-9:** Synthese von *aza-C*-Disacchariden **43** nach JOHNSON.

Eine interessante Methode zur Synthese von *aza-C*-Disacchariden wurde bereits im Jahre 1997 von JOHNSON und Mitarbeitern vorgestellt (Schema 1-9).[66] Mit seinem Ansatz war der Zugang zu (1→1)-, (1→4)- und (1→6)-verknüpften *aza-C*-Disacchariden möglich, die anschließend als Inhibitoren für sieben verschiedene Glycosidasen getestet wurden. Als Schlüsselschritt nutzten sie dabei eine SUZUKI-MIYAURA-Kupplung des carbocyclischen Bromolefins **39** mit dem hydroborierten *exo*-Methylenolefin **40**. Das Kupplungsprodukt **41** kann nun in einer dreistufigen Sequenz bestehend aus Ozonolyse mit neutraler Aufarbeitung und anschließendem Ringschluss zum Imin, Reduktion des Aldehyds zur Alkoholfunktion sowie reduktive Aminierung durch molekularen Wasserstoff zum *aza-C*-Disaccharid **42** transformiert werden. Die reduktive Aminierung erfolgt substratinduziert diasteroselektiv, da auf der sterisch weniger gehinderten Seite hydriert wird. Auch die darauf folgende Hydroborierung erfolgt disatereoselektiv. JOHNSON konnte mittels NMR-Untersuchungen zeigen, dass in der abgebildeten Sequenz das *talo*-Derivat (nicht-reduzierendes Ende in **42** und **43**) gebildet wird.

Eine der bedeutendsten Methoden, die zum Aufbau von *C*-glycosidischen Di- und Oligosacchariden in der jüngeren Vergangenheit entwickelt wurde, stammt aus der Arbeitsgruppe von POSTEMA. In dieser Methode wird die 2005 mit dem Nobelpreis ausgezeichnete Metathese-Reaktion verwendet. [67−70]

Das Prinzip dieser Reaktion ist in Schema 1-10 gezeigt. Ein acyclisches Hydroxyolefin **44**, an dem zuvor die gewünschte Stereochemie eingestellt werden muss, wurde mit einer kohlenhydrat-basierten Carbonsäure **45** unter DCC-Aktivierung verestert. Der Carbonylsauerstoff des Esters wurde mit einer TAKAI-LOMBARDO-Olefinierung in eine Methylenheit überführt. Nun folgt die intramolekulare Ringschlussmetathese unter Verwendung des GRUBBS-II-Katalysators. Der so entstandene Enolether **48** kann in einer oxidativen Hydroborierungsreaktion diastereoselektiv zum β-*C*-Glycosid **49** refunktionalisiert werden.

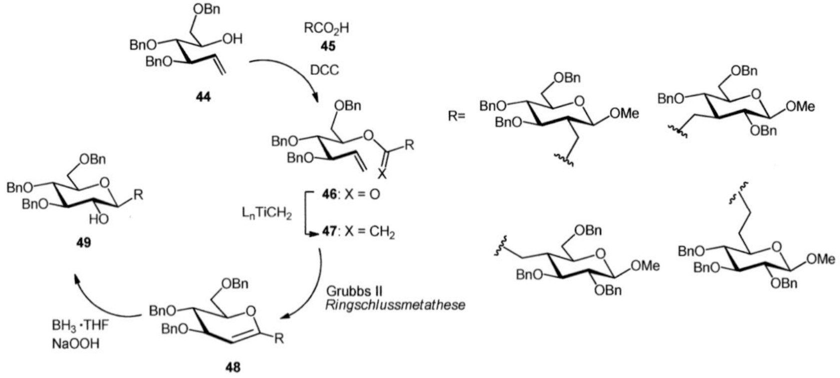

**Schema 1-10:** Metathese-Reaktion zum Aufbau *C*-glycosidischer Di- und Oligosaccharide nach POSTEMA.

Diese Methode ist trotz der aufwendigen Synthese der acyclischen Precursor hochgradig modern und innovativ und könnte mit der von unserer Arbeitsgruppe entwickelten Methode zur α-selektiven Refunktionalisierung von Enolethern vom Typ **48** sogar in ihrer Substratpalette erweitert werden.[50] Der iterative Aufbau von *C*-glycosidischen Bindungen sowie die unabhängige Kontrolle von Stereozentren gestaltet sich jedoch schwierig. Jüngst gelang unter Anwendung dieser Methode eine dreifache Ringschluss-Metathese, die zu einem β-verknüpften Tetrasaccharid führte. [70]

Das letzte Konzept, das hier diskutiert werden soll, wurde unter Anleitung von SODEOKA entwickelt.[71] Zunächst präsentierte sie einen Ansatz, um CF$_2$-verbrückte Analoga des GM-4-Gangliosids darzustellen. Die natürlichen GM-4-Ganglioside spielen z.B. in Zell-Zell-Erkennungsprozesse eine wichtige Rolle. Später gelang es, den Ansatz auf CH$_2$-verknüpfte Disaccharide auszuweiten (Schema 1-11). Die Schlüsselidee dieser Synthese besteht in einer CLAISEN-IRELAND-Umlagerung. Hierbei wird das esterverbrückte Pseudodisaccharid **50** zum (1→3)-verknüpften *C*-Disaccharid umgelagert. Die α-Selektivität kann durch Erhitzen der Reaktionsmischung in Tetrahydrofuran gesteigert werden, sodass es zu einem α:β-Verhältnis von 15:1 kommt. Die Selektivität wird von den Autoren durch den sesselförmigen Übergangszustand in der Umlagerungsreaktion, der ausschließlich zur α-Konfiguration führt, erklärt. Die verschobene, galactal-ähnliche Doppelbindung in **51** kann im folgenden Schritt mit Osmiumtetroxid diastereoselektiv refunktionalisiert werden. Die dabei zusätzlich entstehende Hydroxyfunktionalität wurde mit einer BARTON-MCCOMBIE-Desoxygenierung entfernt. Auf diese Art und Weise entsteht elegant das *C*-glycosidische Analogon zum GM-4 **52**.

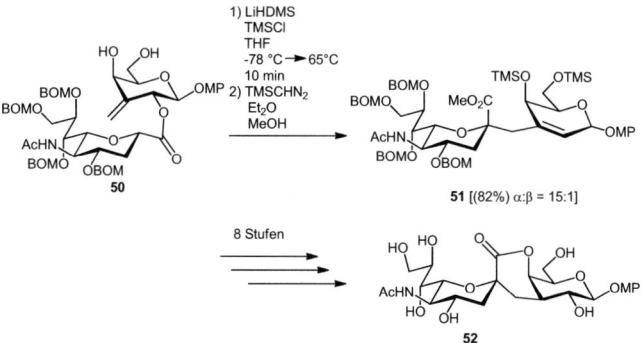

**Schema 1-11:** *C*-Disaccharid-Synthese unter Verwendung einer CLAISEN-IRELAND-Umlagerung nach SODEOKA.

## 2 AUFGABENSTELLUNG UND PLANUNG

Die Arbeit beschäftigt sich mit zwei unterschiedlichen Themengebieten aus dem Bereich der Methodenentwicklung. In einem Kooperationsprojekt mit der Arbeitsgruppe von Professor Dr. YOSHIAKI NAKAO an der Kyōto Daigaku, Japan, war geplant, eine Methode zur intramolekularen katalytischen Oxycyanierung von Alkenen und Alkinen zu entwickeln. Der Hauptteil der Arbeit beschäftigt sich jedoch mit der Entwicklung einer Methode zur flexiblen Darstellung von *C*-Glycosiden. Es galt, eine Strategie zu entwickeln, die geeignet ist, in einer komplexen Oligosaccharid-Synthese selektiv *C*-glycosidische Einheiten in einer definierten Position und definierter Stereochemie in das Oligosaccharid einzubauen.

### 2.1   *Intramolekulare Oxycyanierung von Alkenen und Alkinen*

Wie bereits in der Einleitung eingehend erläutert, konnten in der Arbeitsgruppe NAKAO wichtige Erkenntnisse über die Aktivierung von unreaktiven C-CN-Bindungen gewonnen werden. Es stellte sich heraus, dass diese Reaktionen unter kooperativer Katalyse eines Nickel-basierten Katalysatorsystems mit einer LEWIS-Säure als Cokatalysator optimal ablaufen.

Da vor dem Beginn unserer Arbeiten auf diesem Gebiet noch keine Berichte über die katalytische Aktivierung einer O-CN-Bindung vorlagen, war es das Ziel, eine solche Methode zu entwickeln.[72] Dieses ist aufgrund der Tatsache, dass es sich bei der O-CN-Bindung um eine relativ starke Bindung handelt, deren Bindungslänge ($\approx 1.27$ Å) etwa zwischen der einer C-O-Einfachbindung (1.43 Å) und der einer C=O-Doppelbindung (1.20 Å) liegt, eine herausfordernde Aufgabe.[73] Es sollte vor allen Dingen die Erkenntnis genutzt werden, dass die oxidative Addition in eine C-CN-Bindung durch eine LEWIS-Säure erleichtert wird. Analoges sollte für eine O-CN-Bindung gelten.[74,75]

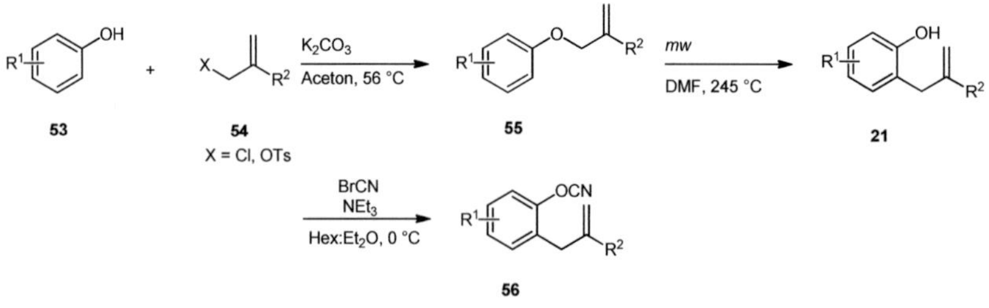

**Schema 2-1:** Geplante Synthese der Methallylcyanate **56**.

Als Startmaterialien für eine solche katalytische Aktivierung dienten Methallylcyanate **56**. Diese sollten in einer dreistufigen Sequenz bestehend aus WILKINSON-Estersynthese aus dem Phenol-Derivat **53** und Methallylchlorid **54**, CLAISEN-Umlagerung zum *ortho*-substituierten Methallylphenol **21** sowie Cyanat-Bildung mit Bromcyan gewonnen werden (Schema 2-1). Bei ersten Optimierungsversuchen stellte sich heraus, dass ein auf Palladium und Xantphos basierendes Katalysatorsystem, sowie die Verwendung der LEWIS-Säure BPh$_3$ für die Reaktion notwendig sind (Schema 2-2).[76]

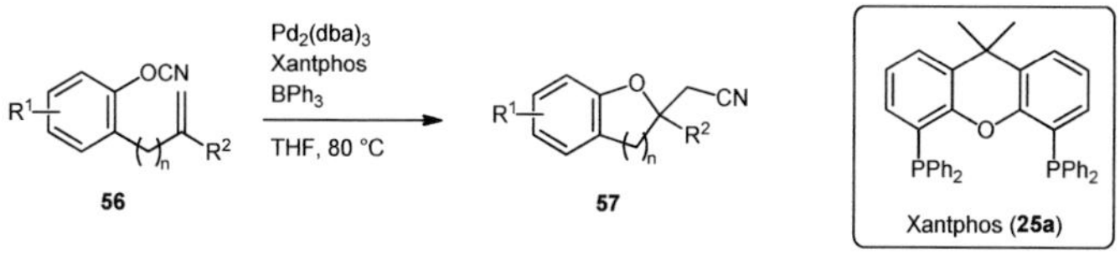

**Schema 2-2:** Geplante katalytische Oxycyanierung von Alkenen **56** zu Benzodihydrofuranen **57**.

Die Aufgabe war es nun, eine weitere Optimierung vorzunehmen und die Substratbreite dieser Reaktion zu untersuchen. Insbesondere kam es hier auf die Untersuchung des mechanistischen Ablaufs der Reaktion an. Um einen Eindruck vom Einfluss des Substitutionsmusters und der Natur des Substituenten zu bekommen, sollten sowohl elektronenziehende als auch elektronenschiebende Substituenten an unterschiedlichen Positionen untersucht werden. Ein solches Vorgehen sollte ebenfalls Einblick in mechanistische Details eröffnen. Wenn möglich, sollte ein Intermediat des Katalysecyclus' isoliert werden. Die Methode sollte orthogonal zu anderen Palladium-katalysierten Kreuzkupplungen anwendbar sein. Es sollten nicht nur Methallyl-Substituenten, sondern auch unterschiedlich substituierte Allylsysteme eingesetzt werden. Darüber hinaus war auch die Untersuchung aliphatischer Cyanate geplant. In weiteren Untersuchungen sollte studiert werden, ob der Katalysator unter SCHLENK-Bedingungen aus einem Pd$^{II}$-Vorläufer generiert werden kann. Da bei der Synthese ein Stereozentrum entsteht, war ebenfalls eine enantioselektive Version der Reaktion geplant. Abschließend sollten neben Alkenen auch Alkine als Substrate untersucht werden.

## 2.2 Synthese komplexer C-glycosidischer Strukturen mittels Palladium-katalysierter Kreuzkupplungsreaktion

Im Rahmen meiner Diplomarbeit konnten bereits einige Erkenntnisse über den Aufbau (1→6)-verknüpfter C-glycosidischer Disaccharide vom Typ **58α** und **58β** gewonnen werden. In einer SONOGASHIRA-HAGIHARA-Reaktion,[77] welche bislang in der C-Glycosid-Synthese nicht zum Einsatz gekommen war, wurden Iodglucale vom Typ **61** und exo-Alkine **62** zu Enin-Systemen **60** gekuppelt (Schema 2-3). Während der Diplomarbeit konnten allerdings nur Glucal-basierte Strukturen aufgebaut werden. Die Methode sollte schließlich auch auf Galactal-Derivate ausgedehnt werden. Zu diesem Zwecke sollten Triflylgalactale **61** synthetisiert werden, die in einer CACCHI-Reaktion[78] mit exo-cyclischen Alkinen **62** zu analogen Enin-Systemen **60** umgesetzt werden sollten. Um das natürliche Hydroxylierungsmuster zurückzuerhalten, sollte die Alkinyl-Einheit zunächst zur Ethano-Einheit reduziert werden. Diese Reduktion zum Enolether-System **59** konnte mit RANEY-Nickel bewerkstelligt werden. In einer oxidativ-reduktiven Sequenz bestehend aus facial selektiver Epoxidation und anschließender diastereoselektiver Epoxidöffnung können α- und β-substituierte *C*-Disaccharide generiert werden. Die Strategie wurde bereits früher etabliert, um Enolether-Systeme wie **59** zu refunktionalisieren. Die Epoxidation erfolgt mit Dimethyldioxiran (DMDO), da bei Verwendung dieses Reagenzes eine hohe faciale Selektivität bei der Bildung des Epoxids zu erwarten ist. Die anschließende Öffnung des Epoxids mit LiBHEt$_3$ führt zum α-*C*-Disaccharid, während koordinierende Hydrid-Nucleophile wie DIBAL das β-*C*-Disaccharid bevorzugen.

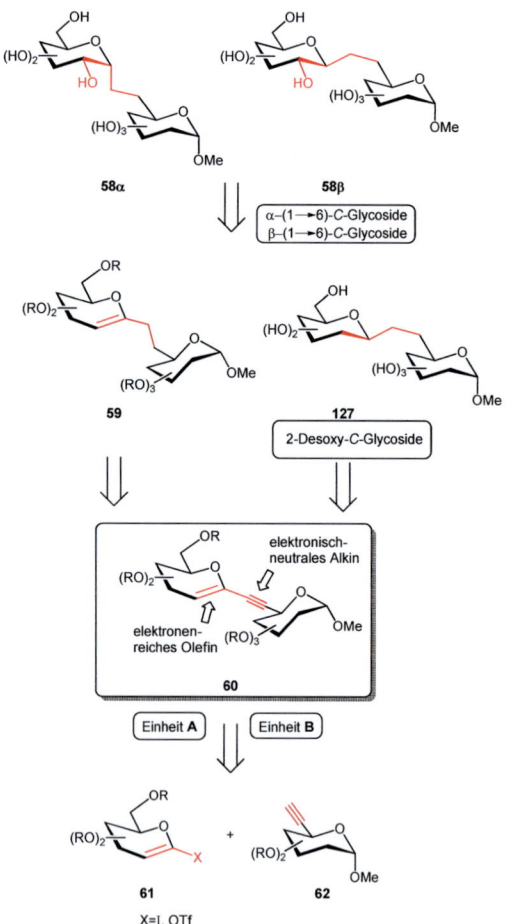

**Schema 2-3:** SONOGASHIRA-HAGIHARA-Strategie zum Aufbau von (1→6)-*C*-Disacchariden vom Typ **58**.

Ziel der vorliegenden Arbeit war es, eine generellere Methode zum Aufbau von $(1 \rightarrow n)$-verknüpften $C$-Disacchariden ($n$ = 2, 3, 4) zu entwickeln, die auf dem Einsatz von Mono-saccharid-Bausteinen basiert und somit als eine Art Baukastensystem ähnlich, aber orthogonal zur $O$-Glycosid-Synthese, eingesetzt werden kann. Als Methode der Wahl wurde dazu eine STILLE-KOSUGI-MIGITA-Kupplung zwischen Stannylglycalen **63** und *exo*-Brommethylenglycosiden **64** eingesetzt (Schema 2-4).[79] Der Aufbau von Stannylglycalen **63** ist bekannt und mit einfachen präparativen Methoden gut zu bewerkstelligen. Die *exo*-Brommethylenglycoside **64** sollen über eine WITTIG-Reaktion aus den jeweiligen Ketonen dargestellt werden.

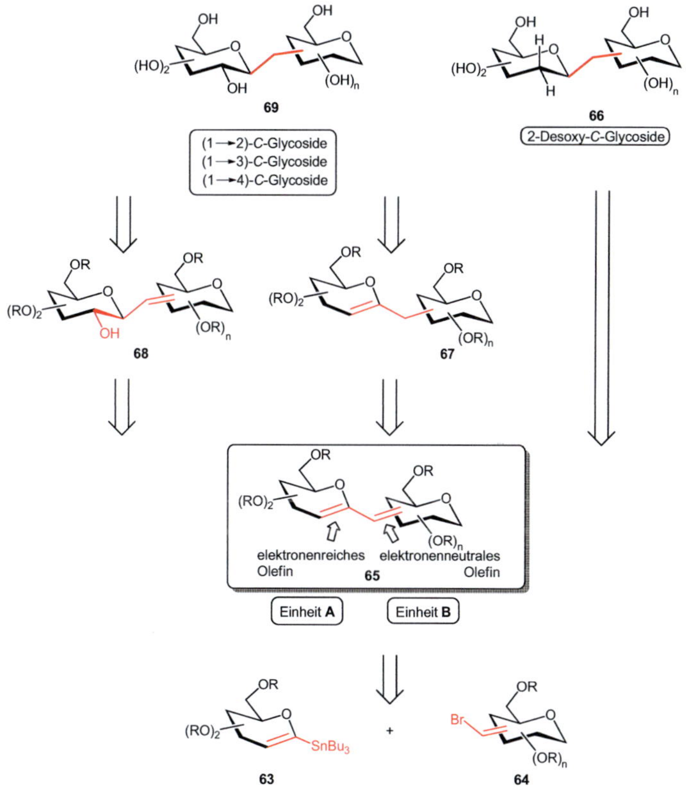

**Schema 2-4:** STILLE-KOSUGI-MIGITA-Kupplung zum Aufbau von $C$-Disacchariden.

Die STILLE-KOSUGI-MIGITA-Reaktion ist neben der SUZUKI-MIYAURA-Reaktion die am mildesten ablaufende Kreuzkupplung mit der größten Toleranz gegenüber funktionellen Gruppen. Mit dem Aufbau von Dien-Systemen des Typs **65** könnten prinzipiell relativ einfach durch eine Hydrierungsreaktion in nur einem weiteren Schritt 2-Desoxy-$C$-Disaccharide vom Typ **66** erhalten werden. Um das native Hydroxylierungsmuster zu regenerieren, wird eine weitere

Reaktion benötigt. Hier kann zwischen einem reduktiv-oxidativen Weg (*via* **67**) und dem inversen oxidativ-reduktivem Weg (*via* **68**) unterschieden werden. Bei ersterem kommt es zunächst auf die diastereoseletive Reduktion der *exo*-cyclischen Doppelbindung zu **67** an. Anschließend kann der Enolether mit oxidativen Methoden refunktionalisiert werden. Dieser Ansatz führte im Falle der (1→6)-*C*-Disaccharide bereits zum Erfolg. Der letztgenannte Weg konzentriert sich zunächst auf die Oxidation der Enolether-Doppelbindung und die Regenerierung des nativen Hydroxylierungsmusters zu **68** und erst anschließend auf die Reduktion der *exo*-cyclischen Doppelbindung, die schließlich über die Stereochemie des Zuckers am nicht-reduzierenden Ende entscheidet. Beide Ansätze sollten eingehend studiert und untersucht werden.

# 3 ERGEBNISSE UND DISKUSSION

## 3.1 Intramolekulare Oxycyanierung ungesättigter Systeme durch kooperative Katalyse

### 3.1.1 Darstellung von Allylethern mittels WILLIAMSON-Ethersynthese

Die Entwicklung einer Methode zur katalytischen Oxycyanierung ungesättigter Systeme wurde in Kooperation mit Professor Nakao in Kyōto durchgeführt.

**Tabelle 3-1:** WILLIAMSON-Ethersynthese zur Darstellung von Methallylphenylethern **55**.

**55a** (61%)$^a$  **55b** (75%)  **55c** (58%)  **55d** (55%)  **55e** (60%)$^b$

**55f** (42%)$^c$  **55g** (54%)$^d$  **55h** (67%)$^a$  **55i** (71%)$^d$  **55j** (75%)$^{c, d, e}$

**55k** (62%)$^{c, d, e}$  **55l** (80%)  **55m** (52%)$^b$  **55n** (45%)  **55o** (33%)$^b$

**55p** (94%)$^b$  **55q** (91%)$^b$  **55r** (0%)$^b$  **55s** (88%)$^f$  **55t** (85%)$^g$

**55u** (99%)$^{b,g}$  **55v** (83%)$^{c,g}$  **55w** (84%)$^g$

$^a$ zusätzlich NaI (10 mol%); $^b$ zusätzlich KI (10 mol%); $^c$ EtOH als Lösungsmittel; $^d$ Synthese durch Masato Kobayashi; $^e$ Na$_2$CO$_3$ als Base; $^f$ Allylbromid statt Methallylchlorid; $^g$ Entsprechendes Allyltosylat statt Methallylchlorid.

In einer dreistufigen Sequenz wurden die Ausgangsverbindungen für die katalytische Reaktion hergestellt. Im ersten Schritt dieser Sequenz wurden kommerziell erhältliche Phenole in einer WILLIAMSON-Ethersynthese mit Methallylchlorid **54a** umgesetzt (Tabelle 3-1). In moderaten bis exzellenten Ausbeuten von 33-99% konnten so die gewünschten Allylether erhalten werden.

Als Basen wurden milde Carbonatbasen ausgewählt, deren $pK_a$-Wert im Bereich von 10 liegt und damit ausreicht, um die relativ aciden Phenol-Derivate im Gleichgewicht zu deprotonieren. Die Reaktion wurde über Nacht zum Rückfluss erhitzt. Durch die Wahl des dipolar-aprotischen Lösungsmittels Aceton kann eine hohe $S_N2$-Reaktivität erzielt werden.

Elektronenreiche Aromaten (**53i**, **53q**) zeigen eine besonders hohe Reaktivität in dieser Reaktion, während elektronenarme Aromaten (**53c**, **53d**, **53e**) nur in moderaten Ausbeuten umgesetzt werden können. Sterisch gehinderte, *ortho*-substituierte Phenole (**53l**, **53m**, **53n**) ließen sich ebenfalls lediglich in moderaten Ausbeuten verethern. Hydroxycumarin (**53r**) konnte mit der dargestellten Methode nicht zur Reaktion gebracht werden, bei Catechol (**55o**) sind die schlechten Ausbeuten der teilweisen Doppelveretherung geschuldet. Neben Methallylethern konnten auch anderweitig substituierte Allylether sowie der unsubstituierte Allylether **55s** zugänglich gemacht werden. Hierbei wurde als Allylierungsreagenz das entsprechende Tosylderivat **54b** eingesetzt. Deshalb ist es wenig überraschend, dass aufgrund der guten Abgangsgruppenqualität des Tosylats in allen Fällen Ausbeuten von über 80% und im Falle des benzylgeschützten Allylethers **55u** sogar 99% erhalten werden konnten (**55t**, **55u**, **55v**, **55w**).

### 3.1.2   Darstellung von Allylphenolen durch CLAISEN-Umlagerung

Im Folgenden sollte eine CLAISEN-Reaktion das *ortho*-substituierte Methallylphenol liefern. Da es sich um eine thermisch erlaubte [3,3]-sigmatrope Umlagerung handelt, wurde die Reaktionsmischung in einem hochsiedenden Lösungsmittel unter Mikrowellenstrahlung auf 245 °C erhitzt (Tabelle 3-2). Hierbei wurden meist in exzellenten Ausbeuten die gewünschten Phenolderivate erhalten. Probleme ergaben sich bei der Reaktion in Anwesenheit einer Carbonyl- oder Heterocarbonylgruppe. Hier gelangen nur Ausbeuten im Bereich von 26-47% (**21e**, **21f**, **21j**). Bei Nitrophenol **21j** kam es aufgrund der hohen Reaktionstemperatur zu einer thermischen Zersetzung. Bei Einsatz eines *meta*-substituierten Aromaten **55p** traten Regioselektivitätsprobleme auf. Das gewünschte 1,2,3-trisubstituierte Methallylphenol **21p** konnte deshalb nur in Ausbeuten von 39% isoliert werden. Bei den höher substituierten Allylethern wie bei **55u** wurde als Lösungsmittel 2,6-Diethylanilin verwendet. Die Reaktion mit der TBS-geschützten Seitenkette schlug unter ähnlichen Bedingungen fehl (**21v**).

**Tabelle 3-2:** CLAISEN-Umlagerung zu *ortho*-Methallylphenolen.

21a (81%)    21b (93%)    21c (84%)    21d (55%)    21e (47%)

21f (42%)    21g (94%)[a]    21h (69%)    21i (96%)[a]    21j (26%)[a,b]

21k (94%)[a]    21l (77%)    21m (83%)    21n (64%)[c]    21p (39%)[d]

21s (69%)    21t (71%)    21u (88%)[e]    21v (0%)[e]    21w (77%)

[a] Synthese durch Masato Kobayashi; [b] DMA, 240 °C 4.5 h; [c] leichte Isomerisierung, [d] NMP, 185 °C, 22 h; [e] 2,6-Diethylanilin, *mw*, 230 °C, 3 h.

### 3.1.3 Cyanatbildung unter Verwendung von Bromcyan

Aus den dargestellten Phenolen wurden im Anschluss Cyanatoallylbenzole dargestellt. Hierbei wurde eine Methode von MARTIN und BAUER verwendet.[80] Dabei ist es wichtig, dass alle Operationen in einem gut funktionierenden Abzug durchgeführt werden. Bromcyan setzt durch Hydrolyse mit Luftfeuchtigkeit leicht Brom und Blausäure frei und ist deshalb äußerst toxisch. Zur Cyanatbildung in einer Mischung aus Hexan und Diethylether wird Triethylamin als Base eingesetzt (Tabelle 3-3). Das Phenolatnucleophil reagiert mit Bromcyan, in welchem das Nitril-Kohlenstoffatom im Vergleich zum Cyanid eine umgepolte Reaktivität aufweist, zum gewünschten Cyanat. Eine säulenchromatographische Reinigung der Produkte war nicht nötig, da überschüssige Salze einfach abfiltriert werden können und die Reaktion im Regelfall nahezu quantitativ verläuft. Probleme ergaben sich nur beim cyano-substituierten Aromaten **56h** und beim Nitroaromaten **56j**.

**Tabelle 3-3:** Darstellung der Cyanate **56** aus den Phenolen **21** mittels Bromcyan.

| | | | | |
|---|---|---|---|---|
| **56a** (99%) | **56b** (99%) | **56c** (98%) | **56d** (99%) | **56e** (62%) |
| **56f** (97%) | **56g** (89%)[b] | **56h** (58%)[a] | **56i** (61%)[b] | **56j** (50%)[b] |
| **56k** (67%)[b] | **56l** (91%) | **56m** (99%) | **56n** (81%) | **56o** (89%) |
| **56p** (97%) | **56s** (93%) | **56t** (86%) | **56u** (90%) | **56w** (91%) |
| **56x** (95%) | **70a** (86%) | **70b** (99%) | **56'y** (0%)[c] | **56'z** (0%)[c] **56'z'** (0%)[c] |

[a] 1.5 h; [b] Synthese durch Masato Kobayashi; [c] nBuLi, THF, 0 °C

In dieser Cyanatbildungsreaktion konnten neben den beschriebenen Allylphenolen auch Phenole **21x** umgesetzt werden. Diese wurden auf einem zweistufigen Weg ausgehend von 2-Methoxybenzylmagnesiumchlorid (**71**) erhalten. Zunächst wurde eine GRIGNARD-Addition von Methallylchlorid an **71** durchgeführt. In 78% Ausbeute konnte so der gewünschte C-verlängerte Methylbuten-2-yl-Baustein **72** erhalten werden. Durch eine Entschützung der Methoxygruppe mit Thioethanolat wurde das freie Phenol **21x** erzeugt, welches nun mit Bromcyan zum entsprechenden Cyanat **56x** umgesetzt werden konnte.

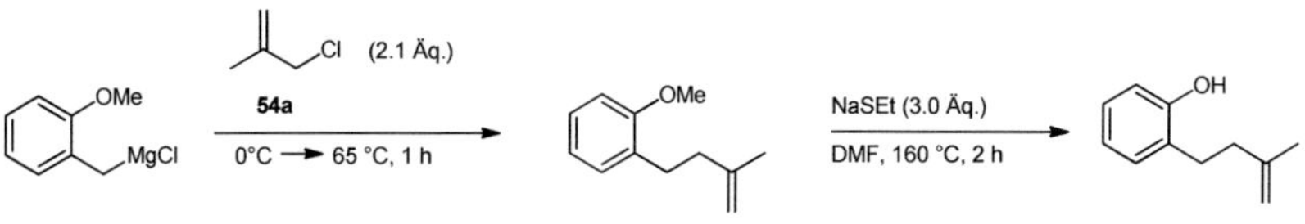

**Schema 3-1:** Reaktion von 2-Methoxybenzylmagnesiumchlorid **71** zum Methylbut-2-enylphenol **21x**.

Des Weiteren wurden propargylsubstituierte Phenole in der Cyanierungsreaktion eingesetzt. Diese können über eine vierstufige Sequenz aus *ortho*-Kresol hergestellt werden (Schema 3-1). Zunächst wird *o*-Kresol **53n** als Silylether **73** geschützt, im folgenden Schritt findet eine radikalische Bromierung der Methylseitenkette statt. Abgeschlossen wird die Sequenz durch eine SONOGASHIRA-HAGIHARA-Reaktion des erhaltenen Bromids **74** mit Trimethylsilylacetylen unter klassischen Bedingungen. Da es sich um ein C(sp$^3$)-Kohlenstoffatom handelt, ist die oxidative Addition in die C(sp$^3$)-Br-Bindung erschwert. Der Propargylphenylsilylether **75** konnte deshalb nur in einer moderaten Ausbeute von 55% erhalten werden.

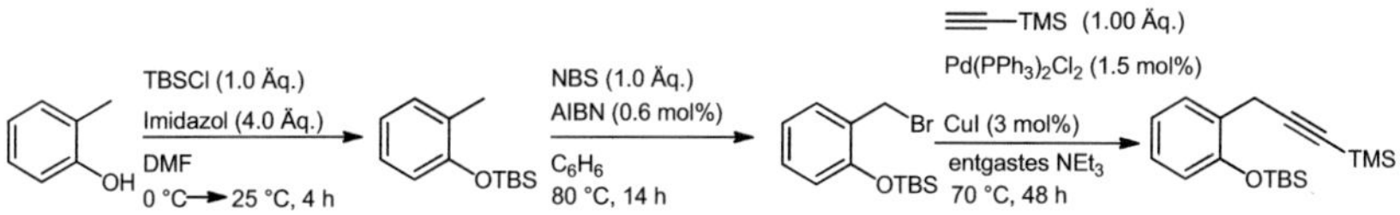

**Schema 3-2:** Synthese des propargylsubstituierten Silylphenylethers **70**.

Die Schutzgruppen können entweder gleichzeitig mit Tetrabutylammoniumfluorid (Schema 3-3, unten) oder selektiv (Schema 3-3, oben) abgespalten werden. Wird z.B. Acetylchlorid in Methanol und Dichlormethan eingesetzt, so lässt sich der Silylether spalten, während die C-Si-Bindung nicht tangiert wird. Die Cyanatbildung aus den erhaltenen Produkten **76a** und **76b** erfolgte in nahezu quantitativer Ausbeute (Tabelle 3-3).

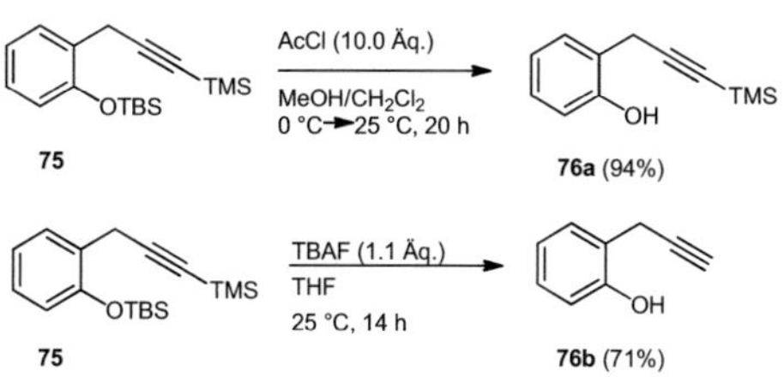

**Schema 3-3:** Entschützungsreaktionen.

Leider war es mit der beschriebenen Methode nicht möglich, aliphatische Cyanate darzustellen. Aufgrund der geringeren Acidität aliphatischer Alkohole wurde nicht Triethylamin, sondern die starke Base *n*-Buthyllithium eingesetzt. An ähnlichen Substraten wie den in dieser Arbeit untersuchten beobachteten OVERMAN *et al.* eine Umlagerungsreaktion zum Isocyanat.[81] In der Kürze der Zeit konnte keine geeignete Methode gefunden werden, um die aliphatischen allylischen Cyanate darzustellen; somit entfiel eine Untersuchung der Oxycyanierungsreaktion mit diesen Substraten.

### 3.1.4  Oxycyanierung von Alkenen

In der im Arbeitskreis NAKAO entwickelten Carbocyanierungsreaktion konnten erfolgreich Alkane, Alkene und Alkine eingesetzt werden. Idee der vorliegenden Arbeit war die Aktivierung einer O-CN-Bindung. In der Vergangenheit haben sich verschiedene Gruppen mit der Entwicklung von Boryl-, Brom-, Germyl-, Silyl-, Stannyl- und Thiocyanierungsreaktionen beschäftigt (*vide supra*). Die Bindungslänge einer O-CN-Bindung liegt zwischen der einer C-O-Einfachbindung und der einer C=O-Doppelbindung. Deshalb kann sie als starke Bindung aufgefasst werden. Tatsächlich wurde die katalytische Aktivierung einer O-CN-Bindung erst vor Kurzem von einer japanischen Arbeitsgruppe beschrieben und die vorliegende Arbeit stellt das zweite Beispiel für eine katalytische Oxycyanierung dar.[72] Zu Beginn unserer Arbeiten auf diesem Gebiet, lag noch kein Bericht über die katalytische Aktivierung einer O-CN-Bindung vor.

Die optimalen Reaktionsbedingungen für die intramolekulare 5-*exo*-trig-Cyclisierung zum gewünschten Benzodihydrofuran **57** wurden von MASATO KOBAYASHI unter Verwendung des Substrates **56g** gefunden. In einer Optimierungsstudie von etwa 300 unterschiedlichen Reaktionsbedingungen stellte sich heraus, dass eine Kombination aus Palladium-dibenzylidenaceton (Pd$_2$(dba)$_3$) und Xantphos **25a** als Ligand eine hohe katalytische Aktivität zeigt. Kein anderes Katalysatorsystem war dazu imstande, die Titelreaktion zu katalysieren. Bei den von NAKAO entwickelten Carbocyanierungen von Alkenen hatte sich Ni(cod)$_2$ als effizienter Katalysator herausgestellt, in der Oxycyanierung zeigte ein Nickel-basierendes Katalysator-system jedoch keine katalytische Aktivität. Auch die Verwendung von anderen mono- oder bidentaten Liganden als Xantphos führte nicht zu Ausbeuten von über 5%. Als LEWIS-Säure wurden sowohl Aluminium- als auch Bor-basierende Systeme getestet. Die Verwendung von AlEt$_3$ resultierte in einer geringen Ausbeute, BEt$_3$ sowie AlPh$_3$ waren nicht effektiv. Als beste Bedingungen wurden 5 mol% Pd$_2$(dba)$_3$, 10 mol% Xantphos und 20 mol% BPh$_3$ für etwa 1 h bei 80 °C in THF gefunden. Auch in Toluol konnten akzeptable Ausbeuten erzielt werden. Zudem erwiesen sich verdünnte Lösungen von 0.125 M für die Reaktion am geeignetsten.

**Tabelle 3-4:** Substratbreite der katalytischen Oxycyanierung an den Cyanaten **56**.

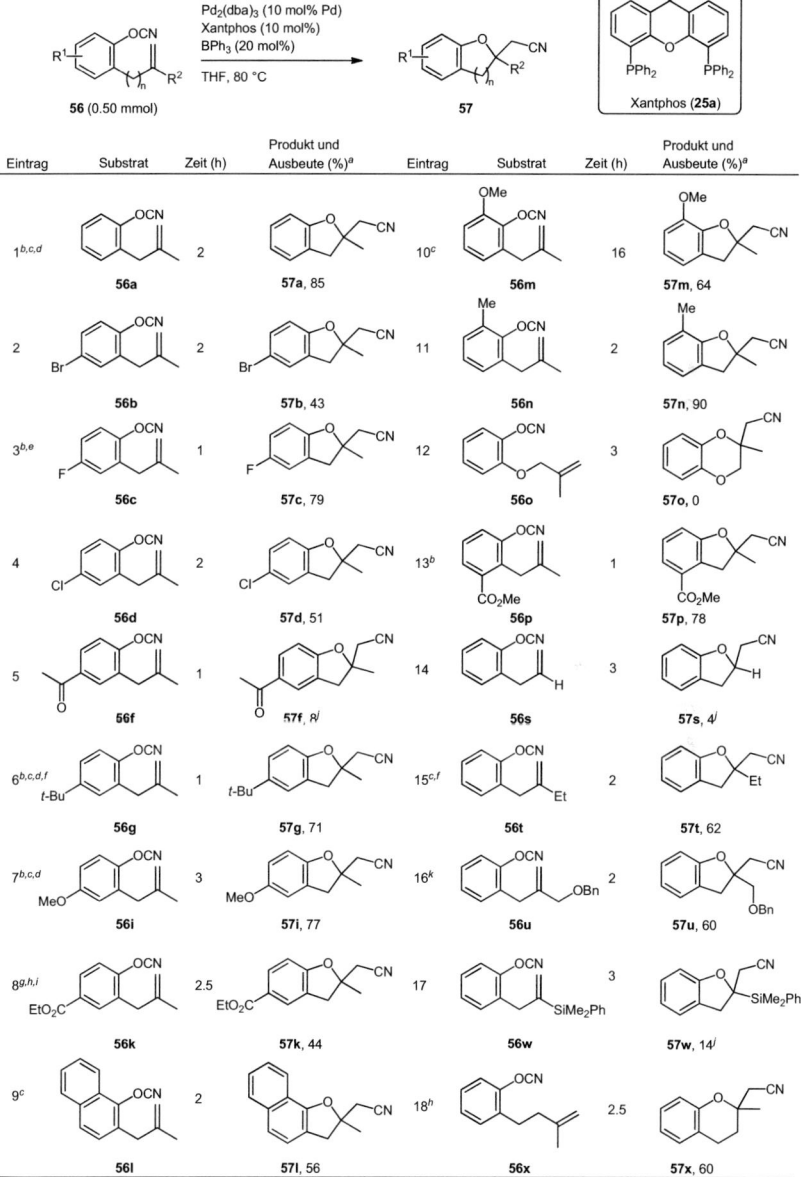

| Eintrag | Substrat | Zeit (h) | Produkt und Ausbeute (%)[a] | Eintrag | Substrat | Zeit (h) | Produkt und Ausbeute (%)[a] |
|---|---|---|---|---|---|---|---|
| 1[b,c,d] | **56a** | 2 | **57a**, 85 | 10[c] | **56m** | 16 | **57m**, 64 |
| 2 | **56b** | 2 | **57b**, 43 | 11 | **56n** | 2 | **57n**, 90 |
| 3[b,e] | **56c** | 1 | **57c**, 79 | 12 | **56o** | 3 | **57o**, 0 |
| 4 | **56d** | 2 | **57d**, 51 | 13[b] | **56p** | 1 | **57p**, 78 |
| 5 | **56f** | 1 | **57f**, 8[j] | 14 | **56s** | 3 | **57s**, 4[j] |
| 6[b,c,d,f] | **56g** | 1 | **57g**, 71 | 15[c,f] | **56t** | 2 | **57t**, 62 |
| 7[b,c,d] | **56i** | 3 | **57i**, 77 | 16[k] | **56u** | 2 | **57u**, 60 |
| 8[g,h,i] | **56k** | 2.5 | **57k**, 44 | 17 | **56w** | 3 | **57w**, 14[j] |
| 9[c] | **56l** | 2 | **57l**, 56 | 18[h] | **56x** | 2.5 | **57x**, 60 |

[a] Isolierte Ausbeute basierend auf **56**; [b] 1.00 mmol Maßstab; [c] 5 mol% Pd/Xantphos-Katalysator und 10 mol% BPh$_3$; [d] 50 °C; [e] 90 °C; [f] Pd[(o-tol)$_3$P]$_2$ statt Pd$_2$(dba)$_3$; [g] 100 °C; [h] Nixanthos **25b** anstelle von Xantphos **25a**; [i] 40 mol% BPh$_3$; [j] Ausbeute durch GC ermittelt; [k] 0.20 mmol Maßstab.

Als Nebenprodukte waren hauptsächlich die Phenole **21** zu beobachten, aus denen das Cyanat **56** dargestellt wurde. Dies deutet darauf hin, dass eine oxidative Addition in die O-CN-Bindung stattgefunden hat, die darauf folgende Oxypalladierung jedoch nicht. Der postulierte Katalysecyclus ist in Schema 3-4 dargestellt. Zunächst findet die LEWIS-Säure-vermittelte oxidative Addition des Palladiums in die O-CN-Bindung von **56** statt, sodass Komplex **II** entsteht. Die LEWIS-Säure dient dabei ähnlich wie bei Carbonylsystemen in nucleophilen Additionsreaktionen als Aktivator der O-CN-Bindung. Die Rolle der LEWIS-Säure wurde vielfach diskutiert und es ergab sich, dass das Zwischenprodukt **II** durch die Bindung der LEWIS-Säure stabilisiert wird.[74,75] In diesem Zwischenprodukt **II** koordiniert das Alken am Pd[II]-Zentrum. Die nun folgende *syn*-Oxypalladierung zum Zwischenprodukt **III** kann als geschwindigkeits-bestimmender Schritt identifiziert werden.[16] Je nucleophiler der Sauerstoff, desto einfacher kann dieser Schritt erfolgen. Das erklärt, weshalb die Reaktion besonders gut mit elektronenreichen Aromaten funktioniert. Bei elektronenarmen Aromaten ist aufgrund des zu wenig nucleophilen Sauerstoffs häufig eine Decyanierung zu beobachten. Abgeschlossen wird der Katalysecyclus durch eine reduktive Eliminierung des Palladiums, sodass ein Benzodihydrofuran **57** mit quartärem Stereozentrum entsteht. Die reduktive Eliminierung kann sowohl von der LEWIS-Säure, als auch vom Xantphos-Liganden beschleunigt werden.[82] Besonders bemerkenswert ist, dass unter Verwendung der gezeigten Reaktionsbedingungen eine chemoselektive Aktivierung der O-CN-Bindung vor der Aktivierung der relativ labilen C-Br-Bindung erzielt werden kann (Tabelle 3-4, Eintrag 2).

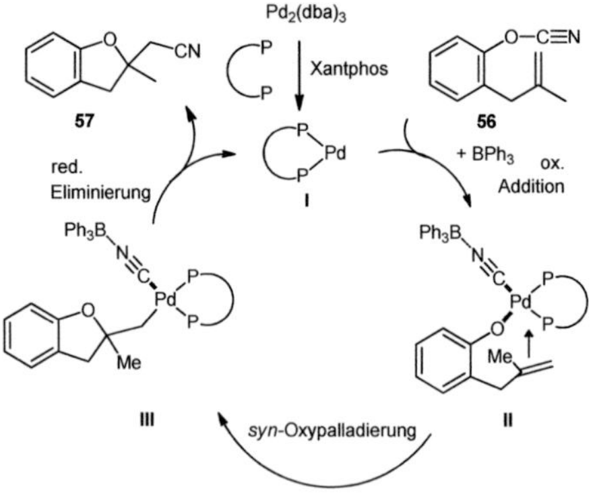

**Schema 3-4:** Postulierter Katalysecyclus der Oxycyanierung.

Allgemein lässt sich feststellen, dass besonders elektronenreiche Systeme in der Katalyse effektiv umgesetzt werden können. Substrat **56a** ließ sich ebenso wie Substrat **56i** ohne Probleme auch bei 50 °C unter ansonsten gleichen Reaktionsbedingungen umsetzen. Bei den Substraten **56g** und **56t** war ein Wechsel der Palladiumquelle von Pd₂(dba)₃ zu Pd[(o-tol)₃P]₂ nötig, da dba ansonsten nur schwer von den Reaktionsprodukten abgetrennt werden konnte.

Aromaten mit einer *para*-elektronenziehenden Gruppe ließen sich nur unter modifizierten Bedingungen umsetzen (Substrate **56b-56f, 56k**). Bei diesen Substraten führten in der Regel höhere Reaktionstemperaturen als üblich zum Erfolg.

Ein schönes Beispiel für die Optimierung der Bedingungen bei *para*-elektronenziehenden Gruppen stellt der *para*-Fluor-substituierte Aromat **56c** dar. Unter Verwendung von 5 mol% Pd/Xantphos-Katalysator und 10 mol% BPh$_3$ konnten bei einer Reaktionstemperatur von 50 °C 47% des gewünschten Produktes **57c** isoliert werden. Bei einer Vervierfachung der Katalysator-, Liganden- und LEWIS-Säurebeladung konnte die Ausbeute lediglich auf 55% gesteigert werden. Eine Temperatursteigerung auf 80 °C ergab hingegen eine Steigerung der Ausbeute auf 79%. Im Vergleich dazu konnte bei dem *para*-Chlor-substituierten Aromaten **56d** bei einer Steigerung der Temperatur von 50 °C auf 80 °C und ansonsten identischen Reaktionsbedingungen eine Verbesserung der Ausbeute von 38% auf 51% erzielt werden. Eine weitere Steigerung der Reaktionstemperatur auf 90 °C führte zu einer verbesserten Ausbeute von 62% (durch GC bestimmt). Auch beim *para*-Brom-substituierten Aromaten **56b** führte die Erhöhung der Reaktionstemperatur von 80 °C auf 90 °C zu einer Steigerung der Ausbeute um 5% (48% isolierte Ausbeute). Beim *para*-Ethylester-substituierten Aromaten **56k** war eine hohe Reaktionstemperatur von 100 °C, die Verwendung eines hohen Anteils LEWIS-Säure (40 mol% BPh$_3$) sowie der Einsatz des Nixantphos-Liganden (**25b**) erforderlich, um die Ausbeute von 28% auf 44% zu steigern. Entgegen der Erwartung ließ sich jedoch das Acetophenon-Derivat **56f** nicht unter den beschriebenen Bedingungen umsetzen. Die maximal beobachtete Ausbeute konnte als Integral im Gaschromatographen (GC) auf 8% bestimmt werden.

Der *meta*-Methylester-substituierte Aromat **56p** konnte ohne Probleme zum gewünschten Benzodihydrofuran **57p** cyclisiert werden. Dieses ist trotz des elektronziehenden Effektes des Esters und der Carbonyleinheit im Molekül bemerkenswert. Bei *ortho*-substituierten Aromaten war bei 50 °C nur wenig Umsatz zu beobachten. Auch bei *ortho*-Methoxyaren **56m** führten hohe Reaktionstemperaturen und lange Reaktionszeiten zum Erfolg. Hier konnten nach einer Reaktionszeit von 3 h bei 80 °C 54% Ausbeute erzielt werden, während bei 90 °C nach 2 h schon 60% Produkt im Gaschromatogramm beobachtet wurden. Beim Naphthalin-basierten System **56l** war eine Steigerung der Reaktionstemperatur von 90°C auf 100 °C jedoch nicht erfolgreich, da nach zweistündiger Reaktionszeit bei vollständigem Umsatz im Gaschromatogramm nur 50% des Produktes **57l** gefunden werden konnten.

Andere Substituenten als die Methylgruppe am terminalen Olefin lassen sich ebenfalls in der entwickelten Oxycyanierung der Alkene problemlos umsetzen. Der Einsatz einer Ethylgruppe in **56t** sowie einer Methylenbenzyletherfunktion am Olefin in **56u** waren hervorragend durchführbar. Beim Einsatz eines Dimethylphenylsilyl-Substituenten in **56w** kam es zu einer Ausbeute von nur 14% (durch GC bestimmt). Der Umsatz des monosubstituierten Alkens **56s** gelang nur in 4% Ausbeute unter Verwendung der Standardreaktionsbedingungen (durch GC bestimmt). Auch der Einsatz von Nixantphos **25b** konnte die Ausbeute nicht nennenswert steigern. Es wurde vollständiger Umsatz beobachtet, aber es konnte nur ein geringer Anteil des sonst zu erhaltenen Phenols **21s** als Nebenprodukt beobachtet werden. Stattdessen wurde Methylbenzofuran gefunden, welches darauf schließen lässt, dass die reduktive Eliminierung des Palladiums langsamer verläuft, als die β-H-Eliminierung aus **III** (Schema 3-4), die letztendlich zum beobachteten Methylbenzofuran führt. Ausgehend von Allylcyanaten des Typs **56o** sollte versucht werden, ein Dioxanderivat **57o** über die Titelreaktion zugänglich zu machen. Hierbei führte jedoch die entwickelte Methode nicht zum Erfolg.

Da Versuche zur Darstellung von Cyanaten aus aliphatischen Alkoholen nicht zur Isolierung des gewünschten Produkts führten (*vide supra*), sollte eine Kaskadenreaktion bestehend aus Cyanatbildung und Oxycyanierung entwickelt werden. Dabei sollte das Cyanat *in situ* aus dem Alkohol generiert werden und sofort in der Oxycyanierungsreaktion cyclisieren. Versuche mit aromatischen Cyanaten zeigten erfolgsversprechende Ergebnisse. Als Cyanierungsreagenz wurde dabei Phenylcyanat eingesetzt. Daraus kann ohne Verwendung einer Base unter Freisetzung von Phenol ein Cyanat gewonnen werden. Im Falle der aliphatischen Cyanate konnten jedoch in der GC-MS-Analyse nur Spuren des vermuteten Produktes festgestellt werden, welches im Massenspektrum das typische Muster aufwies.

Zur Darstellung des Chromansystems **57x** waren verschiedene Reihenuntersuchungen nötig, da unter den Standardreaktionsbedingungen lediglich eine Ausbeute von 28% in der 6-*endo*-trig-Cyclisierung erzielt werden konnte. Durch die Variation der LEWIS-Säure ergab sich relativ schnell, dass ausschließlich BPh$_3$ in Frage kommt (Tabelle 3-5, Einträge 1-4). So konzentrierten sich die Untersuchungen schließlich auf den Ligandeneinfluss. Hierbei wurden sowohl einige Xantphos-Derivate **25** als auch bi- und tridentate Liganden getestet. Mit dem tridentaten Liganden **77** ließ sich ausschließlich eine Decyanierung beobachten (Tabelle 3-5, Eintrag 5). Annähernd der gesamte Umsatz resultierte im entsprechenden Phenol **21x**. Die Oxypalladierung wird durch einen solchen Liganden also nur wenig katalysiert, während die oxidative Addition offensichtlich zu funktionieren scheint. Unter Verwendung von alkylierten Phosphinliganden wie **78**, alkylierten Xantphosderivaten wie **25f** oder Ferrocen-basierten Liganden wie **79a** und **79b** wurde ausschließlich Decyanierung, aber keine Produktbildung beobachtet (Tabelle 3-5, Einträge 6-10, Eintrag 12). Erst unter Einsatz von sperrigeren aromatischen Resten am Phosphor kam es zu einer nennenswerten Bildung des gewünschten Chromans **57x**. Der Einsatz des *tetra-ortho*-Tolyl-Xantphos-Derivates **25i** resultierte in einem Umsatz von 78% und ergab 27% des gewünschten Produkts (Tabelle 3-5, Eintrag 11). Unter Verwendung des *tetra*-Xylyl-substituierten Xantphos-Derivates **25g** kam es sogar zu einer Ausbeute von 41% bei einem Umsatz von 95% (Tabelle 3-5, Eintrag 13). Als Nebenprodukt konnten hierbei 26% des decyanierten Produkts **21x** beobachtet werden. Die Verwendung des Nixantphos-Liganden **25b** brachte einen noch größeren Erfolg. Hier konnten bei vollständigem Umsatz 62% Ausbeute des gewünschten Produkts bei nur 2% Decyanierung beobachtet werden (Tabelle 3-5, Eintrag 14). Damit galt Nixantphos **25b** als Ligand der Wahl für diese Transformation.

**Tabelle 3-5:** Optimierung der Oxycyanierung zum Chroman **57x**.

| Eintrag | LEWIS-Säure | Ligand | Umsatz von **56x**[a] | Ausbeute von **21x**[a] | Ausbeute von **57x**[a] |
|---|---|---|---|---|---|
| 1 | B(C$_6$F$_5$)$_3$ | Xantphos | 87% | 6% | <1% |
| 2 | **BPh$_3$** | **Xantphos** | **>99%** | **9%** | **28%** |
| 3 | BEt$_3$ | Xantphos | 35% | 4% | 1% |
| 4 | Zn(C$_6$F$_5$)$_3$ | Xantphos | 100% | 21% | 2% |
| 5 | BPh$_3$ | Lig **77** | 55% | 40% | 0% |
| 6 | BPh$_3$ | Lig **78** | 66% | 29% | 0% |
| 7 | BPh$_3$ | Lig **79a** | 80%[b] | 20%[b] | 0%[b] |
| 8 | BPh$_3$ | Lig **25h** | 62%[b] | 15%[b] | 0%[b] |
| 9 | BPh$_3$ | Lig **25f** | 42% | 27% | 0% |
| 10 | BPh$_3$ | Lig **79b** | 98% | 40% | 0% |
| 11 | BPh$_3$ | Lig **25i** | 78% | 20% | 27% |
| 12 | BPh$_3$ | Lig **25f** | 81% | 14% | 14% |
| 13 | BPh$_3$ | Lig **25g** | 95% | 26% | 41% |
| **14** | **BPh$_3$** | **Nixantphos** | **100%** | **2%** | **62%** |

[a] Ausbeute durch GC bestimmt; [b] Wert bezieht sich auf Reaktion nach 1.5 h.

### 3.1.5 Oxycyanierungsreaktion unter SCHLENK-Bedingungen

Die bisher beschriebenen katalytischen Reaktionen wurden unter Inertgas-Atmosphäre in einer Glove-Box angesetzt und in einem verschlossenen Gefäß bei der angegebenen Temperatur gerührt. Um die Aktivität des Katalysatorsystems genauer zu verstehen, sollte versucht werden, die Reaktion ohne Verwendung einer Inertgas-Box anzusetzen.

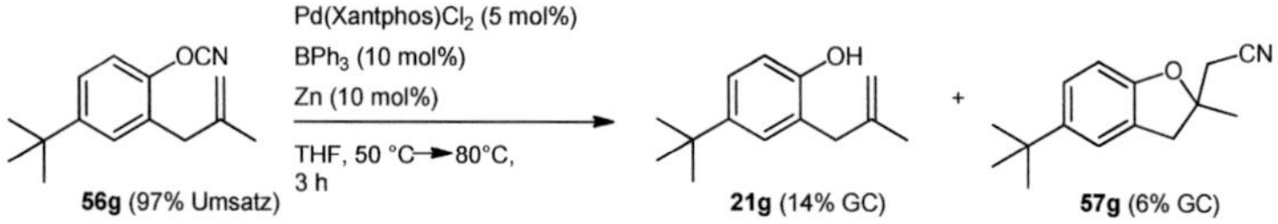

**Schema 3-5:** *In-situ*-Erzeugung der katalytisch aktiven Spezies.

Dazu wurden der Katalysatorprecursor $Pd^{II}(Xantphos)Cl_2$, die LEWIS-Säure $BPh_3$ und elementares Zink eingesetzt (Schema 3-5). In einer Redox-Reaktion mit elementarem Zink sollte der Precursor zur katalytisch aktiven $Pd^0(Xantphos)$-Spezies reduziert werden. Die luftempfindliche LEWIS-Säure, die in der Glove-Box gelagert wird, wurde unter SCHLENK-Bedingungen hinzugefügt. Es konnte zwar ein annähernd vollständiger Umsatz des Substrats beobachtet werden, doch waren nur etwa 6% des gewünschten Produktes mithilfe der GC auszumachen. Die Versuche, den aktiven Palladiumkatalysator $Pd^0(Xantphos)$ aus einer $Pd^{II}$-Vorstufe durch *in-situ*-Reduktion mit Zink zu gewinnen, schlugen bisher fehl.

### 3.1.6 Versuche zur enantioselektiven Oxycyanierung von Alkenen

Da bei der Reaktion ein quartäres Stereozentrum erzeugt wird, handelt es sich bei den gezeigten Produkten um racemische Gemische. Dieses legt die Entwicklung einer enantioselektiven Variante der dargestellten Reaktion nahe. Da sich bei der genauen Untersuchung der Reaktion herausstellte, dass sowohl die LEWIS-Säure $BPh_3$ als auch der Ligand Xantphos für eine problemlose Umsetzung von essentieller Wichtigkeit sind, stellte sich die Entwicklung einer enantioselektiven Reaktion als Herausforderung dar.

Zunächst sollte mit chiralen Xantphos-artigen Phosphiten des Typs **25k** ein chiraler Katalysator auf Xantphos-Basis hergestellt werden. Da Phosphite jedoch völlig unterschiedliche elektronische Eigenschaften haben im Vergleich zu Phosphinen wie **25a**, wurden Probleme bei der Umsetzung erwartet. Unter den etablierten Reaktionsbedingungen konnte kaum ein Umsatz des Substrats festgestellt werden (Tabelle 3-6). Auch die Erhöhung der Reaktionstemperatur auf 80 °C führte nicht zu nennenswerter Produktbildung. Schließlich wurde die Temperatur auf 100 °C erhöht, was zu einem Umsatz von 71% führte. Darunter konnten 18% des decyanierten Phenols gefunden werden, welches üblicherweise als Nebenprodukt der Reaktion auftritt. Ein Wechsel des Lösungsmittels auf Toluol zur weiteren Erhöhung der Reaktionstemperatur, führte zwar zu einem Umsatz von 91%, allerdings bei konstant bleibender Decyanierung. Schließlich wurde die Katalysatorbeladung bei 100 °C in THF auf 10 mol% erhöht, sodass annähernd vollständiger Umsatz mit 33% Decyanierung beobachtet wurde.

**Tabelle 3-6:** Versuche zur enantioselektiven Oxycyanierung von **56g**.

| Eintrag | x | T [°C] | t [h] | Lösungsmittel | Umsatz von **56g** | Ausbeute von **57g'**/**21g** |
|---------|---|--------|-------|---------------|---------------------|-------------------------------|
| 1 | 5 | 50-80 | 19 | THF | 48% | 2%/3% |
| 2 | 5 | 100 | 7 | THF | 71% | -/18% |
| 3 | 5 | 130 | 7 | PhMe | 91% | 1%/17% |
| 4 | 10 | 100 | 3 | THF | 97% | <1%/33% |

25k

Die Entwicklung einer enantioselektiven Variante der Reaktion erwies sich mit dem bisher verwendeten Xantphos-Phosphit **25k** als erfolglos. Möglicherweise könnte der Einsatz von chiralen Xantphos-basierenden Liganden, wie sie in der Einleitung vorgestellt wurden (*vide supra*), mit einem chiralen Phosphor-Atom wie in **25d** oder einem elektronisch ähnlicherem Phosphin wie **25e**, die beide schon ihr Potential in enantioselektiven TSUJI-TROST-Reaktionen unter Beweis gestellt haben, zum Erfolg führen. Die Ausweitung auf eine enantioselektive Anwendung dieser Reaktionsklasse wird derzeit in der Gruppe von NAKAO durchgeführt.

### 3.1.7 Oxycyanierung von Alkinen

Nachdem die Versuche zur intramolekularen Oxycyanierung von Alkenen erfolgreich abgeschlossen worden waren, sollten mit den dargestellten Alkinen Oxcyanierungsreaktionen vorgenommen werden. Die Ergebnisse des Screenings sind in Tabelle 3-7 dargestellt.

In einer kleinen Optimierungsstudie wurde zunächst ClPd(allyl) als geeignete Palladiumquelle ausgemacht. Eine Reaktionstemperatur von 80 °C bei 3 h Reaktionszeit diente als Startpunkt und lieferte 49% des isomerisierten Benzofurans **80** (Eintrag 4). Eine Reihenuntersuchung der Liganden bei 50°C ergab, dass Nixantphos **25b** die Reaktion deutlich effizienter katalysiert als Xantphos **25a** (Einträge 5 und 7). Es wird vermutet, dass bei 80 °C unter der Verwendung von

Nixantphos **25b** als Ligand deutlich höhere Ausbeuten als die mit Xantphos **25a** beobachteten 49% zu erzielen sind.

**Tabelle 3-7:** Optimierung der Oxycyanierung des Alkins **65b**.

| Eintrag | [Pd]* | Ligand | Additiv (Äq.) | T [°C] | t [h] | Umsatz von **65b** | Ausbeute von **80** |
|---|---|---|---|---|---|---|---|
| 1 | Pd$_2$(dba)$_3$ | Xantphos | - | 80 | 3 | >99% (8% **76b**) | 31% |
| 2 | Pd$_2$(dba)$_3$ | Xantphos | PhOCN (1.2) | 80 | 3 | 87% (2% **76b**) | 23% |
| 3 | Pd$_2$(dba)$_3$ | Xantphos | - | 90 | 3 | 95% | 38% |
| 4 | ClPd(allyl) | Xantphos | - | 80 | 3 | 100% | 49% |
| 5 | ClPd(allyl) | Xantphos | - | 50 | 15 | 99% | 8% |
| 6 | ClPd(allyl) | Lig **25g** | - | 50 | 1 | 95% | 5% |
| 7 | ClPd(allyl) | Nixantphos | - | 50 | 2.5 | 96% | 42% |

Leider war die Unterdrückung der Doppelbindungsisomerisierung zum aromatischen System, das thermodynamisch wesentlich stabiler ist, nicht möglich. Aus Zeitgründen konnte die Reaktion mit den dargestellten nicht-terminalen Alkinen nicht mehr untersucht werden. Interessant wäre hier die Erzeugung eines Stereozentrums in der Benzofuran-Seitenkette gewesen. Da die hier dargestellten Benzofurane auf anderen Wegen viel effizienter und kostengünstiger zugänglich sind, wurde von einem Screening der Substratbreite abgesehen. Die Reaktion kann lediglich als *proof-of-principle* aufgefasst werden.

## 3.2    Synthese von C-glycosidischen Disacchariden

Der Hauptteil der vorliegenden Arbeit beschäftigt sich mit der Synthese von C-glycosidischen Disacchariden. Dabei sollte ein Ansatz entwickelt werden, der eine große Bandbreite verschiedener Verknüpfungen ermöglicht. Die Monosaccharid-Untereinheit sowie die pseudoanomere Stereochemie sollten dabei einfach variiert werden können. Außerdem sollte die Möglichkeit zur Manipulation der Stereochemie an C-2 und an der Verknüpfungsstelle des nicht-reduzierenden Kohlenhydrats eingebaut werden. Der Ansatz sollte dennoch auf der Verwendung von Monosaccharid-Einheiten fußen, sodass viele Stereozentren aus dem chiralen Pool eingebracht werden können und ein der O-Glycosid-Synthese ähnlicher, aber dennoch orthogonaler Ansatz entsteht.

Als Schlüsselschritt sollten in all diesen Reaktionen Kreuzkupplungen angewandt werden. In der C-Glycosid-Synthese wurde bislang eine Vielzahl von Kreuzkupplungsreaktionen verwendet, selten wurden jedoch Kreuzkupplungsreaktionen verwendet, um eine Brücke zwischen zwei Monosaccharideinheiten zu generieren. Da diese Reaktionen als modern, robust und breit anwendbar gelten, sollte es möglich sein zu verschiedenen C-glycosidischen Disacchariden zu gelangen. Zugleich ist eine solche Route für einen iterativen Prozess geeignet, bei dem sowohl C- als auch O-glycosidische Bindungen in definierbarer Stereochemie eingeführt werden können. Als Elektrophile für solche Reaktionen sollen insbesondere Iodglycale und triflatierte Glycale dienen (vide supra, Aufgabenstellung und Planung). Diese können in einer SONOGASHIRA-HAGIHARA-Reaktion mit verschiedenen Alkinen eingesetzt werden, um Enin-Systeme zu erhalten. Die Synthese von Stannylglycalen ist für die STILLE-KOSUGI-MIGITA-Reaktionen interessant. Solche Verbindungen können mit Bromolefinen zu Dienen umgesetzt werden, die eine Schlüsselrolle in der entwickelten Synthesesequenz spielen (vide supra, Aufgabenstellung und Planung).

### 3.2.1    Synthese der Iod- und Stannylglycale nach literaturbekannten Methoden

Stannylglucale und Iodglucale konnten über literaturbekannte Methoden[46-48] aufgebaut werden (Schema 3-6). Zunächst wurden alle Hydroxylgruppen des aus D-Glucose in einer dreistufigen Sequenz zugänglichen D-Glucals (**81**) in 87% Ausbeute mit Triisopropylsilylchlorid geschützt. Das Reaktionsprodukt wurde nun unter Verwendung von vier Äquivalenten tert-Butyllithium anomer deprotoniert und schließlich mit Tributylstannylchlorid zum 1-Tributylstannylglucal **63a** umgesetzt. Die globale Entschützung lieferte in 93% Ausbeute das 1-Tributylstannylglucal **63b**. Für weitere Kupplungsreaktionen wurden die freien Hydroxylgruppen mit einer Benzylschutzgruppe ausgestattet.

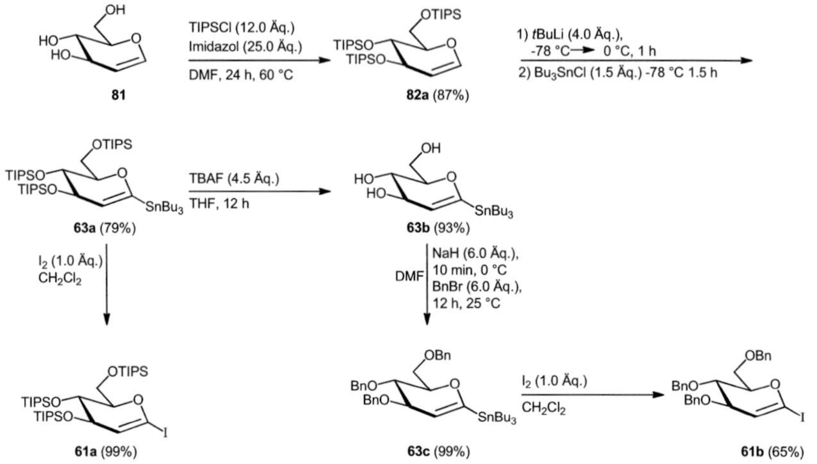

**Schema 3-6:** Synthese von Stannylglucalen **63** und Iodglucalen **61**.

Der späte Wechsel der Schutzgruppen von der sterisch anspruchsvollen Triisopropylsilylgruppe auf die permanente Benzylschutzgruppe hat zwei Gründe. Zum einen kann sie aus synthetischen Gründen nicht früher eingeführt werden, da sie den stark basischen Bedingungen der anomeren Deprotonierung nicht standhalten würde. Zum anderen ist der Wechsel aus sterischen Gründen für die Durchführbarkeit weiterer Reaktionen erforderlich.

Für eine breitere Substratpalette wäre eine Synthese des 1-Tributylstannylgalactals **63d** sowie des 1-Iodgalactals interessant gewesen. Aufgrund der Acidität des an der 4-Position lokalisierten Protons im Galactal, die zu einer Deprotonierung desselben mit anschließender Zersetzung des Kohlenhydratgerüstes führt, konnten die gewünschten Galactale auf dieser Route jedoch nicht erhalten werden.

Um andere Stannylglycale (z.B. Stannylgalactale oder Stannylfucale) zu erhalten, wurde deshalb eine mildere, aber längere Sequenz gewählt, die von KOCIENSKI[83] und Mitarbeitern publiziert wurde (Schema 3-7). Der Schlüsselschritt dieser Route ist ein Sulfoxid-Lithium-Austausch, der eine anomere Deprotonierung überflüssig macht. Die anomer lithiierte Spezies kann anschließend mit Tributylstannylchlorid abgefangen werden. Durch diese milderen Reaktionsbedingungen war es möglich zu 1-Stannylgalactalen **63d** und 1-Stannylfucalen zu gelangen. [84]

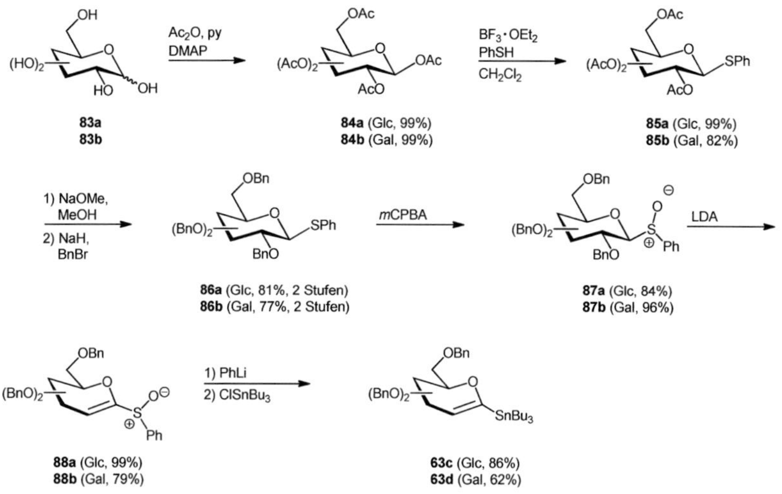

**Schema 3-7:** Synthese von Stannylglucal **63c** und Stannylgalactal **63d**.

Die Stannylglycale **63** stellen einen wichtigen Kreuzungspunkt in der Synthese von C-Disacchariden durch Palladium-katalysierte Kreuzkupplungsreaktionen dar, weil sie in einem einzigen Schritt in ein Iodelektrophil überführt werden können. Dazu genügt eine Titration mit elementarem Iod in Dichlormethan (Schema 3-6).[46] Da Iodglycale relativ empfindliche Verbindungen sind, sollten sie umgehend nach ihrer Synthese für weitere Reaktionen eingesetzt werden. Für die Lagerung solcher Verbindungen ist jedoch Lichtausschluss und Kühlung von essentieller Wichtigkeit. Von der Synthese von 1-Iodgalactalen **61c** wurde aufgrund der hohen Lichtempfindlichkeit und der geringen Literaturevidenz für solche Verbindungen abgesehen. Stattdessen sollten andere Elektrophile dargestellt werden, die im folgenden Kapitel näher beschrieben werden.

### 3.2.2  Synthese anderer elektrophiler Glycale

Aufgrund der hohen Empfindlichkeit der Iodglycale **61**, der schwierigen Darstellbarkeit von 1-Bromglycalen und der vergleichbar geringeren Reaktivität von 1-Chlorglycalen sollte der Einsatz von Glycalphosphaten **61d/e** studiert werden, da Phosphate sich in einer STILLE-KOSUGI-MIGITA-Reaktion als reaktive Elektrophile erwiesen.[49] Die Reaktivität von Glycalphosphaten in SONOGASHIRA-HAGIHARA-Reaktionen ist bisher wenig untersucht. Ihr Einsatz als Elektrophile in einer solchen Reaktion mit Kohlenhydratalkinen wie **62** sollte also näher beleuchtet werden.

Die Synthese der Glycalphosphate **61d/e** wurde divergent gestaltet, um eine große Bandbreite von Elektrophilen zugänglich zu machen. Dazu wurde von perbenzyliertem Glycal **82** ausgehend gestartet, an das unter sauren Bedingungen leicht Wasser addiert werden konnte (Schema

3-8).[85] Die Oxidation des Halbacetals **89** führte zum entsprechenden Lacton **90**. Modifizierte SWERN-Bedingungen wurden dabei der Oxidation mit dem cancerogenen Pyridiniumdichromat (PDC) vorgezogen. Die Enolisierung des Lactons und das Abfangen des Enolats sollten den Zugang zu einer ganzen Reihe von *O*-Elektrophilen eröffnen, die im Folgenden in Kreuzkupplungsreaktionen eingesetzt werden können.

Glycalphosphate **61d/e** konnten nach der von NICOLAOU beschriebenen Methode[49] ausgehend von entsprechenden Lactonen sehr einfach erhalten werden. Unter den üblichen SONOGASHIRA-HAGIHARA-Bedingungen reagierten die dargestellten Phosphate jedoch weder mit einfachen noch mit komplexen Kohlenhydrat-basierten Alkinen **62** zu den gewünschten Eninen **60**.

Weiterhin kamen die stabilen Tosylate als anomere Abgangsgruppe in Betracht. Diese hatten in SONOGASHIRA-HAGIHARA-Reaktionen schon ihr großes Potential gezeigt.[86] Tosylglycale **61g/h** sind jedoch in der Literatur bisher nicht beschrieben. Es stellte sich heraus, dass unter den üblichen Enolisierungsbedingungen keine Tosylatbildung mit *p*-Tosylanhydrid beobachtet werden kann. Auch der Einsatz stärkerer Basen wie KO*t*Bu oder höherer Temperaturen brachte keine Besserung in der Reaktivität. Es war lediglich eine Zersetzung des Startmaterials zu beobachten.

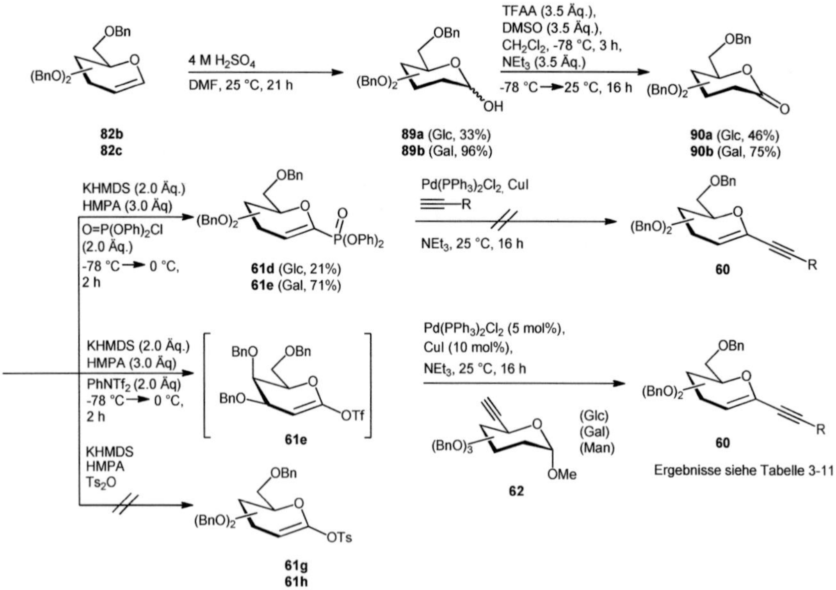

**Schema 3-8:** Synthese verschiedener elektrophiler Glycale **61**.

Schließlich sollte die Synthese und Reaktivität von triflatierten Glycalen **61f** untersucht werden. Diese Verbindungen sind als hochreaktiv bekannt und werden in der Regel nicht isoliert. Nach der Enolisierung des Galactolactons **90b** konnte das Enolat mit PhNTf$_2$ als triflatiertes Galactal **61f** abgefangen werden.[87,88] Die so erhaltene Verbindung **61f** wurde direkt in einer CACCHI-Kreuzkupplungsreaktion mit einfachen Alkinen und Kohlenhydrat-basierten Alkinen eingesetzt (*vide infra*). Von einer CACCHI-Kupplung wird gesprochen, wenn in einer SONOGASHIRA-HAGIHARA-Reaktion, die üblicherweise mit Haloelektrophilen durchgeführt wird, anstelle derselben Pseudohaloelektrophile wie Triflate eingesetzt werden.

### 3.2.3   Synthese literaturbekannter 3-, 4- und 6-Hydroxymethylglycopyranoside

Die Kupplungspartner für Iodglycale und triflatierte Galactale in einer SONOGASHIRA-HAGIHARA-Reaktion bzw. einer CACCHI-Reaktion stellen Alkine dar. Diese können durch eine fünfstufige Synthese ausgehend vom jeweiligen α-Methylglycosid erhalten werden. *Exo*-Bromolefine, die in einer STILLE-KOSUGI-MIGITA-Reaktion als Kupplungspartner für Stannylglycale dienen, können ebenfalls ausgehend von α-Methylglycosiden erhalten werden. In beiden Fällen werden Hydroxymethylglycopyranoside als Intermediate benötigt. Die Synthese solcher Verbindungen soll im Folgenden besprochen werden.

Als Synthesestrategie zu den 3-Hydroxymethylglycopyranosiden **94a-c** wurde wegen der schwierig steuerbaren Selektivität eine relativ unselektive Monobenzylierung angewandt. Zunächst wurden hierzu die kommerziell erhältlichen α-Methylglycoside α-Methylglucopyranosid (**91a**), α-Methylmannopyranosid (**91b**) und α-Methylgalatopyranosid (**91c**) mit einer Benzylidenklammer an Position 4 und 6 geschützt (**92a-c**, Schema 3-12). Im Falle des Glucosederivates wurde hierzu unter katalytischer Einwirkung von *p*-Toluolsulfonsäure und einem Äquivalent Dimethoxybenzylidenacetal PhCH(OMe)$_2$ die Benzylidenklammer auf Position 4 und 6 aufgebracht. Zur Synthese des Mannose- und des Galactosederivates mussten acidere Bedingungen eingesetzt werden. Hier erwies sich die in der Literatur beschriebene Methode mit HBF$_4$ als Säure als ausgezeichnete Syntheseoption.[89] Die etwas geringeren Ausbeuten im Falle des Mannosederivates **92b** sind der *cis*-Stellung der 2- und 3-Hydroxygruppen geschuldet, wodurch ein höherer Teil an 2,3-Benzyliden-geschütztem Nebenprodukt auftritt, das sich zudem als schwer abtrennbar erwies.

Bei der folgenden relativ unselektiven Monobenzylierung wurden drei Produkte in unterschiedlichen Verhältnissen je nach Kohlenhydratderivat erhalten. Es entstand sowohl das unerwünschte bisbenzylierte Produkt als auch die beiden denkbaren monobenzylierten Produkte. Von selektiven Methoden zum Aufbringen von Esterschutzgruppen in solchen Systemen wurde abgesehen, da diese in der geplanten Synthesesequenz aufgrund ihrer Basenlabilität inadäquat sind.[90]

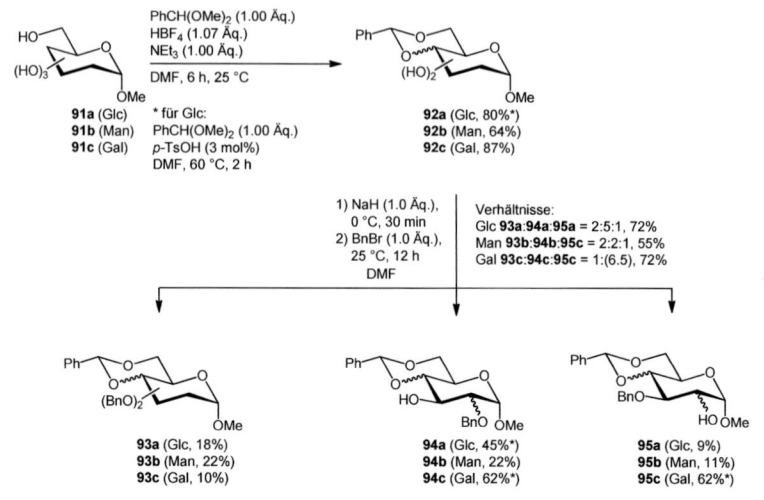

**Schema 3-9:** Synthese der Hydroxymethylglycopyranoside **94** und **95**.

Die bevorzugte Benzylierung der 2-Position bei Glucose und Galactose ist durch einen Orbitaleffekt zu erklären. Dabei interagiert das $\sigma_{C\text{-}O}$-Orbital an C-2 mit dem $\sigma^*_{C\text{-}O}$-Orbital zwischen C-1 und dem Ringsauerstoff, die im Falle der Glucose und der Galactose antiperiplanar zueinander stehen. Dadurch wird die Acidität der Hydroxygruppe an Position erhöht. Bei Mannose ist eine solche günstige Anordnung nicht gegeben. Beim Glucosederivat ist dieser Effekt am deutlichsten ausgeprägt. Dort wird ein Benzylierungsverhältnis von 5:1 zwischen 2- und 3-Position beobachtet (Schema 3-9). Im Falle des Galactosederivates lassen sich die regioisomeren Benzylierungsprodukte kaum trennen, beim Mannosederivat wird die 2-Benzylierung zur 3-Benzylierung im Verhältnis 2:1 bevorzugt. Die Ausbeuten sind in allen Fällen moderat.

Um zu den 4- und 6-Hydroxymethylglycopyranosiden zu gelangen, ist statt der Monobenzylierung der 2- bzw. 3-Position eine Perbenzylierung mit anschließender selektiver Öffnung der Benzylidenklammer in Richtung der 4- bzw. 6-Position notwendig (Schema 3-10). Eine Perbenzylierung ist in allen Fällen unproblematisch und verläuft in annähernd quantitativer Ausbeute. Die regioisomeren Produkte können nun durch die Öffnung der Benzyliden-Schutzgruppe erhalten werden. Die Öffnung mit Trifluoressigsäure, Trifluoressigsäureanhydrid und Triethylsilan als Hydridquelle resultiert in der Bildung des 4-Hydroxyderivats (Schema 3-10, oben), während eine Öffnung mit BH₃·THF und Dibutylbortriflat das 6-Hydroxyderivat liefert (Schema 3-10, Mitte). Die mechanischen Gründe für diese Regioselektivität sind aktuell in der Diskussion.[91] In drei Stufen bestehend aus

Benzylidenschützung, Perbenzylierung und selektiver Benzylidenöffnung konnten so die gewünschten 4- und 6-Hydroxymethylglycopyranoside der Glucose und Mannose erhalten werden.

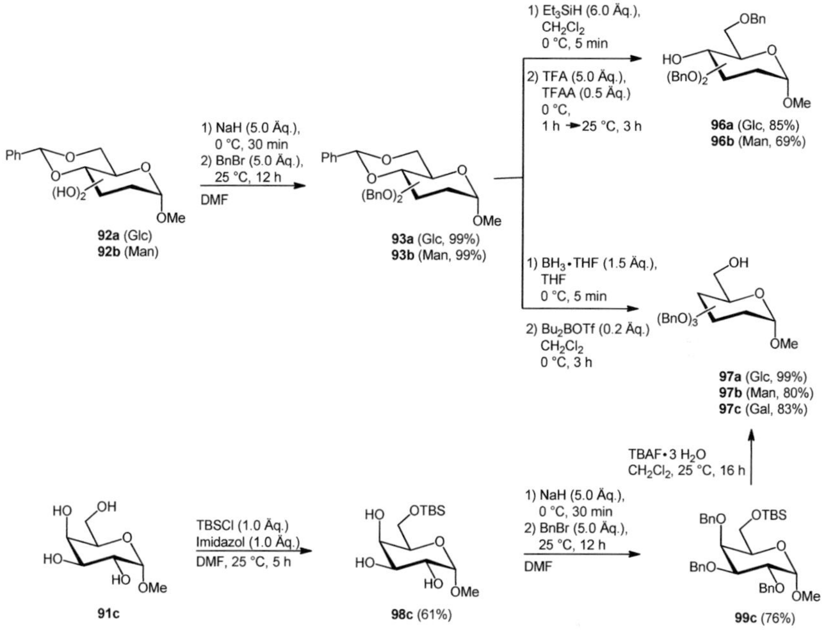

**Schema 3-10:** Synthese der 4- und 6-Hydroxymethylglycopyranoside **96** und **97**.

Da die Öffnung des Benzylidenderivates sich im Falle der Galactose aufgrund der axialen Stellung der Hydroxylgruppe als schwierig herausstellte, wurde zur Synthese des 6-Hydroxymethylgalactopyranosids **97c** ein anderer Weg eingeschlagen (Schema 3-10, unten). Hierbei wurde zunächst die primäre 6-Hydroxylgruppe in **91c** chemoselektiv als Silylether **98c** geschützt. Anschließende Perbenzylierung unter Standardbedingungen und Entschützung der Silyletherfunktion mittels TBAF liefert das gewünschte 6-Hydroxymethylgalactopyranosid **97c** in 39% Ausbeute über drei Stufen.

### 3.2.4 Synthese der 3- und 4-Brommethylen-Kohlenhydratderivate über WITTIG-artige Reaktionen

Die so erhaltenen Alkohole können nun in einer zweistufigen Sequenz dazu genutzt werden, um das für ein C-Glycosid nötige zusätzliche Kohlenstoffatom einzuführen. Hierzu diente zur Synthese der Brommethylen-Kohlenhydratderivate zunächst eine Oxidation zum Keton, welches ein ideales Ausgangsmaterial für eine Olefinierungsreaktion darstellt. Um vom Keton zum

C-erweiterten Synthesebaustein zu gelangen, wurde eine WITTIG-artigen Olefinierung eingesetzt. Die zweistufige Synthesesequenz soll im folgenden Abschnitt näher beleuchten werden. Dazu wurden zunächst die beschriebenen 3- und 4-Hydroxymethylglycopyranoside in Ketone überführt.

Als Oxidationsmethode erwies sich in der Regel die SWERN-Oxidation als geeignet (Schema 3-11).[92] Hierbei werden zunächst DMSO und Oxalylchlorid bei -78 °C zu einem Chlorsulfonium-Kation umgesetzt, welches mit dem zu oxidierenden Alkohol versetzt wird. Der finale Schritt zur Ketonbildung erfolgt durch Zugabe der milden Amin-Base Triethylamin. Für das 3-Hydroxymethylgalactopyranosid **94c** stellte sich jedoch die DESS-MARTIN-Oxidation[93] mit fünf Äquivalenten einer hypervalenten Iodspezies als Methode der Wahl dar, um das Keton zu generieren. Im Falle des 4-Hydroxymethylmannoglycosids **96b** mussten modifizierte SWERN-Bedingungen verwendet werden. Der Einsatz von Oxalylchlorid führte nicht zum gewünschten Produkt, sodass stattdessen Trifluoressigsäureanhydrid eingesetzt wurde.

Aus den so erhaltenen in der Regel literaturbekannten Ketonen **100** und **102** sollten nun in einer WITTIG-Reaktion *exo*-Methylenbromolefine **101** und **103** hergestellt werden, die als Kupplungspartner in der geplanten STILLE-KOSUGI-MIGITA-Reaktion eingesetzt werden können.[94] Solche Verbindungen waren in der Regel nicht literaturbekannt, sodass zunächst Bedingungen für ihre Synthese entwickelt werden mussten.

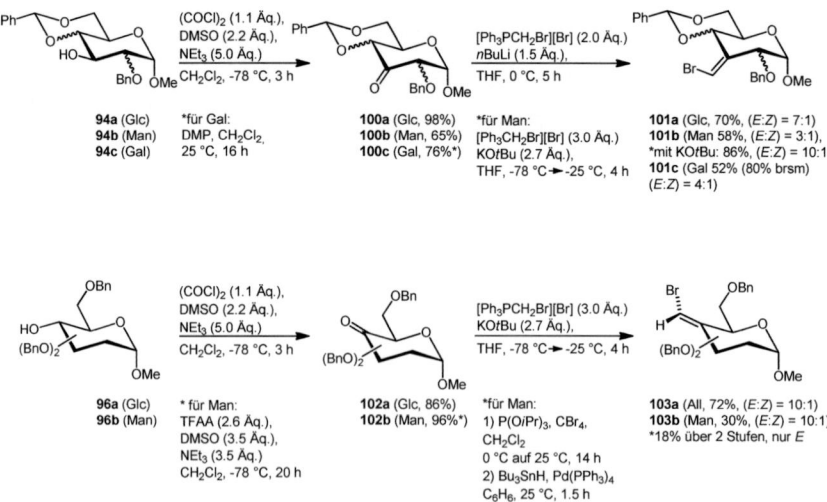

**Schema 3-11:** WITTIG-Reaktion zu den *exo*-cyclischen Bromolefinen **101** und **103**.

Als WITTIG-Reagenz wurde [Ph₃PCH₂Br][Br] eingesetzt. In früheren Untersuchungen hatte sich [Ph₃PCH₃][Br] als hervorragend geeignet für WITTIG-Reaktionen dieser Art erwiesen. Im

Gegensatz dazu war unter Verwendung des WITTIG-Salzes [Ph₃PCH₂I][I] – möglicherweise aufgrund der größeren sterischen Hinderung – keine Reaktion zu beobachten. Da auch andere Methoden, wie z.b. eine TAKAI-Olefinierung keinen Zugang zu *exo*-Iodolefinen liefern konnten, wurde die Synthese von *exo*-Bromolefinen vorgezogen.

Zu den verschiedenen WITTIG-Salzen wurden in der Reaktion auch verschiede Basen untersucht, die aus dem entsprechenden Salz durch Deprotonierung das reaktive Ylid generieren. Im Folgenden wird allerdings nur auf die Verwendung von *n*BuLi und KO*t*Bu eingegangen, da sich diese Basen gegenüber Alkalimetall-HMDS-Systemen als vorteilhaft für die Reaktion erwiesen.

Als geeignete Bedingungen wurden zwei Standardprotokolle für eine WITTIG-Reaktion ausgemacht, die im jeweiligen Fall zur besten Ausbeute und Selektivität führten.[95] Das erste Protokoll basiert auf der Verwendung von *n*BuLi als Base und [Ph₃PCH₂Br][Br] als WITTIG-Salz bei einer Reaktionstemperatur von 0 °C. Diese Bedingungen wurden schon in frühreren Reaktionen erfolgreich verwendet. Die zweiten Bedingungen setzen auf die Verwendung von KO*t*Bu als Base. Das WITTIG-Salz bleibt hierbei dasselbe, aber die Reaktionstemperatur wurde auf -78 °C abgesenkt. Nach Zugabe des Ketons wurde die Reaktion auf -25 °C erwärmt, um die Reaktion zu beschleunigen. In der Regel konnten unter diesen Bedingungen bessere Ausbeuten und Selektivitäten erzielt werden.

WITTIG-Reaktionen dieser Art brachten jedoch einige Probleme mit sich, die im Folgenden kurz diskutiert werden sollen. Einerseits erwies sich die geplante WITTIG-Reaktion an einigen Substraten als nicht durchführbar, sodass auf andere Methoden zur Olefinbildung zurückgegriffen werden musste, auf die im nächsten Abschnitt eingegangen werden soll. Andererseits kam es in manchen Fällen zu unerwarteten Isomerisierungsreaktionen.

Im Falle des 4-Glucosederivates **102a** kam es unter Verwendung von *n*BuLi als Base zwar zur Olefinbildung, jedoch konnte neben dem gewünschten Bromolefin **103a** auch das debromierte Methylenolefin isoliert werden. Abhilfe schaffte hierbei die Verwendung von KO*t*Bu als Base. Es kam bei der Reaktion jedoch zu einer unerwünschten Epimerisierung am C-3 der Glucose, sodass das Allosebromid **103a** das Produkt dieser Reaktion war. Die Reaktion wurde in unserer Arbeitsgruppe bereits in der Vergangenheit genauer analysiert.[84] Beim entsprechenden 4-Mannosederivates **103b** lässt sich feststellen, dass unter den Standardbedingungen in schlechter Ausbeute und *E/Z*-Selektivität das Produkt erhalten werden kann. Eine zweistufige Sequenz bestehend aus RAMIREZ-Olefinierung[96] nach Bedingungen von LAUTENS[97] und selektiver Monodebromierung unter Palladium-Katalyse lieferte das Produkt **103b** in moderater Ausbeute, aber hervorragender *E*-Selektivität.

Im Falle der Synthese von 3-Bromexoolefinen **101** erwiesen sich die Bedingungen mit *n*BuLi als Base für Glucose- und die Galactosederivate als überlegen. Die Bromolefine konnten in moderaten bis guten Ausbeuten und guten *E/Z*-Selektivitäten hergestellt werden. Im Falle des Glucosederivates **101a** konnte ein *E/Z*-Verhältnis von 7:1 bei einer Ausbeute von 70% bestimmt werden. Die Galactoseketone **100c** zeigten in beiden beschriebenen Standardprotokollen eine geringe Reaktivität. Für die Mannosederivate **101b** wurden mit KO*t*Bu als Base jedoch bessere Ausbeuten und *E/Z*-Selektivitäten beobachtet (Schema 3-11).

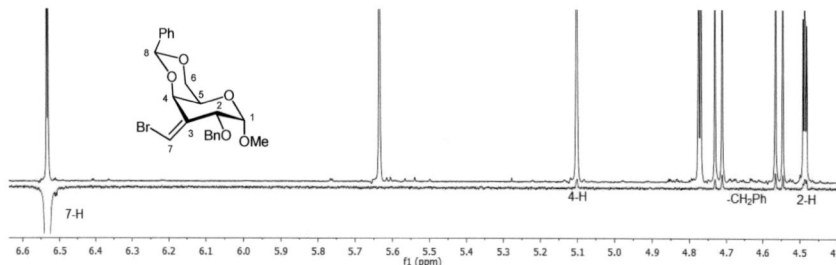

**Abbildung 3-1:** ¹H-NOE-NMR-Spektrum der Verbindung **101c** mit Einstrahlung auf 7-H.

Die Bestimmung der Doppelbindungskonfiguration soll im Folgenden kurz am Beispiel des Galactosederivates **101c** näher beschrieben werden. Abbildung 3-1 zeigt das selektive 1D-NOESY-Spektrum, bei dem auf das Proton 7-H eingestrahlt. Dieses kann im Spektrum aufgrund seiner charakteristischen chemischen Verschiebung von δ = 6.55 ppm völlig isoliert. Es weist Kopplungen zu 2-H und 4-H auf, die im Spektrum ersichtlich sind. Diese beiden Protonen können mittels ¹H-COSY-Spektrum einfach zugeordnet werden. Weiterhin können deutliche Kopplungssignale mit den CH₂-Gruppen der Benzylgruppe beobachtet werden. Aufgrund dieser deutlichen Signale kann auf eine (*E*)-Konfiguration der Doppelbindung geschlossen werden. Im selektiven 1D-NOESY-Spektrum für das Konfigurationsisomer können die Wechselwirkungen mit den CH₂-Benzylprotonen nicht beobachtet werden, was deutlich auf eine (*Z*)-Konfiguration hinweist.

Bei der Synthese der 2-Bromxoolefine wurden die Grenzen der beschriebenen WITTIG-Reaktion aufgezeigt. Beide Standardprotokolle erbrachten nur einen geringen Umsatz, weshalb auf eine andere Strategie zurückgegriffen wurde.

### 3.2.5   Synthese von 2-*exo*-Brommethylen-Kohlenhydratderivaten

Zur Synthese der 2-Bromxoolefine, welche als Kupplungspartner in einer STILLE-KOSUGI-MIGITA-Reaktion für die Darstellung von (1→2)-verknüpften *C*-Disacchariden eingesetzt werden sollen, wurde aus zwei Gründen eine andere Strategie gewählt als für die 3- und 4-Bromxoolefine **101** und **103**. Erstens können die entsprechenden Kohlenhydrate mit 2-Hydroxyfunktionalität wie **95** nur schwer erhalten werden, da bei der unselektiven Monobenzylierung das an C-2 benzylierte Derivat das Hauptprodukt darstellt. Zweitens reagieren die Ketone, die aus den

Alkoholen mit modifizierten Bedingungen zugänglich sind, nur sehr schwer in einer WITTIG-artigen Reaktion, was möglicherweise auf die sterische Hinderung oder den Einfluss des acetalischen Zentrums in Nachbarschaft zurückzuführen ist.

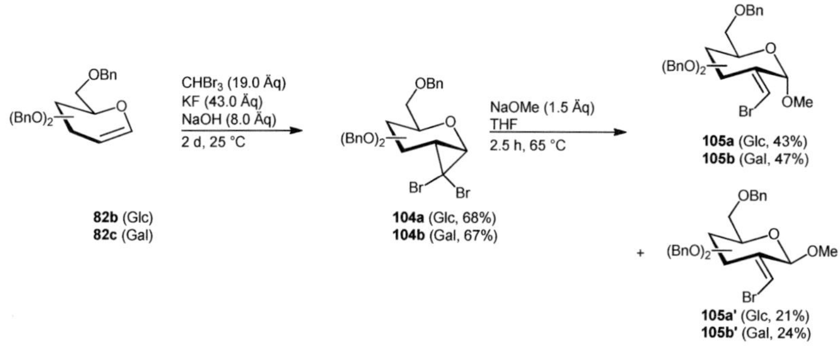

**Schema 3-12:** Zweistufige Sequenz zur Darstellung von 2-*exo*-Methylenbromolefinen **105**.

Eine elegante zweistufige Sequenz ausgehend von Glycalen ermöglicht einen schnellen und selektiven Zugang zu perbenzylierten 2-Methylenbromglycosiden (Schema 3-15).[98] Die *E/Z*-Selektivität dieser Variante ist erstaunlich groß, muss aber mit einer moderaten anomeren Diastereoselektivität bezahlt werden. Der erste Schritt der Sequenz ist die Dibromcyclo-propanierung eines Glycals **82** unter basischen Bedingungen. Aus Bromoform wird so das Dibromcarben hergestellt, das in einer [2+1]-Cycloaddition selektiv das *gluco*- bzw. *galacto*-konfigurierte Cyclopropan-Derivat **104** liefert. Anschließend kann der Cyclopropan-Ring durch eine nucleophile Base wie Natriummethanolat geöffnet werden und liefert unter Abspaltung von HBr eine Mischung aus α- und β-konfiguriertem (*E*)-2-Bromexoolefin **105**. Diese Verbindungen erwiesen sich als äußerst lichtempfindlich und wurden deshalb direkt in der nachfolgenden Reaktion eingesetzt.

### 3.2.6  Synthese verschiedener 6-Alkin-Kohlenhydratderivate

Für (1→6)-Verknüpfungen ist der Aufbau von 6-*exo*-Bromolefinen zwar denkbar, wurde jedoch nicht angewandt. Vielmehr wurden zum Aufbau (1→6)-verknüpfter *C*-glycosidischer Disaccharide elektrophile Glycale **61** und nucleophile Reaktionspartner eingesetzt. Aus Aldehyden können unter Verwendung literaturbekannter Methoden Alkine hergestellt werden, die in einer Palladium-katalysierten Kreuzkupplungsreaktion mit elektrophilen Glycalen zu einem Enin-System reagieren sollten.

Dazu müssen zunächst aus den bereits erwähnten Kohlenhydraten mit freier 6-Hydroxylgruppe **97** die entsprechenden Aldehyde synthetisiert werden. Unter Verwendung eines Standard-

SWERN-Protokolls gelang die Darstellung von Glucose-, Mannose- und Galactose-6-aldehyden in guten bis sehr guten Ausbeuten von 69-89% (Schema 3-13).

In früheren Arbeiten aus unserer Arbeitsgruppe wurde für die Synthese von Kohlenhydrat-basierten Alkinen aus Aldehyden die bekannte zweistufige COREY-FUCHS-Reaktion verwendet.[99] Hierbei wird der Aldehyd zunächst in einer WITTIG-ähnlichen RAMIREZ-Olefinierung in das entsprechende Dibromid überführt. Dieses kann anschließend mittels nBuLi in das gewünschte Alkin transformiert werden. Auf der Suche nach milderen Bedingungen, die sich für eine größere Substratpalette anwenden ließen, wurden die OHIRA-BESTMANN-Bedingungen der SEYFERTH-GILBERT-Homologisierung angewandt, die in einer Stufe das entsprechende Alkin aus dem Aldehyd-Vorläufer generieren.[100]

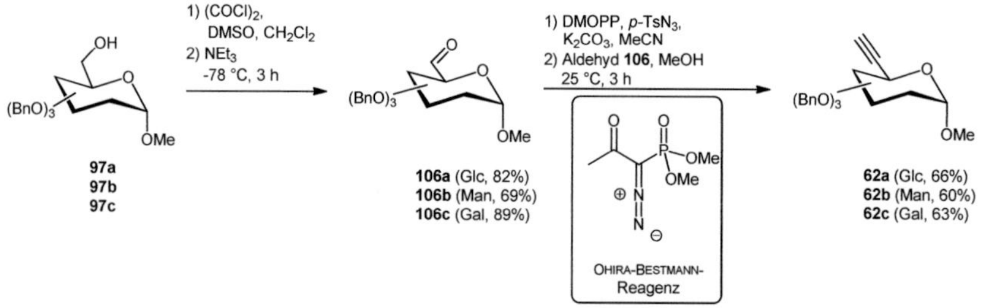

**Schema 3-13:** OHIRA-BESTMANN-Variante der SEYFERTH-GILBERT-Homologisierung zur Synthese der Alkine **62**.

Die gewünschten Alkine **62** konnten unter diesen milden Bedingungen in guten Ausbeuten von 60 bis 66% erhalten werden (Schema 3-13). Dabei wurde das OHIRA-BESTMANN-Reagenz eingesetzt, welches durch einen REGITZ-Diazogruppen-Transfer *in situ* aus *para*-Tosylazid (*p*-TsN$_3$) und Dimethyl-2-oxo-propylphosphonat (DMOPP) generiert werden kann.

### 3.2.7   Synthese von Bausteinen für die Synthese von gemischten *C,O*-Oligosacchariden

Bisher wurden Strategien für die Synthese von Monosaccharid-Bausteinen erläutert, die den Aufbau verschiedener *C*-Disaccharide ermöglichen sollen. Die auf dem Weg zu diesen Bausteinen entwickelten Reaktionen sollten genutzt werden, um Kohlenhydratbausteine aufzubauen, die für die Darstellung komplexerer Oligosaccharide verwendet werden können. Dabei wurde z.B. an die Synthese gemischter *C,O*-Trisaccharide gedacht.

Da die Arbeiten auf dem Gebiet der (1→6)-*C*-glycosidischen Disaccharide am weitesten fortgeschritten waren, wurde die etablierte Strategie, die zum Aufbau der Alkin-Kohlenhydratderivate eingesetzt wurde, auf die Synthese komplexerer Monosaccharid-Bausteine ausgedehnt. Die Monosaccharid-Einheiten sollten so beschaffen sein, dass in Position 6 ein Alkin für die (1→6)-*C*-Verknüpfung und in anomerer Position eine in der Kohlenhydratchemie übliche Abgangsgruppe für eine *O*-glycosidische Verknüpfung installiert

ist. Als solche Abgangsgruppen haben sich vornehmlich Trichloracetimidat- oder Phosphat-
Gruppen bewährt.[101-103]

Mithilfe eines solchen Bausteins sollte es einfach möglich sein, mit einem Kohlenhydrat-
Akzeptor am C-1-Atom eine gewöhnliche $O$-glycosidische Bindung zu knüpfen.[25,104]
Anschließend würde das Alkin für eine (1→6)-$C$-glycosidische Verknüpfung mit einem
elektrophilen Glycalbaustein zur Verfügung stehen.

Zunächst wurde eine Syntheseroute über die literaturbekannten 6-Triisopropylglycale **107**
gewählt (Schema 3-14). Diese konnten unter Verwendung von Dimethyldioxiran (DMDO) facial
selektiv epoxidiert werden. Aufgrund der Sensitivität der entstandenen acetalischen Epoxide
wurden diese nicht isoliert, sondern *in situ* mit verschiedenen Nucleophilen umgesetzt. Dadurch
können praktisch beliebige anomere Schutzgruppen installiert werden.

Die Öffnung mit Allylalkohol ergab im Falle des Galactals **107b** das gewünschte Allylacetal **108b'**
in 78% Ausbeute. Die PMB-Acetale **108a** und **108b**, welche durch die Öffnung der jeweiligen
Epoxide mit *para*-Methoxybenzylalkohol (PMBOH) erhalten werden konnten, wurden in 20%
bzw. 86% Ausbeute isoliert.

Die freie Hydroxyfunktionalität an 2-Position in **108** ermöglicht die Verwendung einer großen
Bandbreite von Schutzgruppen. Schließlich wurde sowohl aufgrund der Orthogonalität zu den
anderen Schutzgruppen als auch aufgrund der β-dirigierenden, anchimeren Wirkung eine
Esterschutzgruppe gewählt. Die Benzoylierung der PMB-Acetale ergab unter Verwendung des
Glucopyranosids **109a** in 85%, im Falle des Galactopyranosids **109b** in 89% Ausbeute den
gewünschten Ester. Mit dem Galactosederivat **109c** wurde ebenfalls ein Acetat in 73% Ausbeute
dargestellt. Das Allylacetal **108b'** wurde in 84% Ausbeute mit der nicht partizipierenden PMB-
Schutzgruppe versehen, um die anchimere Wirkung der Schutzgruppe in der
Glycosylierungsreaktion zu überprüfen.

Anschließend wurden die Produkte in einer zweistufigen Sequenz in die entsprechenden
Aldehyde **111** überführt. Die Abspaltung der Triisopropylsilylschutzgruppe aus **109** verlief in
allen Fällen ohne Probleme unter der Verwendung von Tetrabutylammoniumfluorid (TBAF) in
THF. Für die Oxidation zum Aldehyd erwies sich die SWERN-Oxidation als gängig, im Falle der
Benzoylester **110a** und **110b** sowohl des Gluco- als auch des Galactopyranosids, mussten die
Bedingungen jedoch modifiziert werden, um akzeptable Ausbeuten zu erhalten. Im Falle des
Glucopyranosids **111a** führte eine PARIKH-DOERING-Oxidation[105] mit dem kommerziell
erhältlichen SO₃-Pyridin-Komplex zum Erfolg, während sich eine TEMPO-BAIB-Oxidation[106] bei
Galactopyranosid **111b** als überlegene Methode darstellte.

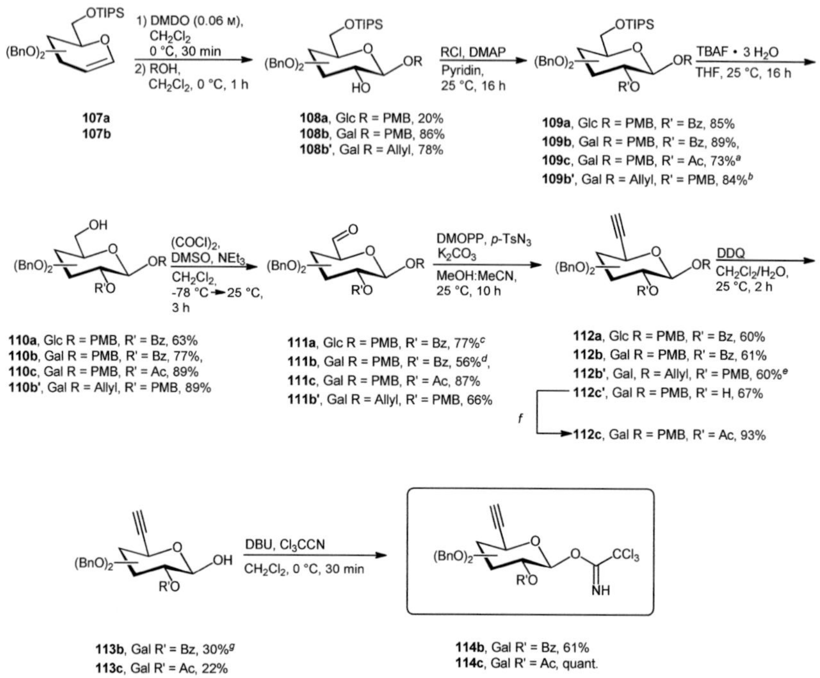

**Schema 3-14:** Synthese-Sequenz zur Darstellung der Bausteine **114** zum Aufbau verzweigter *C,O*-Glycoside.

[a] Bedingungen für R' = PMB: 1) NaH, DMF, 0 °C, 30 min, 2) TBAI, PMBCl, 25 °C, 16 h; [b] Bedingungen für R' = Ac: Ac₂O, Pyridin, 25 °C, 16 h; [c] Bedingungen: SO₃ • Pyridin, NEt₃, DMSO ,25 °C, 2 h; [d] Bedingungen: TEMPO, BAIB, CH₂Cl₂, 0 °C, 1 h; [e] Bedingungzen: Corey-Fuchs - Umlagerung 1) CBr₄, PPh₃, CH₂Cl₂, 25 °C, 2.5 h, 2) nBuLi, THF, 0 °C, 3 h, [f] Ac₂O, DMAP, Pyridin, 25 °C, 16 h, [g] CAN, MeCN/H₂O, 25 °C, 2 h.

Das Allylacetal **111b'** wurde in das Dibromid überführt, um es für eine Corey-Fuchs-Reaktion vorzubereiten. Diese wurde mit einer guten Ausbeute von 85% unter Standardbedingungen durchgeführt, sodass Alkin **112b'** erhalten wurde. Allerdings konnte die Allylschutzgruppe in **112b'** nicht mehr entfernt werden. Auf der Stufe des Dibromids konnte die Allylschutzgruppe dagegen in mäßigen Ausbeuten von 53% unter harschen Bedingungen isomerisiert und schließlich entfernt werden. Ein solches Substrat ist allerdings für die geplante Reaktionssequenz nicht mehr zu gebrauchen, sodass ein Wechsel der anomeren Schutzgruppe sinnvoll erschien.

Die übrigen durch Oxidation erhaltenen Aldehyde **111** wurden mithilfe der Ohira-Bestmann-Variante der Seyferth-Gilbert-Homologisierung in die gewünschten Alkine **112** überführt. Die Ausbeuten dieser Reaktion liegen typischerweise im Bereich von 60 bis 70%. Es stellte sich jedoch heraus, dass beim 2-Acetylgalactopyranosid **111c** während der Reaktion die Acetat-Schutzgruppe verloren geht. Die schwach basischen Bedingungen reichen offenbar aus, um das Substrat zu deacetylieren. Auch die im Vergleich zur Corey-Fuchs-Reaktion sehr milden Ohira-

BESTMANN-Bedingungen führen bei basenlabilen Schutzgruppen wie Acetat zu Problemen. Daher erscheint die Benzoylschutzgruppe in dieser Sequenz als sinnvollste β-dirigierende Schutzgruppe für die 2-Position. Die Acetyl-Schutzgruppe nach der Alkinbildung jedoch in annähernd quantitativer Ausbeute wieder eingeführt werden (Schema 3-14, **112c'** zu **112c**).

Die Entschützung der anomeren PMB-Gruppe gestaltete sich als ein sehr schwieriges Unterfangen. Die Standardbedingungen, bei denen Cer-Ammonium-Nitrat (CAN) oder 2,3-Dichloro-5,6-dicyanobenzochinon (DDQ) als Oxidationsmittel verwendet werden, lieferten mäßige Resultate.[107] Es konnten jedoch Bedingungen gefunden werden, um die PMB-Gruppe anomer in schlechten Ausbeuten zu entschützen. Hierbei wurde im Fall des 2-benzoylierten Galactopyranosids **112b** eine auf CAN basierende Methode verwendet, die das gewünschte Halbacetal **113b** in 30% Ausbeute lieferte. Im Falle des 2-acetylieren Galactopyranosids **112c** waren unter Verwendung von DDQ lediglich 22% des gewünschten Halbacetals **113c** isolierbar.

Abschließend wurden die so erhaltenen Halbacetale **113** problemlos unter DBU-Katalyse mit Trichloracetonitril in die entsprechenden Trichloracetimidat-Donoren **114** überführt. Dabei wurden der benzoylierte Donor **114b** in 61% und der acetylierte Donor **114c** sogar in quantitativer Ausbeute erhalten.

Bevor diese SCHMIDT-Donoren[101,102] in einer Glycosylierungsreaktion untersucht wurden, sollte ein kürzerer Zugang zu den verbrückenden Bausteinen für die Synthese von gemischten *C,O*-Glycosiden geschaffen werden. Da die in Schema 3-14 beschriebene Route für zu lang befunden wurde, sollten in einer verkürzten Route unterschiedliche Phosphatdonoren zugänglich gemacht werden (Schema 3-15). Dazu wurden zunächst die bereits erwähnten literaturbekannten Glycale **107** hergestellt, die schon in der ersten Route als Startmaterialien dienten (*vide supra*).

Die Silylschutzgruppe in **107** wurde unter Standardbedingungen mit TBAF als Desilylierungsreagenz entfernt. Die gewünschten 6-Hydroxyglycale **115** ließen sich dadurch allerdings nur in moderaten Ausbeuten von 58-68% erhalten.

Die anschließende Oxidation des Alkohols zum Aldehyd lieferte unter Standard-DESS-MARTIN-Bedingungen die gewünschten Produkte **116** in guten Ausbeuten von 73-80%. Die Enoletheraldehyde **116** ließen sich in mäßigen Ausbeuten von 26-36% in das jeweilige Alkin **117** überführen. Anschließend wurden diese mit der SEYFERTH-GILBERT-Homologisierung in der OHIRA-BESTMANN-Variante umgesetzt (*vide supra*). In dieser Reaktion werden durch die Tolerierung der Enolethereinheit zwar ihre bemerkenswert milden Bedingungen deutlich, jedoch werden auch ihre Grenzen ersichtlich, die sich bereits bei der Acetat-Abspaltung auf der ersten Route gezeigt haben.

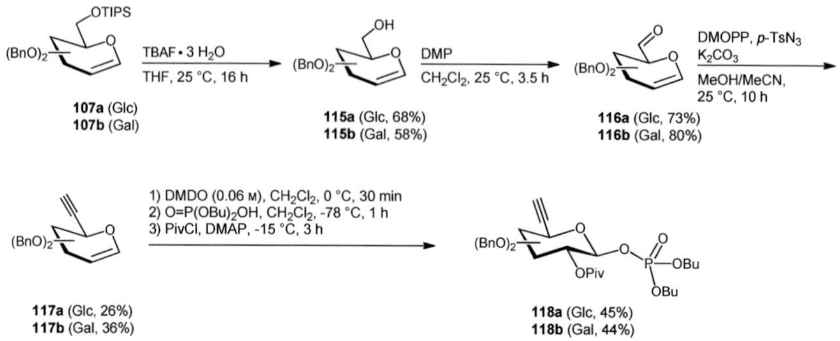

**Schema 3-15:** Synthese-Sequenz für die Darstellung von Phosphatdonoren **118** für die *C,O*-Glycosid-Synthese.

Die erhaltenen Inylenolether **117** sollten nun in einer Reaktion eingesetzt werden, die den direkten Zugang zu einem wichtigen Verknüpfungsbaustein für die Synthese von *C,O*-Glycosiden ermöglicht. Zunächst wird durch eine chemoselektive Epoxidation des Enolethers mit DMDO facial selektiv ein acetalisches Epoxid generiert, das durch den Einsatz von Dibutylphosphat regio- und diastereoselektiv geöffnet wird. Direkt anschließend konnte eine Ein-Topf-Schützung der 2-OH-Gruppe mit Pivaloylchlorid erzielt werden, um in guter Ausbeute von 44-45% über drei Stufen die Phosphatdonoren **118** zu erhalten. Sowohl das Glucose- als auch das Galactosederivat **118a** bzw. **118b** können nun in Glykosylierungsreaktionen untersucht werden (*vide infra*).

### 3.2.8    Versuche zum Aufbau gemischter *C,O*-Trisaccharide

Die biologische Bedeutung vieler Tri- und Tetrasaccharide wurde erst in den letzten Jahren intensiv erforscht.[25] Sie spielen vor allen Dingen bei der interzellulären Informations-übertragung eine entscheidende Rolle. Besonders wichtige Beispiele sind das Sialyl-Lewis-X sowie das Gb-3-Antigen.[108]

Die Möglichkeit zum Einsatz des vorgestellten Ansatzes in komplexen Oligosaccharidsynthesen sollte genauer studiert werden. Als Beispiel dazu ist in Schema 3-16 die retrosynthetische Analyse des Trisaccharids **119** gezeigt, welches eine (1→6)-*C*-glycosidische Verknüpfung zwischen Glucose (aus **61a**) und Glucose (aus **118a**), sowie eine (1→4)-*O*-glycosidische Verknüpfung zwischen Glucose und Glucose (aus **96a**) enthält. Die mittlere Galactose wirkt dabei als verknüpfender Baustein, der sowohl eine *C*- als auch eine *O*-glycosidische Einheit trägt. Die Synthese solcher Bausteine aus bekannten Vorläufern wurde im vorherigen Kapitel ausführlich besprochen (*vide supra*). Die drei abgebildeten Monosaccharide **61a**, **118b** und **96b** könnten in unterschiedlichen Reihenfolgen miteinander kombiniert werden. Zunächst wurde eine *O*-Glycosylierung des Phosphatdonors **118a** mit dem Akzeptor **96a** untersucht (*vide infra*).

Das erhaltene Disaccharid **120** könnte einer Palladium-katalysierten Kreuzkupplung mit Iodglucal **61a** unterzogen werden, sodass der Vorläufer eines gemischtes *C,O*-Glycosids entsteht, welches mit den weiter unten beschriebenen Methoden refunktionalisiert werden könnte (*vide infra*).

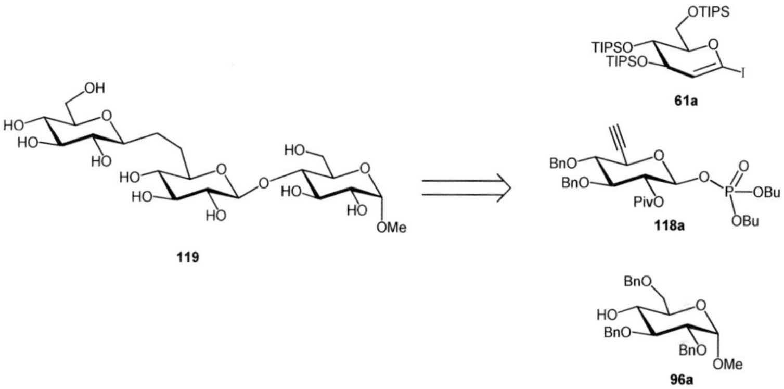

**Schema 3-16:** Retrosynthetische Analyse des *C,O*-Trisaccharids **119**.

Untersuchungen mit dem Glucose-basierenden Verknüpfungsbaustein **118a** ergaben, dass die Reaktion mit dem Glucose-Akzeptor **96a** nicht zum gewünschten Glycosylierungsprodukt **120** führt. Dabei wurden die üblichen Glycosylierungsbedingungen für Phosphat-Donoren mit stöchiometrischen Mengen Trimethylsilyltrifluormethansulfonat (TMSOTf) verwendet. Weder bei -40 °C noch bei -20 °C kam es mit weniger Äquivalenten des Aktivierungsreagenzes zur gewünschten Produktbildung (siehe Tabelle 3-8). Es konnte lediglich eine Zersetzung des Donors beobachtet werden. Experimente mit dem Galactosebaustein **118b** konnten aus Zeitgründen nicht mehr durchgeführt werden, erscheinen aber unter den geprüften Reaktionsbedingungen als ebenso wenig erfolgsversprechend. Für den erfolgreichen Ablauf der Reaktion sind demnach andere Glycosylierungsbedingungen nötig. Die Dreifachbindung scheint somit einen entscheidenden negativen Einfluss auf das Glycosylierungsverhalten auszuüben.

Weitere Reaktionen sollten sich der Untersuchung unterschiedlicher Donoren wie z.B. Trichloracetimidaten **114** widmen. Bei einem solchen Ansatz wären nur substöchiometrische Mengen des Aktivierungsreagenzes erforderlich, was zu deutlich milderen Reaktionsbedingungen führen würde. Hierzu wäre allerdings eine Optimierung des Zugangs zu solchen Trichloracetimidat-Donoren notwendig (vgl. Schema 3-14).

Ein sinnvoller Ansatz wäre ebenfalls die Umkehr der Reaktionsfolge bei der zunächst eine Palladium-katalysierte Kreuzkupplung und anschließend eine *O*-Glycosylierung erfolgt. Dazu muss allerdings die Stabilität der *O*-glycosidischen Bindung gegenüber den Refunktionalisierungsbedingungen gegeben sein.

**Tabelle 3-8:** Studien zum Aufbau des verknüpfbaren *O*-Disacchrids **120**.

| Eintrag | Bedingungen | Ergebnis |
|---------|-------------|----------|
| 1 | Donor **118a** (1.5 Äq.), Akzeptor **96a** (1.0 Äq.), TMSOTf (1.5 Äq.), CH₂Cl₂, -40 °C, 1.5 h auf -20 °C, 3 h, weitere 1.5 Äq. TMSOTf | Zersetzung |
| 2 | Donor **118a** (1.2 Äq.), Akzeptor **96a** (1.0 Äq.), TMSOTf (1.2 Äq.), CH₂Cl₂, -20 °C, 3 h | Zersetzung |

### 3.2.9   Synthese von 2-verknüpften *C*-Glycosiden mittels SONOGASHIRA-HAGIHARA-Kupplung

In früheren Arbeiten wurde bereits die Synthese einiger Enin-Systeme mittels Palladium-katalysierter Kreuzkupplungsreaktionen beschrieben.[51,109] Bei früheren Untersuchungen stellte sich heraus, dass eine ganze Bandbreite alkylierter, silylierter und arylierter Alkine Kreuzkupplungsreaktionen mit 1-Iodtriisopropylsilylglucalen eingeht.

Es stellte sich nun die Frage, ob solche Kreuzkupplungsreaktionen auch von 2-Bromtriacetylgalactalen **121** eingegangen werden. Um diese Frage zu beantworten, wurde **121** in einer SONOGASHIRA-HAGIHARA-Reaktion mit einem alkylierten, einem silylierten und einem arylierten Alkin umgesetzt. Als Ergebnis kann festgehalten werden, dass für die Reaktion zunächst einmal höhere Temperaturen von etwa 70 °C statt der üblichen 25 °C erforderlich sind (Tabelle 3-9). Die Ausbeuten sind in allen Fällen bedeutend geringer als die mit den 1-Iod-glucalen **61a** (92% vs. 66%, 79% vs. 45%).[109] Außerdem konnte das alkylierte Enin-Derivat **122c** nicht in reiner Form isoliert werden.

Schließlich sollte das Verhalten der erhaltenen Enine **122** gegenüber verschiedenen Hydrierungsmethoden untersucht werden. Ein besonders interessantes Verhalten zeigte sich bei der Verwendung von molekularem Wasserstoff in Kombination mit dem PEARLMAN-Katalysator (Tabelle 3-10).[110] Unter diesen Bedingungen wird das 2-Phenylacetylengalactal **122a** zum vollständig gesättigten System reduziert. Da aufgrund der Geometrie des Galactals alle Substituenten in einen Halbraum weisen, wird ein Angriff aus diesem Halbraum sterisch abgeschirmt, was selektiv zur Hydrierung aus dem unteren Halbraum führt. Es entsteht selektiv das 2-axiale Galactosederivat **123a**. Die Ausbeute dieser Reaktion ist annähernd quantitativ.

**Tabelle 3-9:** Studien zur SONOGASHIRA-HAGIHARA-Reaktion von 2-Bromgalactal **121**.

| Eintrag | Alkin | Produkt | Ausbeute (%) |
|---------|-------|---------|--------------|
| 1 | ≡—Ph | | 122a, 66 |
| 2 | ≡—TMS | | 122b, 45 |
| 3 | ≡—Bu | | 122c, unsauber |

Unter denselben Bedingungen konnte im Falle des 2-Trimethylsilylacetylengalactals **122b** chemoselektiv das Alkin hydriert werden. Die Enolether-Doppelbindung blieb vollständig erhalten und könnte für weitere Funktionalisierungsreaktionen genutzt werden.

**Tabelle 3-10:** Hydrierung der Enine **122** unter Verwendung des PEARLMAN-Katalysators.

| Eintrag | Substrat | Produkt | Ausbeute (%) |
|---------|----------|---------|--------------|
| 1 | | | 123a, 97 |
| 2 | | | 123b, 86 |

Diese Untersuchungen gaben einen interessanten Aufschluss über die Reaktivität von 2-Haloglycalen in SONOGASHIRA-HAGIHARA-Reaktionen, die ähnlich wie die Reaktionen von 1-Haloglycalen mit Alkinen bislang wenig untersucht waren. So konnten überraschende Reaktionsprodukte erhalten werden, die einen besseren Einblick in das Hydrierungsverhalten solcher Enin-Systeme ermöglichen.

### 3.2.10 Synthese (1→6)-verknüpfter *C*-Disaccharide mittels SONOGASHIRA-HAGIHARA- und CACCHI-Kupplung

Da die Reaktion von Iodglucalen **61a** mit einfachen Alkinen sowie anfängliche Studien zur Reaktion mit komplexeren Kohlenhydrat-basierten Alkinen **62** erfolgreich verliefen, sollte die Palladium-katalysierte Verknüpfung der dargestellten elektrophilen Glycale **61** mit Alkinylkohlenhydrat-Derivaten **62** näher untersucht werden. Übliche Protokolle empfehlen hierbei die Verwendung von $Pd(PPh_3)_2Cl_2$ als Katalysator, die sich auch in den an anderer Stelle beschriebenen Vorversuchen als optimal erwies.[77,109] Die Reaktion benötigt Kupferiodid als Cokatalysator. Es wird postuliert, dass dieses das Alkin koordiniert und schließlich ein Kupferacetylid ausbildet, welches unter den Reaktionsbedingungen transmetalliert.[111] Des Weiteren ist eine Base wie Triethylamin essentiell für die Reaktion.

Unter Verwendung dieser Standardbedingungen, welche die Reaktion bei Raumtemperatur ermöglichen, waren die gewünschten Enine **60a-f** in Ausbeuten von 46-99% darstellbar (Tabelle 3-11). Möglicherweise ist die geringe Ausbeute des Derivats **60b** mit einer schlechten Katalysatorcharge zu erklären. Im Allgemeinen konnte – wenig überraschend – beobachtet werden, dass durch höhere Katalysatorbeladung größere Ausbeuten zu erzielen waren.

Aufgrund der geringeren Empfindlichkeit der 1-Iodtriisopropylglucale **61a** im Vergleich zu 1-Iodtribenzylglucalen **61b** wurden erstere in der Kupplungsreaktion erfolgreicher eingesetzt. Perbenzylierte 1-Iodglucale konnten zwar dargestellt und isoliert werden, ergaben jedoch in der gezeigten Kupplungsreaktion schlechtere Ausbeuten. Vermutlich sind diese geringeren Ausbeuten der Zersetzung der entsprechenden Iodglucale und nicht etwa der geringeren Reaktivität derselben geschuldet. Für die weitere Syntheseroute erwiesen sich jedoch perbenzylierte *C*-Disaccharide als überlegen, sodass die Silylether-geschützen *C*-Disaccharide **60a'-c'** in einer zweistufigen Sequenz in die entsprechenden perbenzylierten Systeme **60a-c** überführt werden mussten. Die Triisopropylsilylether wurden dazu mit TBAF gespalten und in einem zweiten Schritt wurde mit einem Überschuss von Benzylbromid in basischer Lösung perbenzyliert. Diese zweistufige Sequenz führte in 70 bis 89% Ausbeute zu den gewünschten perbenzylierten Enin-Systemen.

**Tabelle 3-11:** SONOGASHIRA-HAGIHARA- und CACCHI-Reaktionen zu Eninen **60**.

| Eintrag | X | Produkt | Ausbeute (%)$^a$ |
|---|---|---|---|
| 1 | I | | R = TIPS, **60a'**, 99 / R = Bn, **60a** 89$^c$ $^b$ |
| 2 | I | | R = TIPS, **60b'**, 47 / R = Bn, **60b**, 70$^c$ $^b$ |
| 3 | I | | R = TIPS, **60c'**, 74 / R = Bn, **60c**, 71$^c$ $^b$ |
| 4 | OTf | | **60d**, 99$^d$ |
| 5 | OTf | | **60e**, 75$^d$ |
| 6 | OTf | | **60f**, 96$^d$ |

$^a$ Isolierte Ausbeute von **60**; $^b$ Bedingungen für die Umschützung: 1) TBAF, THF, 25 °C, 12 h, 2) NaH, BnBr, DMF, 0 °C ⟶ 25 °C, 12 h; $^c$ Ausbeute über zwei Stufen; $^d$ Pd(PPh$_3$)$_2$Cl$_2$ (7 mol %), CuI (25 mol %).

Im Falle der Galactosyltriflate wurde die Katalysatorbeladung auf 7 mol% bei Cokatalyse von 25 mol% Kupferiodid erhöht. Da die Triflate *in situ* durch einen Überschuss von Base und

PhNTf$_2$ aus den Lactonen dargestellt wurden (*vide infra*), ist die hohe Ausbeute der CACCHI-Kupplungen umso bemerkenswerter (Tabelle 3-11, Einträge 4-6). Die *in-situ*-Erzeugung dieser Triflate machte den Einsatz höherer Katalysatorbeladungen nötig und zudem musste am Ende dieser Eintopfreaktion eine sorgfältige Reinigung der Produkte erfolgen. Da durch Säulenchromatographie eine vollständige Reinigung nicht möglich war, wurden die Produkte mittels Gelpermeationschromatographie gereinigt.

Nachdem nun die Synthese von (1→6)-*C*-Disacchariden erfolgreich bewerkstelligt wurde, sollte zur Synthese von komplexeren (1→2)-, (1→3)- und (1→4)-*C*-Disacchariden übergegangen werden. Dazu wurde die im Folgenden beschriebene STILLE-KOSUGI-MIGITA-Reaktion eingesetzt.

### 3.2.11 Synthese (1→2)-, (1→3)- und (1→4)-verknüpfter *C*-Disaccharide mittels STILLE-KOSUGI-MIGITA-Reaktion

Als Schlüsselschritt des Konzepts, das in dieser Arbeit vorgestellt wird, dienen Palladium-katalysierte Kreuzkupplungsreaktionen. Die SONOGASHIRA-HAGIHARA-Reaktion hatte bereits ihr großes Potential in der Synthese von (1→6)-*C*-Disacchariden bewiesen. Sie konnte jedoch nicht für andere Verknüpfungen eingesetzt werden, da bei ihrer Verwendung statt der gewünschten Methylenbrücke eine Ethylenbrücke gebildet wird. Zur Synthese anderer Verknüpfungen wurde daher die STILLE-KOSUGI-MIGITA Reaktion ausgewählt, nachdem Versuche mittels HECK-MIZOROKI-Reaktion zu Verknüpfungen dieser Art zu gelangen an schlechten Ausbeuten gescheitert waren.[109] Der Mechanismus dieser Reaktion ist hinlänglich bekannt und wurde in einigen Artikeln zusammengefasst.[112]

Nachteil dieser Reaktion ist zweifellos die hohe Toxizität der eingesetzten Stannylnucleophile. Demgegenüber stehen die hohe Toleranz gegenüber einer großen Anzahl funktioneller Gruppen und die sehr milden Reaktionsbedingungen als Vorteile. Die Reaktion von Stannylglucalen und Stannylgalactalen **63** mit verschiedenen Bromexoolefinen **64** wurde eingehend studiert. In Tabelle 3-12 sind 13 Beispiele für solche STILLE-KOSUGI-MIGITA-Kupplungen gezeigt.

Die gewünschten perbenzylierten Diene **65** ließen sich in moderaten Ausbeuten von 56% bis sehr guten Ausbeuten von 88% darstellen. Hierzu wurden zwei unterschiedliche Kupplungsbedingungen entwickelt. Bei einer Reihenuntersuchung zur Synthese von Dien **65g** stellte sich heraus, dass Pd(PPh$_3$)$_4$ die Reaktion bei einer Temperatur von 100 °C bei einer Reaktionszeit von etwa 6 bis 14 h in einer 10:1-Mischung aus Acetonitril (MeCN) und *N*-Methyl-2-pyrrolidon (NMP) am besten katalisiert. Basenzusatz war erwartungsgemäß nicht erforderlich. Unpolare Lösungsmittel wie Toluol oder Dioxan führten zu niedrigeren Ausbeuten. Überraschenderweise waren selbst in reinem NMP und reinem MeCN nur geringere Ausbeuten des Produkts **65g** isolierbar.

**Tabelle 3-12:** STILLE-KOSUGI-MIGITA-Kupplung zu *C*-disaccharidischen Dienen **65**.

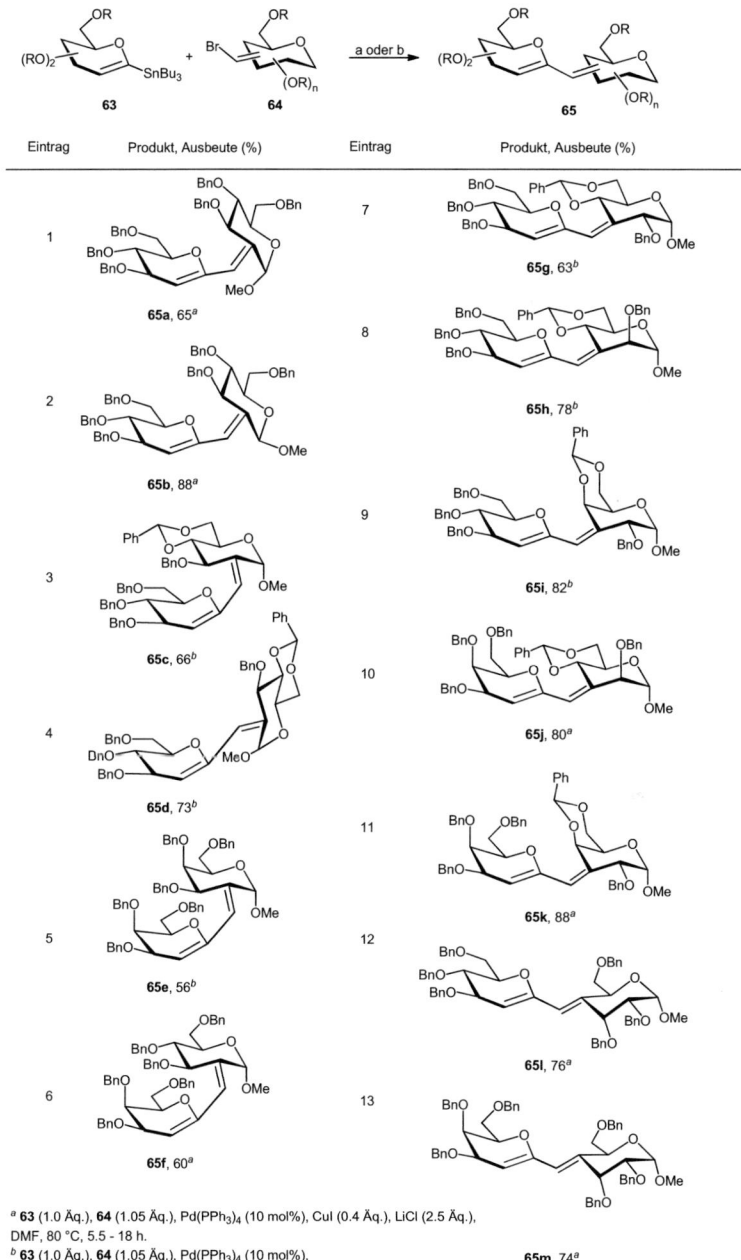

| Eintrag | Produkt, Ausbeute (%) | Eintrag | Produkt, Ausbeute (%) |
|---|---|---|---|
| 1 | **65a**, 65[a] | 7 | **65g**, 63[b] |
| 2 | **65b**, 88[a] | 8 | **65h**, 78[b] |
| 3 | **65c**, 66[b] | 9 | **65i**, 82[b] |
| 4 | **65d**, 73[b] | 10 | **65j**, 80[a] |
| 5 | **65e**, 56[b] | 11 | **65k**, 88[a] |
| 6 | **65f**, 60[a] | 12 | **65l**, 76[a] |
| | | 13 | **65m**, 74[a] |

[a] **63** (1.0 Äq.), **64** (1.05 Äq.), Pd(PPh$_3$)$_4$ (10 mol%), CuI (0.4 Äq.), LiCl (2.5 Äq.), DMF, 80 °C, 5.5 - 18 h.
[b] **63** (1.0 Äq.), **64** (1.05 Äq.), Pd(PPh$_3$)$_4$ (10 mol%), MeCN:NMP = 10:1, 95 - 105 °C, 6 - 14 h.

Da diese Bedingungen sich jedoch nicht auf jedes Substrat übertragen ließen, wurde eine von COREY und Mitarbeitern entwickelte Methode zur Kupplung sterisch anspruchsvoller Substrate getestet. [113] COREY verwendete dazu DMSO als Lösungsmittel. Pd(PPh₃)₄ wurde zusammen mit den Additiven Kupferchlorid und Lithiumchlorid als Katalysatorsystem eingesetzt.

Die Verwendung von Kupfersalzen in der STILLE-KOSUGI-MIGITA-Kupplung ist sehr gut untersucht und wurde unter anderem von LIEBESKIND erklärt.[114] Kupferhalogenide wie z.B. Kupferiodid sind demnach in der Lage, die Liganden des Palladiums, welche bei der oxidativen Addition in die C-Br-Bindung frei werden, zu binden und so die Reversibilität der Reaktion drastisch herabzusetzen. Ebenfalls wird die Rolle des Kupfers in der Transmetallierung diskutiert. Durch eine Transmetallierung des Organostannans zu einer viel reaktiveren Organokupferspezies könnte der geschwindigkeitsbestimmende Schritt der meisten STILLE-KOSUGI-MIGITA-Reaktionen, die Transmetallierung auf Palladium, ebenfalls beschleunigt werden.

Lithiumchlorid wurde vielfach in der STILLE-KOSUGI-MIGITA-Kupplung von Triflatelektrophilen als Additiv eingesetzt. Hierbei wurde vermutet, dass Lithiumchlorid durch Ligandenaustausch an der Palladiumspezies, die durch die oxidative Addition des Katalysators in die C-OTf-Bindung entsteht, den Transmetallierungsschritt beschleunigt. Die Verwendung von Triphenylarsin als Ligand, die in der Literatur vielfach beschrieben ist, führte hier nicht zum gewünschten Erfolg.[115]

Bei genauerer Betrachtung der Substratbreite fällt auf, dass Stannylgalactal **63d** und Stannylglucal **63c** ähnliche Reaktivitäten aufweisen. Die Synthese von C-Disacchariden mit 3-verknüpften Glucosederivaten am reduzierenden Ende gestaltete sich als schwierig. Möglicherweise liegt das an einer erschwerten oxidativen Addition in die C-Br-Bindung, die einen elektronischen Grund hat. Durch die axiale Anordnung der C-O-Bindung in der Mannose an C-2-Position und in der Galactose an C-4-Position, könnte Elektronendichte aus dem $\pi_{C=C}$-Orbital der Doppelbindung in das $\sigma^*_{C-O}$-Orbital übertragen werden, was eine elektronenärmere Doppelbindung und damit eine erleichterte oxidative Addition zur Folge hat.

Auffällig ist weiterhin die höhere Reaktivität des (Z)- gegenüber dem (E)-Isomer (Tabelle 3-12, Einträge 3 und 4). Die Ursache für diesen Reaktivitätsunterschied ist bisher unklar, könnte aber ebenfalls durch einen stereoelektronischen Effekt bedingt sein. Die niedrige Ausbeute des 2-*galacto*-verknüpften C-Disaccharids **65e** kann auf die Instabilität des entsprechenden Bromvorläufers zurückgeführt werden. Generell erwiesen sich auch die erhaltenen Diene als empfindliche Produkte. Es konnte beobachtet werden, dass in manchen Fällen eine Zersetzung im NMR-Lösungsmittel CDCl₃ stattfand. Vermutlich kam diese Zersetzung aufgrund der Säurespuren im CDCl₃ zustande. Um die NMR-Spektren der jeweiligen Diene aufzunehmen ist es deshalb notwendig, das CDCl₃ zunächst über Aluminiumoxid zu filtrieren oder nicht-protische Lösungsmittel wie C₆D₆ zu verwenden.

### 3.2.12 Versuche zur Synthese von (1→4)-C-Glycosiden durch SUZUKI-MIYAURA-Kupplung

Durch die beschriebene STILLE-KOSUGI-MIGITA-Reaktion entsteht ein Dien-System, das unter Bildung von drei neuen Stereozentren refunktionalisiert werden muss. Zwei dieser Stereozentren erwiesen sich mit den in früheren Arbeiten[109] erprobten Methoden als sehr gut kontrollierbar, während über das dritte Stereozentrum, welches durch die Reduktion der *exo*-olefinischen Doppelbindung entsteht, Unklarheit besteht.

Da die SUZUKI-MIYAURA-Reaktion sich in der Vergangenheit als eine der stärksten Kreuzkupplungsmethoden erwiesen hat, sollte ihr Einsatz in der Synthese von C-Disacchariden nicht unerprobt bleiben. Aufgrund von einigen bahnbrechenden Arbeiten auf diesem Gebiet, wurde in unserem Arbeitskreis eine Bachelorarbeit zu diesem Thema durchgeführt.[66,88,116] In den folgenden Abschnitten soll kurz auf die wesentlichen Ergebnisse dieser Arbeit und auf einige eigene Experimente zum Themenkomplex eingegangen werden. Zunächst aber ein allgemeiner Abriss der Vorteile der SUZUKI-MIYAURA-Reaktion.

Bei der geschilderten STILLE-KOSUGI-MIGITA-Reaktion wird eine $C(sp^2)$-$C(sp^2)$-Kupplung zum Aufbau der C-glycosidischen Bindung verwendet. In bedeutenden Arbeiten zum Aufbau von Aryl-C-Glycosiden konnten einige Arbeitsgruppen zeigen, dass auch $C(sp^2)$-$C(sp^3)$-Kupplungen zum Aufbau C-glycosidischer Bindungen möglich sind (*vide supra*). Dabei sind zwei Strategien denkbar. Zum einen kann ein $C(sp^3)$-Elektrophil mit einem $C(sp^2)$-Nucleophil umgesetzt werden, um die C-C-Bindung zu knüpfen. Zum anderen ist ebenfalls der umgekehrte Ansatz mit Verwendung eines $C(sp^2)$-Elektrophils und eines $C(sp^3)$-Nucleophils durchführbar. Der Einsatz einer solchen Strategie in der Synthese von C Disacchariden wurde bisher nicht untersucht.

$C(sp^3)$-Bromglycoside, die in der Standard-O-Glycosid-Chemie häufig Verwendung finden, wurden insbesondere in den Arbeitsgruppen von GAGNÉ sowie LEMAIRE und KNOCHEL zur Synthese von Aryl-C-Glycosiden untersucht.[56,63] In einer kürzlich publizierten Arbeit berichtet GAGNÉ über die Verwendung von 1-Bromglycopyranosiden in einer Nickel-katalysierten NEGISHI-Kupplung. Als nucleophile Kupplungspartner werden Organozinkarene eingesetzt und so ein Zugang zu Aryl-C-Glycosiden geschaffen. Die β-Selektivität dieser Reaktionen ist überraschend hoch (siehe Einleitung). Auch der übergangsmetallfreie Ansatz aus der Arbeitsgruppen von LEMAIRE und KNOCHEL garantiert analog zur O-Glycosid-Chemie eine gute β-Selektivität durch die partizipierende Wirkung einer Esterschutzgruppe an C-2-Position. Hierbei wurden ähnlich zu GAGNÉs Ansatz Organozinkverbindungen als Reaktionspartner eingesetzt (siehe Einleitung).

**Tabelle 3-13:** Eigene Studien zum Aufbau von C-Disacchariden durch die SUZUKI-MIYAURA-Kupplung.

| Eintrag | Hydrometallierungs-bedingungen | Kupplungsbedingungen | Produkt | Ergebnis |
|---|---|---|---|---|
| 1 | 9-BBN (2.6 Äq.), THF, 25 °C auf 65 °C, 3 h | Pd$_2$(dba)$_3$ (14 mol%), $t$Bu$_3$PHBF$_4$ (7 mol%) Cs$_2$CO$_3$ (3 M in H$_2$O, 3.0 Äq.), PhBr (1.0 Äq.) DMF, 25 °C → 100 °C, 18 h | | Zersetzung |
| 2 | 9-BBN (3.0 Äq.), THF, 65 °C, 20 h | Pd(dppf)Cl$_2$ (9 mol%), $t$Bu$_3$PHBF$_4$ (7 mol%) Cs$_2$CO$_3$ (3 M in H$_2$O, 3.0 Äq.), PhBr (1.9 Äq.) DMF, 100 °C, 96 h | 48a | 87% (3:1) |
| 3 | HZrClCp$_2$, THF, 25 °C auf 65 °C, 16 h | Pd$_2$(dba)$_3$ (10 mol%), $t$Bu$_3$PHBF$_4$ (20 mol%) Cs$_2$CO$_3$ (3 M in H$_2$O, 3.0 Äq.), PhBr (2.0 Äq.) DMF, 25 °C → 75 °C, 4 d | | kein Umsatz |
| 4 | ZrCl$_2$Cp$_2$ (2.5 mol%), LiAlH$_4$ (0.5 eq), THF, 0 °C auf 25 °C | Pd(dppf)Cl$_2$ (10 mol%), $t$Bu$_3$PHBF$_4$ (20 mol%) Cs$_2$CO$_3$ (3 M in H$_2$O, 3.0 Äq.), PhBr (2.4 Äq.) DMF, 25 °C → 100 °C, 16 h | | kein Umsatz |
| 5 | 9-BBN (2.6 Äq.), THF, 25 °C auf 65 °C, 5 h | Pd$_2$(dba)$_3$ (8 mol%), $t$Bu$_3$PHBF$_4$ (11 mol%) Cs$_2$CO$_3$ (3 M in H$_2$O, 3.0 Äq.), 61e (1.0 Äq.) DMF, 55 °C, 25 h | | Zersetzung |
| 6 | 9-BBN (4.3 Äq.), THF, 65 °C, 16 h | Pd(dppf)Cl$_2$ (9 mol%), $t$Bu$_3$PHBF$_4$ (18 mol%) Cs$_2$CO$_3$ (3 M in H$_2$O, 3.0 Äq.), 61e (1.0 Äq.) DMF, 55 °C, 25 h | | Zersetzung |

Beispiele zum Einsatz von C(sp$^2$)-Triflat- und -Phosphat-Elektrophilen mit nucleophilen C(sp$^3$)-Organoborverbindungen werden insbesondere von der Arbeitsgruppe um SASAKI in Totalsynthesen komplexer polycyclischer Ether aufgezeigt.[88,117–119] Dieser Einsatz inmitten einer Totalsynthese zeigt die Milde und Flexibilität des beschriebenen Ansatzes. JOHNSON hat in früheren Arbeiten einen Ansatz zum Aufbau von Aza-C-Disacchariden entwickelt, der ebenfalls eine solche SUZUKI-MIYAURA-Kupplung benutzt.[66]

Eine Möglichkeit zur Herstellung der Organobor-Verbindung ist die Hydroborierung einer exocyclischen Doppelbindung.[120] SCHMIDT erkannte bereits in früheren Arbeiten, dass die Hydroborierung an solchen Systemen mit hoher Regio- und Diastereoselektivität verläuft.[121] Er verwendete zum Abfangen der hydroborierten Spezies jedoch die üblichen oxidativ-basischen Bedingungen, um einen Alkohol zu erhalten. In unseren Arbeiten sollte die hydroborierte Spezies in einer SUZUKI-MIYAURA-Reaktion zunächst mit verschiedenen Haloarenen und anschließend mit Halo- und Pseudohaloglycalen **61** umgesetzt werden.

Ausgehend von verschiedenen *exo*-Olefinen wurde das Reaktionsverhalten in Hydrometallierungen, insbesondere Hydroborierungen, getestet. Erstes Ausgangsmaterial war das von SCHMIDT verwendete 3-*exo*-Methylentribenzylgalactopyranosid, da dort bereits eine diastereoselektive Hydroborierung beobachtet wurde.[121] Wir fanden, dass mit verschiedenen substituierten Arenen die Kupplungsprodukte in 19-74% je nach Natur des Arens bei vollständiger Diastereoselektivität erhalten werden können. . Es stellte sich jedoch heraus, dass elektronenreiche Arene die Reaktion nicht eingehen. Versuche zur Darstellung von *C*-Disacchariden unter Verwendung von 1-Iodtribenzylglucal **61b** blieben leider ohne Erfolg.

Als nächstes wurde das Glucosederivat **124** untersucht, das durch eine WITTIG-Reaktion aus dem entsprechenden Keton **120a** zugänglich ist (Tabelle 3-13). Die Bedingungen wurden soweit optimiert, dass das Kupplungsprodukt **48a** in einer Ausbeute von 87% bei einer Diastereoselektivität von 3:1 für das Galactose-Derivat erhalten werden konnte. In diesem Fall wurden auch Hydrozirkonierung und Hydroaluminierung untersucht, die aber beide keinen Umsatz lieferten (Tabelle 3-13, Einträge 3 und 4). Die Synthese von *C*-Disacchariden konnte in diesem Beispiel mit 1-triflatierten Galactosiden **61e** ebenfalls nicht erfolgreich durchgeführt werden (Tabelle 3-13, Einträge 5 und 6).

Experimente, die in der Bachelorarbeit von ALEXANDER KREFT durchgeführt wurden, zeigten weiterhin, dass die von JOHNSON eingeführte Hydroborierung an Mannose-Derivaten und die Kupplung mit verschiedenen Iodarenen in der Regel zum *talo*-Produkt führt (siehe Einleitung). Überraschenderweise konnte bei moderaten Ausbeuten von 41-52% eine arenabhängige Diastereoselektivität beobachtet werden. Phenyliodid und *p*-Trifluortolyliodid lieferten im Vergleich zu *p*-Nitrophenyliodid gute Diastereoselektivitäten von etwa 13:1 gegenüber 2:1 beim Nitroderivat.[116]

### 3.2.13 Darstellung von 2-Desoxy-*C*-glycosiden

Neben den nativen Kohlenhydraten sind in der Natur ebenfalls einige Desoxykohlenhydrate zu finden, was ihre Synthese so interessant macht. Prominentestes Beispiel ist wohl die 2-Desoxy-ribose, die als Zuckereinheit in der DNA vorkommt. Weniger bekannt, aber dennoch sehr interessant ist die Digitoxose (2,6-Didesoxy-D-ribopyranose).[122] Sie kommt in den sehr bekannten Herzglycosiden Digitoxin und Digoxin vor, die klinisch zur Therapie der Herzinsuffizienz oder einer supraventrikulären Tachykardie eingesetzt werden.[123] Sie finden sich vor allem in Fingerhüten (*Digitalis purpurea*), kommen aber auch in Maiglöckchen und Oleander vor. Die Synthese *C*-glycosidischer Analoga zum Digitoxin durch einen einfachen Ansatz wäre von hoher medizinischer und chemischer Relevanz.

Prinzipiell sollten aus den erhaltenen bisher dargestellten (1→6)-Eninen und den (1→2)-, (1→3)- und (1→4)-Dienen in einer Stufe 2-Desoxy-*C*-Disaccharide hergestellt werden können. Die Untersuchung zur Darstellung solcher Verbindungen aus Eninen und Dienen soll im Folgenden erläutert werden.

Bei der Synthese von (1→6)-verknüpften 2-Desoxy-*C*-Glycosiden **127** aus den Enin-Vorläufern **60** ist mit Problemen bei der Einstellung der pseudoanomeren Stereochemie zu rechnen. Eine Hydrogenolyse mittels Heterogenkatalyse führt zwar direkt zum vollständig entschützten 2-Desoxy-*C*-Disaccharid, bietet aber keine äußere Steuerungsmöglichkeit für die Diastereoselektivität. Es kann lediglich auf eine Substratinduktion vertraut werden. Beim Einsatz eines Homogenkatalysators mit chiralen Liganden wäre die Diastereoselektivität eventuell steuerbar. Versuche mit verschiedenen Homo- und Heterogenkatalysatoren zeigten aber, dass die Reaktion in ihrer Diastereoselektivität äußerst schwer beeinflussbar ist. In der Regel wurden hochkomplexe Produktgemische isoliert, die säulenchromatographisch kaum voneinander getrennt werden konnten.

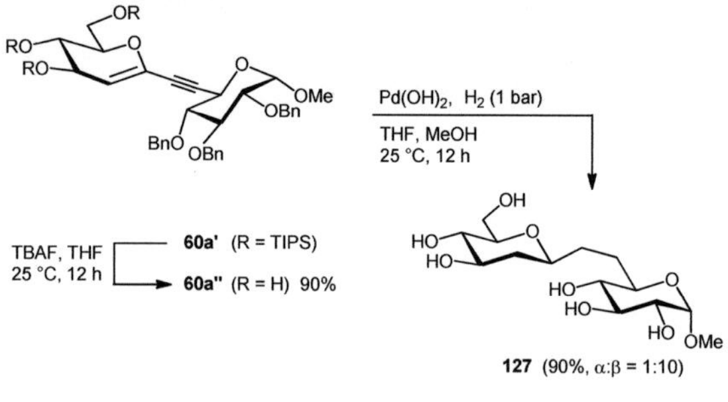

**Schema 3-17:** Synthese des (1→6)-verknüpften 2-Desoxy-*C*-Disaccharids **127**.

Eine Lösung für die bei der Reaktion auftretenden Probleme konnte für das Glucose-Glucose-verknüpfte Enin-Substrat **60a'** gefunden werden (Schema 3-17). Schlüssel zum Erfolg war hierbei die Entschützung der Silylgruppen nach der Kupplung des 1-Iodglucals **61a** mit dem Glucose-basierten Alkin **62a**. Das auf der Glucalseite entschützte Produkt **60a''** konnte unter Standard-Desilylierungsbedingungen in einer Ausbeute von 90% erhalten werden.

Unter der Verwendung dieses Substrats konnten Bedingungen gefunden werden, welche eine Synthese des (1→6)-verknüpften 2-Desoxy-$C$-glycosids **127** ermöglichten. Als Lösungsmittel wurde hierzu eine Mischung aus Methanol und THF gewählt. Die vollständige Hydrierung des Substrates **60a''** lieferte in einer Ausbeute von 90% mit einer β:α-Selektivitität von 10:1 das gewünschte entschützte 2-Desoxy-$C$-Glycosid **127**. Die Entschützung der Benzylschutzgruppen stellt hierbei keinen zusätzlichen Schritt dar. Die relativ hohe β-Selektivität kann mit Substratinduktion erklärt werden. Aufgrund der Abschirmung des oberen Halbraums, die bei der Hydrierung des einfachen 2-Inenolethers **122a** ebenfalls beobachtet wurde, konnte ein selektiver Angriff des Wasserstoffs aus dem unteren Halbraum stattfinden. Die Stereochemie des Produktes konnte mit 2D-NOESY-Untersuchungen eindeutig geklärt werden. Nähere Erläuterungen hierzu wurden bereits an anderer Stelle gegeben.[109]

Die Synthese der (1→2)-, (1→3)- und (1→4)-2-Desoxy-$C$-Disaccharide **66** stellte eine noch größere Herausforderung dar. Grund hierfür ist die Tatsache, dass bei der Generierung der Desoxyprodukte zwei neue Stereozentren entstehen. Sollte die Konfiguration der beiden Produkte nicht unabhängig voneinander steuerbar sein, sind sogar vier diastereomere Produkte denkbar. Eine äußere Kontrolle der beiden Stereozentren gestaltet sich als äußerst schwierig.

Bei den Experimenten mit vielen heterogenen Übergangsmetall-Katalysatoren hatte sich zur Darstellung der (1→6)-2-Desoxy-$C$-Disaccharide letztendlich der PEARLMAN-Katalysator als überlegen herausgestellt.[50] Dieser Katalysator wurde ebenfalls in der Hydrogenolyse der Dien-Systeme untersucht. Erfreulicherweise konnte in allen untersuchten Fällen nur ein Produkt isoliert werden. Dabei handelte es sich überraschenderweise jedoch nicht um das gewünschte 2-Desoxy-$C$-Glycosid **66**, sondern um ein tricyclisches Vollacetal **66'** (Schema 3-18). Drei dieser Verbindungen konnten in exzellenter Diastereoselektivität, jedoch moderater Ausbeute von 59-62% erhalten werden. Die strukturelle Aufklärung der Produkte erfolgte mit COSY-, HSQC- und HMBC-Spektren und wurde bereits in der Masterarbeit von ELLA KRIEMEN für das Fucose-Derivat **66'c** eingehend erläutert.[84]

Die Isolation solcher Systeme bietet einen interessanten Ansatz zur Synthese von α-2-Desoxy-$C$-Glycosiden, die auf anderen Wegen nur schwierig zugänglich sind. Erfreulich ist die komplette Kontrolle des Stereozentrums am nicht-reduzierenden Zucker. Die Stereochemie am Desoxyzucker wird wohl durch einen nucleophilen Angriff der 6-OH Gruppe (bzw. 3-OH Gruppe im Fucosederivat) bestimmt. Das Auftreten dieser besonderen Produkte gibt Anlass zu mechanistischen Spekulationen. Möglicherweise treten bei der Hydrierung der Enolether-Bindung ionische Intermediate auf.

Da schließlich durch den Einsatz des PEARLMAN-Katalysators nicht die gewünschten Produkte erhalten werden konnten, musste nach einer Alternative gesucht werden. Hierbei wurden zunächst verschiedene Heterogenkatalysatoren wie z.B. Ruthenium und Rhodium auf

Aluminiumoxid sowie RANEY-Nickel eingesetzt. Als Wasserstoffquelle wurde stets molekularer Wasserstoff verwendet.

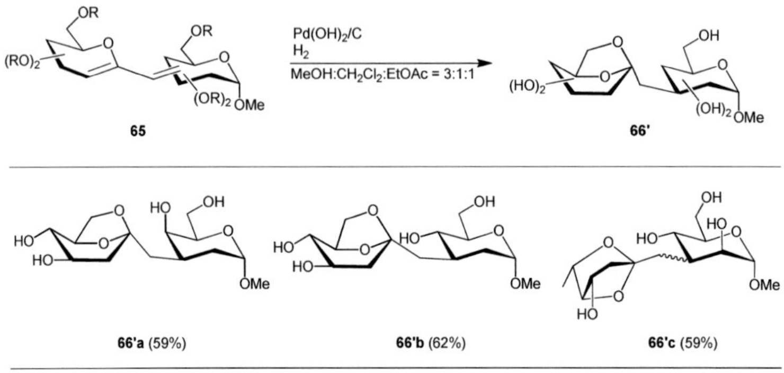

**Schema 3-18: :** Synthese ungewöhnlicher tricyclischer Vollacetale **66'**.

Die gewünschten 2-Desoxy-C-Glycoside **66** konnten schließlich durch katalytische Transferhydrierung erhalten werden.[124] Hierbei wird Wasserstoff nicht als Gas eingesetzt, sondern während der Reaktion *in situ* aus einem Vorläufer gebildet. Diese Reaktionen finden in der Industrie aufgrund der Vermeidung der Lagerung von brennbarem und explosivem Wasserstoff häufig Anwendung.

In den durchgeführten Versuchen wurde Ammoniumformiat als Wasserstoffquelle eingesetzt. Dieses Salz setzt beim Erhitzen Wasserstoff, Ammoniak und Kohlenstoffdioxid frei. Als Heterogenkatalysator wurde Palladium auf Aktivkohle verwendet. Als Lösungsmittel diente eine Mischung aus Methanol und THF. Die Reaktion wurde bei 80 °C in einem verschlossenen Reaktionsgefäß durchgeführt, damit sich ein angemessener Wasserstoffdruck aufbauen kann.

Unter den beschriebenen Bedingungen konnten 2-Desoxy-C-Glycoside **66a-c** in allen denkbaren Verknüpfungen erhalten werden (Schema 3-19). Bemerkenswert war, dass statt der vier erwarteten Diastereomere jeweils ausschließlich eine Mischung aus zwei Diastereomeren zu beobachten war. Die Bestimmung der Stereochemie erwies sich in einigen Fällen als Herausforderung. Mittels 1D-NOESY-Spektroskopie konnte jedoch in den meisten Fällen eine vollständige Aufklärung der Stereochemie erzielt werden. In unsicheren Fällen wurde zudem ein 2D-NOESY-Spektrum aufgenommen. Ähnlich zu den (1→6)-2-Desoxy-C-Glycosiden zeigt sich auch bei den (1→2)-, (1→3)- und (1→4)-verknüpften 2-Desoxy-C-Disacchariden eine deutliche Präferenz für das β-Produkt. Die Stereochemie am nicht-reduzierenden Zucker wurde substratinduziert in guten bis moderaten Diastereoselektivitäten von 5:1 bis 10:1 kontrolliert.

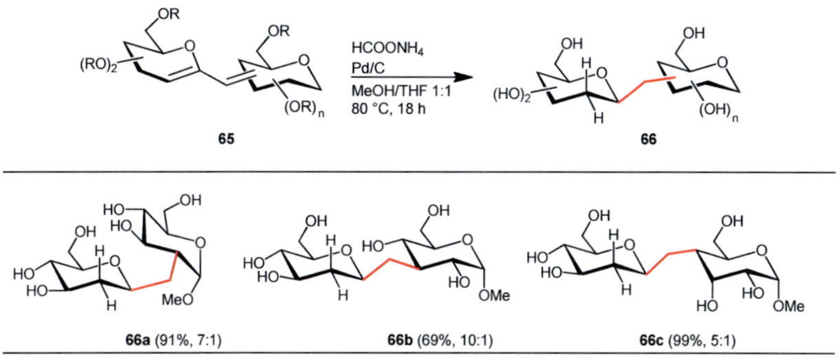

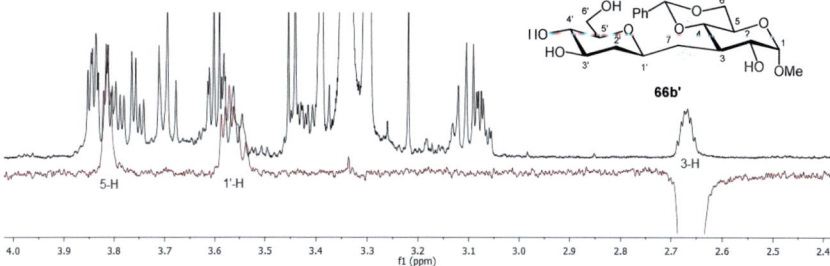

**Schema 3-19:** Synthese von 2-Desoxy-*C*-Disacchariden **66**.

Die Aufklärung der Stereochemie soll an einem Beispiel kurz erläutert werden (Abbildung 3-2 und Abbildung 3-3). Im Falle des (1→3)-verknüpften *C*-glycosidischen Disaccharids konnte nach einer Reaktionszeit von 3 h ein Intermediat der Reaktion (**66b'**, siehe Spektrum Abbildung 3-2) isoliert werden, in welchem die Benzylidenklammer noch erhalten war. Durch die mittlere Polarität dieser Verbindung gestaltete sich die Reinigung als gut durchführbar. Die Auswertung des Spektrums war durch die Anwesenheit der Benzylidenklammer erleichtert.

Die Tatsache, dass ein solches Zwischenprodukt isoliert werden kann, verdeutlicht zunächst, dass die Entfernung der Benzylidenschutzgruppe und nicht etwa die Reduktion einer der hochsubstituierten Doppelbindungen den letzten Schritt in der beschriebenen Hydrierungssequenz darstellt.

**Abbildung 3-2:** 1D-NOESY-Spektrum von 2-Desoxy-*C*-Disaccharid **66b'** mit Anregungsfrequenz auf 3-H.

Zur Aufklärung der Stereochemie an C-3 wurde ein selektives 1D-NOESY auf das im Spektrum an seiner charakteristischen chemischen Verschiebung von $\delta = 2.65$ ppm erkennbare 3-H aufgenommen. Zudem lag dieses Signal im Spektrum völlig isoliert, sodass keine irreführenden Kreuzantworten bei der Anregung mit dieser Frequenz zu erwarten waren. Es stellte sich heraus, dass ein deutliches Kopplungssignal zum 5-H, welches mithilfe der Auswertung von COSY- und HSQC-NMR-Spektren ausfindig gemacht wurde, auftritt. Da das 5-H als einziges der

Kohlenhydratgerüstsprotonen in einer axialen Position lokalisiert ist, liegt der Schluss nahe, dass das 3-H ebenfalls eine axiale Position einnimmt. Dieses führt zu einer *gluco*-Konfiguration des Zuckers am reduzierenden Ende.

Die Überprüfung der Stereochemie im Desoxyzucker gestaltete sich als etwas schwieriger. Da die betreffenden Signale nicht isoliert im Spektrum liegen, lässt sich kein selektives 1D-NOESY Spektrum aufnehmen, ohne irreführende Wechselkopplungen zu beobachten. Ähnlich wie bei der Bestimmung der Stereochemie im (1→6)-verknüpften 2-Desoxy-*C*-Disaccharid konnte jedoch ein 2D-NOESY-Spektrum Aufschluss über die Konfiguration geben. Dieses liefert eine Art stereochemische Karte des gesamten Moleküls und gibt Aufschluss über alle vorhandenen Wechselwirkungen. Dadurch können Schlüsse über die Stereochemie durch Kontrolle auf Plausibilität mehrfach abgesichert werden.

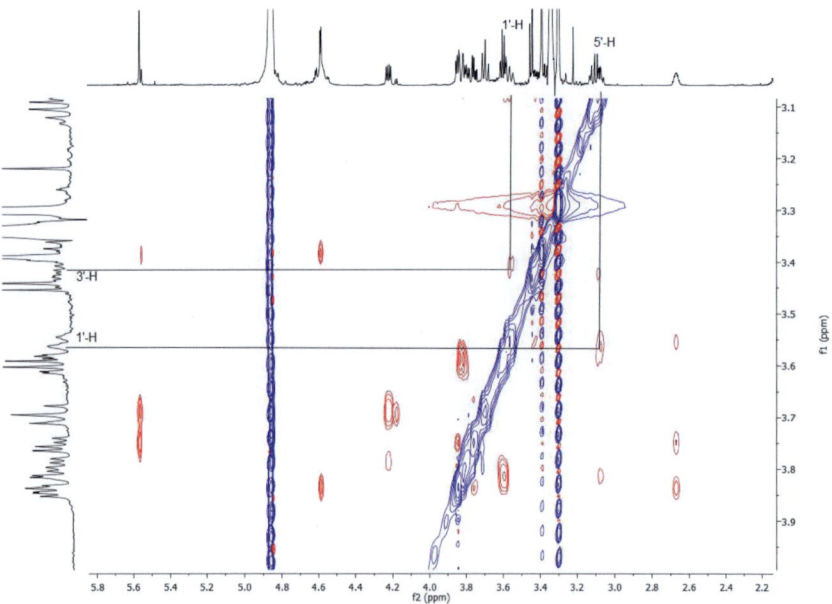

**Abbildung 3-3:** 2D-NOESY-Spektrum der Verbindung **66b'** zur Ermittelung der Stereochemie.

Das 1'-H Proton kann durch die Kopplung zur Methylenbrücke und zur 2'-CH$_2$-Gruppe mithilfe des COSY- und des HSQC-NMR-Spektrums ausfindig gemacht werden. Das 1'-H Proton, welches in einem Multiplett bei etwa 3.56 ppm resoniert, weist, wie es in Abbildung 3-3 zu sehen ist, einen deutlichen Kreuzpeak zu einem Signal, welches als 3'-H und zu einem Signal, welches als 5'-H zugeordnet werden konnte, auf. Diese räumliche Nähe deutet auf eine axiale Stellung des 1'-H hin. Aufgrund der intensiven Kopplungssignale kann eine 1,3-diaxiale Wechselwirkung vermutet werden. Damit kann zweifelsfrei festgestellt werden, dass es sich um das β-2-Desoxy-C-Glycosid handelt, was auch die themodynamisch stabilste Verbindung sein sollte.

Durch die Transferhydrierung war letztendlich ein flexibler Zugang zu einer ganzen Reihe von 2-Desoxy-C-Glycosiden möglich. So konnten (1→2)-, (1→3)-, (1→4)- und (1→6)-verknüpfte 2-Desoxy-C-Glycoside in exzellenten Ausbeuten und guten bis moderaten Diasteroselektivitäten hergestellt werden.

### 3.2.14 Refunktionalisierung der Enin- und Dien-Systeme durch eine Reduktions-Oxidations-Sequenz

#### 3.2.14.1 Reduktive Sequenz

Nachdem der Aufbau von 2-Desoxy-C-glycosiden mit der neu entwickelten Methodik beschrieben wurde, sollen sich die folgenden Kapitel mit der Synthese von Kohlenhydratmimetika mit nativem Hydroxylierungsmuster beschäftigen. Die erhaltenen Enin- und Dien-Strukturen ermöglichen zwei chemisch unterschiedliche Konzepte zur Wiederherstellung des natürlichen Hydroxylierungsmusters. Das erste Konzept wird durch eine reduktiv-oxidative Refunktionalisierung repräsentiert. In diesem Ansatz würde zunächst die Alkin- bzw. die exocyclische Olefin-Einheit zur *Ethano-* bzw. *Methano*brücke reduziert, ohne dabei den Enolether zu tangieren. Anschließend würde eine Oxidation des Enolethers durch formale Wasseraddition das native Hydroxylierungsmuster regenerieren. Als zweite Strategie wäre eine oxidativ-reduktive Funktionalisierung, also gerade die umgekehrte Reaktionsfolge, denkbar. Dabei müsste zunächst eine formale oxidative Wasseraddition an den Enolether stattfinden ohne dabei die Alkin- bzw. die exocyclische Olefin-Einheit zu oxidieren. Im Anschluss daran kann die Alkin- bzw. die exocyclische Olefin-Einheit vollständig reduziert werden. Dieser Ansatz könnte bei zwei vollständig benzylgeschützten Einheiten den Vorteil haben, dass ein zusätzlicher Entschützungsschritt entfällt.

*Selektive Reduktion der Alkineinheit zur Synthese (1→6)-verknüpfter C-Disaccharide*

In diesem Abschnitt soll zunächst der reduktiv-oxidative Ansatz besprochen werden. Dabei wird sich zunächst auf die (1→6)-Verknüpfung konzentriert. Die (1→2)-, (1→3)- und (1→4)-Verknüpfungen sollen aufgrund der chemischen Unterschiede erst an späterer Stelle diskutiert werden.

In früheren Experimenten stellte sich RANEY-Nickel als Katalysator der Wahl heraus, um die Dreifachbindung zur *Ethano*-Einheit zu reduzieren und dabei den Enolether unberührt zu lassen. Details zu diesen Arbeiten wurden bereits an anderer Stelle beschrieben.[109]

Die gefundenen Bedingungen sollten nun an verschieden Systemen getestet werden, um die Substratbreite und generelle Anwendbarkeit der gefundenen Reaktion zu untersuchen. Bei den durchgeführten Versuchen wurde erneut deutlich, dass die Reaktion eine hohe Empfindlichkeit gegenüber äußeren Einflüssen zeigt. Insbesondere die Wahl der Art des RANEY-Nickels war von entscheidender Bedeutung für den Ausgang der Reaktion.[125] Die Ursache für diese Sensibilität konnte bisher nicht geklärt werden. Es wurde jedoch festgestellt, dass sich bei Verwendung von modifizierten Bedingungen teilweise eine Überreduktion des Substrates beobachten lässt, die zu schwierig abtrennbaren Nebenprodukten führt.

Als Standardbedingungen für die Feststellung der Substratbreite wurde ein Katalysator-System mit RANEY-Nickel (Acros, NL) bei einem Wasserstoffdruck von 1 bar verwendet. Als Lösungsmittel diente eine Mischung aus Methanol und THF. Wird ausschließlich THF als Lösungsmittel verwendet, ist kein Umsatz zu beobachten. Methanol ist für den Ablauf der Reaktion also unbedingt erforderlich. THF dient dazu, das in Methanol unlösliche Substrat in Lösung zu bringen. Ein weiterer wichtiger Faktor für den Erfolg der Reaktion ist die Reaktionszeit. Hierbei ist genauestens darauf zu achten, dass es zu keiner Überreduktion kommt. Die Reaktion kann in der Regel gut mithilfe von Dünnschichtchromatographie überprüft werden. Die Überprüfung sollte nach 2 h Reaktionszeit mindestens alle 30 min erfolgen.

Die Substratbreite dieser Reaktion ist relativ groß. In unseren früheren Arbeiten konnte gezeigt werden, dass selbst alkylierte und arylierte Alkinylglycoside selektiv zum *Ethano*-Enolether reduziert werden können.[51,109] Auf diese Art und Weise kann leicht ein Zugang zu Alkyl-*C*-Glycosiden mit verschiedenen Alkylresten, die eine *Ethano*brücke enthalten, geschaffen werden.

Die (1→6)-*C*-Disaccharide **60** konnten in Ausbeuten von 38-84% zu den Enolethern **59** reduziert werden (Tabelle 3-14). Die besten Ausbeuten wurden mit den Glucalyl-Derivaten erzielt. Galactalyl-Derivat **59f** konnte lediglich in einer Ausbeute von 38% erhalten werden. Generell lassen sich bei Galactose-Derivaten am reduzierenden Ende schlechtere Ausbeuten beobachten als bei Glucose- oder Mannose-Derivaten. Möglicherweise spielt dabei der sterische Anspruch der axialen 4-OH-Gruppe eine entscheidende Rolle.

**Tabelle 3-14:** Chemoselektive Reduktion der Alkineinheit in **60** zur Synthese von Enolethern **59**.

| Eintrag | Enin | Enolether | Eintrag | Enin | Enolether |
|---------|------|-----------|---------|------|-----------|
| 1 | 60a | 59a (84%) | 4 | 60e | 59e (75%) |
| 2 | 60b | 59b (80%) | 5 | 60f | 59f (38%) |
| 3 | 60c | 59c (61%) | | | |

*Experimente zur selektiven Reduktion der exocyclischen Doppelbindung zur Synthese (1→n)-verknüpfter C-Disaccharide (n = 2, 3, 4)*

Die erfolgreiche Durchführung der Experimente zur selektiven Reduktion der Alkin-Einheit zur *Ethano*brücke gab Anlass zur Hoffnung, dass eine solche Reduktion im Falle der Diene ebenfalls chemoselektiv erfolgt. Diese Hoffnung wurde nicht zuletzt deshalb bestärkt, weil vermutet wurde, dass die Reduktion des Alkins über ein Dien als Zwischenstufe führt.

Rein synthetisch betrachtet stellt die selektive Reduktion des exocyclischen Olefins im Dien-System eine deutlich größere Herausforderung dar als die chemoselektive Reduktion der Alkineinheit. Während die elektronischen und sterischen Eigenschaften eines Alkins sich deutlich von denen des Enolethers unterscheiden, ist der Unterschied zwischen der exocyclischen elektronisch neutralen und der elektronenreichen Enolether-Olefineinheit nur marginal (*vide supra*). Sterisch lassen sich beide Doppelbindungen kaum differenzieren, da es sich in beiden Fällen um trisubstituierte Olefine handelt.

Die Reduktion der *C*-disaccharidischen Olefine sollte mit verschiedenen Katalysatoren untersucht werden. RANEY-Nickel, welches sich als effektives Reduktionsmittel zur chemoselektiven Alkinreduktion der Enin-*C*-Disaccharide erwiesen hatte, wurde in früheren Arbeiten bereits für die diastereo- und chemoselektive Monoreduktion von Dienen verwendet. LAUBACH und BRUNINGS zeigten eindrucksvoll, dass das Sterolderivat Ergosterol **128** chemo- und diastereoselektiv an der hochsubstituierten Doppelbindung hydriert werden kann (Schema 3-20).[126]

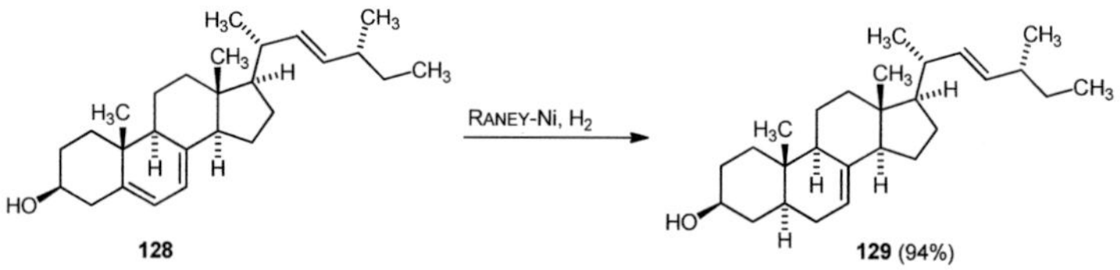

**Schema 3-20:** Selektive Monoreduktion eines Ergosterol-Diens **128** mit RANEY-Nickel.

Zunächst sollten unterschiedliche Aktivitätsgrade von RANEY-Nickel untersucht werden.[127] Hierzu wurden fünf unterschiedlich aktivierte kommerziell erhältliche RANEY-Nickel-Katalysatoren untersucht. In Tabelle 3-15 sind einige Informationen über die Zusammensetzung und Eigenschaften der unterschiedlichen Katalysatorchargen zusammengestellt.

Bei der industriellen Herstellung von RANEY-Nickel wird Nickel in geschmolzenem Aluminium gelöst. Der nachfolgende Abkühlungsprozess bringt die Ausbildung verschiedener Phasen mit sich. Aus dem Phasendiagramm kann die jeweilige Zusammensetzung bestimmt werden. In einigen Fällen wird dem binären Gemisch ein drittes Metall zugefügt, um das RANEY-Nickel für Hydrierungen zu aktivieren. Dieses dritte Metall, in der Regel Chrom, Eisen oder Molybdän, bezeichnet man als Promotor.[128] Die weitere Behandlung erfolgt mit hochkonzentrierter Natronlauge. Dabei wird das Aluminium aus der Legierung ausgelaugt und als Natriumaluminat in Lösung gehalten. Um die Ausfällung von Aluminiumhydroxid zu verhindern, muss mit sehr konzentrierten basischen Lösungen gearbeitet werden. RANEY-Nickel wird als Aufschlämmung in Wasser vertrieben, da das feine graue Pulver an Luft pyrophor ist.[128]

Der unterschiedliche Gehalt an Nickel und Aluminium ist neben den unterschiedlichen Herstellungsweisen (Temperatur bei der Kühlung, Oberfläche des Katalysators) für die Reaktivitätsunterschiede verantwortlich. Im RANEY-Nickel von Acros sind nach Herstellerangaben neben etwa 40% Wasser nur 50% Nickel enthalten. Eine breite Spanne von 3 bis 15%

Aluminium sowie etwa 5% Eisen und Chrom sind ebenfalls enthalten. Bei der Untersuchung der Reaktion fiel ebenfalls auf, dass unterschiedliche Chargen von Katalysatoren desselben Herstellers eine unterschiedliche Aktivität aufweisen.

**Tabelle 3-15:** Übersicht über die Zusammensetzung der kommerziell erworbenen RANEY-Nickel-Katalysatoren.

| Beschreibung | RANEY Acros | RANEY 2400 | RANEY 2800 | RANEY 3202 | RANEY 4200 |
|---|---|---|---|---|---|
| Nickel | 50% (ca. 40% Wasser) | >81.0% | >89% | >92.0% | >93.0% |
| Aluminium | 3-15% | 6.0-13.0% | <9.5% | <6.0% | <6.5% |
| Eisen | <5% | 2.0-3.0% | <0.8% | <0.8% | <0.8% |
| Chrom | <5% | 2.0-3.0% | -- | -- | -- |
| Molybdän | -- | -- | -- | <1.5% | -- |
| Partikelgröße (μm) | Keine Angabe | 25-55 | 20-60 | 20-55 | 20-50 |
| pH-Wert der wässr. Phase | 10.0-11.0 | 8.5-12.5 | 8.5-12.0 | 8.5-11.0 | 8.5-11.0 |
| Typische Verwendung (Herstellerangaben) | Für die Reduktion von Alkinen, Aromaten und Nitro-Gruppen | Für die Reduktion von Olefinen, Nitrilen und Nitro-Gruppen | Für die Reduktion von Olefinen, Aromaten, Nitrilen und Nitro-Gruppen | Typischerweise für die Reduktion von Aldehyden | Für die Reduktion von Olefinen und Nitrilen |

Die Promotoren im RANEY-Nickel 2400 sind Chrom und Eisen, im RANEY-Nickel 2800 wird hingegen kein Promotor verwendet (geringe Verunreinigung durch Eisen). Dem RANEY-Nickel 3202, welches sich laut Herstellerangaben besonders gut für die Reduktion von Aldehyden eignet, wird Molybdän als Promotor zugesetzt. Im RANEY-Nickel 4200 wird ebenfalls kein Promotor verwendet (Verunreinigung durch Eisen), es zeichnet sich durch seine verhältnismäßig geringe Partikelgröße und seinen sehr hohen Nickelgehalt aus.

*Reduktion der exo-olefinischen Einheit zur Synthese (1→2)-verknüpfter C-Disaccharide*

Zunächst sollte die Reduktion der *exo*-olefinischen Einheit in (1→2)-verknüpften *C*-Dienen untersucht werden (Tabelle 3-16). Dabei wurden neben den unterschiedlichen Nickel-basierten Katalysatoren auch der Einsatz anderer Homo- und Heterogenkatalysatoren in Erwägung gezogen. Die Optimierung der chemoselektiven Reduktion erwies sich als problematisch und soll im Folgenden ausführlich besprochen werden.

**Tabelle 3-16:** Untersuchung der RANEY-Nickel-vermittelten Reduktion der exocyclischen Doppelbindung in (1→2)-verknüpften C-Dienen **65**.

Bedingungen: Tabelle 3-16
$H_2$ (1 atm)

MeOH:THF = 2:1

**65** → **48**

| Eintrag | Zeit und Temperatur | Konzentration [M] | Katalysatorsystem | Ergebnis |
|---|---|---|---|---|
| 1[a] | 25 °C, 4 h | 0.01 | RANEY-Ni (Acros NL) | 19% (Glc:Man = 3:1) |
| 2[a] | 25 °C, 4 h | 0.0025 | RANEY-Ni (Acros NL) | 25% (Glc:Man = 2:1) |
| 3[a] | 0 °C, 5 h | 0.005 | RANEY-Ni (Acros NL) | wenig Umsatz |
| 4[a,b] | 25 °C, 3 h | 0.01 | RANEY-Ni 3202 | Produktmischung |
| 5[a,b] | 40 °C, 24 h | 0.01 | RANEY-Ni 2400 | wenig Umsatz |
| 6[a] | 25 °C, 72 h | 0.003 | Rh/Al$_2$O$_3$ | kein Umsatz |
| 7[a,c] | 50 °C, 16 h | 0.01 | Pd/CaCO$_3$ | Produktmischung |
| 8[a,d] | 25 °C, 5.5 h | 0.0025 | [(cod)Ir(py)(PCy$_3$)]PF$_6$ | Zersetzung |
| 9[e] | 25 °C, 5 h | 0.005 | RANEY-Ni (Acros NL) | 34% Enolether-Reduktion |

[a] Substrat **65a**; [b] EtOH statt MeOH; [c] nur EtOH; [d] CH$_2$Cl$_2$:MeOH = 2:1; [e] Substrat **65f**.

Zu den bereits beschriebenen Faktoren, die eine Reduktion mit RANEY-Nickel schwierig kontrollierbar machen, konnte weiterhin die Konzentration als wichtiger Faktor für einen erfolgreichen Reaktionsverlauf ausgemacht werden. Dieses zeigte sich in der Reduktion des (1→2)-verknüpften Glucalylglucosids **65a**. Bei einer Reaktionstemperatur von 25 °C und 4 h Reaktionszeit konnten bei einer Konzentration von 0.01 M 19% einer 3:1-Mischung der beiden Diastereomere (Glc:Man) des gewünschten Produktes isoliert werden (Tabelle 3-16, Eintrag 1). Das Verhältnis der Diastereomere wurde mittels NMR-Untersuchungen bestimmt. Leider gelang es nicht, die beiden Diastereomere säulenchromatographisch zu trennen. Auch der Einsatz unterschiedlicher Eluenten führte nicht zum gewünschten Erfolg. Eine Verringerung der Konzentration um den Faktor vier erbrachte zwar eine leichte Verbesserung der Ausbeute auf 25%, aber eine Verschlechterung der Diastereoselektivität (Eintrag 2). Der Einfluss des Substrats zeigte sich bei der Verwendung des Galactosylglucosids **65f**. Eine Konzentration von 0.005 M führte bei 25 °C und 5 h Reaktionszeit in 34% Ausbeute zum 2-Desoxygalactosid mit intakter exocyclischer Doppelbindung (Eintrag 9). Der Umsatz wurde per Dünnschicht-chromatographie kontrolliert und war in den meisten Fällen nicht vollständig. Häufig konnte eine Überreduktion des Substrats beobachtet werden, die zum geschützten Desoxy-C-Glycosid führt. Leider handelte es sich in den meisten Fällen jedoch um mehrere nicht voneinander trennbare Diastereomere.

Als nächstes sollte die Temperatur als Einflussfaktor untersucht werden. Es wurde erwartet, dass aufgrund des unvollständigen Umsatzes bei Umgebungstemperatur die Reaktion bei geringeren Temperaturen noch langsamer ablaufen würde. Deshalb wurden für Reduktionen bei 0 °C längere Reaktionszeiten gewählt. Zudem wurde eine Verbesserung der Selektivität unter kinetischer Kontrolle erhofft. Eine Verringerung der Reaktionstemperatur bei gleicher Reaktionszeit führte zu keinem nennenswerten Umsatz des eingesetzten Substrats. Bei längeren Reaktionszeiten ließen sich bessere Umsätze erzielen, die Chemo- und Diastereoselektivität der Reaktion konnte jedoch nicht entscheidend verbessert werden (Eintrag 3).

Die Wirkung unterschiedlicher Heterogenkatalysatoren sollte ebenfalls studiert werden. Der Einsatz der unterschiedlichen RANEY-Nickel-Katalysatoren 3202 (Eintrag 4), mit sehr hohem Nickel-Anteil, und RANEY 2400 (Eintrag 5), mit hohem Aluminiumanteil, führte nicht zum Erfolg. Es konnte gefunden werden, dass Katalysatoren mit hohen Nickel-Anteilen zwar zu einem messbaren Umsatz führen, aber keine Selektivität bei der Reduktion festgestellt werden kann.

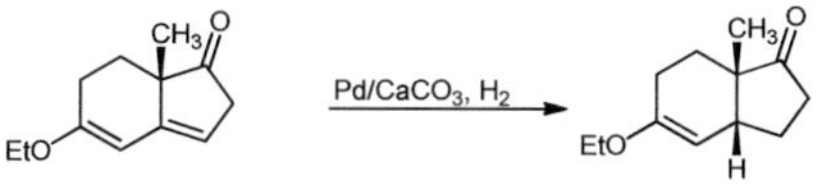

**Schema 3-21:** Chemoselektive Reduktion eines konjugierten Enolether-Diens **130**.

Andere Heterogenkatalysatoren als RANEY-Nickel wurden ebenfalls studiert. Der Einsatz von Rhodium auf Aluminiumoxid führte dabei zu keinem Umsatz (Eintrag 6). In der Literatur konnte ein anderes Heterogensystem als interessant ausgemacht werden (Schema 3-21). In der Reduktion von konjugierten Olefinen, die eine Enolether-Bindung aufweisen, erwies sich bei Studien von BOYCE Palladium auf Calciumcarbonat als effektiver Katalysator. BOYCE und Mitarbeiter konnten so in quantitativer Ausbeute und herausragender Stereoselektivität das 6,5-anellierte System **131** darstellen.[129] Die Evidenz zeigt dabei, dass die Doppelbindung von der weniger sterisch gehinderten Seite angegriffen wird, was in diesem Fall zusätzlich durch den Erhalt eines *cis*-Cyclopentanderivats begünstigt wird.  Im vorliegenden System konnte mit Palladium auf Calciumcarbonat lediglich eine komplexe Mischung aus unterschiedlich reduzierten Produkten isoliert werden (Eintrag 7).

Vielfach wurden zur Hydrierung hochsubstituierter neutraler Olefine Iridiumkatalysatoren eingesetzt. In der Arbeitsgruppe von PFALTZ wurden auf diese Weise viele asymmetrische Hydrierungen durchgeführt.[130] In der Regel werden für solche Verfahren jedoch hohe Wasserstoff-Drücke benötigt. Im vorliegenden Fall wurde angenommen, dass die Anwendung eines hohen Wasserstoff-Drucks zu einer Überreduktion führen würde. Es sollte dennoch eine homogenkatalytische Hydrierung unternommen werden, um die generelle Anwendbarkeit einer solchen Methodik zu überprüfen. Als Lösungsmittel wurde Dichlormethan ausgewählt. Der eingesetzte CRABTREE-Katalysator ([(cod)Ir(py)(PCy$_3$)]-PF$_6$) hat in der Vergangenheit vielfach seine katalytische Aktivität bei der Hydrierung von Doppelbindungen bewiesen.[131,132] Bei der abgebildeten Reaktion konnte er jedoch nicht erfolgreich eingesetzt werden. Seine Anwendung führte lediglich zur Zersetzung des Substrats (Eintrag 8).

Zusammenfassend lässt sich sagen, dass alle getesteten Methoden zu keinem befriedigenden Ergebnis führten. Es ist daher angebracht für die Synthese von (1→2)-verknüpften C-Disacchariden über eine andere Strategie nachzudenken.

*Reduktion der exo-olefinischen Einheit zur Synthese (1→3)-verknüpfter C-Disaccharide*

Einflussfaktoren auf die Reduktion der (1→3)-C-disaccharidischen Diene wurden ebenfalls sorgfältig studiert (Tabelle 3-17). Der Einsatz von RANEY-Nickel-basierten Systemen brachte hier mehr Erfolg. Als Modellsubstrat diente in der Regel das Glucalylglucosid **65g**. In weiteren Studien wurden auch Glucalylmannosid **65h** und Glucalylgalactosid **65i** untersucht.

In früheren Experimenten konnte festgestellt werden, dass Konzentrationen im Bereich von 0.005 M als optimal für eine RANEY-Nickel-katalysierte Reduktion anzusehen sind. Zunächst wurde das (1→3)-verknüpfte Glucalylglucosid **65g** unter den etablierten Bedingungen mit Acros RANEY-Nickel umgesetzt. Eine Reaktionszeit von 4 h erbrachte 52% des an der *exo*-cyclischen Doppelbindung reduzierten Produkts (Tabelle 3-17, Eintrag 1). Überraschenderweise war die Reaktion vollständig chemo- und diastereoselektiv und lieferte ausschließlich die *allo*-Konfiguration am reduzierenden Ende. Eine Verlängerung der Reaktionszeit auf 5.5 h erbrachte eine Ausbeute von 60% bei konstanter Chemo- und Diastereoselektivität (Eintrag 2). Längere Reaktionszeiten führten jedoch zu deutlichen Ausbeuteverlusten. So konnten bei einer Reaktionszeit von 6 h lediglich 47% des gewünschten Produktes isoliert werden (Eintrag 3). Dies lässt sich darauf zurückführen, dass die Wasserstoffzufuhr kaum regulierbar ist, sodass es bei langen Reaktionszeiten leicht zur weiteren Reduktion der Enolether-Doppelbindung kommen kann. Überraschenderweise führten höhere Konzentrationen zu einem Verlust der Selektivität bei guter Ausbeute von 60% (Eintrag 4). Diese Beobachtung ist sehr interessant, da sie belegt, dass es neben der Wahl des Substrats andere Einflussfaktoren auf die Diastereoselektivität gibt.

Die Selektivität zugunsten der *allo*-Konfiguration war außergewöhnlich hoch, konnte allerdings mit NMR-spektroskopischen Methoden eindeutig belegt werden (Abbildung 3-4). Erstaunlich war dieses Ergebnis besonders im Hinblick auf die umgekehrte substratinduzierte Diastereoselektivität bei der Transferhydrierung mit Ammoniumformiat unter Palladiumkatalyse (*vide supra*, 3.2.13). Diese Beobachtung belegt eindeutig, dass zwei unterschiedliche Mechanismen für diese beiden Hydrierungsmethoden aktiv sein müssen. Über die genauen Gründe für dieses interessante Phänomen kann bislang allerdings nur spekuliert werden.

**Tabelle 3-17:** Untersuchung der RANEY-Nickel-vermittelten Reduktion der exocyclischen Doppelbindung in (1→3)-verknüpften C-Dienen **65**.

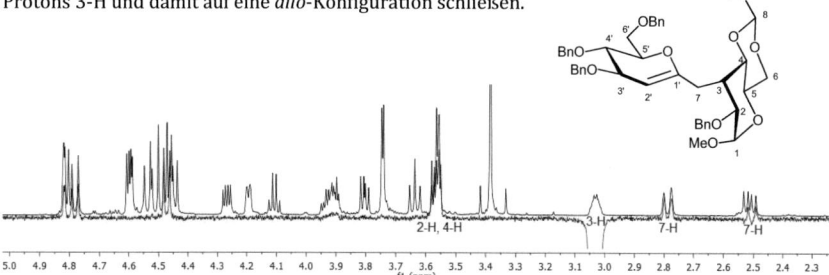

65 → 48

| Eintrag | Zeit und Temperatur | Konzentration [M] | Bedingungen | Ergebnis |
|---|---|---|---|---|
| 1[a] | 25 °C, 4 h | 0.005 | RANEY-Ni (Acros NL) | 52% (nur All) |
| 2[a] | 25 °C, 5.5 h | 0.006 | RANEY-Ni (Acros NL) | 60% (nur All) |
| 3[a] | 25 °C , 6 h | 0.005 | RANEY-Ni (Acros NL) | 47% (nur All) |
| 4[a] | 25 °C, 4 h | 0.01 | RANEY-Ni (Acros NL) | 60% (All:Glc = 2:1) |
| 5[a,b,c] | 25 °C, 1 Durchlauf | - | Pt/C | kein Umsatz |
| 6[a,c] | 25 °C, 4 h | 0.01 | PtO$_2$ | kein Umsatz |
| 7[a,d] | 25 °C, 96 h | 0.002 | PtO$_2$ | Zersetzung |
| 8[a,d] | 25 °C, 16 h | 0.008 | Ru/C | kein Umsatz |
| 9[a,e] | 25 °C, 5 h | 0.01 | [(cod)Ir(py)(PCy$_3$)]PF$_6$ | Produktmischung |
| 10[f] | 25 °C, 4.5 h | 0.025 | RANEY-Ni (Acros NL) | 38% (Man:Tal = 4:1) |
| 11[f] | 25 °C, 3.5 h | 0.005 | RANEY-Ni (Acros NL) | 46% (Man:Tal = 3:1) |
| 12[g] | 25 °C, 5 h | 0.01 | RANEY-Ni (Acros NL) | 35% (Gal:Gul = 3:1) |

[a] Substrat **65g**, [b] H-Cube, 80 bar H$_2$, 0.5 mL/min, [c] MeOH/EtOAc = 3:1, [d] CH$_2$Cl$_2$/EtOAc/MeOH = 3:3:1, [e] CH$_2$Cl$_2$, [f] Substrat **65h**, [g] Substrat **65i**.

Die Beobachtungen im selektiven 1D-NOESY-NMR-Spektrum sollen im Folgenden kurz diskutiert werden (Abbildung 3-4). Das Signal des 3-H – durch seine charakteristische chemische Verschiebung von δ = 3.05 ppm einfach zuzuordnen – liegt im Spektrum sehr gut isoliert, sodass die selektive Einstrahlung auf dieses Signal zu keinen Problemen führt. Im Spektrum wird ersichtlich, dass die Einstrahlung auf das 3-H eine Antwort der beiden Protonen 7-H (CH$_2$), welche die Methylenbrücke repräsentieren, zur Folge hat. Diese beiden benachbarten Protonen sind diastereotop und charakteristisch hochfeldverschoben. Weiterhin kann eine deutliche Antwort der Protonen 2-H und 4-H beobachtet werden, die zuvor mit Hilfe von COSY- und HSQC-NMR-Spektren zugeordnet wurden. Dieses lässt auf eine äquatoriale Position des Protons 3-H und damit auf eine *allo*-Konfiguration schließen.

**Abbildung 3-4:** 1D-NOESY-NMR-Spektrum (600 MHz) von Enolether **48g** auf 3-H.

Ein weiterer Hinweis darauf, dass es sich nicht um die *gluco*-Konfiguration handelt, kann aus dem Vergleich des Drehwertes der Folgestufe mit dem literaturbekannten *gluco*-Epimer entnommen werden. Bei der oxidativen Refunktionalisierung konnte unter den von Postema beschriebenen Bedingungen, die an späterer Stelle genauer besprochen werden sollen, eine Verbindung mit einem Drehwert von -10.0 ° erhalten werden. Für die epimere Struktur gibt Postema einen Drehwert von +22.3 ° an (siehe Hintergrundinformationen der angegebenen Quelle).[67] Auch aufgrund dieses immensen Unterschieds kann also auf die *allo*-Konfiguration geschlossen werden.

Die Verwendung des Flow-Hydrier-Gerätes H-Cube mit einer Pt/C-Kartusche führte selbst bei hohem Druck von 80 bar zu keinem Umsatz. Der Einsatz von anderen Heterogenkatalysatoren brachte ähnlich wie bei der Hydrierung des (1→2)-verknüpften Glucalylglucosids **65a** nicht den gewünschten Erfolg. Der Adams-Katalysator (PtO$_2$)[133] lieferte bei 25 °C und 4 h Reaktionszeit keinen Umsatz. Bei sehr geringer Konzentration von 0.002 M und einer langen Reaktionszeit von 96 h kam es dann allerdings zur Zersetzung. Die Verwendung von Ruthenium auf Kohle führte zu keinem Umsatz des Substrates.

Auch der Einsatz von homogener Katalyse sollte nicht unerforscht bleiben. Im vorliegenden Fall lieferten homogenkatalytische Hydrierungsversuche mit dem Crabtree-Katalysator ([[(cod)Ir(py)(PCy$_3$)]PF$_6$) im Gegensatz zu den Experimenten mit den (1→2)-*C*-disaccharidischen Dienen zwar einen Umsatz, es konnte allerdings nur eine Produktmischung isoliert werden. Dieses Ergebnis machte dennoch Hoffnung, dass homogenkatalytische Methoden zum Hydrierungserfolg führen könnten.

Unter Verwendung des Glucalylmannosids **65h** konnte unter Verwendung der üblichen Raney-Nickel-Reduktionsbedingungen nach 3.5 h Reaktionszeit in 46% Ausbeute ein Diastereomerengemisch aus *manno*- und *talo*-konfigurierten Produkten am nicht-reduzierenden Ende im Verhältnis von 3:1 isoliert werden. Durch Verringerung der Konzentration fiel die Ausbeute auf 38%, die Selektivität konnte allerdings auf 4:1 (Man:Tal) verbessert werden (Tabelle 3-17, Einträge 10-11). NMR-Experimente zur Untersuchung der Diastereoselektivität gestalteten sich aufgrund der schwierig trennbaren Mischung als Herausforderung. Es konnten jedoch Indizien zur Präferenz der *manno*-Konfiguration am nicht-reduzierenden Ende gefunden werden. Ein solches Indiz war die große Kopplungskonstante des als 4-H zugeordneten Signals von etwa 9 Hz. 4-H sollte bei einer *manno*-Konfiguration in einem Pseudotriplett resonieren. Da sich das Signal in einem Multiplett befindet und das Spektrum mit dem Minderdiastereomer verunreinigt ist, können die Signalform und die Kopplungskonstante jedoch nur ungefähr bestimmt werden. Deshalb wird diese Präferenz nicht als bewiesen angesehen.

Das Glucalylgalactosid **65i** wurde bei einer Reaktionstemperatur von 25 °C und 5 h Reaktionszeit in 35% Ausbeute und einer Diastereomerenverhältnis von 3:1 (Gal:Gul) hydriert (Eintrag 12). Hierbei wurden Indizien für die Präferenz des *galacto*- gegenüber dem *gulo*-Derivat am nicht-reduzierenden Ende gefunden. Es gelten jedoch dieselben Einschränkungen, die schon für die Bestimmung der *manno*-Konfiguration gemacht wurden. Das als 2-H zugeordnete Proton zeigte in erster Näherung ein Dublett vom Dublett mit einer großen und einer kleinen Kopplungskonstante. Aufgrund der großen Kopplungskonstante, die aus einer axial-axial Kopplung resultiert, wurde auf die axiale Stellung des 3-H und damit die *galacto*-Konfiguration geschlossen.

*Reduktion der exo-olefinischen Einheit zur Synthese (1→4)-verknüpfter C-Disaccharide*

Die Reduktion der (1→4)-*C*-disaccharidischen Diene wurde ebenfalls eingehend untersucht (Tabelle 3-18). Modellsubstrat hierzu sollten das Glucalylallosid **65l** sowie das Galactosylallosid **65m** sein. Zunächst wurde das Glucalylallosid **65l** unter den optimierten Bedingungen für eine RANEY-Nickel-katalysierte Hydrierung eingesetzt und erbrachte hierbei in einer guten Ausbeute von 71% mit kompletter Diastereoselektivität das gewünschte Produkt (Tabelle 3-18, Eintrag 1). Die Evidenz, dass die Hydrierung von der sterisch am wenigsten gehinderten Seite erfolgt, wurde hier als geltend angenommen. Leider gelang es jedoch kaum, diese Reaktion zu reproduzieren. Bei leichten Veränderungen der Konzentration und der Reaktionszeit sowie der Verwendung einer anderen Katalysatorcharge desselben Typs kam es zu Produktmischungen, in denen alle reduzierten Produkte gefunden werden konnten.

**Tabelle 3-18:** : Untersuchung der RANEY-Nickel-vermittelten Reduktion der exocyclischen Doppelbindung in (1→3)-verknüpften *C*-Dienen **65**.

| Eintrag | Zeit und Temperatur | Konzentration [M] | Bedingungen | Ergebnis |
|---|---|---|---|---|
| 1[a] | 25 °C, 3 h | 0.007 | RANEY-Ni (Acros NL) | 71% (nur All) |
| 2[a,b] | 0 °C auf 25 °C, 3 h | 0.01 | NaBH$_4$ | kein Umsatz |
| 3[a,c] | 25 °C , 4 h | 0.01 | ClRh(PPh$_3$)$_3$ | kein Umsatz |
| 4[a,d] | 25 °C, 16 h | 0.01 | [(cod)Ir(py)(PCy$_3$)]PF | kein Umsatz |
| 5[e,f] | 25 °C, 4 h | 0.10 | Pd/CaCO$_3$ | kein Umsatz |
| 6[e] | 25 °C, 5.5 h | 0.01 | RANEY-Ni (Acros NL) | 90% Mischung |
| 7[e] | 25 °C, 4 h | 0.05 | RANEY-Ni 2400 | 30% Mischung |
| 8[e] | 25 °C, 4 h | 0.05 | RANEY-Ni 2800 | 19% Mischung |
| 9[e] | 25 °C, 4 h | 0.05 | RANEY-Ni 3202 | 25% Edukt |
| 10[e] | 25 °C, 4 h | 0.05 | RANEY-Ni 4200 | Zersetzung |

[a] Substrat **65l**; [b] CH$_2$Cl$_2$/MeOH = 1:1; [c] THF/*t*BuOH = 1:1; [d] CH$_2$Cl$_2$; [e] Substrat **65m**; [f] EtOH.

Ein Versuch den Hydridüberträger Natriumborhydrid, welches üblicherweise für die Reaktion von Ketonen eingesetzt wird, zu verwenden, führte zu keinem Umsatz (Eintrag 2). Auch übliche

Homogenkatalysatoren wie der WILKINSON- (ClRh(PPh₃)₃) oder der bereits untersuchte CRABTREE-Katalysator ([(cod)Ir(py)(PCy₃)]PF₆) erbrachten keinen Umsatz (Einträge 3 und 4). Eine heterogenkatalysierte Reaktion unter Verwendung von Palladium auf Calciumcarbonat, ähnlich zu der von BOYCE beschriebenen Reduktion eines konjugierten Diens, erbrachte keinen Umsatz (Eintrag 5).[129]

Bei der Untersuchung des Galatosylallosids **65m** standen vor allen Dingen die bereits erfolgreich verwendeten RANEY-Nickel katalysierten Verfahren im Fokus der Optimierung. Hervorzuheben sei hier insbesondere die hohe Ausbeute von 90% (Eintrag 6). Mithilfe des NMR-Spektrums wurde gezeigt, dass es sich bei der reduzieren Doppelbindung hauptsächlich um die exocyclische Doppelbindung handeln muss. Leider konnte das Produkt jedoch nur als Mischung der Diastereomere und neben dem zum Teil ebenfalls reduzierten Enolether mit weiteren unbekannten Verunreinigungen erhalten werden. Bei einer Studie der erworbenen RANEY-Nickel-Katalysatoren unterschiedlicher Aktivitätsgrade konnte keine Verbesserung der Selektivität erzielt werden (Einträge 7-10). Auch die Ausbeute konnte nicht verbessert werden. Der Grund für die schlechten Selektivitäten und Ausbeuten wird hauptsächlich in der geringen Chemoselektivität vermutet. Sowohl bei der Reduktion der exocyclischen Doppelbindung als auch bei der Hydrierung des Enolethers können jeweils zwei diastereomere Produkte entstehen. Da die Stereozentren unabhängig voneinander sind, können vier diastereomere Produkte erwartet werden.

### 3.2.11.2 Oxidative Sequenz

Im vorhergehenden Abschnitt wurde eingehend die Reduktion von konjugierten Eninen und Dienen besprochen. Dabei wurde gefunden, dass sich die Enine mit hoher Chemoselektivtät unter RANEY-Nickel-Katalyse reduzieren lassen. Bei der Reduktion der Diene kam es sowohl zu Problemen mit der Chemo- als auch mit der Diastereoselektivtät. Um das gewünschte native Hydroxylierungsmuster zu regenerieren, ist es nötig, eine formale Wasseraddition an die verbliebene Enolethereinheit durchzuführen. Diese erfolgt mit oxidativen Methoden und soll zunächst am Beispiel der erfolgreich dargestellten Enolether der (1→6)-C-Glycoside besprochen werden. Im Anschluss daran soll auf die oxidative Wasseraddition an die erhaltenen Enolether mit einer Methylenbrücke eingegangen werden. Die Methoden werden sich im Wesentlichen nicht unterschieden.

*Mechanistische Aspekte der oxidativen Refunktionalisierung*

Im Jahre 2000 hatten POSTEMA und Mitarbeiter einen Ansatz zur Synthese von (1→6)-verknüpften C-disaccharidischen Glycalen entwickelt, der auf einer Metathese-Reaktion basiert.[68] Wenig später konnte seine Gruppe diesen Ansatz auch auf andere Verknüpfungen ausdehnen und schaffte so einen variablen und flexiblen Ansatz zu (1→n)-verknüpften C-disaccharidischen Glycalen (n = 2, 3, 4).[67] Aufgrund der komplexen Synthese der acyclischen Ausgangsverbindungen und einer Reaktionssequenz mit einer späten Cyclisierungsreaktion ist ein iterativer Aufbau oligosaccharidischer Strukturen mit dieser Methode jedoch nicht möglich.

Um das native Hydroxylierungsmuster der C-Disaccharide zurückzuerhalten, führte POSTEMA eine Hydroborierung durch, die diastereoselektiv das β-Produkt lieferte. Diese Reaktion wurde bereits von SCHMIDT beschrieben, um Glycale diastereoselektiv in β-Glycoside zu überführen.[85,134] Da diese Methode jedoch auf die β-Verknüpfung limitiert war, sollten im Rahmen dieser Arbeit Möglichkeiten gefunden werden, um aus solchen Glycalen sowohl das α- als auch das β-C-Disaccharid zu generieren. Zu diesem Zwecke wurden die Vorergebnisse unterschiedlicher Arbeitsgruppen genutzt. Bereits DANISHEFSKY erkannte, dass die Epoxidation von Glycalen mit hoher facialer Selektivität zum gluco-konfigurierten Epoxid führt (dr > 20:1).[135] Später konnte dann WEI die Ergebnisse von DANISHEFSKY ausweiten, indem er eine Studie vorstellte, um diese Selektivität zu erklären.[136] Aus einigen Naturstoffsynthesen war die Öffnung von solchen Epoxiden mit verschiedenen Hydridquellen bekannt. [88, 117-119] Durch koordinierende Hydride wie z.B. Diisobutylaluminumhydrid (DIBAL) kann mit hoher Selektivität das β-Produkt erhalten werden. Die Erklärung dafür liegt in der Koordination des LEWIS-aciden Aluminiumzentrums an den Epoxidsauerstoff. Zur Öffnung des Epoxids wird das Hydrid selektiv von der Seite des Epoxids übertragen werden, was zur Ausbildung des β-Produkts führt (Schema 3-22).[137]

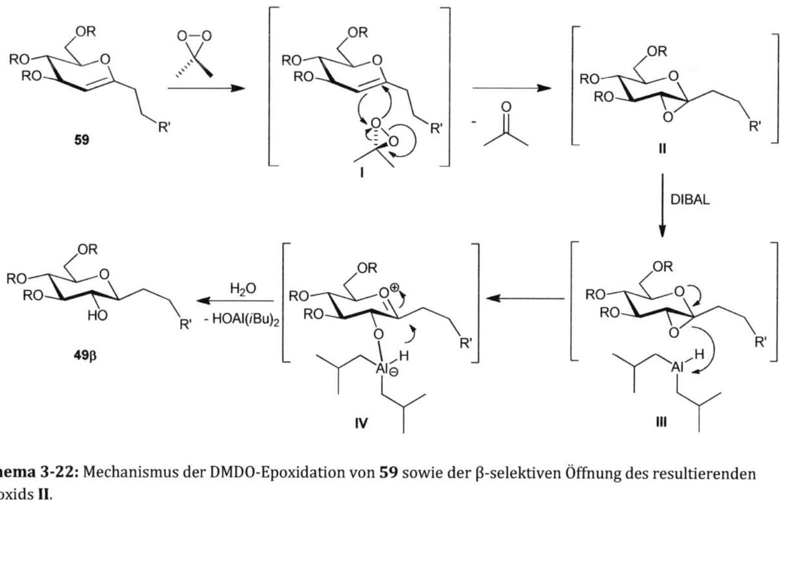

**Schema 3-22:** Mechanismus der DMDO-Epoxidation von **59** sowie der β-selektiven Öffnung des resultierenden Epoxids **II**.

Die entsprechende α-Öffnung von Glycalen ist bisher weniger untersucht worden. Mit sehr nucleophilen Hydriden, wie z.B. dem Superhydrid LiBHEt$_3$, konnte diastereoselektiv das α-Produkt erhalten werden. Der Grund für diese Selektivität wird im ionischen Charakter dieser Verbindung vermutet. Dabei dient das Lithium-Kation als LEWIS-Säure, welche die Öffnung des Epoxids katalysiert, indem das LUMO abgesenkt wird und der nucleophile Rückseitenangriff des Hydrids nach einem S$_N$2-Mechanismus erfolgen kann (Schema 3-23).[138,139]

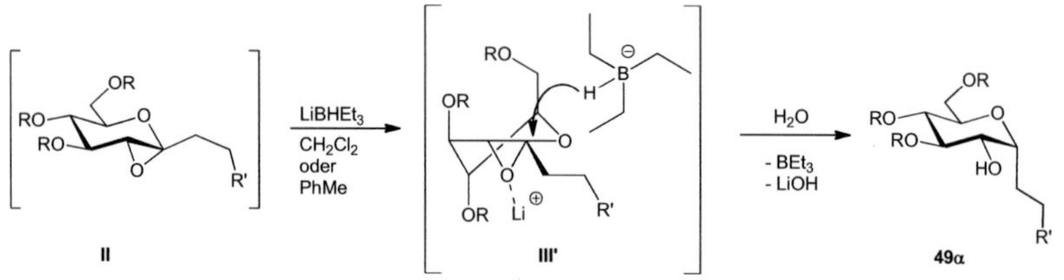

**Schema 3-23:** Mechanismus der α-selektiven Öffnung des Epoxids **II**.

*Synthese der (1→6)-verknüpften C-Disaccharide mit der neu entwickelten Epoxidierungs-Öffnungs-Sequenz*

Durch die Reduktion der exocyclischen Doppelbindung mit den untersuchten Methoden konnten (1→6)-verknüpfte Glycale in guten Ausbeuten hergestellt werden. Das native Hydroxylierungsmuster sollte α- und β-selektiv wieder hergestellt werden. Dazu wurde zum Erhalt der α-C-Disaccharide, die von INOUE beschriebene Methode zur Epoxidöffnung durch das Superhydrid LiBHEt$_3$ eingesetzt.[138] Zum Erhalt des β-Produktes wurde sowohl die von POSTEMA an ähnlichen Systemen untersuchte Hydroborierung als auch die in vielen Totalsynthesen zum β-Produkt führende Öffnung des Epoxids mit DIBAL angewandt.[68,137]

Die Bedingungen für die α- und die β-Öffnung des Epoxids sollten zunächst auf Basis der Literaturdaten optimiert werden. Bei der Synthese der methylenverbrückten C-Disaccharide sollten auch die Bedingungen der Epoxidation untersucht werden. Hierzu finden sich im Kapitel 3.2.15.1 genaue Erläuterungen. Als Substrat für die Optimierung der Epoxidations-Ringöffnungs-Sequenz wurde das (1→6)-verknüpfte Glucalylglucosid **65a** gewählt. Bei der α-selektiven Öffnung stellte sich – wie bereits in Voruntersuchungen gezeigt werden konnte – LiBHEt$_3$ als Hydridüberträger der Wahl heraus. Weder NaBH$_4$, noch NaBH$_3$CN oder LiBH$_4$ konnten ähnlich gute Ergebnisse erzielen. In Arbeiten zur selektiven Epoxidöffnung mit NaBH$_3$CN wurden an ausgewählten Systemen bereits erfolgreiche Ergebnisse erzielt.[140] Diese Bedingungen konnten von INOUE und Mitarbeitern an anderen Systemen jedoch nicht erfolgreich eingesetzt werden und lieferten auch im vorliegenden Fall keine zufriedenstellenden Ergebnisse.[138]

**Tabelle 3-19:** Refunktionalisierung der Enolether **59** zu nativen entschützten (1→6)-*C*-Disacchariden **49α** und **49β**.

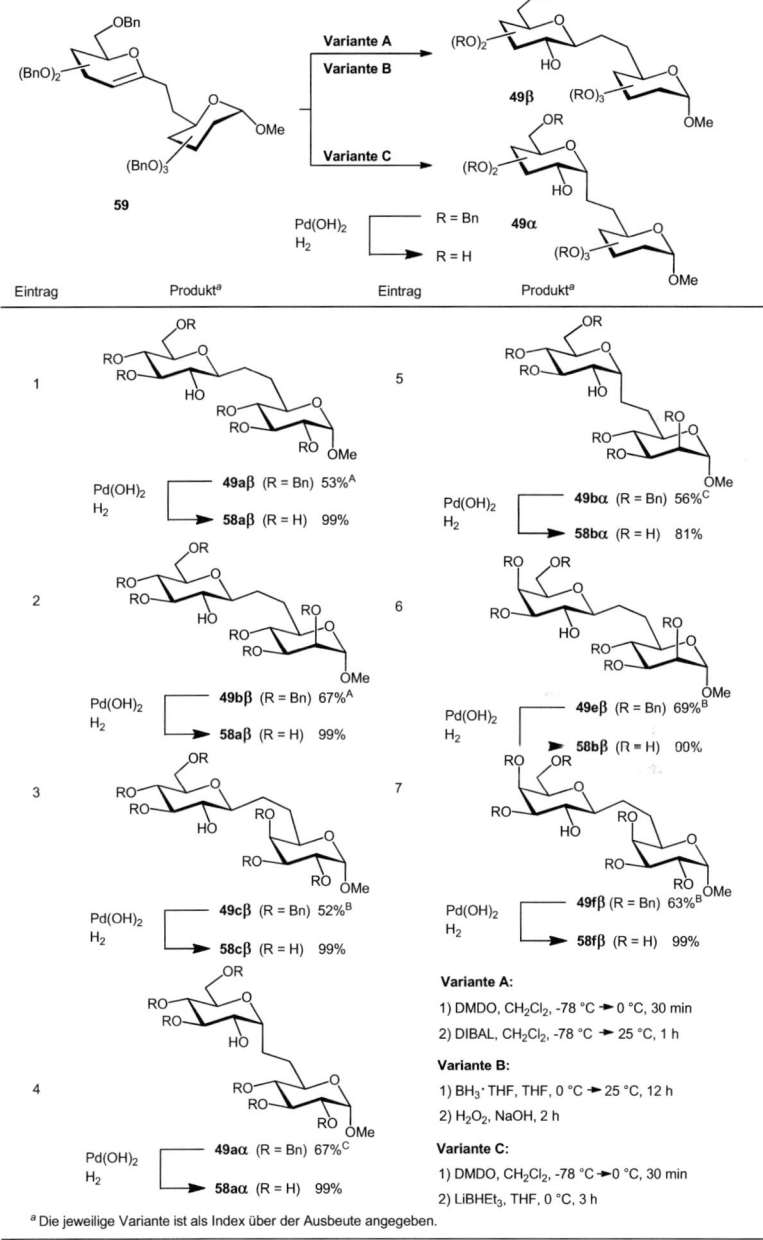

| Eintrag | Produkt[a] | Eintrag | Produkt[a] |
|---|---|---|---|
| 1 | Pd(OH)₂ H₂ → **49aβ** (R = Bn) 53%[A] / **58aβ** (R = H) 99% | 5 | Pd(OH)₂ H₂ → **49bα** (R = Bn) 56%[C] / **58bα** (R = H) 81% |
| 2 | Pd(OH)₂ H₂ → **49bβ** (R = Bn) 67%[A] / **58aβ** (R = H) 99% | 6 | Pd(OH)₂ H₂ → **49eβ** (R = Bn) 69%[B] / **58bβ** (R = H) 00% |
| 3 | Pd(OH)₂ H₂ → **49cβ** (R = Bn) 52%[B] / **58cβ** (R = H) 99% | 7 | Pd(OH)₂ H₂ → **49fβ** (R = Bn) 63%[B] / **58fβ** (R = H) 99% |
| 4 | Pd(OH)₂ H₂ → **49aα** (R = Bn) 67%[C] / **58aα** (R = H) 99% | | |

**Variante A:**
1) DMDO, CH₂Cl₂, -78 °C ➔ 0 °C, 30 min
2) DIBAL, CH₂Cl₂, -78 °C ➔ 25 °C, 1 h

**Variante B:**
1) BH₃·THF, THF, 0 °C ➔ 25 °C, 12 h
2) H₂O₂, NaOH, 2 h

**Variante C:**
1) DMDO, CH₂Cl₂, -78 °C ➔ 0 °C, 30 min
2) LiBHEt₃, THF, 0 °C, 3 h

[a] Die jeweilige Variante ist als Index über der Ausbeute angegeben.

Die selektive Öffnung des Epoxids zu den β-Produkten wurde mit Glucalylmannosid **59a** und Galactalylmannosid **59b** untersucht (Tabelle 3-19, Einträge 1 und 2). Es stellte sich dabei heraus, dass die Hydroborierungsbedingungen im Falle des Galactalylmannosids **59e** deutlich besser geeignet waren als die entsprechende Epoxidations-Öffnungssequenz mit DIBAL als Hydridquelle (Eintrag 6). Möglicherweise hat dies jedoch weniger mit der Qualität von DIBAL als Epoxid-Öffnungs-Reagenz zu tun, als vielmehr mit der nur mäßig funktionierenden Epoxidation der Galactalyl-Derivate. Bei den Glucalylderivaten erwies sich die Epoxidations-Öffnungssequenz der Hydroborierung als überlegen.

(1→6)-verknüpfte C-Disaccharide mit nativem Hydroxylgruppenmuster **48** konnten durch die beschriebenen Methoden in moderaten bis guten Ausbeuten von 52 bis 69% hergestellt werden (Tabelle 3-18). Die α-verknüpften Verbindungen **49aα** und **49bα** (Einträge 4 und 5) konnten in guten Ausbeuten unter Öffnung des erhaltenen Epoxids mit LiBHEt₃ erhalten werden. Galactalyl-Einheiten erwiesen sich generell einer Epoxidation als schwer zugänglich, was in der späteren Synthese der methylenverbrückten C-Disaccharide eingehender besprochen wird (siehe Kapitel 3.2.15.1).

Die moderaten Ausbeuten können mit der Bildung polarer Nebenprodukte erklärt werden. Um eine möglichst hohe Selektivität zu garantieren, ist eine niedrige Reaktionstemperatur von großer Wichtigkeit. Bei der Epoxidbildung wurde daher zunächst auf -78 °C gekühlt, nach der Zugabe des DMDO wurde langsam auf 0 °C erwärmt.

Um eine α-selektive Öffnung zu erwingen, wurde bei 0 °C ein Überschuss an LiBHEt₃ zugesetzt. Nach etwa 3 h Reaktionszeit wurde die Reaktion beendet. In einigen Fällen konnten hier bishydroxylierte Produkte gefunden werden, die auf die Öffnung des nicht vollständig umgesetzten Epoxids beim Beenden der Reaktion hindeuten. Auch durch längere Reaktionszeiten konnte die Bildung der bishydroxylierten Produkte nicht unterbunden werden.

Im Falle einer selektiven β-Öffnung wurde zunächst wieder auf -78 °C gekühlt, anschließend jedoch auf Umgebungstemperatur erwärmt. Hier erfolgte die Produktbildung schneller als im α-Fall, nämlich etwa nach 1 h. Der Überschuss an eingesetztem DIBAL betrug in der Regel fünf Äquivalente. Allerdings konnten auch hier in einigen Fällen polare Nebenprodukte beobachtet werden, die aus einer unvollständigen Öffnung des Epoxids resultieren.

Die Entschützung der Benzylgruppen erfolgte durch Verwendung des PEARLMAN-Katalysators sowie molekularem Wasserstoff und erwies sich in nahezu allen Fällen als quantitativ (Synthese von **58**, Einträge 1-7).

*Synthese der (1→n)-verknüpften C-Disaccharide (n= 2, 3, 4) durch Epxidations-Öffnungs-Sequenz der erhaltenen Enolether*

Bereits im vorherigen Abschnitt wurde beschrieben, dass eine chemoselektive Reduktion der Diene an der exocyclischen Doppelbindung nur in Ausnahmefällen zu beobachten ist. Nun sollen die Ergebnisse der oxidativen Refunktionalisierung der dennoch erhaltenen (1→n)-verknüpften C-Disaccharide (n = 2, 3, 4) diskutiert werden.

**Tabelle 3-20:** Oxidative Refunktionalisierung der (1→n)-verknüpften Enolether **67** (n = 2, 3, 4).

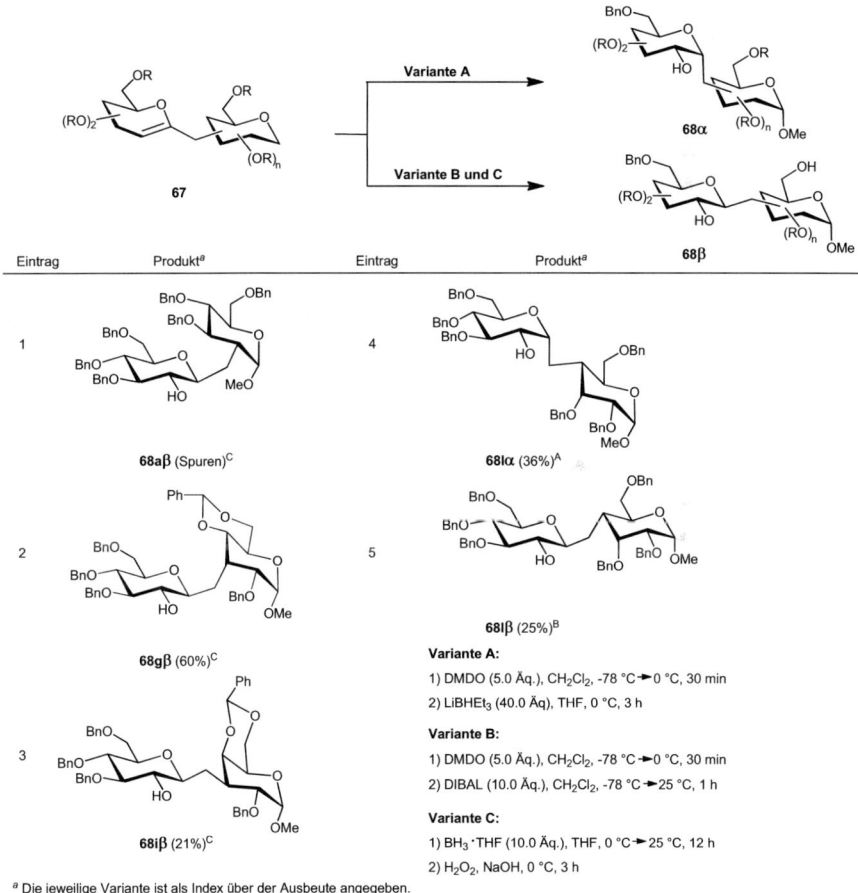

| Eintrag | Produkt[a] | Eintrag | Produkt[a] |
|---------|-----------|---------|-----------|
| 1 | **68aβ** (Spuren)[C] | 4 | **68lα** (36%)[A] |
| 2 | **68gβ** (60%)[C] | 5 | **68lβ** (25%)[B] |
| 3 | **68iβ** (21%)[C] | | |

**Variante A:**
1) DMDO (5.0 Äq.), CH$_2$Cl$_2$, -78 °C → 0 °C, 30 min
2) LiBHEt$_3$ (40.0 Äq), THF, 0 °C, 3 h

**Variante B:**
1) DMDO (5.0 Äq.), CH$_2$Cl$_2$, -78 °C → 0 °C, 30 min
2) DIBAL (10.0 Äq.), CH$_2$Cl$_2$, -78 °C → 25 °C, 1 h

**Variante C:**
1) BH$_3$ ·THF (10.0 Äq.), THF, 0 °C → 25 °C, 12 h
2) H$_2$O$_2$, NaOH, 0 °C, 3 h

[a] Die jeweilige Variante ist als Index über der Ausbeute angegeben.

Ähnliche (1→n)-verknüpfte Glycale hatte bereits POSTEMA durch seine Metathese-Methode generiert und mithilfe der Hydroborierung β-selektiv refunktionalisiert.[67] Tabelle 3-20 zeigt die in dieser Arbeit erhaltenen Ergebnisse zur α- und β-selektiven Refunktionalisierung. Für den

Erhalt des α-Produkts wurde die Epoxidations-Öffnungssequenz mit DMDO und LiBHEt$_3$ angewandt. Die β-Produkte wurden ebenfalls mit den bereits beschriebenen Methoden, zum einen der Hydroborierung und zum anderen der Epoxidations-Öffnungs-Sequenz mit DIBAL als Hydridquelle erhalten.

Am (1→4)-verknüpften Glucalylallosid **68l** wurde die α-selektive Öffnung des Epoxids getestet. Das gewünschte α-C-Disaccharid **68lα** konnte in einer Ausbeute von lediglich 36% erhalten werden (Tabelle 3-20, Eintrag 4). Zur Epoxidation wurde dabei ein Überschuss von DMDO eingesetzt. Auch das β-C-Disaccharid **68lβ** konnte durch Epoxidöffnung erhalten werden. Dabei kam anstelle des Superhydrids das koordinierende DIBAL zum Einsatz. Weiterhin sollte an den vorliegenden Beispielen die Hydroborierungsmethode getestet werden. Besonders bei (1→3)-Glucalylallosid **68g**, welches sich in der RANEY-Nickel-Reduktion ebenfalls als gängiges Substrat herausstellte, konnte diese Methode erfolgreich angewandt werden. Beim Wechsel auf das Glucalylgalactosid **68i** konnten überraschenderweise nur 21% des Produkts erhalten werden (Eintrag 3). Noch deutlicher zeigte sich die Verschlechterung der Ausbeute beim Wechsel der Verknüpfung von (1→3) auf (1→2). Die Verwendung des (1→2)-Glucalylglucosids **68a** führte dazu, dass nur noch Spuren des refunktionalisierten C-Disaccharids im Massenspektrum gefunden werden konnten (Eintrag 1). Eine Erklärung für den Misserfolg der Oxidations-methoden kann an dieser Stelle nicht gegeben werden. Möglicherweise führen die hohen Überschüsse der eingesetzten Reagenzien zu unerwünschten Nebenreaktionen. In der Regel konnten bei der Durchführung solcher Reaktionen eine ganze Reihe von verschiedenen Pro-dukten beobachtet werden. Diese Nebenprodukte konnten jedoch nicht identifiziert werden.

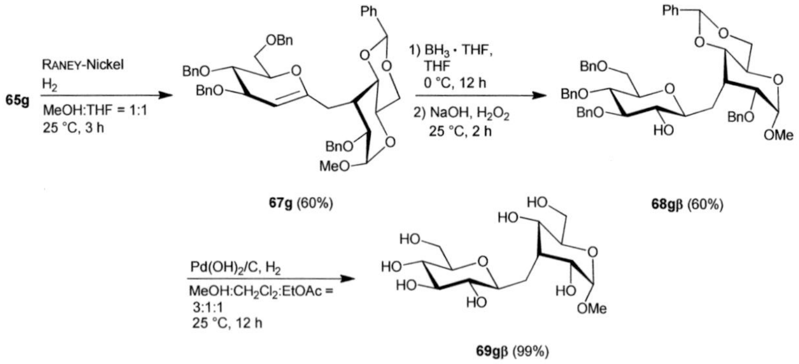

**Schema 3-24:** Zusammenfassung der reduktiv-oxidativen Sequenz für **65g**.

In Schema 3-24 ist die erfolgreiche Reaktionssequenz für die Refunktionalisierung des (1→3)-C-Glucalyldiens **65g** zusammengefasst. Die Reduktion der exocyclischen Doppelbindung ergab in 60% Ausbeute bei vollständiger Diastereoselektivität das abgebildete Glucalylallosid

**67g**. Dieses konnte β-selektiv zum Glucosylallosid **68gβ** umgesetzt werden. Eine sich anschließende vollständige Entschützung der Benzylgruppen sowie der Benzylidenklammer konnte durch Katalyse mit dem PEARLMAN-Katalysator (Pd(OH)$_2$/C) erzielt werden. Hierbei wurde das entschützte β-(1→3)-verknüpfte Glucosylallosid **69gβ** in quantitativer Ausbeute erhalten.

*Synthese (1→6)-verknüpfter C-Mannosylglycoside durch Inversionstrick*

Die bisher beschriebenen Methoden sind zum Aufbau von Glucosylglycosiden und Galactosylglycosiden, nicht aber zum Aufbau von Mannosylglycosiden geeignet. Um den Zugang zu solchen Mannosylglycosiden zu schaffen, sollte eine geeignete Methode entwickelt werden, die möglichst wenige Modifikationen der aktuellen Syntheseroute benötigt. Prinzipiell bestehen mehrere Möglichkeiten, um ein solches Vorhaben zu realisieren. Zum einen könnte bei der Epoxidation angesetzt werden. Wenn es gelingen würde, die Diastereoselektivität der Epoxidation in Richtung der *manno*-Konfiguration zu steuern, wäre durch die etablierten Methoden ein guter Zugang zu α- und β-Mannosylglycosiden möglich. Die Methoden, die in der Vergangenheit für asymmetrische Epoxidationen entwickelt wurden, sind zahlreich.[141] Am vorliegenden System wurde die SHI-Epoxidation gewählt, die mit „chiralem DMDO" arbeitet.[142] Eine SHI-Epoxidation basiert auf dem Einsatz eines Fructosederivates, das *in situ* mit Oxon zum chiralen DMDO umgesetzt wird. Die Reaktionsführung erfordert jedoch den Einsatz von Wasser als Lösungsmittel, welches dazu führte, dass das acetalische Epoxid geöffnet wird. Experimente zur SHI-Epioxidation blieben daher erfolglos.

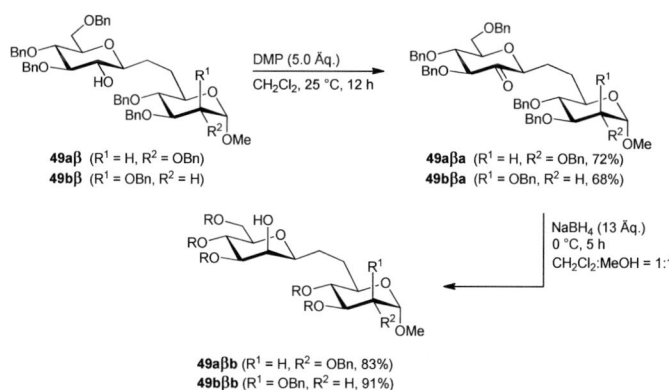

**Schema 3-25:** Inversion der Konfiguration an C-2 bei Substraten **49aβ** und **49bβ**.

Eine zweite Strategie basiert auf der Umwandlung der *gluco-* in eine *manno*-Konfiguration. Dazu muss die 2-Hydoxylgruppe invertiert werden. Die Inversion einer OH-Gruppe ist an cyclischen

Systemen nicht immer einfach durchführbar, dennoch wurden in der Vergangenheit verschiedene Methoden für eine solche Inversion entwickelt. Zunächst wurden Experimente zur Mitsunobu-Inversion durchgeführt.[143] Bei dieser Reaktion wird die schlechte OH-Abgangsgruppe mithilfe von Triphenylphosphin und Diisopropylazodicarboxylat (DIAD) oder Diethylazodicarboxylat (DEAD) in eine gute Abgangsgruppe überführt. Entscheidend hierfür ist die Oxophilie des Phosphors. Durch ein eingesetztes Nucleophil wie z.B. Nitrobenzoesäure kommt es nun zu einer $S_N2$-Reaktion mit Walden-Umkehr. Der so erhaltene Ester sollte unter Retention der Konfiguration verseift werden. Es wurde jedoch festgestellt, dass im vorliegenden Fall kein Umsatz des Substrates zu beobachten war. Es wird vermutet, dass dieses mit der sterischen Hinderung am Substrat zusammenhängt.

Eine andere Strategie macht sich die chirale Induktion des Substrates zunutze. Dabei wird zunächst das Stereozentrum an C-2 zerstört, indem die Hydroxylgruppe zu einem Keton oxidiert wird (Schema 3-25). Das prochirale Substrat reagiert im β-Fall aus dem re-Halbraum und führt zum (R)-konfigurierten Mannose-Derivat. Dieser Inversions-Trick wurde in der Kohlenhydratchemie bereits früher eingesetzt.[144] Eine solche Oxidations-Reduktions-Sequenz wurde am (1→6)-verknüpften Glucosylglucosid **49aβ** und am Glucosylmannosid **49bβ** durchgeführt, sodass das Mannosylglucosid **49aβb** und das Mannosylmannosid **49bβb** erhalten werden konnten. Als Oxidationsmittel kam hierbei das Dess-Martin-Periodinan zum Einsatz. Die gewünschten Ketone **49aβa** und **49bβa** konnten in guten Ausbeuten von 68 bis 72% hergestellt werden. Zur Reduktion wurde Natriumborhydrid genutzt, welches in sehr guten Ausbeuten von 83 bis 91% zum gewünschten β-verknüpften C-Disaccharid führte. Die Reaktion wurde ebenfalls mit dem α-Substrat getestet. Das Keton konnte in ähnlich guten Ausbeuten von etwa 70% gewonnen werden. Auch die Reduktion mit Natriumborhydrid lieferte Ausbeuten von etwa 80%, führte jedoch nicht wie gewünscht zum manno-konfigurierten Produkt, sondern aufgrund des abgeschirmten re-Halbraums wie erwartet zu einem Angriff des Hydrids von oben und damit zurück zur gluco-Konfiguration.

Abschließend kann festgestellt werden, dass dieser Ansatz geeignet ist eine ganze Reihe von (1→6)-verknüpften C-glycosidischen Disacchariden zugänglich zu machen. Leider erwies sich die Methode für (1→n)-verknüpfte C-Disaccharide (n = 2, 3, 4) nur als bedingt erfolgreich. Deshalb soll im Folgenden näher auf einen anderen Ansatz eingegangen werden, der den einfachen und flexiblen Zugang zu einer großen Bandbreite unterschiedlich verknüpfter C-Disaccharide ermöglicht.

### 3.2.15 Refunktionalisierung der Dien-Systeme durch eine Oxidations-Reduktions-Sequenz

#### 3.2.15.1 Oxidative Sequenz

Da die reduktiv-oxidative Refunktionalisierung unter Verwendung der $(1{\rightarrow}n)$-$C$-glycosidischen Diene ($n$ = 2, 3, 4) als Substrate wenig erfolgreich verlief, wurde eine weitere Strategie angewandt, um zu den gewünschten Produkten zu gelangen. Die Reaktionsfolge aus Reduktion der exocyclischen Doppelbindung und anschließender Oxidation der Enolether-Doppelbindung wurde dazu umgekehrt. Aus dieser Umkehr resultiert eine Schwierigkeit bei der Oxidation. Diese muss im Gegensatz zur vorherigen Sequenz chemoselektiv an der elektronenreichen Enolether-Doppelbindung erfolgen.

Zur diastereoselektiven Epoxidation wurden unterschiedliche Methoden getestet. In der Vergangenheit hatte sich hierfür besonders die Epoxidation mit DMDO bewährt. Als weitere Epoxidationsreagenzien wurden auch *meta*-Chlorperbenzoesäure (*m*CPBA), *tert*-Butylhydro-peroxid (*t*BuOOH), Oxon (KHSO$_5$), ein Wasserstoffperoxid-Harnstoff-Komplex (UHP) und Tri-fluorperessigsäure (TFPAA) untersucht.[145] Alle eingesetzten Oxidationsreagenzien führten zu keinem Erfolg bei der Reaktion. Denkbar wäre natürlich weiterhin die JACOBSEN-KATSUKI-Epoxidation, welche in der vorliegenden Arbeit jedoch nicht untersucht wurde. [146]

*Bestimmung der DMDO-Konzentration mit unterschiedlichen Methoden*

Wichtig für die Epoxidation ist, dass nur ein Äquivalent des Epoxidationsmittels verwendet wird. Ein Überschuss würde zu einer Überoxidation führen, sodass beide Doppelbindungen oxidiert würden. Da DMDO als Epoxidationsmittel der Wahl ausgemacht wurde, war es zu diesem Zwecke wichtig, dessen genaue Konzentration zu kennen.[147] Die Konzentration der im großen Maßstab selbst hergestellten DMDO-Lösung kann auf unterschiedliche Arten bestimmt werden.[148]

Eine bekannte Methode[148b] ist hierbei die Reaktion eines Überschusses an Thioanisol mit DMDO zum entsprechenden Sulfoxid. Durch die Verwendung eines Überschusses ist sichergestellt, dass die Thioanisolstoffmenge die DMDO-Stoffmenge in jedem Fall übersteigt; dadurch wird eine Überoxidation des Sulfids zum Sulfon vermieden, die zu verfälschten Ergebnissen führen würde. Zu einer bekannten Menge der Sulfid-Maßlösung wird eine bekannte Menge der DMDO-Lösung unbekannter Konzentration zugegeben und das erhaltene Reaktionsgemisch anschließend am GC-MS untersucht. Für die Retentionszeiten auf bestimmten Standardsäulen existieren dazu in der Literatur Referenzwerte.[148b] Die zugeordneten Retentionszeiten können mit den erhaltenen Massenspektren abgeglichen und verifiziert werden. Aus der Menge an verbrauchtem Sulfid kann nun auf die Menge des benötigten DMDO und damit auf die Konzentration der Lösung geschlossen werden. Da diese Messungen z. T.

widersprüchliche Ergebnisse lieferten, wurde die Konzentration zusätzlich auf eine andere Art und Weise bestimmt. Dazu wurde eine NMR-basierte Methode angewandt. Im ¹H-NMR-Spektrum des DMDO in Aceton ist der überragende Peak die Methylgruppe des Acetons ($\delta$ = 2.08 ppm) (Abbildung 3-5). Diese weist im ¹H-NMR-Spektrum zwei Satelliten auf, die aus der Kopplung zum natürlich mit einer Häufigkeit von 1.1% vorhandenen ¹³C-Isotop resultieren ($\delta$ = 1.87 ppm, 2.27 ppm). Der Vergleich des Integrals des DMDO-Methylpeaks (im Spektrum 1.16) mit dem Integral eines ¹³C-Satelliten (im Spektrum jeweils 1.00) gibt Aufschluss über die Konzentration der eingesetzten Lösung. Ein Wert von 1:1 deutet dabei auf eine Konzentration von 0.055 M. Im vorliegenden Spektrum ist die Konzentration der DMDO-Lösung also 0.064 M.

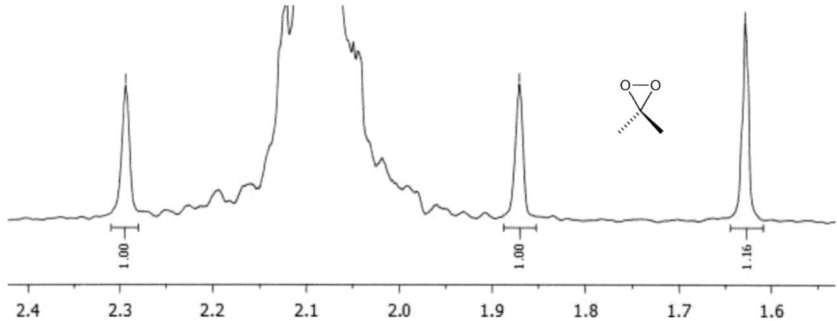

**Abbildung 3-5:** ¹H-NMR-Spektrum (300 MHz) zur Bestimmung der DMDO-Konzentration

Durch äquimolare Zugabe von DMDO konnte also in den meisten Fällen die Epoxidation der Enolether-Doppelbindung beobachtet werden. Anschließend wurden die Epoxide mit den zuvor beschriebenen Methoden α- und β-selektiv geöffnet, um das native Hydroxylierungsmuster am Glycalende wieder einzuführen.

*Untersuchung der Synthese (1→2)-verknüpfter C-Disaccharide durch Epoxidation mit DMDO*

Die Ergebnisse für die (1→2)-Verküpfungen sind in Tabelle 3-20 wiedergegeben. Die gewünschten Produkte konnten hier in 26 bis 68% Ausbeute erhalten werden. Zunächst wurde das Glucosylglucosid **65b** untersucht. Dieses ließ sich unter den optimierten Bedingungen nach Öffnung des Epoxids mit LiBHEt₃ in einer Ausbeute von 61% diastereoselektiv zum α-Produkt **68bα** umsetzen (Tabelle 3-21, Eintrag 1). Bei Verwendung von DIBAL zur Epoxidöffnung konnte erwartungsgemäß das β-Produkt **68bβ** in einer Ausbeute von 50% erhalten werden (Eintrag 2). Ein Wechsel des Substrates zum Galactosylglucosid **65f** führte unter Verwendung von LiBHEt₃ zur Epoxidöffnung in 40% Ausbeute zum gewünschten α-verknüpften Produkt **68fα**. Bei der Verwendung von Galactalylderivaten in der α-selektiven Epoxidöffnung kam es auffällig häufig zur Bildung bestimmter Nebenprodukte. Diese Produkte waren um 18 g/mol schwerer als die erwarteten Produkte.

**Tabelle 3-21:** Oxidativ-reduktive Refunktionalisierung der (1→2)-*C*-Disaccharide **65b-65f**.

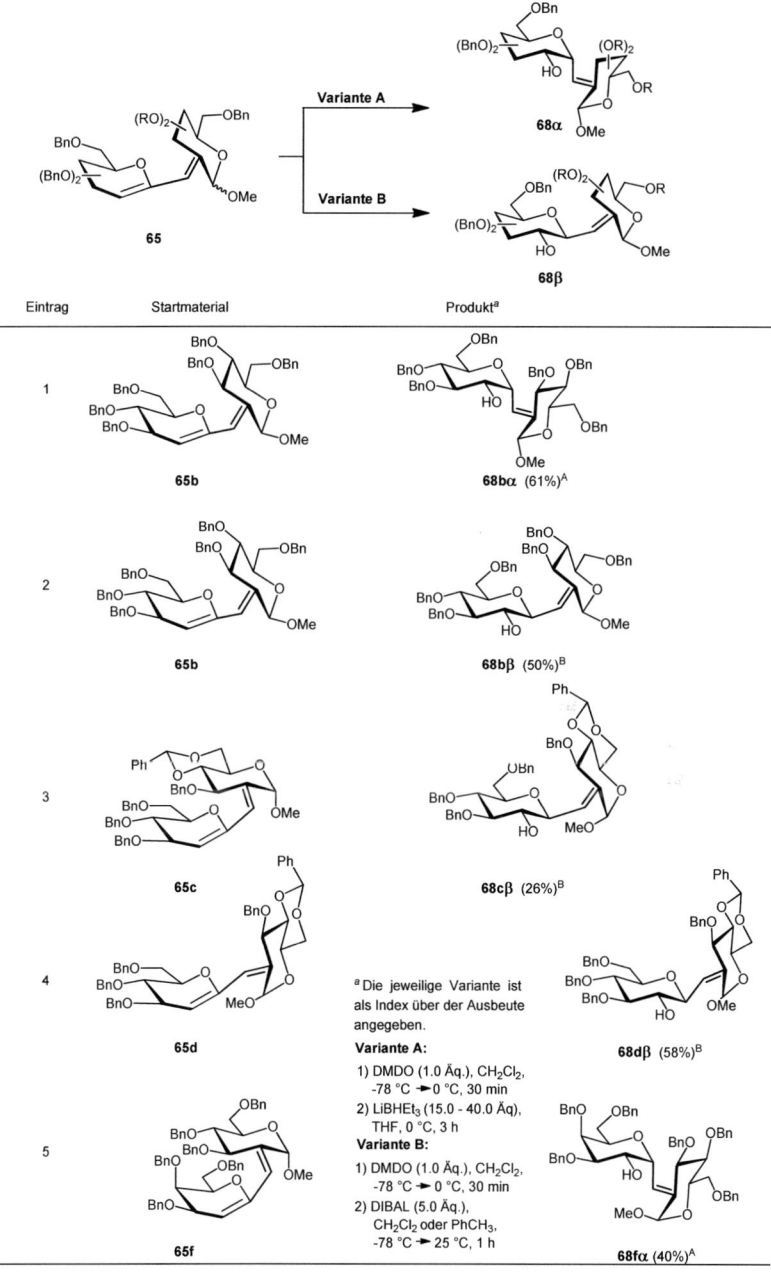

| Eintrag | Startmaterial | Produkt[a] |
|---------|---------------|------------|
| 1 | **65b** | **68bα** (61%)[A] |
| 2 | **65b** | **68bβ** (50%)[B] |
| 3 | **65c** | **68cβ** (26%)[B] |
| 4 | **65d** | **68dβ** (58%)[B] |
| 5 | **65f** | **68fα** (40%)[A] |

[a] Die jeweilige Variante ist als Index über der Ausbeute angegeben.

**Variante A:**
1) DMDO (1.0 Äq.), CH₂Cl₂, -78 °C → 0 °C, 30 min
2) LiBHEt₃ (15.0 - 40.0 Äq), THF, 0 °C, 3 h

**Variante B:**
1) DMDO (1.0 Äq.), CH₂Cl₂, -78 °C → 0 °C, 30 min
2) DIBAL (5.0 Äq.), CH₂Cl₂ oder PhCH₃, -78 °C → 25 °C, 1 h

Bereits in der Masterarbeit von ELLA KRIEMEN konnten solche Produkte für Fucalyl-Derivate beobachtet werden. Es wird vermutet, dass es hierbei zu einer Ringöffnung des Glycalylringes kommt, mit der eine um 18 höhere Masse erklärbar ist. ELLA KRIEMEN konnte in ihrer Masterarbeit die betreffenden Fucalylderivate mithilfe von NMR-spektroskopischen Methoden aufklären.[84] Die Galactalyl-Produkte, die durch Ringöffnung entstehen, werden in der vorliegenden Arbeit nicht berücksichtigt. Ihre Entstehung kann bisher nicht eindeutig erklärt werden.

Im Folgenden sollte der Einfluss der Konfiguration der Doppelbindung untersucht werden. Da das benzylidengeschützte Glucalylglucosid in ($E$)- und ($Z$)-Konfiguration (**65c** bzw. **65d**) dargestellt werden konnte, war es für solche Studien prädestiniert. Es zeigte sich überraschenderweise, dass unter identischen Reaktionsbedingungen das ($Z$)-konfigurierte Substrat **65d** in der β-selektiven Epoxidöffnung eine viel höhere Ausbeute lieferte als das ($E$)-konfigurierte Glucalylglucosid **65c** (Einträge 3 und 4, 26% vs. 58%). Die Gründe dafür sind in der unterschiedlichen Sterik der beiden Konfigurationsisomere zu suchen. Offenbar ist im ($Z$)-Isomer der Enolether deutlich zugänglicher für eine Epoxidation mit DMDO als im ($E$)-Isomer. Zusätzlich ist vermutlich die Oxidation der exocyclischen Doppelbindung im ($E$)-Isomer gegenüber dem ($Z$)-Isomer erleichtert, sodass es dort zur Bildung von Nebenprodukten kommt, was die niedrige Ausbeute des gewünschten Produktes erklärt.

*Erläuterung der Bestimmung der Stereochemie am Beispiel des α-C-disaccharidischen Olefins **68bα***

Die Bestimmung der Stereochemie soll am folgenden Beispiel für den α-Fall kurz an Verbindung **68bα** erläutert werden. In Abbildung 3-6 ist das ¹H-NMR-Spektrum des (1→2)-verknüpften C-Disaccharids **68bα** gezeigt. Entscheidend für die anomere Stereochemie ist hierbei das Signal des pseudoanomeren Protons 1'-H. Das olefinische Proton 7-H kann einfach anhand seiner charakteristischen Tieffeldverschiebung von δ = 6.51 ppm gefunden werden. Mithilfe des COSY-Spektrums lässt sich sehr schnell der einzige Kopplungspartner dieses Protons, nämlich 1'-H, ausfindig machen. 7-H resoniert in einem Dublett mit einer Kopplungskonstante von $J$ = 7.5 Hz. Für das Signal 1'-H wird ein Dublett vom Dublett erwartet. Eine Kopplung erfolgt dabei zum 7-H und die andere zum 2'-H. Die Kopplung zum 7-H wurde als $J$ = 7.5 Hz identifiziert, sodass die übrige Kopplungskonstante die Stärke der Kopplung von 1'-H zu 2'-H beschreibt. Wird eine kleine Kopplungskonstante von $J \approx 5$ Hz gemessen, deutet dies auf eine Axial-Äquatorial-Kopplung hin. Damit wäre das Stereozentrum α-konfiguriert. Bei einer großen Kopplungskonstante von $J \approx 10$ Hz ist eine β-Konfiguration anzunehmen. Im vorliegenden Fall kann aus der Kopplungskonstante von $J$ = 4.5 Hz eine α-Konfiguration abgeleitet werden. Ein Beispiel für ein β-konfiguriertes C-Disaccharid wird an anderer Stelle besprochen (*vide infra*).

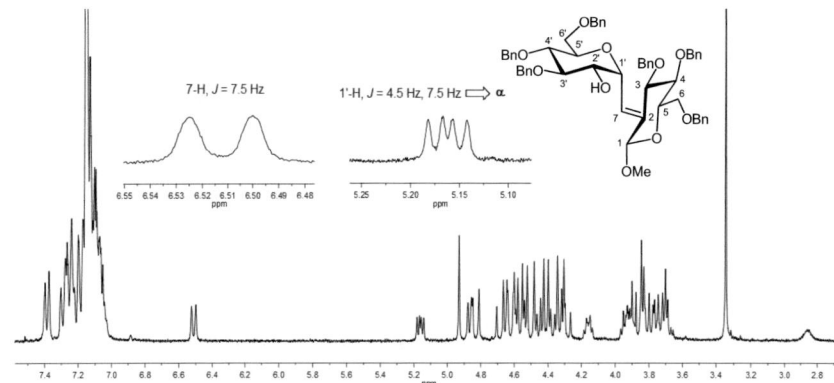

**Abbildung 3-6:** ¹H-NMR-Spektrum (300 MHz) der Verbindung **68bα**.

*Untersuchung der Synthese (1→3)-verknüpfter C-Disaccharide durch Epoxidation mit DMDO*

Als nächstes wurde die Untersuchung der oxidativen Wasseraddition an den (1→3)-verknüpften C-disaccharidischen Dienen vorgenommen. Da in der STILLE-KOSUGI-MIGITA-Reaktion viele Stannylglycale mit exocyclischen 3-Brommethylenkohlenhydrat-Derivaten zu einer großen Bandbreite von C-disaccharidischen Dienen umgesetzt werden konnten, ist die Substratpalette zur Untersuchung der oxidativen Refunktionalisierung hier besonders groß. Im Folgenden soll zunächst auf die Reaktion von Glucalyl-Derivaten eingegangen werden. Die Ergebnisse der Reaktion sind in Tabelle 3-22 zusammengestellt.

Die gewünschten α- und β-Produkte konnten in schlechten bis guten Ausbeuten von 15 bis 79% hergestellt werden. Die Reaktion von Glucalylglucosiden **65g** verlief in der Regel in niedrigen Ausbeuten (Tabelle 3-22, Einträge 1 und 2). Besonders bei der α-Öffnung, aber auch im Falle der β-Öffnung trat die bereits erwähnte Ringöffnungsreaktion des Glucalyl-Bausteins auf. Eine interessante Auffälligkeit ist die hohe Differenz in den Ausbeuten bei der α- und β-Öffnung des Glucalylmannosids **65h** (Einträge 3 und 4). Im α-Fall konnte in schlechter Ausbeute von nur 15% das gewünschte Produkt erhalten werden. Dieses stellt die schlechteste aller gelisteten Ausbeuten dar. Im Falle der β-Öffnung konnte mit 79% die beste der gezeigten Ausbeuten erhalten werden. Eine Tatsache wird damit eindeutig klar: Der Erfolg der Reaktion ist vor allem vom Reagenz abhängig, das für die Epoxidöffnung verwendet wird..

**Tabelle 3-22:** Oxidativ-reduktive Refunktionalisierung der (1→3)Glucalyl-*C*-Disaccharide **65g-65i**.

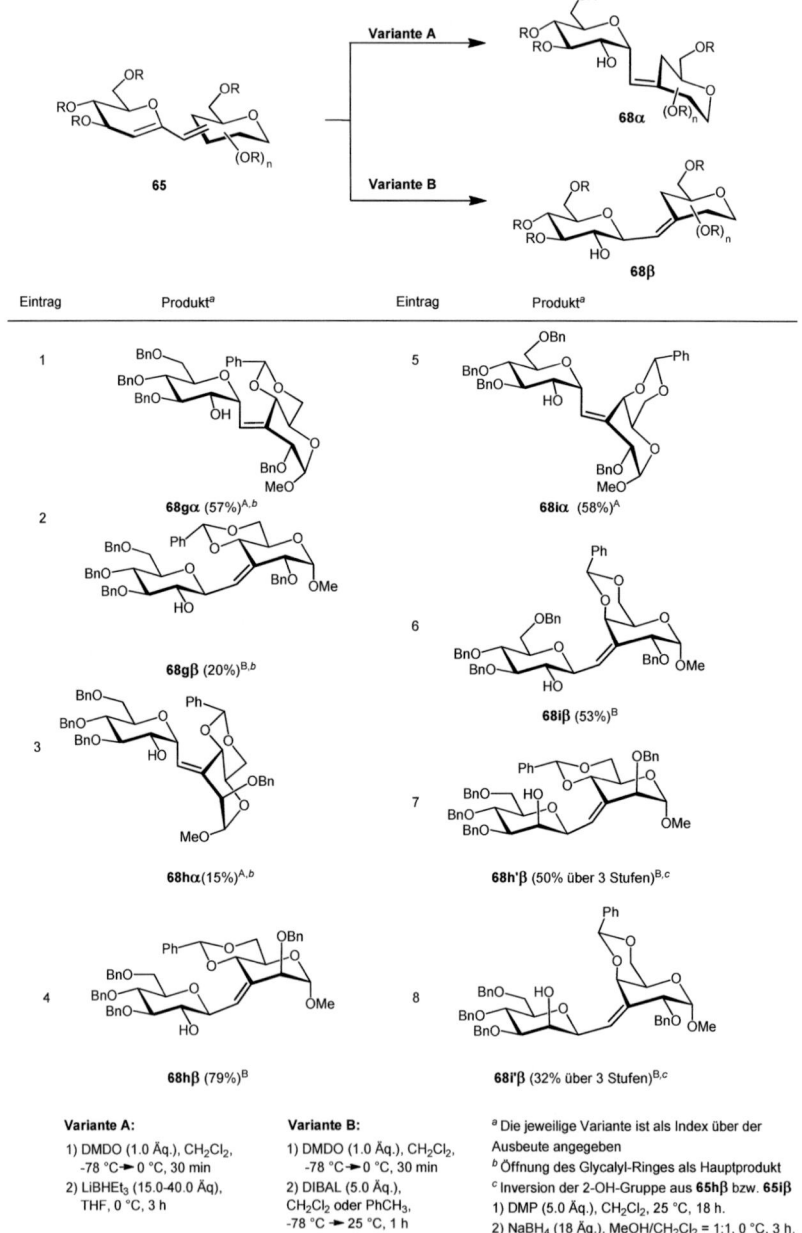

| Eintrag | Produkt[a] | Eintrag | Produkt[a] |
|---|---|---|---|
| 1 | **68gα** (57%)[A,b] | 5 | **68iα** (58%)[A] |
| 2 | **68gβ** (20%)[B,b] | 6 | **68iβ** (53%)[B] |
| 3 | **68hα** (15%)[A,b] | 7 | **68h'β** (50% über 3 Stufen)[B,c] |
| 4 | **68hβ** (79%)[B] | 8 | **68i'β** (32% über 3 Stufen)[B,c] |

**Variante A:**
1) DMDO (1.0 Äq.), CH₂Cl₂,
   -78 °C ➔ 0 °C, 30 min
2) LiBHEt₃ (15.0-40.0 Äq),
   THF, 0 °C, 3 h

**Variante B:**
1) DMDO (1.0 Äq.), CH₂Cl₂,
   -78 °C ➔ 0 °C, 30 min
2) DIBAL (5.0 Äq.),
   CH₂Cl₂ oder PhCH₃,
   -78 °C ➔ 25 °C, 1 h

[a] Die jeweilige Variante ist als Index über der Ausbeute angegeben
[b] Öffnung des Glycalyl-Ringes als Hauptprodukt
[c] Inversion der 2-OH-Gruppe aus **65hβ** bzw. **65iβ**
1) DMP (5.0 Äq.), CH₂Cl₂, 25 °C, 18 h.
2) NaBH₄ (18 Äq.), MeOH/CH₂Cl₂ = 1:1, 0 °C, 3 h.

In beiden Fällen wurde als Epoxidationssubstrat das Glucalylmannosid **65h** eingesetzt. Es kann angenommen werden, dass die Epoxidation in beiden Fällen mit Ausbeuten von >80% verläuft. Der Überschuss von LiBHEt$_3$, welches zur α-selektiven Epoxidöffnung eingesetzt wird, führte zu einer Ringöffnung des Glucalylringes. Auch Experimente mit geringeren Überschüssen (15 Äq. statt 40 Äq.) führten bisher nicht zum Erfolg. Der Einsatz von nicht-koordinierenden anderen Nucleophilen wie z.B. LiBH$_4$ brachte ebenso wenig Erfolg. Im Regelfall wird dann ein polares Nebenprodukt beobachtet, das vermutlich durch die Epoxidöffnung durch Wasser beim Beenden der Reaktion entsteht. Die Reaktion mit anderen Hydriden ist schlicht zu langsam. Die β-selektive Öffnung verläuft hingegen problemlos in sehr guten Ausbeuten und mit hoher Diastereoselektivität.

Wird das Glucalylgalactosid **65i** als Substrat eingesetzt, kann man im Falle der α- und der β-Öffnung ähnlich moderate Ausbeuten im Bereich von 53 bis 58% beobachten (Einträge 5 und 6).

Weil mit der vorgestellten Methode – ähnlich wie bei der (1→6)-Verknüpfung beschrieben – nur Glucosylglycoside aufgebaut werden können, wurde eine Modifikation zur Synthese von Mannosylglycosiden erarbeitet. Die existierenden Methoden hierzu wurden an anderer Stelle beschrieben. Es stellte sich schließlich heraus, dass eine MITSUNOBU-Inversion nicht zum Erfolg führt und die zweistufige Oxidations-Reduktions-Strategie anzuwenden ist. Hierbei war festzustellen, dass die Ketone nicht stabil waren und ohne weitere Reinigung zu den Mannosylglycosiden **68h'β** und **68i'β** umgesetzt werden mussten. Daher sind die erzielten Ausbeuten von 32 bis 50% über drei Stufen als akzeptabel anzusehen. Wie bereits an anderer Stelle erwähnt, können die α-*C*-Mannosylglycoside auf diese Art und Weise nicht dargestellt werden, da die Oxidations-Reduktions-Sequenz aufgrund der sterischen Abschirmung – mit anderen Worten der chiralen Induktion durch das Substrat – zu ihrem Ausgangsmaterial zurückführt.

Die Ausdehnung der Substratpalette auf Galactalylglycoside wurde ebenfalls eingehend untersucht (Tabelle 3-23). Wie sich schon in Voruntersuchungen gezeigt hatte, schien die Epoxidöffnungsreaktion stark lösungsmittelabhängig zu sein. Obwohl es sich bei beiden um nicht-koordinierende Lösungsmittel handelt, wurden bei der β-selektiven Öffnung mit DIBAL in Dichlormethan und Toluol jeweils unterschiedliche Ergebnisse erhalten. Im Falle der α-selektiven Epoxid-Öffnung wurde in der Regel das koordinierende Lösungsmittel THF eingesetzt, welches sich dem nicht-koordinierenden Toluol in den meisten Fällen als überlegen erwies. Bei der Untersuchung von Galactalylglycosiden wurde diese Lösungsmittelabhängigkeit deutlich. Die α-selektive Öffnung des Galactalylgalactosid **65k** in THF erbrachte geringe Ausbeuten mit ringgeöffneten Nebenprodukten (Tabelle 3-23, Eintrag 2). Die β-selektive Öffnung lieferte im Falle des Galactalylmannosids **65j** eine moderate Ausbeute von 50% (Eintrag 1). Hierzu diente Trifluortoluol als Lösungsmittel. Die Reaktionstemperatur betrug in diesem

Falle nur -20 °C statt -78 °C, da Trifluortoluol bei -29 °C gefriert. Die Ausbeute unterschied sich signifikant von der in Toluol erhaltenen Ausbeute desselben Substrats von 36%. Unter Verwendung von Dichlormethan als Lösungsmittel konnten bei der Synthese des Galactosylgalactosids **68kβ** sogar nur 18% erhalten werden (Eintrag 3).

**Tabelle 3-23:** Oxidativ-reduktive Refunktionalisierung der (1→3)Galactalyl-*C*-Disaccharide **65j-65k**.

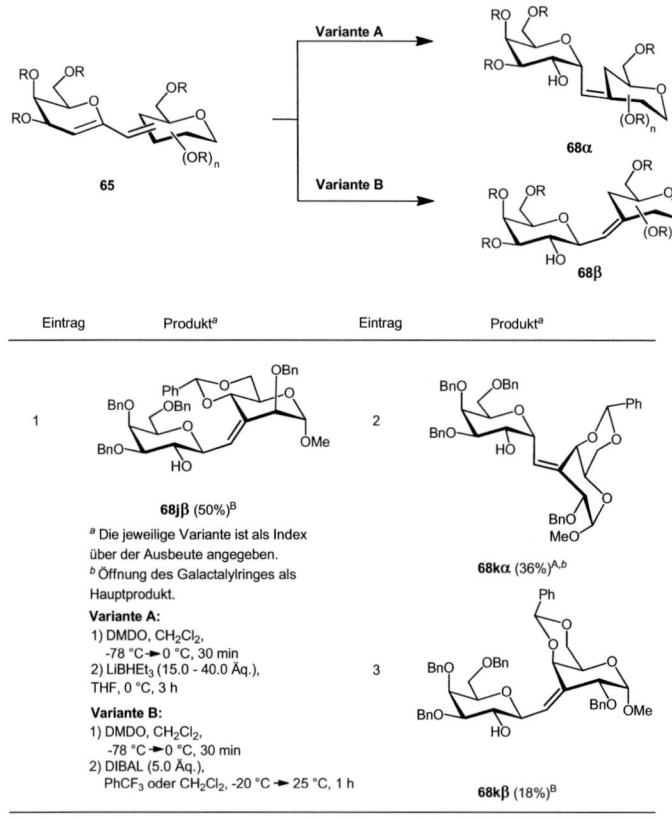

| Eintrag | Produkt[a] | Eintrag | Produkt[a] |
|---|---|---|---|
| 1 | **68jβ** (50%)[B] | 2 | **68kα** (36%)[A,b] |
| | | 3 | **68kβ** (18%)[B] |

[a] Die jeweilige Variante ist als Index über der Ausbeute angegeben.
[b] Öffnung des Galactalylringes als Hauptprodukt.

**Variante A:**
1) DMDO, CH₂Cl₂, -78 °C➔0 °C, 30 min
2) LiBHEt₃ (15.0 - 40.0 Äq.), THF, 0 °C, 3 h

**Variante B:**
1) DMDO, CH₂Cl₂, -78 °C➔0 °C, 30 min
2) DIBAL (5.0 Äq.), PhCF₃ oder CH₂Cl₂, -20 °C➔25 °C, 1 h

*Untersuchungen zur Synthese (1→4)-verknüpfter C-Disaccharide durch Epoxidation mit DMDO*

Abschließend sollte die oxidative Refunktionalisierung der (1→4)-verknüpften *C*-Diene studiert werden (Tabelle 3-23). Am reduzierenden Ende kam dabei ein Allosederivat zum Einsatz. Dieses war überraschenderweise während der WITTIG-Reaktion aus dem Glucosederivat entstanden. Die genauen Studien dazu finden sich in der Masterarbeit von ELLA KRIEMEN.[84] Darüber hinaus hat ELLA KRIEMEN die Refunktionalisierungsmethoden von (1→4)-verknüpften Glucalyl-mannosiden untersucht. Dabei konnte sie in 65% Ausbeute das α-Produkt und in 55% Ausbeute das β-Produkt darstellen. Im Rahmen dieser Arbeit wurde die Synthese von α- und β-Glucalylallosiden **65l** studiert. Dabei konnten sowohl im α- als auch im β-Fall gute Ausbeuten von 60 bis 65% erhalten werden (Tabelle 3-23, Einträge 1 und 2). Vergleichend dazu sollten ebenfalls Galactosylalloside **65m** untersucht werden. Sowohl im α- als auch im β-Fall ließen sich hier aber nur schlechte Ausbeuten von 18-29% erzielen (Einträge 3 und 4). Als Ursache hierfür wird die bereits beschriebene Ringöffnungsreaktion der Glycalylderivate vermutet, die besonders im Falle von Galactalyl-Derivaten auftrat.[84] Fucal kann auch als 6-Desoxygalactal aufgefasst werden, sodass ein ähnliches Reaktionsverhalten zu erwarten ist. Ein Mechanismus oder eine Ursache für diese ungewöhnliche Reaktivität kann zum jetzigen Zeitpunkt nicht gegeben werden. Interessant wäre die Untersuchung von Rhamnalen in der Reaktionssequenz. Da es sich beim Rhamnal um das 6-Desoxyglucal handelt, kann eine ähnlich gute Reaktivität wie bei Glycalen erwartet werden.

**Tabelle 3-24:** Oxidativ-reduktive Refunktionalisierung der (1→4)-*C*-Disaccharide **65l-65m**.

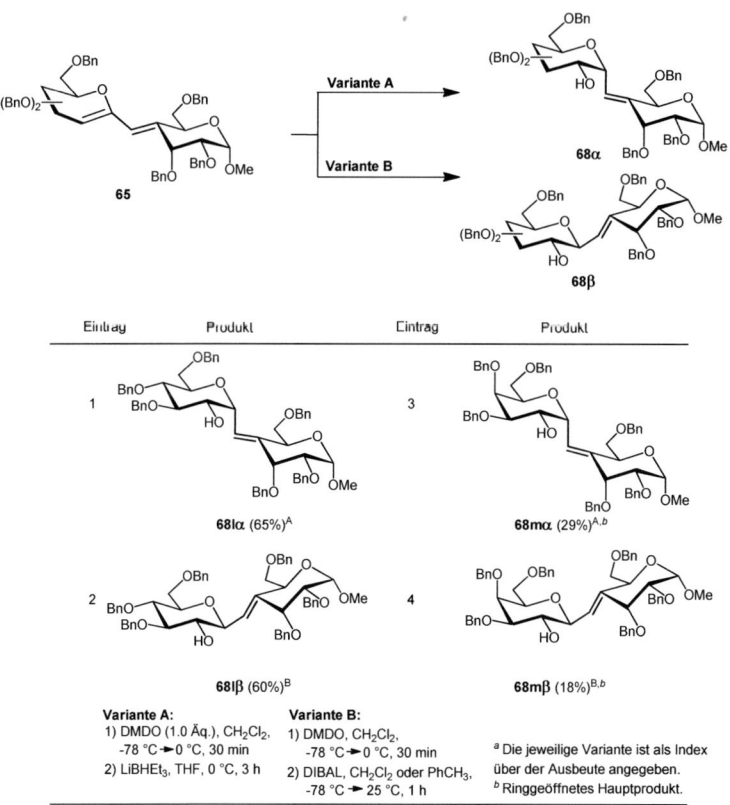

**Variante A:**
1) DMDO (1.0 Äq.), CH₂Cl₂,
 -78 °C ➔ 0 °C, 30 min
2) LiBHEt₃, THF, 0 °C, 3 h

**Variante B:**
1) DMDO, CH₂Cl₂,
 -78 °C ➔ 0 °C, 30 min
2) DIBAL, CH₂Cl₂ oder PhCH₃,
 -78 °C ➔ 25 °C, 1 h

[a] Die jeweilige Variante ist als Index über der Ausbeute angegeben.
[b] Ringgeöffnetes Hauptprodukt.

Abschließend kann festgestellt werden, dass die Umkehr der reduktiv-oxidativen Refunktionalisierungssequenz zur oxidativ-reduktiven Methode erfolgsversprechende Ergebnisse liefert. Es konnten einige *C*-Disaccharide erhalten werden, bei denen in vollkommener Kontrolle der Chemo- und Diastereoselektivität das Glycal zum Glycosid umgesetzt werden konnte. Dabei zeigte sich, dass besonders Glucoside und Mannoside am nicht-reduzierenden Ende erhalten werden können, während Galactoside und Fucoside sich als problematisch herausstellten. Interessant wäre eine Untersuchung der Reaktion von Rhamnosyl-Derivaten.

*Erläuterung der Bestimmung der Stereochemie am Beispiel des β-C-disaccharidischen Olefins* **68Iβ**

Abschließend soll nun die Bestimmung der Stereochemie für einen β-Fall näher besprochen werden (Abbildung 3-7). Als Beispiel dazu dient das Glucosylallosid **68Iβ**. Wie bereits im α-Fall beschrieben resoniert das olefinische 7-H bei einer charakteristischen Tieffeldverschiebung von δ = 5.55 ppm in einem Dublett mit der Kopplungskonstante von *J* = 8.7 Hz. Für das koppelnde Proton 1'-H wurde in diesem Fall ein Pseudotriplett mit einer Kopplungskonstante von *J* = 8.7 Hz gefunden. Daraus folgt, dass nicht nur die Kopplung des 1'-H zum 7-H 8.7 Hz beträgt, sondern auch die Kopplung des 1'-H zum 2'-H. Aus dieser verhältnismäßig großen Kopplungskonstante kann auf eine axial-axial Kopplung und damit auf eine β-Konfiguration geschlossen werden.

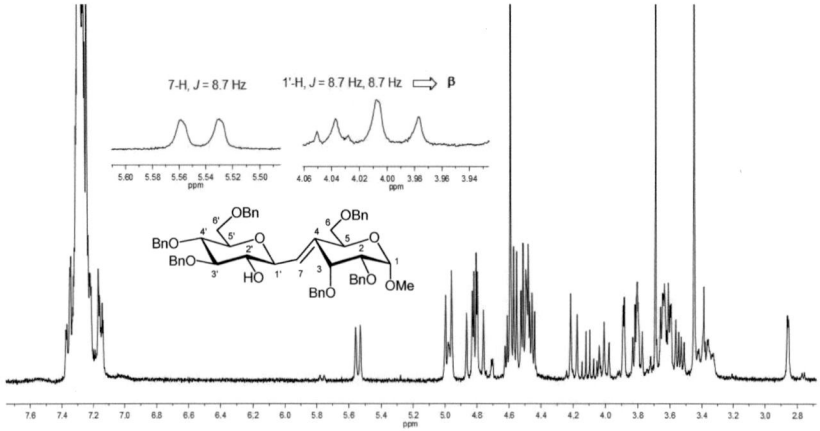

**Abbildung 3-7:** $^1$H-NMR-Spektrum (300 MHz) der Verbindung **68Iβ**.

### 3.2.15.2 Reduktive Sequenz

Die erhaltenen *C*-disaccharidischen Olefine sollten im Folgenden diastereoselektiv hydriert werden. Zur asymmetrischen Hydrierung von Alkenen sind eine Vielzahl von Methoden bekannt.

Eine besonders interessante Arbeit von NOYORI wurde im Jahre 2001 sogar mit dem Nobelpreis ausgezeichnet.[149]

Da die C-disaccharidischen Olefine **65** Stereozentren in Nachbarschaft aufweisen, wurden zunächst Experimente zur substratinduzierten Selektivität durchgeführt. Diese Experimente wurden an der Flow-Hydrierapparatur H-Cube durchgeführt. Die Funktionsweise dieses Gerätes soll im Folgenden kurz erläutert werden.

Das gelöste Substrat wird dabei durch einen Schlauch eingesaugt und mithilfe einer HPLC-Pumpe in einer regulierbaren Flussgeschwindigkeit über eine Katalysatorkartusche geführt. Der Wasserstoffdruck und die Temperatur in der Kartusche können ebenfalls reguliert werden. Der Wasserstoff wird über die Elektrolyse von destilliertem Wasser im Gerät selbst erzeugt. Prinzipiell können vom System mehrere Zyklen durchlaufen werden.

**Tabelle 3-25:** Reduktion des β-(1→3)-C-Disaccharids **68hβ**.

| Eintrag | Zeit und Temperatur | Bedingungen | Ergebnis |
|---|---|---|---|
| 1[a,b] | 25 °C, 1 Durchlauf | RANEY-Ni, 80 bar, 0.5 mL/min | kein Umsatz |
| 2[a,b] | 60 °C, 1 h | RANEY-Ni, 80 bar, 1.0 mL/min | Zersetzung |
| 3[a] | 25 °C, 1 Durchlauf | Pd/C, Full-H$_2$-Modus, 0.3 mL/min | kein Umsatz |
| 4[a] | 25 °C, 1 Durchlauf | Pd/C, 80 bar, 0.3 mL/min | kein Umsatz |
| 5[a] | 40 °C, 1 Durchlauf | Pd/C, 80 bar, 1.0 mL/min | kein Umsatz |
| 6[a] | 25 °C, 1 h | Pt/C, 30 bar, 2.0 mL/min | kein Umsatz |
| 7[a] | 25 °C, 45 min | Pt/C, 80 bar, 2.0 mL/min | kein Umsatz |
| 8[a] | 25 °C, 4 h | Pt/C, 80 bar, 2.0 mL/min | kein Umsatz |
| 9[c] | 25 °C, 3 h | [(cod)Ir(py)(PCy$_3$)]BARF (5 mol%), 48 bar | Zersetzung |
| 10[c] | 25 °C, 3 h | [(cod)Ir(py)(PCy$_3$)]PF$_6$ (5 mol%), 4 bar | kein Umsatz |
| 11[c] | 25 °C, 3 h | [(cod)Ir(py)(PCy$_3$)]BARF (5 mol%), 1 bar | kein Umsatz |
| 12[c] | 25 °C, 7 h | [(cod)Ir(py)(PCy$_3$)]PF$_6$ (5 mol%), 1 bar | kein Umsatz |
| 13[d] | 25 °C, 72 h | [(cod)Ir(py)(PCy$_3$)]PF$_6$ (5 mol%), 1 bar | geringer Umsatz |

[a]H-Cube; [b]THF:MeOH = 1:1; [c]CH$_2$Cl$_2$; [d]C$_2$H$_4$Cl$_2$.

Als Substrat der Wahl für die Untersuchungen zur Hydrierung der exocyclischen Doppelbindung wurde das Glucosylmannosid **68hβ** gewählt. Dieses konnte in der oxidativen Refunktionalisierungsreaktion in hohen Ausbeuten und Selektivitäten erhalten werden und war deshalb in größeren Mengen verfügbar. Da sich bei den Untersuchungen zur Hydrierung der C-glycosidischen Diene RANEY-Nickel als bester Katalysator herausgestellt hatte, wurde die Versuchsreihe mit einer RANEY-Nickel-Katalysatorkartusche und einem Wasserstoffdruck von 80 bar bei einer Flussgeschwindigkeit von 0.5 mL/min begonnen (Tabelle 3-25, Eintrag 1). Dabei stellte sich heraus, dass bei einem Durchlauf über die Katalysatorkartusche kein nennenswerter Umsatz erzielt werden konnte. Deshalb wurde zunächst die Temperatur, anschließend auch die Flussgeschwindigkeit erhöht und das System wurde für 1 h im Kreis geführt (Eintrag 2). Es konnte allerdings nur noch die Zersetzung des Substrates beobachtet werden. Der Standardheterogenkatalysator Palladium auf Kohle sollte ebenfalls untersucht werden (Einträge 3-5). Im Modus Full-H$_2$, bei dem die Lösung mit Wasserstoff gesättigt wird, kam es zu keinem Umsatz. Ein Druck von 80 bar, sowie eine Erhöhung der Temperatur bei höherer Flussgeschwindigkeit, konnten ebenfalls keine Konversion des Substrates herbeiführen. Der Wechsel zu Platin auf Kohle brachte ebenfalls wenig Erfolg. Bei verschiedensten Drücken, Temperaturen und Reaktionszeiten konnte auch hier kein Umsatz beobachtet werden (Einträge 6-8).

Aufgrund des mäßigen Erfolgs mit den heterogenkatalytischen Methoden am H-Cube sollten ebenfalls Homogenkatalysatoren untersucht werden. Für die Hydrierung von sterisch anspruchsvollen Olefinen wurden in der Vergangenheit meist Iridium-basierte Systeme eingesetzt. Erste Untersuchungen dazu konzentrierten sich auf den kommerziell erhältlichen CRABTREE-Katalysator. Bei Reaktionszeiten von 3 h und einem Wasserstoffdruck von 1 bar konnte jedoch kein Umsatz beobachtet werden. Weiterhin wurde der CRABTREE-Katalysator mit dem nicht-koordinierenden Tetrakis[3,5-bis(trifluormethyl)phenyl]borat-Anion (BARF-Anion) eingesetzt. Der Einfluss des Gegenions auf eine solche Hydrierung ist beträchtlich und wurde u.a. von PFALTZ untersucht.[131] Unter identischen Reaktionsbedingungen konnte jedoch auch mit diesem Katalysator kein Umsatz generiert werden. Bei einer Erhöhung des Druck auf 4 bar konnte unter Einsatz des CRABTREE-Katalysators bei gleicher Reaktionszeit wieder kein Umsatz erzielt werden. Auch die Erhöhung von 3 h auf 7 h führte zu keiner Umsatzsteigerung. Bei einer Reaktionszeit von 72 h konnte jedoch ein geringer Umsatz erzielt werden. Eine noch längere Reaktionszeit wurde nicht für sinnvoll erachtet. Untersuchungen zur Hochdruckhydrierung mit dem CRABTREE-BARF-Katalysator lieferten das gewünschte Produkt, sondern führten lediglich zur Zersetzung des Substrates.

Abschließend wurden auf einer TSUJI-TROST-Reaktion basierende Verfahren untersucht, bei denen zunächst aus dem entsprechenden C-glycosidischen Dien ein Epoxid generiert wurde. In einer Totalsynthese konnte die Arbeitsgruppe von FÜRSTNER zeigen, dass allylische Epoxide mit weichen Nucleophilen geöffnet werden können.[150] Analog könnte das hier vorliegende allylische Epoxid mit einem weichen Hydridnucleophil geöffnet werden. Da diese Öffnung vermutlich diastereoselektiv erfolgt und die exocyclische olefinische Doppelbindung an die pseudoanomere Position verschiebt, welche für eine diastereoselektive Hydrierung aufgrund des neu generierten Allylalkohols einfacher zugänglich sein sollte, könnten C-Disaccharide über eine solche Methode in vollständiger Diastereoselektivität aufgebaut werden. Glucalylmannosid **65h** wurde zu diesem Zwecke zunächst mittels DMDO in das Epoxid überführt. Dieses sollte anschließend unter Katalyse von Pd(PPh$_3$)$_4$ mit Triethylsilan als Hydridquelle geöffnet werden. Leider konnte jedoch nicht der gewünschte Allylalkohol als reines Diastereomer, sondern nur eine Produktmischung mit vielen Nebenprodukten isoliert werden.

Um zu garantieren, dass die Schwierigkeiten nicht aus der Verwendung des falschen Substrats resultierten, wurden auch andere Substrate unterschiedlicher Verknüpfung in Hydrierungsreaktionen unter verschiedenen Bedingungen untersucht (Tabelle 3-26). Die Ergebnisse dieser Untersuchungen sollen im Folgenden kurz besprochen werden.

Da die Studien am H-Cube zu keinem befriedigenden Ergebnis führten, wurden im Folgenden auf Untersuchungen zur Hydrierung mithilfe dieses Gerätes verzichtet. Stattdessen wurde die Hydrierung mit dem CRABTREE-BARF-Katalysator bei geringen und hohen Drücken überprüft (Tabelle 3-26, Einträge 1 und 2). Analog zum (1→3)-C-Glucosylmannosid **68hβ** wurde beim α-(1→2)-C-Glucosylglucosid **68aβ** bei geringem Druck kein Umsatz, bei hohem Druck jedoch eine Zersetzung beobachtet. Da diese Beobachtung unabhängig vom Substrat zu sein scheint, wurde auch der homogenkatalytische Ansatz mit dem CRABTREE-Katalysator nicht weiter verfolgt. Ebenfalls scheiterte ein weiterer homogenkatalytischer Ansatz mit dem WILKINSON-Katalysator (Eintrag 11).

Stattdessen wurden zunächst andere heterogenkatalytische Methoden untersucht. Bei langen Reaktionszeiten von 96 h konnte mit dem ADAMS-Katalysator (PtO$_2$) bei Substrat **68aβ** eine Zersetzung beobachtet werden (Eintrag 3). Eine Verkürzung der Reaktionszeit oder ein Wechsel des Substrats auf **68gα** führten zu keiner Verbesserung (Eintrag 12). Im α-verknüpften (1→2)-C-Glucosylglucosid **68aα** wurde unter Verwendung von Rhodium auf Aluminiumoxid kein Umsatz beobachtet (Eintrag 4). Mit RANEY-Nickel konnten unter Verwendung des Substrates **68iα** keine befriedigenden Ergebnisse erzielt werden. Es konnten jedoch 16% des gewünschten Produktes **49iα** erhalten werden (Eintrag 8).

Die stereoselektive Reduktion von Alkenen mit Diiminen stellt aufgrund der hohen funktionellen Gruppentoleranz eine weitere hervorragende Alternative zur Reduktion von Olefinen dar.[151] Diese Methode wurde für die Substrate **68iα**, **68gα** und **68lβ** mit unterschiedlichem Erfolg angewandt (Einträge 5, 9, 10 und 14). Dazu wird Hydrazin und ein Cu$^{II}$-Salz eingesetzt. Das Hydrazin wird in Anwesenheit des Cu$^{II}$ zum Diimin oxidiert, das Cu$^{II}$ dabei zu Cu$^{I}$ reduziert. Beim Einsatz von Substrat **68iα** konnte das gewünschte hydrierte Olefin in 23% Ausbeute isoliert werden (Eintrag 5). Für die Substrate **68gα** und **68lβ** ließ sich dieser Erfolg jedoch nicht reproduzieren (Einträge 9, 10 und 14). Auch die Variation der Lösungsmittel führte nicht zum Ziel.

Sorgfältige Untersuchungen von BARTON und Mitarbeitern lieferten Hinweise darauf, dass chemo- und diastereoselektive Hydrierungen von Dienen selbst unter etwas harscheren

Bedingungen möglich sind. So zeigten sie, dass elementares Natrium in einer Mischung aus *tert*-Butanol und THF die Reduktion von Ergosterol **128** herbeiführt.[152] Im vorliegenden Fall konnte die Doppelbindung mit diesen Methoden jedoch nicht hydriert werden. Es kam lediglich zu einer Zersetzung des Substrates (Eintrag 7).

**Tabelle 3-26:** Reduktion des verschiedender *C*-disaccharidischer Olefine **68**.

| Eintrag | Zeit und Temperatur | Bedingungen | Substrat | Ergebnis |
|---|---|---|---|---|
| 1 | 25 °C, 3 h | [(cod)Ir(py)(PCy$_3$)]BARF (5 mol%), 48 bar H$_2$, CH$_2$Cl$_2$ | **68aβ** | Zersetzung |
| 2 | 25 °C, 3 h | [(cod)Ir(py)(PCy$_3$)]BARF (5 mol%), 1 bar H$_2$, CH$_2$Cl$_2$ | **68aβ** | kein Umsatz |
| 3 | 25 °C, 96 h | PtO$_2$, 1 bar H$_2$, MeOH:CH$_2$Cl$_2$:EtOAc = 1:3:3 | **68aβ** | Zersetzung |
| 4 | 25 °C, 16 h | Rh/Al$_2$O$_3$, 1 bar H$_2$, MeOH:CH$_2$Cl$_2$:EtOAc = 3:1:1 | **68aα** | kein Umsatz |
| 5 | 30 °C, 24 h | H$_2$N-NH$_2$·H$_2$O, Cu(OAc)$_2$, MeOH | **68iα** | 23% |
| 6 | 25 °C, 17 h | TFA, HSiEt$_3$, 3Å MS, PhH | **68iβ** | kein Umsatz |
| 7 | 30 °C, 24 h | Na, *t*BuOH, THF | **68iβ** | Zersetzung |
| 8 | 25 °C, 4 h | Raney-Ni, 1 bar H$_2$, MeOH:THF = 2:1 | **68iβ** | 16% |
| 9 | 25 °C, 3 h | H$_2$N-NH$_2$·H$_2$O, Cu(OAc)$_2$, CH$_2$Cl$_2$ | **68gα** | kein Umsatz |
| 10 | 25 °C, 16 h | H$_2$N-NH$_2$·H$_2$O, Cu(OAc)$_2$, MeOH | **68gα** | kein Umsatz |
| 11 | 25 °C, 24 h | ClRh(PPh$_3$)$_3$, 1 bar H$_2$, MeOH:THF = 2:1 | **68gα** | kein Umsatz |
| 12 | 25 °C, 18 h | PtO$_2$, 1 bar H$_2$, MeOH:THF = 3:1 | **68gα** | Zersetzung |
| 13 | 25 °C, 18 h | Pd(OH)$_2$/C, 1 bar H$_2$, MeOH:CH$_2$Cl$_2$:EtOAc = 3:1:1 | **68gα** | Zersetzung |
| 14 | 40 °C, 24 h | H$_2$N-NH$_2$·H$_2$O, Cu(OAc)$_2$, MeOH:THF = 1:1 | **68iβ** | kein Umsatz |

Die ionische Hydrogenierung von Olefinen konnte in der Vergangenheit von einigen Arbeitsgruppen illustriert werden.[153] Zur Protonierung des Alkens wird dabei in der Regel Trifluoressigsäure eingesetzt. Als Hydridquelle dient zumeist ein Organosilan. Der Einsatz dieser Hydrierungstechnik führte am untersuchten Beispiel zu keinem nennenswerten Umsatzes des Substrates (Eintrag 6). Die Gründe dafür können nicht benannt werden.

Da alle homogenkatalytischen Verfahren selbst bei hohen Drücken versagten, konnte bei der vorliegenden Reaktion nur substratinduzierte, nicht jedoch reagenz- bzw. katalysatorinduzierte Diastereoselektivität erwartet werden. Schließlich wurde ähnlich wie bei der Entschützung der (1→6)-Disaccharide der Pearlman-Katalysator zur Reduktion der exocyclischen Doppelbindung unter gleichzeitiger Abspaltung der Benzyl- und Benzyliden-Schutzgruppen verwendet (Tabelle 3-27). Hierbei konnten in den meisten Fällen sehr gute Ergebnisse erzielt werden. Da die (1→2)-

verknüpften Verbindungen eine Besonderheit darstellen, sollen sie an späterer Stelle besprochen werden (*vide infra*).

*Hydrierungsstudien von (1→3)- und (1→4)-C-disaccharidischen Olefinen mit dem PEARLMAN-Katalysator*

Zunächst sei auf die (1→3)- und die (1→4)-verknüpften C-Disaccharide eingegangen. Das β-verknüpfte Glucosylmannosid **68hβ** lieferte in quantitativer Ausbeute und sehr guter substratinduzierter Diastereoselektivität das gewünschte entschützte β-C-Disaccharid **69hβ** in der *manno*-Konfiguration am reduzierenden Ende (Tabelle 3-27, Eintrag 3). Die Stereochemie konnte mittels NMR-Methoden aufgeklärt werden. Die strukturelle Charakterisierung soll im Folgenden kurz erläutert werden.

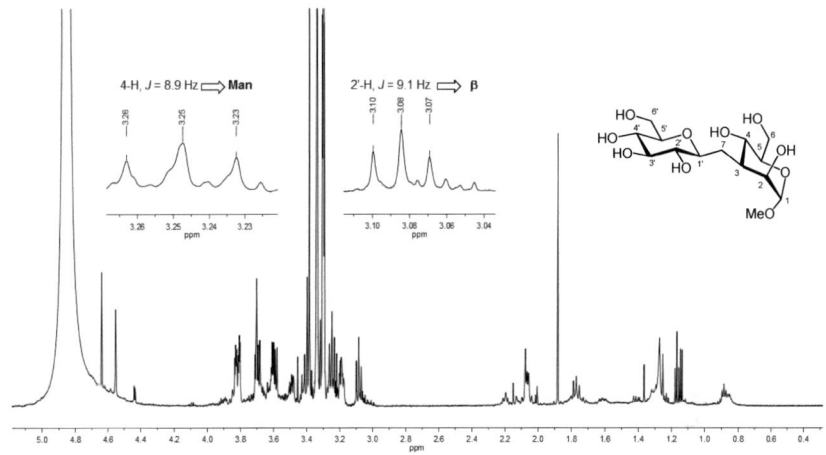

**Abbildung 3-8:** ¹H-NMR-Spektrum (600 MHz) der Verbindung **69hβ**.

*Erläuterung der Bestimmung der Stereochemie am Beispiel des β-C-Disaccharids **69hβ***

In Abbildung 3-8 ist das ¹H-NMR-Spektrum des entschützten C-Disaccharids **69hβ** gezeigt. Mit Hilfe des COSY- und des HSQC-NMR-Spektrums können die entscheidenden Protonen zugeordnet werden. Für die Stereochemie des Kohlenhydratderivates am reduzierenden Ende ist die Kopplung des neu generierten 3-H mit dem 4-H entscheidend. Liegt eine große Kopplungskonstante vor, so kann auf eine axiale Stellung des 3-H und damit auf eine *manno*-Konfiguration des Kohlenhydrats geschlossen werden.

**Tabelle 3-27:** Reduktion und Entschützung der Substrate **68**.

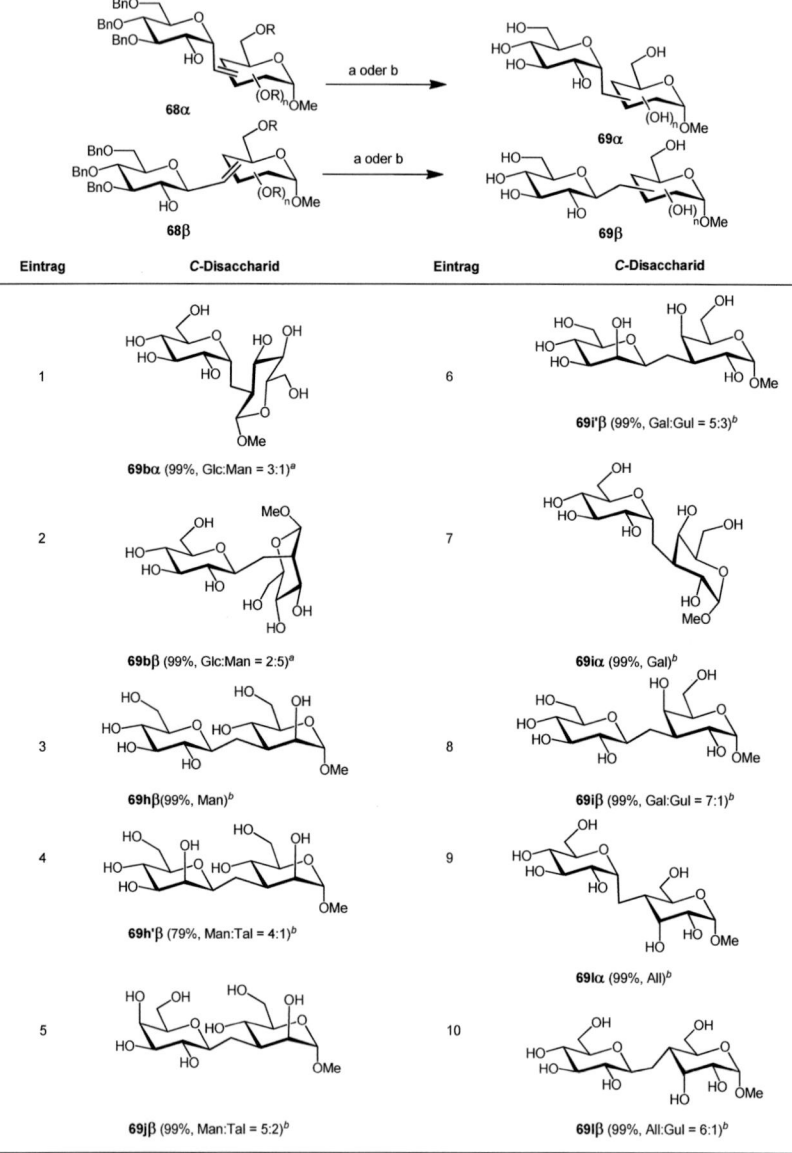

Reagentien und Bedingungen:
[a] HCOONH$_4$ (10.0 Äq.), Pd/C, MeOH:THF = 1:1, 80 °C 1.5 - 3 h;
[b] Pd(OH)$_2$/C, H$_2$, MeOH:CH$_2$Cl$_2$:EtOAc = 3:1:1, 25 °C, 18 h.

Bei einer kleinen Kopplungskonstante wäre von einer äquatorialen Stellung auszugehen. Die Kopplung vom 3-H zum 2-H ist deshalb nicht aussagekräftig, weil sie unabhängig von der Stellung des 3-H im Bereich von $J$ = 2-6 Hz läge, da sich eine Axial-Äquatorial- und eine Äquatorial-Äquatorial-Kopplung in ihrer Größe nicht wesentlich unterscheiden. Die große Kopplungskonstante von $J$ = 8.9 Hz vom 3-H zum 4-H deutet auf eine *manno*-Konfiguration hin.

Die Stereochemie am pseudoanomeren Zentrum wurde wie beschrieben schon in der Vorstufe **68hβ** bestimmt, kann aber auch im Endprodukt **69hβ** verifiziert werden. Hierbei ist besonders das Kopplungsmuster des 2'-H von entscheidender Bedeutung. Bei einem Dublett vom Dublett mit einer großen und einer kleinen Kopplungskonstante ist von einer α-Konfiguration auszugehen, während ein Dublett vom Dublett mit zwei ähnlich großen Kopplungskonstanten auf eine β-Konfiguration schließen lässt. Im vorliegenden Fall kann ein Pseudotriplett mit einer großen Kopplungskonstante von $J$ = 9.1 Hz gefunden werden, was auf zwei Axial-Axial-Kopplungen und damit auf eine β-Konfiguration schließen lässt.

Überraschenderweise war die Substratinduktion im Falle des Mannosylmannosids **68h'β** geringer, sodass das Produkt lediglich in einer 4:1-Mischung der Epimere Mannosylmannosid und Mannosyltallosid gewonnen werden konnte (Tabelle 3-27, Eintrag 4). Mäßige Substrat-selektivitäten von 5:2 konnten unter Verwendung des β-verknüpften Galactosylmannosids **69jβ** erhalten werden (Eintrag 5). Dieses Produkt ist bisher das einzige Produkt, welches eine Galactose am nicht-reduzierenden Ende des Disaccharids trägt. Ebenso überraschend war die schlechte Substratinduktion des Mannosylgalactosids **69i'β** (Eintrag 6). Hier konnte ebenfalls eine Diastereomerenmischung von 5:3 isoliert werden. Die Diastereomere konnten in keinem der Fälle mit üblichen säulenchromatographischen Verfahren voneinander getrennt werden. Versuche zur HPLC-unterstützten Trennung scheiterten aufgrund fehlender UV-Aktivität, sodass die Produkte vom UV-Detektor nicht erkannt werden konnten. Der Einsatz eines Lichtstreudetektors konnte aus Zeitmangel nicht mehr geprüft werden.

Hervorzuheben sei die hohe Substratinduktion beim α- und β-(1→3)-*C*-Glucosylgalactosid **68iα** und **68iβ** (Einträge 7 und 8). Hier konnte das α-Produkt in vollständiger Diastereoselektivität als α-Glucosylgalactosid **69iα** erhalten werden und auch das β-Epimer **69iβ** lieferte sehr gute Substratselektivitäten von etwa 7:1 in Präferenz für die Galactose am reduzierenden Ende.

*Erläuterung der Bestimmung des Diastereomerenverhältnisses am Beispiel von* **69iβ**

Die Bestimmung der Selektivitäten soll im Folgenden kurz erläutert werden. Da sich die Zuordnung der Protonen zum jeweiligen Diastereomer im [1]H-NMR-Spektrum als äußerst schwierig erwies, wurde das Diastereomerenverhältnis über die Integration von [13]C-Signalen ermittelt.

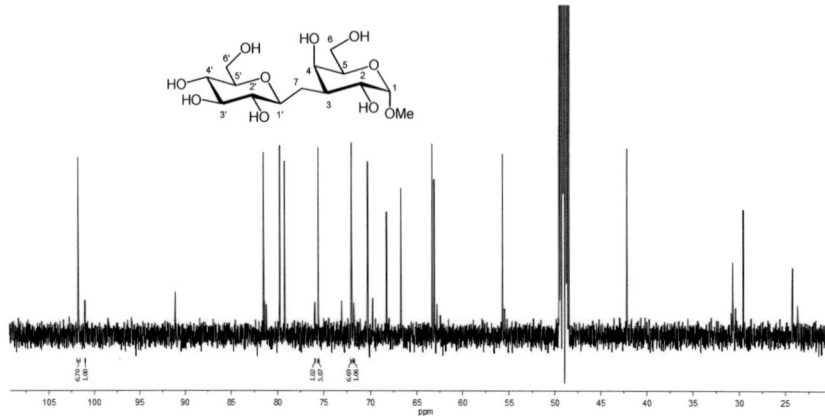

**Abbildung 3-9:** $^{13}$C-NMR-Spektrum der Verbindung **69iβ** zur Bestimmung des Epimerenverhältnisses.

Abbildung 3-9 zeigt ein typisches $^{13}$C-NMR-Spektrum eines entschützten C-Disaccharids. Es ist erkennbar, dass zu jedem relativ intensiven Signal ein kleineres Signal in Nachbarschaft auftritt. Zur Bestimmung des Verhältnisses wurden drei Signalpaare ermittelt und jeweils integriert. Das Verhältnis wurde schließlich als der Mittelwert über diese drei Integralverhältnisse angegeben.

Erfreulich waren ebenfalls die Ergebnisse der Reaktionen mit den (1→4)-verknüpften C-disaccharidischen Olefinen. Das α-Glucosylallosid **68lα** konnte in vollständiger Diastereo-selektivität zu seinem entschützten Analogon **69lα** umgesetzt werden (Eintrag 9). Im β-Fall konnte das β-Glucosylallosid **69lβ** in quantitativer Ausbeute und einer Diastereoselektivität von 6:1 in Präferenz für die Allose am reduzierenden Ende erhalten werden (Eintrag 10).

Die Analyse der Stereochemie wurde in diesem Fall durch ein selektives 1D-NOESY-Spektrum gestützt (Abbildung 3-11). Die β-Konfiguration des Glucosids am nicht-reduzierenden Ende wurde bereits für die Vorstufe besprochen, konnte aber im Produkt durch ein Pseudotriplett des 2'-H mit einer Kopplungskonstante von $J = 9.1$ Hz verifiziert werden (Abbildung 3-10).

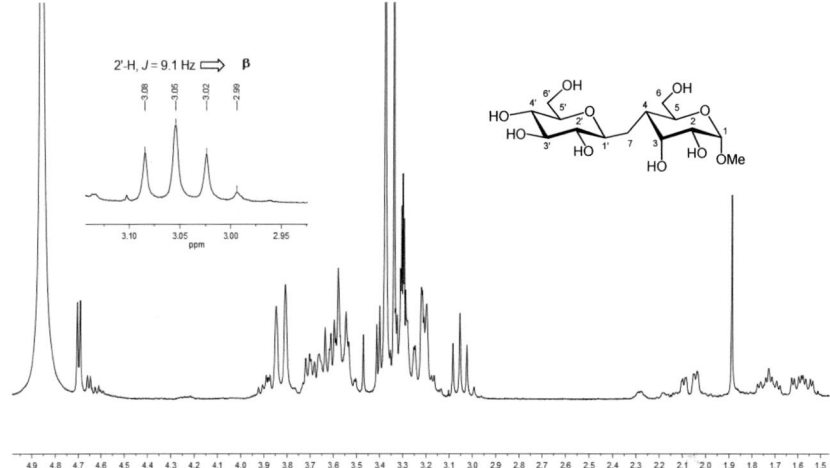

**Abbildung 3-10:** ¹H-NMR-Spektrum (300 MHz) der Verbindung **691β**.

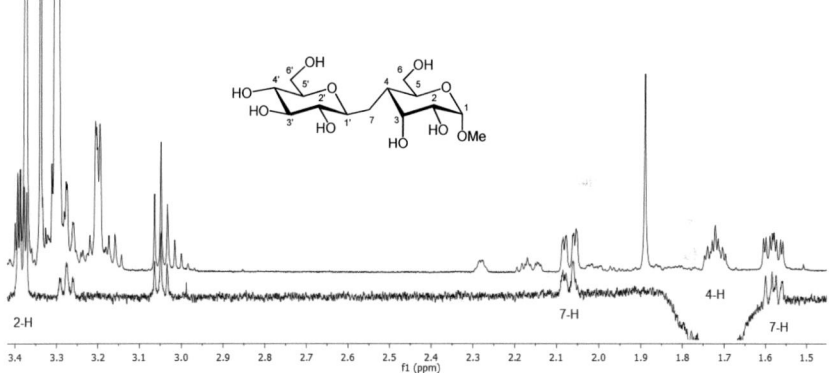

**Abbildung 3-11:** 1D-NOESY-Spektrum (600 MHz) zur Bestimmung der Stereochemie in **691β**.

Zur Aufnahme des 1D-NOESY-Spektrums wurde bei einer Frequenz von $\delta = 1.73$ ppm eingestrahlt (Abbildung 3-11). Das Proton, welches bei dieser chemischen Verschiebung resoniert, wurde mittels COSY- und HSQC-NMR-Spektren als 4-H identifiziert. Bei axialer Stellung des 4-H kann aufgrund der 1,3-diaxialen Wechselwirkung im Kohlenhydratgerüst auf eine räumliche Nähe zum Proton 2-H geschlossen werden. Im Spektrum konnte diese räumliche Nähe durch eine starke Antwort des 2-H belegt werden. Dieses kann mithilfe von COSY- und HSQC-NMR-Spektren relativ einfach ausfindig gemacht werden. Deshalb ist im vorliegenden Fall von einem *allo*-konfigurierten Produkt auszugehen.

*Hydrierungsstudien von (1→2)-C-disaccharidischen Olefinen*

Abschließend soll die Hydrierung der (1→2)-verknüpften C-disaccharidischen Olefine besprochen werden. Bei dieser Reaktion kam es zu unerwarteten Problemen. Unter Anwendung der üblichen Reaktionsbedingungen wurden unerwartete Produkte beobachtet. Im NMR-Spektrum schien zunächst ein anomeres Kohlenstoffatom zu fehlen. Es stellte sich weiterhin heraus, dass eine zusätzliche $CH_2$-Gruppe im Molekül enthalten war. Diese unerwarteten Produkte wurden eindeutig mithilfe von NMR-spektroskopischen und massenspektrometrischen Methoden identifiziert. Somit wurde festgestellt, dass eine diastereoselektive Reduktion der Olefineinheit unter Abspaltung der anomeren Methoxygruppe stattgefunden hatte (Tabelle 3-28, **132α** und **132β**). Die Reaktion ließ sich nicht nur an Disacchariden, sondern auch am einfachen 2-*exo*-Methylenglucosid beobachten (**133b**). Unter identischen Bedingungen wurde jedoch bei 4-*exo*-Methylenglucosid, welches zur Kontrolle eingesetzt wurde, die Methoxygruppe nicht abgespalten (**133a**). Als Ursache für die Abspaltung der Methoxygruppe wird ihre allylische Position gesehen. Unter Katalyse von Palladium könnte durch Abspaltung der Methoxygruppe ein Allylkation entstehen, welches im Folgenden durch ein Hydridnucleophil abgefangen wird. Diese Reaktion käme einer TSUJI-TROST-Reaktion mit einem Hydridnucleophil gleich. Dieses Nucleophil müsste jedoch aus molekularem Wasserstoff entstehen, denn es wurde keine zusätzliche Hydridquelle zugegeben. Ein genauer Mechanismus für die Entstehung dieser Produkte bleibt weiterhin unklar.

Nach einer Reihenuntersuchung unterschiedlicher Hydriermethoden wurde schließlich die Transferhydrierung mit Ammoniumformiat als Wasserstoffquelle untersucht. Diese hatte sich bereits bei den 2-Desoxy-C-Glycosiden als überlegene Methode herausgestellt. Die Durchführung dieser Reaktion bei 80 °C erbrachte unter Verwendung des α-(1→2)-C-Glucosylglucosids **68bα** in einem Diastereomerenverhältnis von 3:1 (Glc:Man) das erwartete C-Disaccharid **69bα** mit intakter anomerer Methoxygruppe (Tabelle 3-27, Eintrag 1). Der Einsatz des β-verknüpften Startmaterials **68bβ** führt zu einer Umkehr der Selektivität mit einer Präferenz für das Mannose-Derivat in **69bβ** zum Glucose-Derivat von 5:2 (Eintrag 2). Die Ursachen für diese Präferenz sind hier in der sterischen Abschirmung eines Angriffs von der Substratoberseite zu sehen. Die Stereochemie des Produktes konnte mittels $^1$H-NMR-Spektroskopie und 1D-NOESY-Spektroskopie eindeutig aufgeklärt werden. Die entsprechenden Spektren sollen auch hier kurz erläutert werden.

**Tabelle 3-28:** Überraschende Ergebnisse bei der Hydrierung der (1→2)-verknüpften *C*-Disaccharide **68**.

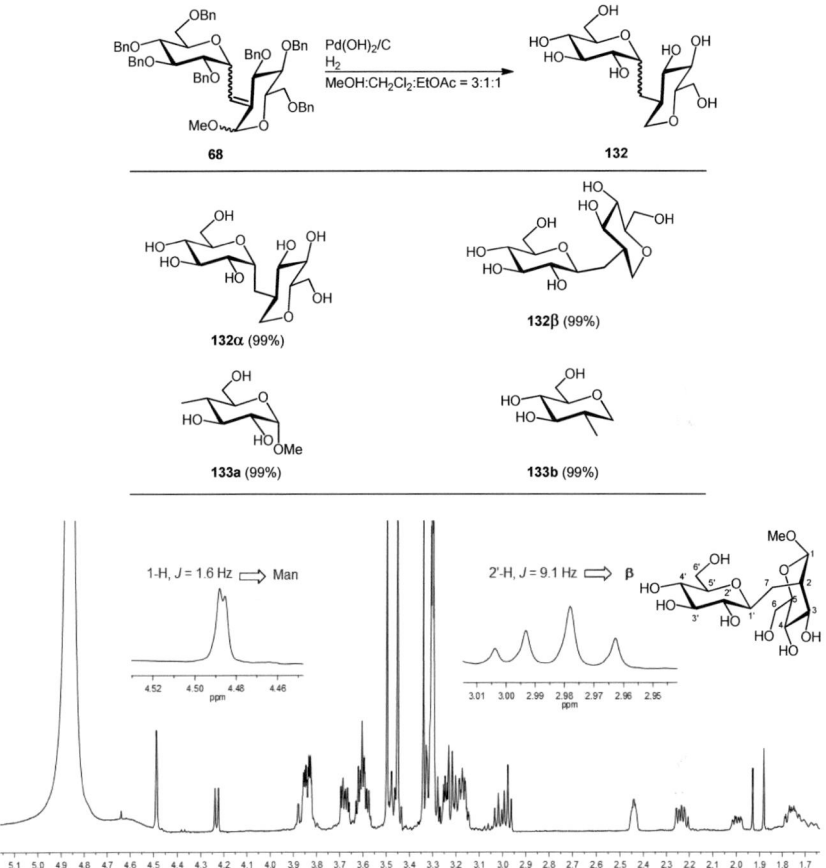

**Abbildung 3-12:** ¹H-NMR-Spektrum der Verbindung **69bβ**.

Abbildung 3-12 zeigt das ¹H-NMR-Spektrum des (1→2)-verknüpften β-*C*-Disaccharids **69bβ**. Entscheidend für die Bestimmung der Stereochemie ist in diesem Fall die Kopplung des anomeren Protons 1-H zum benachbarten Proton 2-H. Das Proton 1-H ist aufgrund seiner charakteristischen Tieffeldverschiebung einfach zu identifizieren. Die Kopplungskonstante von $J = 1.6$ Hz spricht für eine kleine Axial-Äquatorial-Kopplung, was auf die *manno*-Konfiguration hindeutet. Die räumliche Nähe der Protonen 1-H und 2-H konnte auch mittels 1D-NOESY Spektroskopie belegt werden. Abbildung 3-13 zeigt das aufgenommene Spektrum. Die beiden Epimere können bei der Aufnahme des Spektrums einfach differenziert werden. Bei Einstrahlung auf das 2-H mit einer chemischen Verschiebung von $\delta = 2.45$ ppm ist ein klares

Signal bei δ = 4.50 ppm zu erkennen. Die β-Konfiguration der Glucose konnte schon an der Vorstufe nachgewiesen werden, wird aber deutlich im Spektrum des entschützten *C*-Disaccharids sichtbar. Bei einer Analyse des Kopplungsmusters des 2'-H fällt ein Pseudotriplett mit einer Kopplungskonstante von *J* = 9.1 Hz ins Auge. Dieses lässt eindeutig auf zwei große Axial-Axial-Kopplungen schließen und belegt damit die β-Konfiguration des Glucosederivates **69bβ**.

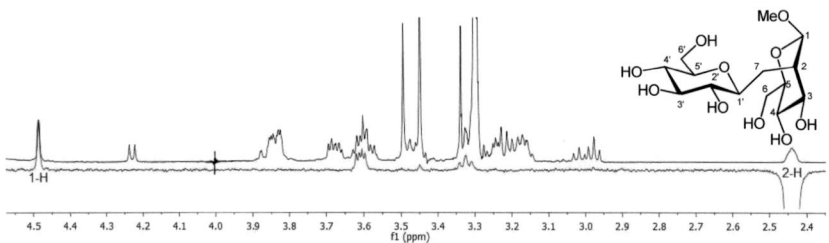

**Abbildung 3-13:** 1D-NOESY-Spektrum (600 MHz) der Verbindung **69bβ** zur Aufklärung der Stereochemie.

# 4 ZUSAMMENFASSUNG

## 4.1   *Studien zur Oxycyanierung ungesättigter Systeme*

Ein wichtiges Teilprojekt dieser Arbeit stellte die Entwicklung einer Methode zur katalytischen Oxycyanierung ungesättigter Systeme dar. Besonders gute Ergebnisse wurden dabei in der intramolekularen Oxycyanierung von Alkenen erzielt (Schema 4-1). Durch Optimierung der Reaktionsbedingungen wurde $Pd_2(dba)_3$ als ideale Palladiumquelle für die vorliegende Reaktion ausgemacht. Von entscheidender Bedeutung war die Verwendung eines bidentaten Liganden mit großem Bisswinkel. Das gewünschte Produkt konnte nur durch Einsatz von Xantphos **25a** erhalten werden – andere mono- oder bidentaten Liganden zeigten keine katalytische Akitvität. Darüber hinaus war die Verwendung von $BPh_3$ als LEWIS-Säure äußerst wichtig. Andere LEWIS-Säuren führten bei ansonsten gleichen Reaktionsbedingungen zu einer Decyanierung des eingesetzten Cyanats und ergaben das ursprüngliche Phenolderivat als Produkt.

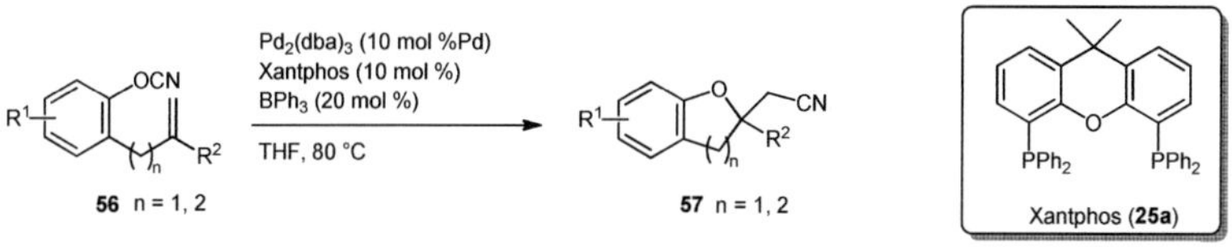

**Schema 4-1:** Intramolekulare katalytische Oxycyanierung von Alkenen **56**.

Als geschwindigkeitsbestimmender Schritt des Katalysecyclus' wurde die *syn*-Oxypalladierung ausgemacht. Diese wird durch den Einsatz anderer LEWIS-Säuren als $BPh_3$ nicht begünstigt (Schema 4-2). Die oxidative Addition hingegen scheint von einer Bandbreite an LEWIS-Säuren katalysiert zu werden. Stoppt die Reaktion auf der Stufe des Komplexes **II**, so wird nach entsprechender Aufarbeitung als Produkt das entsprechende Phenol-Derivat erhalten, was das häufige Auftreten desselben als Nebenprodukt erklärt.

Sowohl der elektronische als auch der sterische Einfluss einiger Substituenten wurde eingehend untersucht. Dabei wurde festgestellt, dass elektronenreiche, *para*-substituierte aromatische Cyanate am besten für die gezeigte Reaktion geeignet sind. In solchen Substraten ist die geschwindigkeitsbestimmende Oxypalladierung durch einen vergleichsweise nucleophileren Cyanatsauerstoff begünstigt. Auch *ortho*- und *meta*-substituierte Produkte konnten in guten Ausbeuten erhalten werden. Elektronenziehende Substituenten führten zu moderaten Ausbeuten in der Oxycyanierung. Dennoch ist hervorzuheben, dass eine chemoselektive Aktivierung der C-O-Bindung in Anwesenheit einer $C(sp^2)$-Br-Bindung erreicht werden konnte.

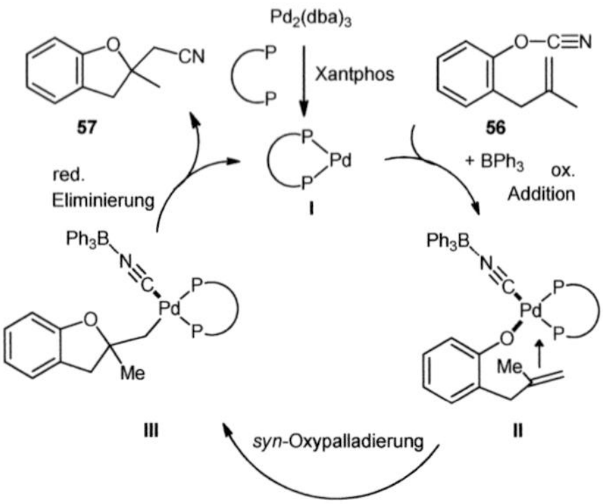

**Schema 4-2:** Katalysecyclus der intramolekularen Oxycyanierung aromatischer Alkene.

Abschließende Studien zur intramolekularen Oxycyanierung aromatischer Alkine zeigen, dass die Reaktion unter ähnlichen Bedingungen zwar abläuft, aber sich eine Isomerisierungsreaktion anschließt. Statt des erwünschten Produkts mit exocyclischer Doppelbindung wird das Benzofuran mit endocyclischer Doppelbindung erhalten, welches mit bekannten Methoden einfacher zugänglich ist (Schema 4-3).

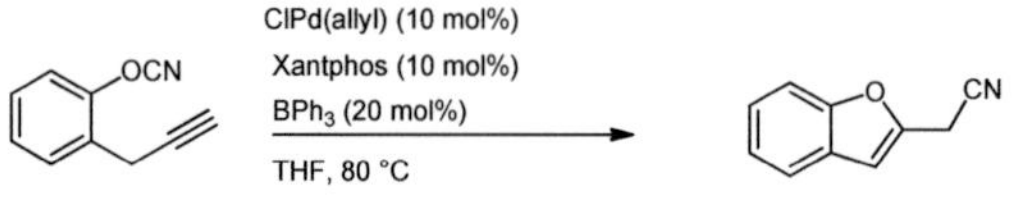

**Schema 4-3:** Oxycyanierung aromatischer Alkine.

## 4.2 *Synthese von C-glycosidischen Disacchariden*

Das zentrale Thema dieser Arbeit stellte die Entwicklung einer Synthesemethodik zum Aufbau *C*-glycosidischer Disaccharide dar. Im Rahmen der Studien zum Aufbau (1→6)-verknüpfter *C*-Disaccharide gelang eine Kreuzkupplungsreaktion von Iodgucalen bzw. Galactaltriflaten vom Typ **61** mit Alkinen **62**. So konnte eine große Bandbreite von Eninen **60** erhalten werden (Schema 4-4). Dabei konnten unter Verwendung der üblichen SONOGASHIRA-HAGIHARA- bzw. CACCHI-Bedingungen Ausbeuten im Bereich von 47-90% erzielt werden. Durch eine vollständige Reduktion der ungesättigten Einheiten sowie einer simultanen Entfernung der Schutzgruppen gelang es in nur einem weiteren Schritt 2-Desoxy-*C*-Glycoside vom Typ **127** in einer Ausbeute von 90% und einer Diastereoselektivität von 10:1 (β:α) aufzubauen. Um das native Hydroxylierungsmuster der *C*-Disaccharide wiederherzustellen, wurde mit einer selektiven Reduktion der Alkin-Einheit fortgefahren. Hier ermöglichte der Einsatz von RANEY-Nickel die Generierung von Enolethern **59** in einer Ausbeute von 38-84%. Diese konnten nun ein einer

Epoxidations-Öffnungs-Sequenz facial selektiv epoxidiert werden, wobei sich Dimethyldioxiran (DMDO) als Epoxidationsreagenz der Wahl herausstellte. Anschließend wurde das erhaltene acetalische Epoxid diastereoselektiv geöffnet. Die Öffnung mit dem supernucleophilen LiBHEt$_3$ ermöglicht die Synthese von α-C-Disacchariden. Wird als Öffnungsreagenz hingegen ein koordinierendes Hydrid wie DIBAL verwendet, werden β-verknüpfte C-Disaccharide zugänglich. In Ausbeuten von 52-69% konnten so in exzellenter Diastereoselektivität benzylgeschützte C-Disaccharide generiert werden. Hydrogenolytische Entfernung der Schutzgruppen unter Verwendung des PEARLMAN-Katalysators und molekularem Wasserstoff ergaben quantitativ die nativen C-glycosidischen Disaccharide **58α** bzw. **58β**. Diese Strategie ermöglicht den flexiblen Zugang zu einer ganzen Reihe von (1→6)-verknüpften C-Disacchariden verschiedener Stereochemie.

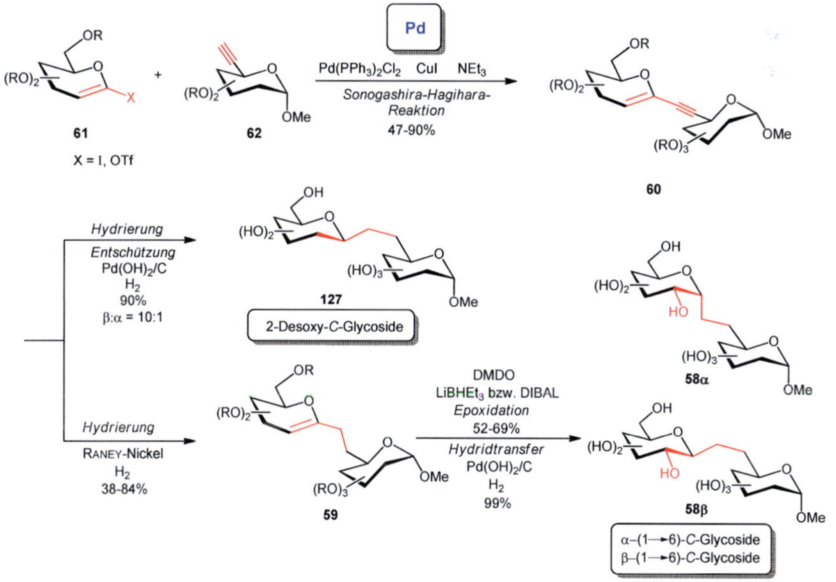

**Schema 4-4:** Flexibler Zugang zu α- und β-verknüpften (1→6)-C-Disacchariden.

Nach erfolgreicher Entwicklung einer Methode für die (1→6)-Verknüpfung konnte auch eine Strategie zur Synthese von (1→n)-C-Disacchariden (n = 2, 3, 4) etabliert werden. Da für die C(sp$^3$)-C(sp$^3$)-Verknüpfung solch komplexer Systeme nur wenige Protokolle existieren und eine C(sp$^2$)-C(sp)-Strategie nicht eingesetzt werden kann, wurde auf eine C(sp$^2$)-C(sp$^2$)-Kreuzkupplung zurückgegriffen. Dabei erwies sich die STILLE-KOSUGI-MIGITA-Reaktion als für dieses Projekt am geeignetsten. Des Weiteren bietet eine C(sp$^2$)-C(sp$^2$)-Strategie den Vorteil, dass die Stereochemie sowohl am pseudoanomeren als auch am verknüpften Kohlenstoffatom der anderen Monosaccharid-Einheit relativ flexibel kontrolliert werden kann, erfordert dann allerdings den Einsatz diastereoselektiver Reaktionen. In einer STILLE-KOSUGI-MIGITA-Reaktion konnten Stannylglycale **63** und *exo*-Bromolefine **64** in guten Ausbeuten von 56 bis 88% umgesetzt werden. Das Dien **65**, welches das Produkt dieser Umsetzung darstellt, bietet zahlreiche Möglichkeiten der Refunktionalisierung. Eine vollständige Reduktion führte unter Bedingungen einer Transferhydrierung zu 2-Desoxy-*C*-Glycosiden vom Typ **66**. Dabei konnten sehr hohe Diastereoselektivitäten von 5:1 bis 10:1 erhalten werden. Obwohl vier Diasteromere denkbar wären, wurden lediglich die beiden möglichen β-Epimere beobachtet. Die Diastereomere resultieren aus der unterschiedlichen Stereochemie am verknüpften Kohlenhydratbaustein. In allen Fällen erfolgte die Hydrierung von der sterisch weniger gehinderten Seite.

Die Installation des nativen Hydroxylierungsmusters gestaltet sich im Vergleich zum Enin-System **60** jedoch ungleich schwieriger. Aufgrund der ähnlichen elektronischen und sterischen Eigenschaften der beiden ungesättigten Einheiten war eine Unterscheidung zunächst nur schwierig möglich. Studien zu einem reduktiv-oxidativem Weg der Refunktionalisierung, wie sie im Falle der (1→6)-*C*-Glycoside zum Erfolg geführt hatte, stellten sich – bis auf anfängliche Erfolge – als unzweckmäßig heraus. Es gelang jedoch mithilfe von DMDO, in sehr guter Chemo- und Diastereoselektivität ein acetalisches Epoxid zu erzeugen, dass mit den bereits etablierten Methoden zum α- bzw. β-C-Disaccharid **68** geöffnet werden konnte. Dabei konnten Ausbeuten von 15-79% erzielt werden.

Abschließend galt es, die exocyclische Doppelbindung möglichst diastereoselektiv zu hydrieren. Hierfür wurden zahlreiche homogenkatalytische Verfahren getestet, um Kontrolle über die Stereochemie zu erlangen. Der Einsatz solcher homogenkatalytischer Methoden blieb allerdings erfolglos. Als erfolgversprechend zeigte sich jedoch eine heterogenkatalytische Hydrierung mit dem von PEARLMAN entwickelten Katalysator Pd(OH)$_2$/C. Die exocyclische Doppelbindung konnte hier in den meisten Fällen diastereoselektiv hydriert werden, sodass eine ganze Reihe unterschiedlich verknüpfter *C*-Disaccharide in Ausbeuten von 79-99% zugänglich gemacht wurde. Auf diese Weise wurde in meist sehr guten Diastereoselektivitäten das natürliche Kohlenhydrat-Hydroxylierungsmuster regeneriert und eine Methode etabliert, die einen flexiblen Zugang zu verschiedenen *C*-Disacchariden bietet.

Die entwickelte Sequenz weist gegenüber bestehenden Methoden den Vorteil auf, dass sie geeignet ist, in iterativer Weise, ähnlich – aber orthogonal – zur *O*-Glycosidchemie, in komplexen Oligosaccharidsynthesen eingesetzt zu werden. So sollte es möglich sein, flexibel und definiert *C*-glycosidische Bindungen verschiedener Verknüpfung und Stereochemie in ein Oligosaccharid einzubauen.

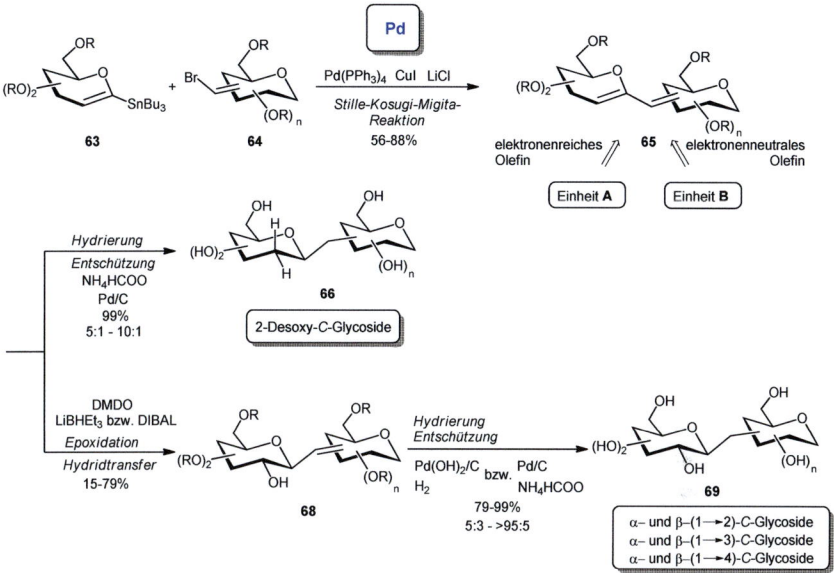

**Schema 4-5:** Flexibler Zugang zu (1→*n*)-verknüpften *C*-Disacchariden (*n* = 2, 3, 4).

# 5 AUSBLICK

## 5.1 Katalytische Oxycyanierung ungesättigter Systeme durch kooperative Katalyse

Die Studien zur intramolekularen Oxycyanierung von Alkenen mit aromatischen Cyanaten konnten weitestgehend abgeschlossen werden. Untersuchungen zu einer enantioselektiven Variante dieser Reaktion stehen jedoch noch aus. In diesem Zusammenhang sind besonders die in der Einleitung besprochenen chiralen Xantphos-Derivate von Interesse. Beginnend mit den in Abbildung 5-1 gezeigten chiralen Liganden sollte eine Untersuchung durchgeführt werden, um den enantioselektiven Ablauf der intramolekularen Oxycyanierung von Alkenen zu ermöglichen. Die Kontrolle des entstehenden Stereozentrums wäre von höchstem chemischen Interesse.

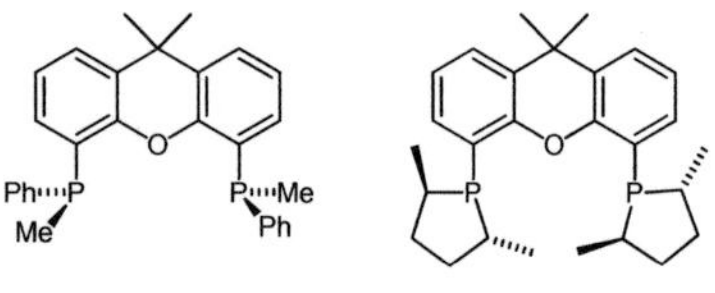

chirales Xantphos (**25d**)    (R,R)-Duxantphos (**25e**)

**Abbildung 5-1:** Chirale Xantphos-Derivate.

Wie bereits im Ergebnisteil erwähnt, ist die Ausdehnung der Sequenz auf aliphatische Cyanate geplant. Diese Reaktion würde einen schnellen Zugang zu Tetrahydrofurangerüsten mit gleichzeitiger Installation einer Nitrilfunktionalität ermöglichen. Die Untersuchung der intramolekularen Oxycyanierung von Alkinen steht noch aus, führt aber nach momentanem Kenntnisstand eher zu Benzofuranen, könnte bei größeren Ringsystemen aber auch zu interessanten Chromen-Strukturen führen.

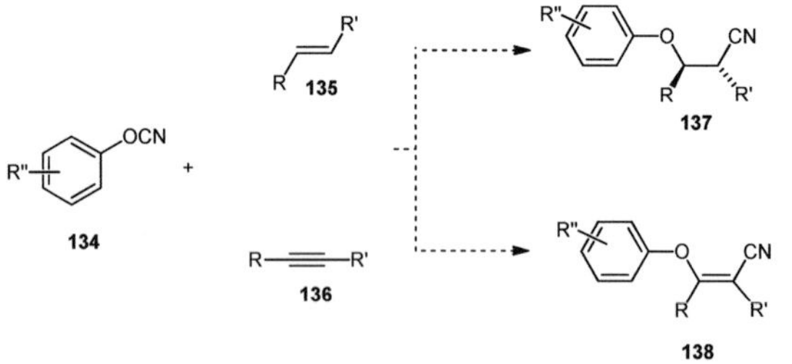

**Schema 5-1:** Intermolekulare Oxycyanierung von Alkenen und Alkinen.

Die intermolekulare Reaktionsführung wäre eine interessante Alternative und würde Zugang zu einer vollkommen neuen Produktpalette eröffnen (Schema 5-1). Hierbei sollte zunächst der

Einsatz von aromatischen Cyanaten **134** untersucht werden. Als Reaktionspartner kämen Alkene wie **135** und Alkine wie **136** in Frage. Dabei könnten auch wichtige Details über den Mechanismus offenbar werden. So könnte z.B. die Frage, ob es sich tatsächlich um eine *syn*-Oxypalladierung handelt durch den stereochemischen Verlauf der Reaktion beantwortet werden.

## 5.2    *Flexible Synthese C-glycosidischer Di- und Trisaccharide*

Die Untersuchungen zur Synthese von (1→*n*)-verknüpften *C*-Disacchariden (*n* = 2, 3, 4, 6) konnten mit Glucalyl-Derivaten abgeschlossen werden. Auch Galactalyl-Derivate wurden, jedoch mit mäßigem Erfolg, untersucht. In früheren Arbeiten wurden ebenfalls Desoxyzucker wie Fucose-Derivate eingesetzt. Desoxyzucker auf Rhamnose-Basis wurden in der entwickelten Sequenz jedoch noch nicht untersucht. Aufgrund der Glucose-ähnlichen Eigenschaften scheint der Einsatz von Rhamnal-Derivaten erfolgversprechend.

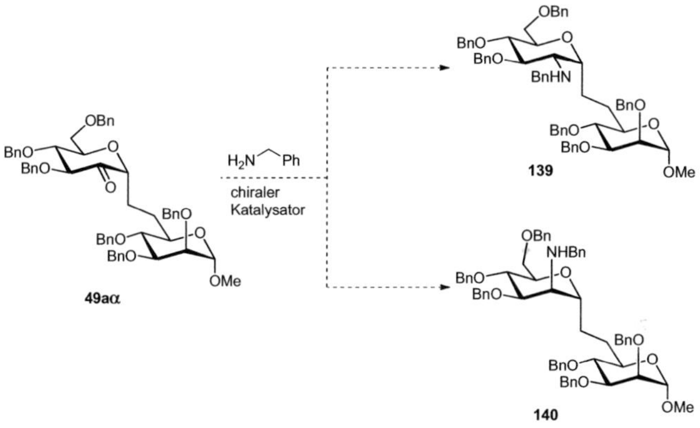

**Schema 5-2:** Diastereoselektive reduktive Aminierung von (1→6)-*C*-Disacchariden.

Die Substratbreite der entwickelten Sequenz könnte durch die Anwendung einer reduktiven Aminierung auf 2-Aminozucker ausgeweitet werden. Bei der Synthese von Mannosylglycosiden hatte sich die Synthese von 2-Keto-*C*-Disacchariden als notwendig erwiesen. Diese 2-Keto-*C*-Disaccharide konnten sowohl in α- als auch in β-Konfiguration erhalten werden. Am Beispiel des (1→6)-*C*-Disaccharids **49aα** soll eine mögliche Reaktionssequenz kurz illustriert werden. Die reduktive Aminierung wäre z.B. mit Benzylamin denkbar. Möglicherweise könnte durch einen chiralen Katalysator die Diastereoselektivität der Reaktion kontrolliert werden. Auch ohne einen chiralen Katalysator sollte die Reaktion substratinduziert diastereoselektiv ablaufen. Als Produkte wären somit *N*-Benzylglucosamin- (**139**) und *N*-Benzylmannosamin-*C*-Disaccharide (**140**) denkbar.

Die Synthese von *C,O*-Glycosiden wäre von hohem biologischen Interesse. Obwohl erste Versuche, die im Rahmen dieser Arbeit unternommen wurden, fehl schlugen, sollten andere Verfahren zum Erfolg führen. Die *O*-Glycosylierung sollte an den Alkoholen **68** durchgeführt werden, welche aus der oxidativen Refunktionalisierung erhalten werden können. Mit einem *O*-Glycosid-Donor wie z.B. **141** kann eine *O*-Glycosylierung stattfinden, die einen Zugang zu 2-verküpften *C,O*-Trisacchariden wie **142** ermöglicht (Schema 5-3).

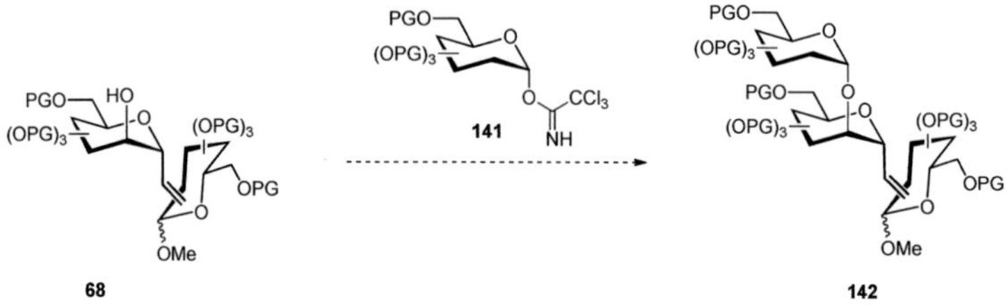

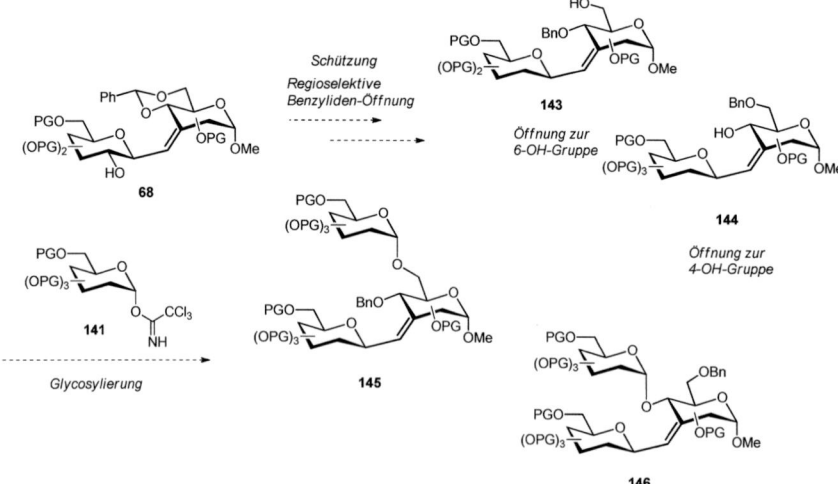

**Schema 5-3:** Synthese von 2-verknüpften *C,O*-Trisacchariden **142**.

Auch an der 4- und der 6-Position könnten durch eine regioselektive Öffnung der Benzylidenklammer gemischte *C,O*-Glycoside erhalten werden (Schema 5-4). Es zeigte sich, dass die *C*-disaccharidischen Olefine saure Reaktionsbedingungen tolerieren, weshalb eine Öffnung als möglich erscheint. Mit der so generierten 4- bzw. 6-OH-Gruppe in **143** bzw. **144** könnte eine *O*-Glycosylierung mit einem Glycosyl-Donor **141** durchgeführt werden, um unterschiedlich verknüpfte *C,O*-Glycoside (z.B. **145** und **146**) zu erhalten.

**Schema 5-4:** Synthese unterschiedlich verknüpfter *C,O*-Trisaccharide.

# 6 EXPERIMENTALTEIL

## 6.1  *Generelle Methoden*

### 6.1.1  Präparative Methoden

Reaktionen unter Inertbedingungen wurden in ausgeheizten Glasapparaturen unter einer Argon-Atmosphäre durchgeführt. Die beschriebenen katalytischen Reaktionen zur Oxycyanierung von Alkenen wurden in einer Glove-Box angesetzt, verschlossen, ausgeschleust und schließlich auf die angegebene Temperatur erhitzt. THF wurde über Natrium und Benzophenon destilliert. Die verwendeten trockenen Lösungsmittel wurden bei verschiedenen Anbietern gekauft und über Molekularsieb getrocknet.[154] Trockene Lösungsmittel für die Oxycyananierungsreaktion (THF, Hexan, Diethylether) wurden von *Kanto Chemicals* gekauft, für 30 min durch einen Argonstrom entgast, und weiter unter positivem Argondruck durch eine Säule mit aktiviertem Alumina geleitet, wie von GRUBBS und Mitarbeitern beschrieben.[155] Kommerziell erhältliche Substanzen wurden, falls nicht anders angegeben, ohne weitere Reinigung direkt eingesetzt. Übliche Kältemischungen (Trockeneis/Aceton, Natrium-chlorid/Eiswasser) wurden für Reaktionen bei tiefen Temperaturen verwendet.

*H-Cube*: Hydrierungsreaktionen wurden mit einem Flusshydriergerät der Firma *H-Cube* durchgeführt. Druck, Temperatur und Flussgeschwindigkeit sind dabei regelbar (p = 1-100 bar, T = 20-100 °C, v = 0.1-3.0 mL/min). Das Gerät verwendet eine *WellChrom* HPLC-Pumpe K-120 der Firma *Knauer*. Der Wasserstoff für die Hydrierung wird durch Elektrolyse erhalten. Wasser mit einer Leitfähigkeit von 14 MΩ wird mit einer maximalen Produktionsrate von 30 cm$^3$/min durch Elektrolyse bei einer Spannung von 100-230 V zu Wasserstoff und Sauerstoff umgesetzt. Die Hydrierungsreaktion findet auf einer Katalysatorkartusche statt, die an geeigneter Stelle genauer beschrieben wird.

*Mikrowelle*: Für Mikrowellenreaktionen wurde ein Gerät der Firma *Biotage* verwendet. Die Mikrowelle kann in einem Temperaturbereich von 40-250 °C betrieben werden, dabei können Drücke von bis zu 20 bar auftreten. Die Leistung des Magnetrons kann im Bereich zwischen 0-400 W bei einer festen Frequenz von 2.45 GHz reguliert werden. Als Software des Gerätes wurde die Version 2.3 build 6250 genutzt. Reaktionsvolumina konnten im Bereich von 0.2-20.0 mL variiert werden.

### 6.1.2  Chromatographische Methoden

**Dünnschichtchromatographie (DC):** Zur Reaktionskontrolle mittels Dünnschichtchroma-tographie wurden Kieselgel-Aluminiumfolien 60 F254 der Firma *Merck* verwendet. Angegeben sind die $R_f$-Werte (Laufhöhe Substanz/Laufhöhe Lösungsmittelfront). Neben der UV-Detektion

(254 nm) dienten eine Cer(IV)ammoniumnitrat-Lösung (5 g Cerammoniumsulfat·2H$_2$O, 30 g Mo$_7$(NH$_4$)$_6$O$_{24}$·3H$_2$O, 30 mL konz. Schwefelsäure, 600 mL Wasser), eine alkalische Kalumpermangant-Lösung und eine Vanillin-Schwefelsäure-Lösung (760 mL EtOH, 100 mL H$_2$O, 40 mL konz. H$_2$SO$_4$ und 54 g Vanillin) als Färbereagenzien.

**Säulenchromatographie:** Säulenchromatographische Trennungen wurden unter erhöhtem Druck mit Kieselgel 60 (Korngröße: 0.040 - 0.063 mm) der Firma *Merck* und mit sphärischem Kieselgel der Firma *Kanto* (Korngröße: 0.04 – 0.05 mm) durchgeführt.

**Mitteldruck-Säulenchromatographie (MPLC):** Einige säulenchromatographische Trennungen wurden mit der Isolera der Firma *Biotage*, andere mit dem Purif-espoir 2-Chomatographen der Firma *SHOKO Scientific* durchgeführt.

**Gel-Permeations-HPLC (GPC):** Die Gel-Permeations-HPLC wurde mit einem Gerät der Firma *Japan Analytical Industry* Typ LC-9101 durchgeführt. Für die Detektion wurden ein UV-Detektor Typ S-310A Modell II bei einer Wellenlänge von 254 nm und ein Brechungsindexdetektor Typ RI-7s benutzt. Als Lösungsmittel wurde ausschließlich Chloroform bei einem Fluss von 3.5 mL/min verwendet. Die verwendeten Säulen waren von der Firma *Japan Analytical Industry* Typ JAIGEL-2H und JAIGEL-2.5H.

**Gaschromatographie und Gaschromatographie-Massenspektromerie-Kopplung (GC und GC-MS):** Für die Aufnahme von Gaschromatogrammen und die Aufnahme von massengekoppelten Gaschromatogrammen wurde eine *Shimadzu* GC 2014 mit angeschlossener ENV-1-Säule (Kanto Chemicals, 0.25 mm × 30 m, Druck: 31.7 kPa, Detektor: FID, 290 °C) verwendet. Helium diente als Transportgas.

### 6.1.3  Instrumentelle Analytik

**Drehwert:** Drehwerte wurden mit einem Polarimeter Modell 241 der Firma *Perkin-Elmer* gemessen. Die Konzentration wird in g/100 mL angegeben.

**UV-Spektren:** UV-Spektren wurden mit einem UV-Spektrometer Modell Lambda 2 der Firma *Perkin-Elmer* und einem UV-Spektrometer V-630 der Firma *Jasco* aufgenommen.

**IR-Spektren:** Die IR-Spektren wurden mit einem IR-Spektrometer der Firma *JASCO* Modell FT/IR-4100, welches eine Spitze vom Typ GladiATR enthält, aufgenommen. Zusätzlich wurde das IR-Spektrometer Modell Vector 22 der Firma *Bruker* verwendet. Hierbei wurden flüssige Substanzen als Film zwischen NaCl-Platten gemessen. Zur Kalibrierung diente die Polystyrolbande bei 1601 cm$^{-1}$.

**¹H-NMR-Spektren:** Die Aufnahme von ¹H-NMR-Spektren erfolgte mit den Modellen Mercury-300 (300 MHz), Unity-300 (300 MHz) und Inova-600 (600 MHz) der Firma *Varian*. Die chemischen Verschiebungen sind in Einheiten der δ-Skala angegeben. Als interner Standard diente das jeweils verwendete Lösungsmittel. Zur Kennzeichnung der Multiplizitäten der Signale werden die folgenden Abkürzungen verwendet: s (Singulett), $s_{br}$ (breites Singulett), d (Dublett), t (Triplett), q (Quartett), m (Multiplett), dd (Dublett vom Dublett), ddd (Dublett vom Dublett vom Dublett), dt (Dublett vom Triplett). Die Kopplungskonstanten *J* sind in Hertz (Hz) angegeben. Unsichere Zuordnungen sind mit dem Index * gekennzeichnet.

**¹³C-NMR-Spektren:** Die Aufnahme von ¹³C-NMR-Spektren erfolgte mit den Modellen, Mercury-300 (75 MHz), Mercury-400 (100 MHz), Inova-500 (125 MHz) und Inova-600 (150 MHz) der Firma *Varian*. Das Inova-500-Spektrometer war zusätzlich mit einer Kryosonde ausgestattet. Die chemischen Verschiebungen sind in Einheiten der δ-Skala angegeben. Als interner Standard diente das jeweils verwendete Lösungsmittel. Die chemischen Verschiebungen sind den ¹H-breitbandentkoppelten Spektren entnommen. Unsichere Zuordnungen sind mit dem Index * gekennzeichnet.

**Massenspektren:** Die APCI- und APCI-HRMS-Messungen erfolgten mit einem *Thermo Scientific* Exactive-Massenspektrometer. ESI-Spektren wurden mit einem Triplett-Quadrupol-Instrument TSQ 7000 oder einem Ion-Trap-Massenspektrometer LCQ der Firma *Finnigan* aufgenommen. Die Messung der ESI-HRMS-Spektren erfolgte an einem 7 Tesla-Fourier Transform Ion Cyclotron Resonance (FTICR)-Massenspektrometer der Firma *Bruker*, das mit einer Apollo-Quelle der Firma *Bruker* und einer Spritzenpumpe 74900 Series der Firma *Cole-Palmer* ausgestattet ist. Angegeben werden die Quotienten aus Masse zu Ladung.

## 6.1.4   Synthese verwendeter Reagenzien

DMP                                   Dimethyldioxiran

81% über zwei Stufen[93]              ca. 5%[147]

## 6.2   Allgemeine Arbeitsvorschriften

### AAV 1: *Cyanierungsreaktion mit Bromcyan*

VORSICHT! Alle Operationen müssen in einem gut funktionierenden Abzug durchgeführt werden, denn Bromcyan ist hochtoxisch und kann durch Hydrolyse sehr leicht Blausäure freisetzen.

Die verwendeten Phenole können durch literaturbekannte Methoden hergestellt werden. [14,17] Zunächst wurde das entsprechende Phenolderivat (1.00 Äq.) in einer Mischung aus Hexan und Diethylether (5:2) gelöst. Nach Kühlung der Reaktionslösung auf 0 °C und anschließender Zugabe von BrCN (1.20 Äq.) wurde tropfenweise NEt₃ (1.20 Äq.) zugefügt. Die Reaktion wurde für 3 h bei 0 °C gerührt. Der Niederschlag wurde durch Filtration über Celite abgetrennt und mehrfach mit Hexan gewaschen. Das Lösungsmittel wurde am Vakuum entfernt und das Rohprodukt konnte ohne weitere Reinigung in der nächsten Reaktion eingesetzt werden.

### AAV 2: *Intramolekulare Oxycyanierung von Alkenen durch Pd/BPh₃-Katalyse*

In einem verschließbaren Reaktionsgefäß wurde das entsprechende Cyanat (1.00 Äq.) abgewogen und in eine Glove-Box eingeschleust. Nach Lösung des Substrates in THF (4 mL/mmol, 0.0125 M) und Dodekan (C₁₂H₂₆) (0.11-0.66 Äq.) als internem Standard, wurden Xantphos (10 mol%, falls nicht anders erwähnt), ein Palladium-Katalysator (10 mol%, falls nicht anders erwähnt) und BPh₃ (20 mol%, falls nicht anders erwähnt) nacheinander hinzugegeben. Das Reaktionsgefäß wurde verschlossen und aus der Glove-Box geschleust, um es schließlich bei der angegebenen Temperatur für die angegebene Zeit in einem Heizblock zu rühren. Katalysatorrückstände wurden durch Filtration über Kieselgel entfernt und mit Diethylether gewaschen. Nach Entfernen des Lösungsmittels am Vakuum wurde das Rohprodukt durch Säulenchromatographie an Kieselgel unter Verwendung einer MPLC gereinigt.

### AAV 3: *WITTIG-Reaktion*

Zu einer Suspension des WITTIG-Salzes [Ph₃PCH₂Br]Br (2.00 Äq.) in THF (6.0 mL/mmol) wurde bei 0 °C eine Lösung von *n*BuLi (2.5 M, 1.50 Äq.) in Hexan getropft. Die Reaktion wurde für 1 h bei 0 °C gerührt und anschließend mit einer Lösung des entsprechenden Ketons (1.00 Äq.) in THF (7 mL/mmol) versetzt. Die Reaktion wurde für die angegebene Zeit bei 0 °C weitergerührt und schließlich durch Zugabe gesättigter wässriger NH₄Cl-Lösung beendet. Die wässrige Phase wurde mit CH₂Cl₂ (3×) extrahiert. Die vereinigten organischen Phasen wurden über Na₂SO₄ getrocknet, filtriert und das Lösungsmittel wurde am Vakuum entfernt. Das Rohprodukt wurde schließlich durch Säulenchromatographie an Kieselgel gereinigt.

## AAV 4: *Triisopropylsilyl-Entschützung*

Eine Lösung von TBAF·3H$_2$O (1.5 Äq./Silylgruppe) in THF (25 mL/mmol) wurde bei 25 °C zu einer Lösung des zu entschützenden Kohlenhydrats (1.00 Äq.) in THF (4.4 mL) getropft. Die Reaktionsmischung wurde über Nacht gerührt, das Lösungsmittel am Vakuum entfernt und das Rohprodukt durch Säulenchromatographie an Kieselgel gereinigt.

## AAV 5: *SWERN-Oxidation*

Eine Lösung von Oxalylchlorid (1.10 Äq.) in CH$_2$Cl$_2$ (0.40 M) wurde auf -78 °C gekühlt und anschließend mit einer Lösung von DMSO (2.20 Äq.) in CH$_2$Cl$_2$ (0.30 M) versetzt. Das Reaktionsgemisch wurde für 30 min bei -78 °C gerührt und anschließend mit einer Lösung des zu oxidierenden Kohlenhydratderivates (1.00 Äq.) in CH$_2$Cl$_2$ (0.90 M) versetzt, welche für weitere 30 min bei dieser Temperatur gerührt wurde. Nach der Zuagbe von NEt$_3$ (5.00 Äq.) wurde die Reaktionsmischung auf Umgebungstemperatur erwärmt und nach weiteren 2 h Reaktionszeit wurde die Reaktion durch Zugabe von H$_2$O beendet. Die wässrige Phase wurde mit CH$_2$Cl$_2$ (3×) extrahiert. Die kombinierten organischen Phasen wurden mit ges. wässriger NaCl-Lösung (2×), 1% H$_2$SO$_4$ (1×), H$_2$O (1×) und 5% NaHCO$_3$-Lösung (1×) gewaschen über Na$_2$SO$_4$ getrocknet, filtriert und das Lösungsmittel am Vakuum entfernt. Der Rückstand wurde durch Säulenchromatographie an Kieselgel gereinigt.

## AAV 6: *DMP-Oxidation*

Zu einer Lösung des zu oxidierenden Kohlenhydratderivates (1.00 Äq.) in CH$_2$Cl$_2$ (0.01 M) wurde DMP (5.00 Äq.) gegeben und über Nacht bei Umgebungstemperatur gerührt. Anschließend wurde die Reaktionslösung mit EtOAc verdünnt und mit ges. wässriger NaHCO$_3$-Lösung sowie ges. wässriger Na$_2$S$_2$O$_3$-Lösung versetzt. Nach 15 minütigem Rühren wurde die wässrige Phase mit EtOAc (3×) extrahiert. Die vereinigten organischen Phasen wurden mit ges. wässriger NaHCO$_3$-Lösung (2×) und ges. wässriger NaCl-Lösung (2×) gewaschen, über Na$_2$SO$_4$ getrocknet und das Lösungsmittel am Vakuum entfernt. Der Rückstand wurde durch Säulenchromato-graphie an Kieselgel gereinigt.

## AAV7: *SONOGASHIRA-HAGIHARA-Reaktion*

Eine Lösung des Iodglucals (1.00 Äq.) und des Alkins (1.00-2.00 Äq.) in NEt$_3$ (30 mL/mmol) wurde mit Pd(PPh$_3$)$_2$Cl$_2$ (0.05 Äq.-0.10 Äq.) und CuI (0.10-0.25 Äq.) versetzt. Die Reaktions-mischung wurde bei der angegebenen Temperatur für die beschriebene Zeit gerührt. Nach Entfernen des Lösungsmittels am Vakuum, wurde das Rohprodukt durch Säulenchromato-graphie an Kieselgel gereinigt.

**AAV8: *Hydrierungsreaktion***

Zu einer Lösung des zu hydrierenden Kohlenhydratderivats (1.00 Äq.) in einer Mischung aus MeOH, CH$_2$Cl$_2$ und EtOAc (3:1:1) wurde in einem 3-Hals-Kolben PEARLMAN-Katalysator (Pd(OH)$_2$, 10%, kat.) zugegeben. Der Kolben wurde mit Argon gespült (3×), evakuiert (3×) und mit Wasserstoff (3×) gespült. Schließlich wurde die Reaktion unter einem Wasserstoffdruck von etwa 2 bar für die angegebene Zeit bei Umgebungstemperatur gerührt. Der Katalysator wurde durch Filtration über Kieselgel oder Celite entfernt. Das Rohprodukt wurde durch Säulenchromatographie an Kieselgel gereinigt.

**AAV 9: *Benzylschützung***

Das zu schützende Kohlenhydrat (1.00 Äq.) wurde in DMF (12 mL/mmol) gelöst und auf 0 °C gekühlt. Es wurde schließlich NaH (60% in Mineralöl, 1.50-3.00 Äq./Hydroxygruppe) zugegeben und für 30 min gerührt. Anschließend wurde langsam Benzylbromid (1.50-3.00 Äq./Hydroxylgruppe) zugetropft und nach der Zugabe auf Umgebungstemperatur erwärmt. Schließlich wurde die Reaktion über Nacht gerührt und anschließend durch Zugabe von Wasser beendet. Die Phasen wurden getrennt und die wässrige Phase mit EtOAc (3×) extrahiert. Die vereinigten organischen Phasen wurden mit Wasser (3×) und ges. wässriger NaCl-Lösung (3×) gewaschen, über Na$_2$SO$_4$ getrocknet und das Lösungsmittel am Vakuum entfernt. Das Rohprodukt wurde durch Säulenchromatographie an Kieselgel erhalten.

**AAV 10: *CACCHI-Kupplung***

Zu einer Lösung des entsprechenden Lactons (1.00 Äq.) in THF (0.04 M) wurden bei –78 °C HMPA (1.50 Äq.) und eine Lösung von KHMDS (0.50 M, 3.00 Äq.) in Toluol zugetropft. Nach 30 min bei –78 °C wurde eine Lösung von *N*-Phenyltrifluormethansulfonimid (3.00 Äq.) in THF (0.30 M) zugetropft und die resultierende Mischung für 1.5 h bei 0 °C gerührt. Die Lösungsmittel wurden am Vakuum entfernt und zum Rückstand wurde eine Lösung des entsprechenden Alkins (1.00 Äq.) in NEt$_3$ (0.03 M) getropft. Anschließend wurden Pd(PPh$_3$)$_2$Cl$_2$ (5-10 mol%) und CuI (10-20 mol%) zugegeben. Die Reaktionsmischung wurde über Nacht bei Umgebungstemperatur gerührt. Das Rohprodukt wurde durch Säulenchromatographie an Kieselgel gereinigt.

**AAV 11: *STILLE-KOSUGI-MIGITA-Reaktion***

Das entsprechende Stannan (1.00 Äq.) und das Bromolefin (1.05 Äq.) wurden in DMF (0.2 M) oder in einer Mischung aus MeCN und NMP (10:1, 0.09 M) gelöst. Die Lösungsmittel sind an entsprechender Stelle angegeben. Bei Verwendung von DMF wurden CuI (0.40 Äq.) und LiCl (2.50 Äq.) zugegeben. Im Falle eines MeCN/NMP-Gemisches unterblieb die Zugabe von Additiven, falls nicht anders erwähnt. Die Reaktion wurde 10 min. durch einen Argonstrom entgast. Anschließend wurde Pd(PPh$_3$)$_4$ (10 mol%) zugegeben und die Reaktion auf die an gegebener Stelle erwähnte Temperatur für die angegebene Zeit erhitzt. Die Reaktion wurde durch Zugabe einer ges. wässrigen NaCl-Lösung beendet und die wässrige Phase mit EtOAc (3×) extrahiert. Die vereinigten organischen Phasen wurden mit ges. wässriger NaCl-Lösung gewaschen, über Na$_2$SO$_4$ getrocknet, filtriert und das Lösungsmittel am Vakuum entfernt. Das Rohprodukt wurde durch Säulenchromatographie an Kieselgel unter Zugabe von Kaliumfluorid (10 wt%) gereinigt.

**AAV 12: *Transferhydrierung mit Ammoniumformiat (HCOONH$_4$)***

Einer Lösung des entsprechenden Diens (1.00 Äq.) in einer Mischung aus THF und MeOH (1:1) wurden in einem verschließbaren Reaktionsgefäß HCOONH$_4$ (10-100 Äq.) und Pd/C (10% Pd, kat.) zugefügt. Das Reaktionsgefäß wurde verschlossen und bei der angegebenen Temperatur für die genannte Zeit gerührt. Durch Filtration über Celite wurde der heterogene Katalysator abgetrennt und das Rohprodukt durch Säulenchromatographie an Kieselgel gereinigt.

**AAV 13: *Hydrierung durch RANEY-Nickel***

Eine Aufschlämmung von RANEY-Nickel in Wasser wurde durch Waschen mit Wasser auf den pH-Wert 7 gebracht und anschließend mit MeOH (5×) gewaschen. Eine Lösung des Kohlenhydrates (1.00 Äq.) in einer Mischung aus MeOH und THF (2:1) wurde dem Reaktionsgefäß mit der RANEY-Nickel-Aufschlämmung zugefügt und durch einen Wasserstoffballon Wasserstoffdruck von etwa 1 bar aufgebaut. Dabei wurde die Lösung zunächst mit Wasserstoff gespült. Die Reaktion wurde für die angebene Zeit bei Umgebungstemperatur gerührt. RANEY-Nickel wurde durch Filtration über Kieselgel entfernt, das Lösungsmittel am Vakuum entfernt und der Rückstand durch Säulenchromatographie an Kieselgel gereinigt.

**AAV 14: *Enolether-Epoxidation mit DMDO***

Variante 1:

Das entsprechende Dien (1.00 Äq.) wurde mit Toluol (3×4 mL) koevaporiert und für 20 min am Hochvakuum getrocknet. Das getrocknete Kohlenhydratderivat wurde in CH$_2$Cl$_2$ (0.01 M) aufgenommen und auf –78 °C gekühlt. Eine Lösung von DMDO in Aceton (0.05-0.09 M, 1.05 Äq.) wurde tropfenweise zugegeben. Die Reaktionsmischung wurde für 1 h bei –78 °C gerührt und anschließend auf 0 °C erwärmt sowie für weitere 20 min gerührt. Das Lösungsmittel wurde am Vakuum bei Umgebungstemperatur entfernt, der Rückstand in Toluol (0.01 M) oder CH$_2$Cl$_2$ (0.01 M) aufgenommen und auf 0 °C gekühlt. Eine Lösung von LiBHEt$_3$ in THF (1.0 M, 40.0 Äq.) wurde zur Reaktionslösung getropft und für 2 h bei 0 °C gerührt. Die Reaktion wurde durch Zugabe von ges. wässriger NH$_4$Cl-Lösung beendet, die organische Phase abgetrennt und die wässrige Phase mit $CH_2Cl_2$ (3×) extrahiert. Die vereinigten organischen Phasen wurden über $Na_2SO_4$ getrocknet, filtriert und das Lösungsmittel am Vakuum entfernt. Der Rückstand wurde durch Säulenchromatographie an Kieselgel gereinigt.

### Variante 2:

Das entsprechende Dien (1.00 Äq.) wurde mit Toluol (3×4 mL) koevaporiert und für 20 min am Hochvakuum getrocknet. Das getrocknete Kohlenhydratderivat wurde in $CH_2Cl_2$ (0.01 M) aufgenommen und auf –78 °C gekühlt. Eine Lösung von DMDO in Aceton (0.05-0.09 M, 1.05 Äq.) wurde tropfenweise zugegeben. Die Reaktionsmischung wurde für 1 h bei –78 °C gerührt und anschließend auf 0 °C erwärmt sowie für weitere 20 min gerührt. Das Lösungsmittel wurde am Vakuum bei Umgebungstemperatur entfernt, der Rückstand in Toluol (0.01 M) oder $CH_2Cl_2$ (0.01 M) aufgenommen und auf –78 °C gekühlt. Eine Lösung von DIBAL in Hexan (1.0 M, 5.00 Äq.) wurde bei –78 °C zugegeben und auf Umgebungstemperatur erwärmt. Nach weiterer Reaktionszeit von 1 h bei Umgebungstemperatur wurde die Reaktion durch Zugabe einer ges. wässrigen Kalium-Natrium-Tartrat-Lösung beendet. Die Mischung wurde für 30 min gerührt. Schließlich wurden die Phasen getrennt und die organische Phase mit $CH_2Cl_2$ (3×) extrahiert. Die vereinigten organischen Phasen wurden über $Na_2SO_4$ getrocknet, filtriert, und das Lösungsmittel am Vakuum entfernt. Das Rohprodukt wurde durch Säulenchromatographie an Kieselgel gereinigt.

### AAV 15: *Hydroborierung*

Eine Lösung des jeweiligen Kohlenhydratderivates in THF (0.01 M) wurde auf 0 °C gekühlt und mit einer Lösung von $BH_3 \cdot THF$ in THF (1 M, 10.0 Äq.) behandelt. Die Mischung wurde über Nacht langsam auf Umgebungstemperatur erwärmt. Anschließend wurde die Lösung wieder auf 0 °C gekühlt und NaOH (1 M, 40.0 Äq.) und $H_2O_2$ (30%, 40.0 Äq.) hinzugegeben. Das Reaktionsgemisch wurde unter kräftigem Rühren über 2 h auf Umgebungstemperatur erwärmt. Die wässrige Phase wurde mit EtOAc extrahiert, die vereinigten organischen Phasen wurden mit ges. wässriger $Na_2S_2O_3$-Lösung (1×) und mit ges. wässriger NaCl-Lösung (1×) gewaschen, über $Na_2SO_4$ getrocknet, filtriert und das Lösungsmittel am Vakuum entfernt. Die Reinigung erfolgte durch Säulenchromatographie an Kieselgel.

### AAV 16: *NaBH₄-Reduktion*

Das zu reduzierende Kohlenhydratderivat (1.00 Äq.) wurde in einer Mischung aus $CH_2Cl_2$ und MeOH (1:1) gelöst. Die Lösung wurde auf 0 °C gekühlt und NaBH$_4$ (13.0 Äq.) zugegeben. Nach einer Reaktionszeit von 3 h bei 0 °C wurde schließlich auf Umgebungstemperatur erwärmt. Die Reaktion wurde durch Zugabe von Wasser beendet und die wässrige Phase mit $CH_2Cl_2$ (3×)

extrahiert. Die vereinigten organischen Phasen wurden mit Wasser (2×), 1% Zitronensäure (2×) und Wasser (2×) gewaschen, über Na$_2$SO$_4$ getrocknet, filtriert und das Lösungsmittel am Vakuum entfernt. Der Rückstand wurde durch Säulenchromatographie an Kieselgel gereinigt.

## 6.3  Synthese der Verbindungen

**1-Cyanato-2-(2-methylallyl)benzol (56a)**

**C$_{11}$H$_{11}$NO (173.21)**

2-(2-Methylallyl)phenol **21a** (1.48 g, 10.0 mmol, 1.0 Äq.) wurde nach AAV 1 mit BrCN (1.27 g, 12.0 mmol, 1.2 Äq.) und NEt$_3$ (1.66 mL, 12.0 mmol, 1.2 Äq.) umgesetzt. Nach Reinigung konnten 1.73 g (10.0 mmol, quant.) von Verbindung **56a** als schwach gelbes Öl erhalten werden.

Analytische Daten von Verbindung **56a**:

**R$_f$:** 0.63 (Hexan:EtOAc = 4:1).

**$^1$H-NMR** (400 MHz, CDCl$_3$): δ = 1.72 (s, 3 H, CH$_3$), 3.34 (s, 2 H, CH$_2$), 4.60–4.61 (m, 1 H, CH$_{Alken}$), 4.84–4.85 (m, 1 H,CH$_{Alken}$), 7.24–7.27 (m, 2 H, Ar-H), 7.33 (dd, $J$ = 3.3 Hz, 6.2 Hz, 1 H, Ar-H), 7.45 (d, $J$ = 8.3 Hz, 1 H, Ar-H).

**$^{13}$C-NMR** (101 MHz, CDCl$_3$): δ = 22.3 (CH$_3$), 37.4 (CH$_2$), 109.0 (OCN), 112.6 (CH$_{Alken}$), 114.5 (CH$_{Ar}$), 126.8 (C-Ar), 127.9 (C-Ar), 128.3 (C-Ar), 131.9 (C-Ar), 142.6 (CH$_{Alken}$), 151.3 (C-Ar).

**HRMS** (APCI): $m/z$ berechnet für C$_{11}$H$_{11}$NO: [M+H]$^+$: 173.0835, gefunden: 173.0829.

**4-Brom-1-cyanato-2-(2-methylallyl)benzol (56b)**

**C$_{11}$H$_{10}$BrNO (252.11)**

4-Brom-2-(2-methylallyl)phenol **21b** (1.14 g, 5.00 mmol, 1.0 Äq.) wurde nach AAV1 mit BrCN (636 mg, 6.00 mmol, 1.2 Äq.) und NEt$_3$ (832 μL, 6.00 mmol, 1.2 Äq.) umgesetzt. Nach Reinigung konnten 1.25 g (4.95 mmol, 99%) von Verbindung **56b** als schwach gelbes Öl erhalten werden.

Analytische Daten von Verbindung **56b**:

**R$_f$:** 0.64 (Hexan:EtOAc = 4:1).

**¹H-NMR** (300 MHz, CDCl₃): δ = 1.71–1.73 (m, 3 H, CH₃), 3.31 (s, 2 H, CH₂), 4.64–4.65 (m, 1 H, CH$_{Alken}$), 4.88–4.90 (m, 1 H, CH$_{Alken}$), 7.33–7.48 (m, 3 H, Ar-H).

**¹³C-NMR** (101 MHz, CDCl₃): δ = 22.3 (CH₃), 37.2 (CH₂), 108.5 (OCN), 113.4 (CH$_{Alken}$), 116.3 (C-Ar), 119.9 (C-Ar), 130.3 (C-Ar), 131.2 (C-Ar), 134.6 (C-Ar), 141.8 (CH$_{Alken}$) 150.4 (C-Ar).

**HRMS** (APCI): $m/z$ berechnet für C₁₁H₁₀BrNO: [M+H]⁺: 252.0019 , gefunden: 252.0015.

**1-Cyanato-4-fluor-2-(2-methylallyl)benzol (56c)**

**C₁₁H₁₀FNO (191.20)**

4-Fluor-2-(2-methylallyl)phenol **21c** (831 mg, 5.00 mmol, 1.0 Äq.) wurde nach AAV1 mit BrCN (636 mg, 6.00 mmol, 1.2 Äq.) und NEt₃ (832 µL, 6.00 mmol, 1.2 Äq.) umgesetzt. Nach Reinigung konnten 935 mg (4.89 mmol, 98%) der Verbindung **56c** als schwach gelbes Öl erhalten werden.

Analytische Daten von Verbindung **56c**:

**R$_f$:** 0.59 (Hexan:EtOAc = 4:1).

**¹H-NMR** (300 MHz, CDCl₃): δ = 1.73 (s, 3 H, CH₃), 3.33 (s, 2 H, CH₂), 4.66 (s, 1 H, CH$_{Alken}$), 4.90 (s, 1 H, CH$_{Alken}$), 6.97–7.06 (m, 2 H, Ar-H), 7.43 (dd, $J$ = 4.4 Hz, 8.9 Hz, 1 H, Ar-H).

**¹³C-NMR** (101 MHz, CDCl₃): δ = 22.2 (CH₃), 37.5 (CH₂), 109.0 (OCN), 113.4 (CH$_{Alken}$), 114.9 (d, $J$ = 25 Hz, C-Ar), 116.3 (d, $J$ = 10 Hz, C-Ar), 118.2 (d, $J$ = 25 Hz, C-Ar), 130.6 (d, $J$ = 10 Hz, C-Ar), 141.8 (CH$_{Alken}$), 147.2 (C-Ar), 160.6 (d, $J$ = 250 Hz, C-Ar).

**HRMS** (APCI): $m/z$ berechnet für C₁₁H₁₀FNO: [M+H]⁺: 192.0819, gefunden: 192.0817.

**4-Chlor-1-cyanato-2-(2-methylallyl)benzol (56d)**

**C₁₁H₁₀ClNO (207.66)**

4-Chlor-2-(2-methylallyl)phenol **21d** (913 mg, 5.00 mmol, 1.0 Äq.) wurde nach AAV1 mit BrCN (636 mg, 6.00 mmol, 1.2 Äq.) und NEt₃ (832 µL, 6.00 mmol, 1.2 Äq.) umgesetzt. Nach Reinigung konnten 1.02 g (4.91 mmol, 98%) der Verbindung **56d** als gelbliches Öl erhalten werden.

Analytische Daten von Verbindung **56d**:

**R$_f$:** 0.63 (Hexan:EtOAc = 4:1).

**¹H-NMR** (300 MHz, CDCl₃): δ = 1.69–1.77 (m, 3 H, CH₃), 3.31 (s, 2 H, CH₂), 4.64–4.65 (m, 1 H, CH$_{Alken}$), 4.89–4.90 (m, 1 H, CH$_{Alken}$), 7.25–7.33 (m, 1 H, Ar-H), 7.39–7.42 (m, 2 H, Ar-H).

**¹³C-NMR** (101 MHz, CDCl₃): δ = 22.2 (CH₃), 37.2 (CH₂), 108.6 (OCN), 113.4 (CH$_{Alken}$), 116.0 (C-Ar), 128.2 (C-Ar), 130.0 (C-Ar), 131.6 (C-Ar), 132.3 (C-Ar), 141.8 (CH$_{Alken}$), 149.8 (C-Ar).

**HRMS** (APCI): $m/z$ berechnet für C₁₁H₁₀ClNO: [M+H]⁺: 208.0524, gefunden: 208.0522.

### 4-(*tert*-Butyl)-1-cyanato-2-(2-methylallyl)benzol (56g)

C₁₅H₁₉NO (229.32)

4-*tert*-Butyl-2-(2-methylallyl)phenol **21g** (10.58 g, 51.1 mmol, 1.0 Äq.) wurde nach AAV1 mit BrCN (6.50 g, 61.3 mmol, 1.2 Äq.) und NEt₃ (9.21 mL, 66.4 mmol, 1.3 Äq.) umgesetzt. Nach Reinigung konnten 10.44 g (45.6 mmol, 89%) von Verbindung **56g** als farbloses Öl erhalten werden.

Analytische Daten von Verbindung **56g**:

**R$_f$:** 0.62 (Hexan:EtOAc = 4:1).

**¹H-NMR** (400 MHz, CDCl₃): δ = 1.29–1.32 (m, 9 H, CH₃), 1.73–1.73 (m, 3 H, CH₃), 3.33 (s, 2 H, OCH₃), 4.60–4.60 (m, 1 H, CH$_{Alken}$), 4.84–4.85 (m, 1 H, CH$_{Alken}$), 7.24–7.25 (m, 1 H, Ar-H), 7.31–7.37 (m, 2 H, Ar-H).

**¹³C-NMR** (101 MHz, CDCl₃): δ = 22.2 (CH₃), 31.2 (CH₃), 34.4 (CH$_q$), 37.6 (CH₂), 109.2 (OCN), 112.3 (CH$_{Alken}$), 114.0 (C-Ar), 125.0 (C-Ar), 127.0 (C-Ar), 128.9 (C-Ar), 142.7 (CH$_{Alken}$), 149.2 (C-Ar), 149.9 (C-Ar).

**HRMS** (APCI): $m/z$ berechnet für C₁₅H₁₉NO: [M+H]⁺: 229.1461, gefunden: 229.1452.

### 1-Cyanato-4-methoxy-2-(2-methylallyl)benzol (56i)

C₁₂H₁₃NO₂ (203.24)

4-Methoxy-2-(2-methylallyl)phenol **21i** (3.63 g, 20.4 mmol, 1.0 Äq.) wurde nach AAV1 mit BrCN (2.59 g, 24.5 mmol, 1.2 Äq.) und NEt₃ (3.68 mL, 26.5 mmol, 1.3 Äq) umgesetzt. Nach Reinigung konnten 2.51 g (12.4 mmol, 61%) von Verbindung **56i** als farbloses Öl erhalten werden.

Analytische Daten von Verbindung **56i**:

**R$_f$**: 0.54 (Hexan:EtOAc = 4:1).

**¹H-NMR** (300 MHz, CDCl$_3$): δ = 1.72 (s, 3 H, CH$_3$), 3.31 (s, 2 H, CH$_2$), 3.80 (s, 3 H, OCH$_3$), 4.65 (s, 1 H, CH$_{Alken}$), 4.86 (s, 1 H,CH$_{Alken}$), 6.76–6.82 (m, 2 H, Ar-H), 7.35 (d, $J$ = 9.3 Hz, 1 H, Ar-H).

**¹³C-NMR** (75 MHz, CDCl$_3$): δ = 22.2 (CH$_3$), 37.6 (CH$_2$), 55.6 (OCH$_3$), 109.6 (OCN), 112.5 (CH$_{Alken}$), 112.8 (C-Ar), 115.8 (C-Ar), 116.9 (C-Ar), 129.3 (C-Ar), 142.4 (CH$_{Alken}$), 145.4 (C-Ar), 157.8 (C-Ar).

**HRMS** (APCI): $m/z$ berechnet für C$_{12}$H$_{13}$NO$_2$: [M+H]$^+$: 203.0941, gefunden: 203.0932.

### Ethyl-4-cyanato-3-(2-methylallyl)benzoat (56k)

**C$_{14}$H$_{15}$NO$_3$** (245.27)

Ethyl-4-hydroxy-3-(2-methylallyl)benzoat **21k** (6.13 g, 25.0 mmol, 1.0 Äq.) wurde nach AAV1 mit BrCN (3.17 g, 30.0 mmol, 1.2 Äq.) und NEt$_3$ (4.16 mL, 30.0 mmol, 1.2 Äq.) umgesetzt. Nach Reinigung konnten 5.70 g (23.3 mmol, 93%) von Verbindung **56k** als farbloses Öl erhalten werden.

Analytische Daten von Verbindung **56k**:

**R$_f$**: 0.34 (Hexan:EtOAc = 4:1).

**¹H-NMR** (300 MHz, CDCl$_3$): δ = 1.40 (t, $J$ = 6.9 Hz, 3 H, CH$_{3,Et}$), 1.73 (s, 3 H, CH$_3$), 3.38 (s, 2 H, CH$_2$), 4.39 (q, $J$ = 6.9 Hz, 2 H, CH$_{2,Et}$), 4.59–4.60 (m, 1 H, CH$_{Alken}$), 4.87–4.88 (m, 1 H, CH$_{Alken}$), 7.52 (d, $J$ = 8.8 Hz, 1 H, Ar-H), 7.97 (d, $J$ = 2.5 Hz, 1 H, Ar-H), 8.04 (dd, $J$ = 2.5 Hz, 8.8 Hz, 1 H, Ar-H).

**¹³C-NMR** (101 MHz, CDCl$_3$): δ = 14.3 (CH$_{3,Et}$), 22.4 (CH$_3$), 37.4 (CH$_2$), 61.5 (CH$_{2,Et}$), 108.2 (OCN), 113.1 (CH$_{Alken}$), 114.4 (C-Ar), 128.3 (C-Ar), 129.2 (C-Ar), 130.0 (C-Ar), 133.5 (C-Ar), 142.0 (CH$_{Alken}$), 154.0 (C-Ar), 165.1 (CO).

**HRMS** (APCI): $m/z$ berechnet für C$_{14}$H$_{15}$NO$_3$: [M-H]$^-$: 244.0979, gefunden: 244.0975.

### 1-Cyanato-2-(2-methylallyl)naphtalin (56l)

**C$_{15}$H$_{13}$NO** (223.27)

2-(2-Methylallyl)naphthalene-1-ol **21l** (760 mg, 3.80 mmol, 1.0 Äq.) wurde nach AAV1 mit BrCN (487 mg, 4.59 mmol, 1.2 Äq.) und NEt₃ (637 µL, 4.59 mmol, 1.2 Äq.) umgesetzt. Nach Reinigung konnten 770 g (3.44 mmol, 91%) von Verbindung **56l** als gelbliches Öl erhalten werden.

Analytische Daten von Verbindung **56l**:

**R$_f$**: 0.48 (Hexan:EtOAc = 4:1).

**¹H-NMR** (400 MHz, CDCl₃): δ = 1.78 (s, 3 H, CH₃), 3.66 (s, 2 H, CH₂), 4.75 (s, 1 H, CH$_{Alken}$), 4.94 (s, 1 H, CH$_{Alken}$), 7.36 (d, $J$ = 8.5 Hz, 1 H, Ar-H), 7.58 (ddd, $J$ = 1.1, 7.0, 8.1 Hz 1 H, Ar-H), 7.67 (ddd, $J$ = 1.1 Hz, 7.0 Hz, 8.4 Hz, 1 H, Ar-H), 7.80 (d, $J$ = 8.5 Hz, 1 H, Ar-H), 7.90 (d, $J$ = 8.1 Hz, 1 H, Ar-H), 8.12 (d, $J$ = 8.5 Hz, 1 H, Ar-H).

**¹³C-NMR** (101 MHz, CDCl₃): δ = 22.4 (CH₃), 38.0 (CH₂), 110.9 (OCN), 113.4 (CH$_{Alken}$), 119.8 (C-Ar), 126.9 (C-Ar), 127.1 (C-Ar), 127.8 (C-Ar), 127.9 (C-Ar), 127.9 (C-Ar), 128.0 (C-Ar), 128.0 (C-Ar), 133.7 (C-Ar), 142.4 (CH$_{Alken}$), 147.2 (C-Ar).

**HRMS** (APCI): $m/z$ berechnet für C₁₅H₁₃NO: [M]⁺: 223.0992, gefunden: 223.0983.

**2-Cyanato-1-methoxy-3-(2-methylallyl)benzol (56m)**

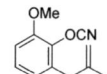

**C₁₂H₁₃NO₂ (203.23)**

2 Methoxy 6 (2 methylallyl)phenol **21m** (720 mg, 4.04 mmol, 1.0 Äq.) wurde nach AAV1 mit BrCN (514 mg, 4.85 mmol, 1.2 Äq.) und NEt₃ (672 µL, 4.85 mmol, 1.2 Äq.). Nach Reinigung konnten 823 mg (4.04 mmol, quant.) von Verbindung **56m** als farbloses Öl erhalten werden.

Analytische Daten von Verbindung **56m**:

**R$_f$**: 0.38 (Hexan:EtOAc = 4:1).

**¹H-NMR** (300 MHz, CDCl₃): δ = 1.73 (s, 3 H, CH₃), 3.39 (s, 2 H, CH₂), 3.96 (s, 3 H, OCH₃), 4.67–4.68 (m, 1 H, CH$_{Alken}$), 4.87–4.88 (m, 1 H, CH$_{Alken}$), 6.82 (dd, $J$ = 1.5 Hz, 8.0 Hz, 1 H, Ar-H), 6.90 (dd, $J$ = 1.5 Hz, 8.0 Hz, 1 H, Ar-H), 7.18–7.26 (m, 1 H, Ar-H).

**¹³C-NMR** (101 MHz, CDCl₃): δ = 25.3 (CH₃), 37.9 (CH₂), 56.3 (OCH₃), 110.4 (OCN), 111.2 (CH$_{Alken}$), 112.8 (C-Ar), 122.5 (C-Ar), 127.8 (C-Ar), 131.6 (C-Ar), 141.0 (C-Ar), 142.6 (CH$_{Alken}$), 150.1 (C-Ar).

**HRMS** (APCI): $m/z$ berechnet für C₁₂H₁₃NO₂ [M+H]⁺: 204.1019, gefunden: 204.1010.

**2-Cyanato-1-methyl-3-(2-methylallyl)benzol (56n)**

**C$_{12}$H$_{13}$NO** (187.24)

2-Methyl-6-(2-methylallyl)phenol **21n** (494 mg, 3.04 mmol, 1.0 Äq.) wurde nach AAV1 mit BrCN (387 mg, 3.65 mmol, 1.2 Äq.) und NEt$_3$ (506 µL, 3.65 mmol, 1.2 Äq.) umgesetzt. Nach Reinigung konnten 550 mg (2.94 mmol, 97%) von Verbindung **56n** als gelbliches Öl erhalten werden.

Analytische Daten von Verbindung **56n**:

**R$_f$** 0.55 (Hexan:EtOAc = 4:1).

**$^1$H-NMR** (400 MHz, CDCl$_3$): δ = 1.75 (s, 3 H, CH$_3$), 2.45 (s, 3 H, CH$_{3,Ar}$), 3.44 (s, 2 H, CH$_2$), 4.68–4.69 (m, 1 H, CH$_{Alken}$), 4.90–4.90 (m, 1 H, CH$_{Alken}$), 7.10–7.19 (m, 3 H, Ar-H).

**$^{13}$C-NMR** (101 MHz, CDCl$_3$): δ = 15.8 (CH$_{3,Ar}$), 22.3 (CH$_3$), 38.1 (CH$_2$), 110.4 (OCN), 113.0 (CH$_{Alken}$), 127.8 (C-Ar), 129.0 (C-Ar), 129.4 (C-Ar), 130.4 (C-Ar), 130.7 (C-Ar), 142.6 (CH$_{Alken}$), 151.2 (C-Ar).

**HRMS** (APCI): *m/z* berechnet für C$_{12}$H$_{13}$NO [M+H]$^+$: 188.1070, gefunden: 188.1067.

**Methyl-3-cyanato-2-(2-methylallyl)benzoat (56p)**

**C$_{13}$H$_{13}$NO$_3$** (231.25)

Methyl-3-hydroxy-2-(2-methylallyl)benzoat **21p** (809 mg, 3.92 mmol, 1.0 Äq.) wurde nach AAV1 mit BrCN (499 mg, 4.70 mmol, 1.2 Äq.) und NEt$_3$ (652 µL, 4.70 mmol, 1.2 Äq.) umgesetzt. Nach Reinigung konnten 710 mg (3.07 mmol, 78%) von Verbindung **56p** als weißer Feststoff erhalten werden.

Analytische Daten von Verbindung **56p**:

**R$_f$** 0.39 (Hexan:EtOAc = 4:1).

**$^1$H-NMR** (400 MHz, CDCl$_3$): δ = 1.80 (s, 3 H, CH$_3$), 3.73 (s, 2 H, CH$_2$), 3.88 (s, 3 H, CH$_{3,COOMe}$), 4.22–4.22 (m, 1 H, CH$_{Alken}$), 4.74–4.75 (m, 1 H, CH$_{Alken}$), 7.43 (t, *J* = 8.4 Hz, 1 H, Ar-H), 7.66 (dd, *J* = 1.2 Hz, 8.4 Hz, 1 H, Ar-H), 7.82 (dd, *J* = 1.2 Hz, 8.4 Hz, 1 H, Ar-H).

$^{13}$**C-NMR** (75 MHz, CDCl$_3$): δ = 23.1 (CH$_3$), 33.3 (CH$_2$), 52.5 (CH$_{3,COOMe}$), 108.7 (OCN), 110.8 (CH$_{Alken}$), 117.8 (C-Ar), 127.8 (C-Ar), 128.8 (C-Ar), 129.7 (C-Ar), 133.3 (C-Ar), 143.1 (CH$_{Alken}$), 151.9 (C-Ar), 166.5 (CO).

**HRMS** (APCI): *m/z* berechnet für C$_{13}$H$_{13}$NO$_3$ [M-H]⁻: 230.0823, gefunden: 230.0819.

**1-Cyanato-2-(2-methylenbutyl)benzol (56t)**

**C$_{12}$H$_{13}$NO** (187.24)

2-(2-Methylenbutyl)phenol **21t** (491 mg, 3.03 mmol, 1.0 Äq.) wurde nach AAV1 mit BrCN (385 mg, 3.63 mmol, 1.2 Äq.) und NEt$_3$ (504 µL, 3.63 mmol, 1.2 Äq.). Nach Reinigung konnten 490 mg (2.62 mmol, 86%) von Verbindung **56t** als farbloses Öl erhalten werden.

Analytische Daten von Verbindung **56t**:

**R$_f$**: 0.52 (Hexan:EtOAc = 4:1).

$^1$**H-NMR** (300 MHz, CDCl$_3$): δ = 1.06 (t, *J* = 7.4 Hz, 3 H, CH$_{3Et}$), 1.99–2.06 (m, 2 H, CH$_{2Et}$), 3.37 (s, 2 H, CH$_2$), 4.58–4.59 (m, 1 H, CH$_{Alken}$), 4.86–4.86 (m, 1 H, CH$_{Alken}$), 7.22–7.47 (m, 4 H, Ar-H).

$^{13}$**C-NMR** (101 MHz, CDCl$_3$): δ = 12.1 (CH$_{3,Et}$), 28.6 (CH$_{2,Et}$), 36.0 (CH$_2$), 109.0 (OCN), 110.4 (CH$_{Alken}$), 114.6 (C-Ar), 126.8 (C-Ar), 128.2 (C-Ar), 128.3 (C-Ar), 132.0 (C-Ar), 148.3 (CH$_{Alken}$), 151.4 (C-Ar).

**HRMS** (APCI): *m/z* berechnet für C$_{12}$H$_{13}$NO [M-H]⁻: 186.0924, gefunden: 186.0922.

**1-(2-(Benzyloxymethyl)allyl)-2-cyanatobenzol (56u)**

**C$_{18}$H$_{17}$NO$_2$** (279.13)

2-(2-((Benzyloxy)methyl)allyl)phenol **21u** (295 mg, 1.16 mmol, 1.0 Äq.) wurde nach AAV1 mit BrCN (178 mg, 1.39 mmol, 1.2 Äq.) und NEt$_3$ (193 µL, 1.39 mmol, 1.2 Äq.) umgesetzt. Nach Reinigung konnten 311 mg (1.11 mmol, 96%) von Verbindung **56u** als schwach gelbes Öl erhalten werden.

Analytische Daten von Verbindung **56u**:

**R$_f$**: 0.12 (Hexan:EtOAc =4:1).

**¹H-NMR** (300 MHz, CDCl$_3$): δ = 3.45 (s, 2 H, CH$_2$), 3.95–3.95 (m, 2 H, CH$_2$), 4.49 (s, 2 H, OCH$_2$Ph), 4.81–4.82 (m, 1 H, CH$_{Alken}$), 5.16–5.17 (m, 1 H, CH$_{Alken}$), 7.24–7.48 (m, 10 H, Ar-H).

**¹³C-NMR** (101 MHz, CDCl$_3$): δ = 33.0 (CH$_2$), 72.0 (OCH$_2$Ph), 72.6 (CH$_2$O), 108.9 (OCN), 114.6 (CH$_{Alken}$), 114.6 (C-Ar), 126.9 (C-Ar), 127.5 (C-Ar), 127.7 (C-Ar), 127.7 (C-Ar), 128.4 (C-Ar), 128.5 (C-Ar), 132.2 (C-Ar), 138.0 (C-Ar), 143.2 (CH$_{Alken}$), 151.4 (C-Ar).

**HRMS** (APCI): $m/z$ berechnet für C$_{18}$H$_{17}$NO$_2$ [M+H]$^+$: 280.1332, gefunden: 280.1318.

**1-Cyanato-2-(3-methylenbut-3-en-1-yl)benzol (56x)**

**C$_{12}$H$_{13}$NO (187.24)**

2-(3-Methylbut-3-en-1-yl)phenol **21x** (1.51 mg, 9.31 mmol, 1.0 Äq.) wurde nach AAV1 mit BrCN (1.18 mg, 11.12 mmol, 1.2 Äq.) und NEt$_3$ (1.55 mL, 11.12 mmol, 1.2 Äq.) umgesetzt. Nach Reinigung konnten 1.69 g (9.03 mmol, 90%) von Verbindung **56x** als farbloses Öl erhalten werden.

Analytische Daten von Verbindung **56x**:

**R$_f$:** 0.65 (Hexan:EtOAc = 4:1).

**¹H-NMR** (400 MHz, CDCl$_3$): δ = 1.78 (s, 3 H, CH$_3$), 2.26–2.31 (m, 2 H, CH$_2$), 2.77–2.81 (m, 2 H, CH$_2$), 4.67–4.68 (m, 1 H, CH$_{Alken}$), 4.76–4.77 (m, 1 H, CH$_{Alken}$), 7.21–7.33 (m, 3 H, Ar-H), 7.44 (dd, $J$ = 1.0 Hz, 8.3 Hz, 1 H, Ar-H).

**¹³C-NMR** (101 MHz, CDCl$_3$): δ = 22.4 (CH$_3$), 27.8 (CH$_2$), 37.9 (CH$_2$), 109.0 (OCN), 110.9 (CH$_{Alken}$), 114.4 (C-Ar), 126.8 (C-Ar), 127.9 (C-Ar), 130.2 (C-Ar), 131.2 (C-Ar), 144.2 (CH$_{Alken}$), 151.2 (C-Ar).

**HRMS** (APCI): $m/z$ berechnet für C$_{12}$H$_{13}$NO [M+H]$^+$: 188.1070, gefunden: 188.1061.

**2-(2-Methyl-2,3-dihydrobenzofuran-2-yl)acetonitril (57a)**

**C$_{11}$H$_{11}$NO (173.21)**

Cyanat **56a** (173 mg, 1.00 mmol, 1.00 Äq.), Pd$_2$dba$_3$ (22.9 mg, 2.50 μmol, 2.5 mol%), Xantphos (28.9 mg, 5.00 μmol, 5.0 mol%) und BPh$_3$ (24.2 mg, 10.0 μmol, 10 mol%) wurden in THF (4 mL) mit Zugabe von Dodekan (25 μL, 11 mol%) nach AAV2 bei 50 °C für 2 h zur Reaktion gebracht.

Nach säulenchromatographischer Reinigung an Kieselgel (Hexan:EtOAc, 100:0 $\rightarrow$ 90:10) konnten 147 mg (848 µmol, 85%) des Benzodihydrofurans **57a** als gelber Feststoff erhalten werden.

Analytische Daten von Verbindung **57a**:

$R_f$: 0.36 (Hexan:EtOAc = 4:1).

**¹H-NMR** (300 MHz, CDCl₃): δ = 1.67 (s, 3 H, CH₃), 2.71 (d, J = 16.5 Hz, 1 H, CH₂), 2.77 (d, J = 16.5 Hz, 1 H, CH₂), 3.14 (d, J = 16.4 Hz, 1 H, CH₂), 3.23 (d, J = 16.4 Hz, 1 H, CH₂), 6.79 (d, J = 7.8 Hz, 1 H, Ar-H), 6.89 (dt, J = 1.0 Hz, 7.5 Hz, 1 H, Ar-H), 7.13–7.18 (m, 2 H, Ar-H).

**¹³C-NMR** (75 MHz, CDCl₃): δ = 25.9 (CH₃), 29.7 (CH₂), 41.2 (CH₂), 84.6 (C_q), 110.0 (C-Ar), 116.8 (CN), 121.1 (C-Ar), 125.2 (C-Ar), 128.6 (C-Ar), 157.9 (C-Ar).

**HRMS** (APCI): m/z berechnet für C₁₁H₁₁NO: [M+H]⁺: 174.0913, gefunden: 174.0907.


**2-(5-Brom-2-methyl-2,3-dihydrobenzofuran-2-yl)acetonitril (57b)**

**C₁₁H₁₀BrNO** (252.11)

Cyanat **56b** (126 mg, 500 µmol, 1.00 Äq.), Pd₂dba₃ (22.9 mg, 2.50 µmol, 5.0 mol%), Xantphos (28.9 mg, 5.00 µmol, 10.0 mol%) und BPh₃ (24.2 mg, 10.0 µmol, 20 mol%) wurden in THF (2 mL) mit Zugabe von Dodekan (50 µL, 44 mol%) nach AAV2 bei 80 °C für 2 h zur Reaktion gebracht. Nach säulenchromatographischer Reinigung an Kieselgel (Hexan:EtOAc, 100:0 $\rightarrow$ 88:12) konnten 53.7 mg (213 µmol, 43%) des Benzodihydrofurans **57b** als rötliches Öl erhalten werden.

Analytische Daten von Verbindung **57b**:

$R_f$: 0.25 (Hexan:EtOAc = 4:1).

**¹H-NMR** (300 MHz, CDCl₃): δ = 1.65 (s, 3 H, CH₃), 2.68–2.80 (m, 2 H, CH₂), 3.13 (d, J = 16.6 Hz, 1 H, CH₂), 3.22 (d, J = 16.6 Hz, 1 H, CH₂), 6.70 (d, J = 8.4 Hz, 1 H, Ar-H), 7.09–7.14 (m, 2 H, Ar-H).

**¹³C-NMR** (101 MHz, CDCl₃): δ = 25.9 (CH₃), 29.7 (CH₂), 41.0 (CH₂), 85.5 (C_q), 110.9 (C-Ar), 116.5 (CN), 125.3 (C-Ar), 125.9 (C-Ar), 127.1 (C-Ar), 128.5 (C-Ar), 156.6 (C-Ar).

**HRMS** (APCI): m/z berechnet für C₁₁H₁₀BrNO: [M-H]⁻: 249.9873, gefunden: 249.9872.

**2-(5-Fluor-2-methyl-2,3-dihydrobenzofuran-2-yl)acetonitril (57c)**

**$C_{11}H_{10}FNO$ (191.20)**

Cyanat **56c** (191 mg, 1.00 mmol, 1.00 Äq.), Pd$_2$dba$_3$ (45.8 mg, 5.00 µmol, 5.0 mol%), Xantphos (57.8 mg, 10.0 µmol, 10.0 mol%) und BPh$_3$ (48.4 mg, 20.0 µmol, 20 mol%) wurden in THF (4 mL) mit Zugabe von Dodekan (50 µL, 22 mol%) nach AAV2 bei 90 °C für 1 h zur Reaktion gebracht. Nach säulenchromatographischer Reinigung an Kieselgel (Hexan:EtOAc, 100:0 → 87:13) konnten 151 mg (789 µmol, 79%) des Benzodihydrofurans **57c** als gelblicher Feststoff erhalten werden.

Analytische Daten von Verbindung **57c**:

**R$_f$:** 0.31 (Hexan:EtOAc = 4:1).

**$^1$H-NMR** (300 MHz, CDCl$_3$): δ = 1.65 (s, 3 H, CH$_3$), 2.68–2.79 (m, 2 H, CH$_2$), 3.12 (dd, $J$ = 0.8 Hz, 16.2 Hz, 1 H, CH$_2$), 3.22 (d, $J$ = 16.2 Hz, 1 H, CH$_2$), 6.67–6.71 (m, 1 H, Ar-H), 6.80–6.90 (m, 2 H, Ar-H).

**$^{13}$C-NMR** (101 MHz, CDCl$_3$): δ = 25.9 (CH$_3$), 29.6 (CH$_2$), 41.3 (CH$_2$), 85.3 (C$_q$), 110.2 (d, $J$ = 10 Hz, C-Ar), 112.3 (d, $J$ = 25 Hz, C-Ar), 114.8 (d, $J$ = 25 Hz, C-Ar), 116.6 (CN), 126.6 (d, $J$ = 10 Hz, C-Ar), 153.9 (d, $J$ = 5 Hz, C-Ar), 157.7 (d, $J$ = 250 Hz, C-Ar).

**HRMS** (APCI): $m/z$ berechnet für $C_{11}H_{10}FNO$: [M-H]$^-$: 190.0674, gefunden: 190.0672.

**2-(5-Chlor-2-methyl-2,3-dihydrobenzofuran-2-yl)acetonitril (57d)**

**$C_{11}H_{10}ClNO$ (207.66)**

Cyanat **56d** (104 mg, 500 µmol, 1.00 Äq.), Pd$_2$dba$_3$ (22.9 mg, 2.50 µmol, 5.0 mol%), Xantphos (28.9 mg, 5.00 µmol, 10.0 mol%) und BPh$_3$ (24.2 mg, 10.0 µmol, 20 mol%) wurden in THF (2 mL) mit Zugabe von Dodekan (50 µL, 44 mol%) nach AAV2 bei 80 °C für 2 h zur Reaktion gebracht. Nach säulenchromatographischer Reinigung an Kieselgel (Hexan:EtOAc, 100:0 → 88:12) konnten 52.6 mg (253 µmol, 51%) des Benzodihydrofurans **57d** als gelblicher Feststoff erhalten werden.

Analytische Daten von Verbindung **57d**:

**R$_f$:** 0.28 (Hexan:EtOAc = 4:1).

**¹H-NMR** (300 MHz, CDCl₃): δ = 1.65 (s, 3 H, CH₃), 2.67–2.80 (m, 2 H, CH₂), 3.12 (d, *J* = 16.2 Hz, 1 H, CH₂), 3.23 (d, *J* = 16.2 Hz, 1 H, CH₂), 6.65–6.68 (m, 1 H, Ar-H), 7.23–7.29 (m, 2 H, Ar-H).

**¹³C-NMR** (101 MHz, CDCl₃): δ = 25.9 (CH₃), 29.7 (CH₂), 41.0 (CH₂), 85.4 (C$_q$), 111.6 (C-Ar), 112.9 (C-Ar), 116.4 (CN), 127.7 (C-Ar), 128.2 (C-Ar), 131.4 (C-Ar), 157.1 (C-Ar).

**HRMS** (APCI): *m/z* berechnet für C₁₁H₁₀FNO: [M-H]⁻: 206.0378, gefunden: 206.0374.

### 2-(5-*tert*-Butyl-2-methyl-2,3-dihydrobenzofuran-2-yl)acetonitril (57g)

**C₁₅H₁₉NO** (229.32)

Cyanat **56g** (229 mg, 1.00 mmol, 1.00 Äq.), Pd[(*o*-tol)₃P]₂ (35.8 mg, 5.00 µmol, 5.0 mol%), Xantphos (28.9 mg, 5.00 µmol, 5.0 mol%) und BPh₃ (24.2 mg, 10.0 µmol, 10 mol%) wurden in THF (4 mL) mit Zugabe von Dodekan (25 µL, 11 mol%) nach AAV2 bei 50 °C für 1 h zur Reaktion gebracht. Nach säulenchromatographischer Reinigung an Kieselgel (Hexan:EtOAc, 100:0 → 95:5) konnten   162 mg (706 µmol, 71%) des Benzodihydrofurans **57g** als weißer Feststoff erhalten werden.

Analytische Daten von Verbindung **57g**:

**R$_f$** 0.44 (Hexan:EtOAc = 4:1).

**¹H-NMR** (300 MHz, CDCl₃): δ = 1.25–1.31 (m, 9 H, CH₃), 1.66 (s, 3 H, CH₃), 2.71 (d, *J* = 16.4 Hz, 1 H, CH₂), 2.76 (d, *J* = 16.4 Hz, 1 H, CH₂), 3.12 (d, *J* = 15.8 Hz, 1 H, CH₂), 3.20 (d, *J* = 15.8 Hz, 1 H, CH₂), 6.71 (d, *J* = 9.0 Hz, 1 H, Ar-H), 7.16–7.19 (m, 2 H, Ar-H).

**¹³C-NMR** (101 MHz, CDCl₃): δ = 25.9 (CH₃), 29.7 (CH₃), 31.7 (C$_{q,t-Bu}$), 34.3 (CH₂), 41.4 (CH₂), 84.7 (C$_q$), 109.2 (C-Ar), 116.9 (CN), 122.2 (C-Ar), 124.8 (C-Ar), 125.4 (C-Ar), 144.3 (C-Ar), 155.6 (C-Ar).

**HRMS** (APCI): *m/z* berechnet für C₁₅H₁₉NO: [M+H]⁺: 230.1539 , gefunden: 230.1529.

### 2-(5-Methoxy-2-methyl-2,3-dihydrobenzofuran-2-yl)acetonitril (57i)

**C₁₂H₁₃NO₂** (203.24)

Cyanat **56i** (203 mg, 1.00 mmol, 1.00 Äq.), Pd₂dba₃ (22.9 mg, 2.50 µmol, 2.5 mol%), Xantphos (28.9 mg, 5.00 µmol, 5.0 mol%) und BPh₃ (24.2 mg, 10.0 µmol, 10 mol%) wurden in THF (4 mL) mit Zugabe von Dodekan (25 µL, 11 mol%) nach AAV2 bei 50 °C für 3 h zur Reaktion gebracht. Nach säulenchromatographischer Reinigung an Kieselgel (Hexan:EtOAc, 100:0 → 75:25) konnten 177 mg (871 µmol, 87%) des Benzodihydrofurans **57i** als rötlicher Feststoff erhalten werden.

Analytische Daten von Verbindung **57i**:

**R$_f$**: 0.24 (Hexan:EtOAc = 4:1).

**¹H-NMR** (300 MHz, CDCl$_3$): δ = 1.65 (s, 3 H, CH$_3$), 2.66–2.78 (m, 2 H, CH$_2$), 3.11 (d, $J$ = 16.0 Hz, 1 H, CH$_2$), 3.20 (d, $J$ = 16.0 Hz, 1 H, CH$_2$), 3.75 (s, 3 H, OCH$_3$), 6.68–6.69 (m, 2 H, Ar-H), 6.75–6.75 (m, 1 H, Ar-H).

**¹³C-NMR** (75 MHz, CDCl$_3$): δ = 26.0 (CH$_3$), 29.6 (CH$_2$), 41.4 (CH$_2$), 56.9 (OCH$_3$), 85.5 (C$_q$), 111.3 (C-Ar), 116.7 (CN), 117.2 (C-Ar), 121.8 (C-Ar), 126.3 (C-Ar), 144.3 (C-Ar), 146.2 (C-Ar).

**HRMS** (APCI): $m/z$ berechnet für C$_{12}$H$_{13}$NO$_2$: [M+H]⁺: 204.1019, gefunden: 204.1009.


**Ethyl-2-(cyanomethyl)-2-methyl-2,3-dihydrobenzofuran-5-carboxylat (57k)**

**C$_{14}$H$_{15}$NO$_3$** (245.27)

Cyanat **56k** (123 mg, 500 µmol, 1.00 Äq.), Pd$_2$dba$_3$ (22.9 mg, 2.50 µmol, 5.0 mol%), Nixantphos (27.6 mg, 5.00 µmol, 10.0 mol%) und BPh$_3$ (48.4 mg, 20.0 µmol, 40 mol%) wurden in THF (2 mL) mit Zugabe von Dodekan (28.5 µL, 25 mol%) nach AAV2 bei 100 °C für 2.5 h zur Reaktion gebracht. Nach säulenchromatographischer Reinigung an Kieselgel (Hexan:EtOAc, 100:0 → 50:50) konnten 54.0 mg (220 µmol, 44%) des Benzodihydrofurans **57k** als rötliches Öl erhalten werden.

Analytische Daten von Verbindung **57k**:

**R$_f$**: 0.16 (Hexan:EtOAc = 4:1).

**¹H-NMR** (400 MHz, CDCl$_3$): δ = 1.37 (t, $J$ = 7.1 Hz, 3 H, CH$_{3,Et}$), 1.68 (s, 3 H, CH$_3$), 2.74 (d, $J$ = 16.7 Hz, 1 H, CH$_2$), 2.79 (d, $J$ = 16.7 Hz, 1 H, CH$_2$), 3.16 (d, $J$ = 16.2 Hz, 1 H, CH$_2$), 3.26 (d, $J$ = 16.2 Hz, 1 H, CH$_2$), 4.34 (q, $J$ = 7.1 Hz, 2 H, CH$_{2,Et}$), 6.80 (t, $J$ = 8.4 Hz, 1 H, Ar-H), 7.85–7.95 (m, 2 H, Ar-H).

**¹³C-NMR** (101 MHz, CDCl₃): δ = 14.4 (CH₃,ₑₜ), 26.0 (CH₃), 29.8 (CH₂), 40.6 (CH₂), 60.7 (CH₂,ₑₜ), 86.1 (Cq), 109.6 (C-Ar), 116.3 (CN), 123.8 (C-Ar), 125.6 (C-Ar), 127.0 (C-Ar), 131.5 (C-Ar), 161.7 (C-Ar), 166.2 (CO).

**HRMS** (APCI): $m/z$ berechnet für C₁₄H₁₅NO₃: [M-H]⁻: 244.0979, gefunden: 244.0976.

## 2-(2-Methyl-2,3-dihydronaphtho[1,2-*b*]furan-2-yl)acetonitril (57l)

**C₁₅H₁₃NO** (223.27)

Cyanat **56l** (112 mg, 500 μmol, 1.00 Äq.), Pd₂dba₃ (11.4 mg, 1.25 μmol, 2.5 mol%), Xantphos (14.4 mg, 2.50 μmol, 5.0 mol%) und BPh₃ (12.1 mg, 5.00 μmol, 10 mol%) wurden in THF (2 mL) mit Zugabe von Dodekan (50 μL, 44 mol%) nach AAV2 bei 80 °C für 16 h zur Reaktion gebracht. Nach säulenchromatographischer Reinigung an Kieselgel (Hexan:EtOAc, 100:0 ⟶ 85:15) konnten 64.4 mg (288 μmol, 56%) des Benzodihydrofurans **57l** als gelbliches Öl erhalten werden.

Analytische Daten von Verbindung **57l**:

**Rf:** 0.26 (Hexan:EtOAc = 4:1).

**¹H-NMR** (300 MHz, CDCl₃): δ = 1.77 (s, 3 H, CH₃), 2.81 (d, $J$ = 16.6 Hz, 1 H, CH₂), 2.88 (d, $J$ = 16.6 Hz, 1 H, CH₂), 3.31 (d, $J$ = 15.7 Hz, 1 H, CH₂), 3.40 (d, $J$ = 15.7 Hz, 1 H, CH₂), 7.26–7.31 (m, 1 H, Ar-H), 7.41–7.46 (m, 3 H, Ar-H), 7.80–7.83 (m, 1 H, Ar-H), 7.92–7.95 (m, 1 H, Ar-H).

**¹³C-NMR** (101 MHz, CDCl₃): δ = 26.1 (CH₃), 29.9 (CH₂), 42.1 (CH₂), 85.5 (Cq), 116.8 (CN), 118.1 (C-Ar), 120.5 (C-Ar), 121.0 (C-Ar), 121.4 (C-Ar), 122.7 (C-Ar), 125.6 (C-Ar), 125.9 (C-Ar), 127.9 (C-Ar), 134.1 (C-Ar), 153.3 (C-Ar).

**HRMS** (APCI): $m/z$ berechnet für C₁₅H₁₃NO: [M]⁺: 223.0992, gefunden: 223.0982.

## 2-(7-Methoxy-2-methyl-2,3-dihydrobenzofuran-2-yl)acetonitril (57m)

**C₁₂H₁₃NO₂** (203.23)

Cyanat **56m** (102 mg, 500 μmol, 1.00 Äq.), Pd₂dba₃ (11.4 mg, 1.25 μmol, 2.5 mol%), Xantphos (14.4 mg, 2.50 μmol, 5.0 mol%) und BPh₃ (12.1 mg, 5.00 μmol, 10 mol%) wurden in THF (2 mL) mit Zugabe von Dodekan (50 µL, 44 mol%) nach AAV2 bei 80 °C für 16 h zur Reaktion gebracht. Nach säulenchromatographischer Reinigung an Kieselgel (Hexan:EtOAc, 100:0 → 85:15) konnten 65.1 mg (320 µmol, 64%) des Benzodihydrofurans **57m** als schwach roter Feststoff erhalten werden.

Analytische Daten von Verbindung **57m**:

**R$_f$:** 0.22 (Hexan:EtOAc = 4:1).

**$^1$H-NMR** (300 MHz, CDCl$_3$): δ = 1.70 (s, 3 H, CH$_3$), 2.74–2.86 (m, 2 H, CH$_2$), 3.16 (d, $J$ = 16.2 Hz, 1 H, CH$_2$), 3.31 (d, $J$ = 16.2 Hz, 1 H, CH$_2$), 3.87 (s, 3 H, OCH$_3$), 6.76–6.89 (m, 3 H, Ar-H).

**$^{13}$C-NMR** (101 MHz, CDCl$_3$): δ = 26.0 (CH$_3$), 29.6 (CH$_2$), 41.4 (CH$_2$), 55.9 (OCH$_3$), 85.5 (C$_q$), 111.3 (C-Ar), 116.7 (CN), 117.2 (C-Ar), 121.8 (C-Ar), 126.3 (C-Ar), 144.6 (C-Ar), 146.1 (C-Ar).

**HRMS** (APCI): $m/z$ berechnet für C$_{12}$H$_{13}$NO$_2$: [M+H]$^+$: 204.1019, gefunden: 204.1010.


### 2-(2,7-Dimethyl-2,3-dihydrobenzofuran-2-yl)acetonitril (56n)

**C$_{12}$H$_{13}$NO (187.24)**

Cyanat **56n** (93.6 mg, 500 µmol, 1.00 Äq.), Pd$_2$dba$_3$ (22.9 mg, 2.50 µmol, 5.0 mol%), Xantphos (28.9 mg, 5.00 µmol, 10.0 mol%) und BPh$_3$ (24.2 mg, 10.0 µmol, 20 mol%) wurden in THF (2 mL) mit Zugabe von Dodekan (25 µL, 22 mol%) nach AAV2 bei 80 °C für 2 h zur Reaktion gebracht. Nach säulenchromatographischer Reinigung an Kieselgel (Hexan:EtOAc, 100:0 → 87:13) konnten 84.0 mg (448 µmol, 90%) des Benzodihydrofurans **57n** als gelbes Öl erhalten werden.

Analytische Daten von Verbindung **57n**:

**R$_f$:** 0.35 (Hexan:EtOAc = 4:1).

**$^1$H-NMR** (400 MHz, CDCl$_3$): δ = 1.67 (s, 3 H, CH$_3$), 2.19 (s, 3 H, CH$_{3,Ar}$), 2.71 (d, $J$ = 16.6 Hz, 1 H, CH$_2$), 2.76 (d, $J$ = 16.6 Hz, 1 H, CH$_2$), 3.13 (d, $J$ = 16.3 Hz, 1 H, CH$_2$), 3.21 (d, $J$ = 16.3 Hz, 1 H, CH$_2$), 6.78–6.81 (m, 1 H, Ar-H), 6.96–7.01 (m, 2 H, Ar-H).

**$^{13}$C-NMR** (101 MHz, CDCl$_3$): δ = 15.2 (CH$_{3,Ar}$), 26.0 (CH$_3$), 29.7 (CH$_2$), 41.5 (CH$_2$), 84.1 (C$_q$), 116.9 (CN), 120.2 (C-Ar), 120.9 (C-Ar), 122.5 (C-Ar), 124.5 (C-Ar), 129.7 (C-Ar), 156.4 (C-Ar).

**HRMS** (APCI): $m/z$ berechnet für C$_{12}$H$_{13}$NO: [M+H]$^+$: 188.1070, gefunden: 188.1061.

## Methyl 2-(cyanomethyl)-2-methyl-2,3-dihydrobenzofuran-4-carboxylat (57p)

$C_{13}H_{13}NO_3$ (231.25)

Cyanat **56p** (231 mg, 1.00 mmol, 1.00 Äq.), Pd₂dba₃ (45.8 mg, 5.00 μmol, 5.0 mol%), Xantphos (57.8 mg, 10.0 μmol, 10.0 mol%) und BPh₃ (48.4 mg, 20.0 μmol, 20 mol%) wurden in THF (4 mL) mit Zugabe von Dodekan (25 μL, 22 mol%) nach AAV2 bei 80 °C für 1 h zur Reaktion gebracht. Nach säulenchromatographischer Reinigung an Kieselgel (Hexan:EtOAc, 100:0 → 90:10) konnten 181 mg (783 μmol, 78%) des Benzodihydrofurans **57p** als weißer Feststoff erhalten werden.

Analytische Daten von Verbindung **57p**:

**R_f**: 0.21 (Hexan:EtOAc = 4:1).

**¹H-NMR** (300 MHz, CDCl₃): δ = 1.66 (s, 3 H, CH₃), 2.72 (d, *J* = 16.3 Hz, 1 H, CH₂), 2.78 (d, *J* = 16.3 Hz, 1 H, CH₂), 3.44 (d, *J* = 17.6 Hz, 1 H, CH₂), 3.57 (d, *J* = 17.6 Hz, 1 H, CH₂), 3.90 (s, 3 H, CH₃,cooMe), 6.96–6.99 (m, 1 H, Ar-H), 7.21–7.23 (m, 1 H, Ar-H), 7.56 (dd, *J* = 1.0 Hz, 7.9 Hz, 1 H, Ar-H).

**¹³C-NMR** (75 MHz, CDCl₃): δ = 26.1 (CH₃), 29.9 (CH₂), 42.6 (CH₂), 52.0 (CH₃,cooMe), 85.0 (C_q), 114.1 (C-Ar), 116.5 (CN), 122.6 (C-Ar), 127.3 (C-Ar), 127.9 (C-Ar), 128.7 (C-Ar), 158.7 (C-Ar), 166.5 (CO).

**HRMS** (APCI): *m/z* berechnet für $C_{13}H_{13}NO_3$: [M-H]⁻:230.0823, gefunden: 230.0819.

## 2-(2-Ethyl-2,3-dihydrobenzofuran-2-yl)acetonitril (57t)

$C_{12}H_{13}NO$ (187.24)

Cyanat **56t** (94 mg, 500 μmol, 1.00 Äq.), Pd[P(o-tol)₃]₂ (17.9 mg, 5.00 μmol, 5.0 mol%), Xantphos (28.9 mg, 5.00 μmol, 5.0 mol%) und BPh₃ (24.2 mg, 10.0 μmol, 10 mol%) wurden in THF (2 mL) mit Zugabe von Dodekan (50 μL, 44 mol%) nach AAV2 bei 80 °C für 2 h zur Reaktion gebracht. Nach säulenchromatographischer Reinigung an Kieselgel (Hexan:EtOAc, 100:0 → 87:13) konnten 66.0 mg (352 μmol, 71%) des Benzodihydrofurans **57t** als farbloses Öl erhalten werden.

Analytische Daten von Verbindung **57t**:

$R_f$: 0.44 (Hexan:EtOAc = 4:1).

**$^1$H-NMR** (400 MHz, CDCl$_3$): δ = 1.03 (t, $J$ = 7.4 Hz, 3 H, CH$_{3,Et}$), 1.98 (dq, $J$ = 2.1 Hz, 7.4 Hz, 2 H, CH$_{2,Et}$), 2.71 (d, $J$ = 16.7 Hz, 1 H, CH$_2$), 2.76 (d, $J$ = 16.7 Hz, 1 H, CH$_2$), 3.12 (d, $J$ = 16.6 Hz, 1 H, CH$_2$), 3.21 (d, $J$ = 16.6 Hz, 1 H, CH$_2$), 6.79 (d, $J$ = 8.0 Hz, 1 H, Ar-H), 6.88 (dt, $J$ = 0.8 Hz, 7.5 Hz, 1 H, Ar-H), 7.09–7.22 (m, 2 H, Ar-H).

**$^{13}$C-NMR** (75 MHz, CDCl$_3$): δ = 7.9 (CH$_{3,Et}$), 27.8 (CH$_3$), 31.4 (CH$_{2,Et}$), 38.8 (CH$_2$), 87.1 (C$_q$), 109.8 (C-Ar), 116.7 (CN), 121.0 (C-Ar), 125.1 (C-Ar), 125.2 (C-Ar), 128.5 (C-Ar), 158.2 (C-Ar).

**HRMS** (APCI): $m/z$ berechnet für C$_{12}$H$_{13}$NO: [M+H]$^+$: 188.1070, gefunden: 188.1063.

**2-(2-(Benzoxymethyl)-2,3-dihydrobenzofuran-2-yl)acetonitril (57u)**

**C$_{18}$H$_{17}$NO$_2$ (279.13)**

Cyanat **56u** (55.8 mg, 200 µmol, 1.00 Äq.), Pd$_2$dba$_3$ (9.10 mg, 1.00 µmol, 5.0 mol%), Xantphos (11.5 mg, 2.00 µmol, 10 mol%) und BPh$_3$ (9.70 mg, 5.00 µmol, 20 mol%) wurden in THF (800 µL) mit Zugabe von Dodekan (30 µL, 66 mol%) nach AAV2 bei 80 °C für 2 h zur Reaktion gebracht. Nach säulenchromatographischer Reinigung an Kieselgel (Hexan:EtOAc, 100:0 → 87:13) konnten 33.7 mg (121 µmol, 60%) des Benzodihydrofurans **57u** als gelbliches Öl erhalten werden.

Analytische Daten von Verbindung **57u**:

$R_f$: 0.30 (Hexan:EtOAc = 4:1).

**$^1$H-NMR** (400 MHz, CDCl$_3$): δ = 2.98 (d, $J$ = 16.0 Hz, 1 H, CH$_2$), 2.96 (d, $J$ = 16.0 Hz, 1 H, CH$_2$), 3.16 (d, $J$ = 17.0 Hz, 1 H, CH$_2$), 3.25 (d, $J$ = 17.0 Hz, 1 H, CH$_2$), 3.64 (d, $J$ = 10.0 Hz, 1 H, CH$_2$), 3.73 (d, $J$ = 10.3 Hz, 1 H, CH$_2$), 4.60 (d, $J$ = 11.7 Hz, 1 H, CH$_2$), 4.68 (d, $J$ = 11.7 Hz, 1 H, CH$_2$), 6.83 (d, $J$ = 8.0 Hz, 1 H, Ar-H), 6.90 (t, $J$ = 7.4 Hz, 1 H, Ar-H), 7.12–7.20 (m, 2 H, Ar-H), 7.29–7.40 (m, 5 H, Ar-H).

**$^{13}$C-NMR** (101 MHz, CDCl$_3$): δ = 25.7 (CH$_3$), 37.6 (CH$_2$), 72.5 (CH$_2$), 73.8 (CH$_2$), 85.9 (C$_q$), 110.0 (C-Ar), 116.5 (CN), 121.3 (C-Ar), 124.7 (C-Ar), 125.2 (C-Ar), 127.8 (C-Ar), 128.0 (C-Ar), 128.5 (C-Ar), 128.6 (C-Ar), 137.3 (C-Ar) 158.0 (C-Ar).

**HRMS** (APCI): $m/z$ berechnet für C$_{18}$H$_{17}$NO$_2$: [M-H]$^-$: 278.1187, gefunden: 278.1182.

**2-(2-Methyl-chroman-2-yl)acetonitril (57x)**

**C₁₂H₁₃NO** (187.24)

Cyanat **56x** (93.6 mg, 500 μmol, 1.00 Äq.), Pd₂dba₃ (22.9 mg, 2.50 μmol, 5.0 mol%), Nixantphos (28.9 mg, 5.00 μmol, 10 mol%) und BPh₃ (24.2 mg, 10.0 μmol, 20 mol%) wurden in THF (2 mL) mit Zugabe von Dodekan (28.5 μL, 25 mol%) nach AAV2 bei 80 °C für 2.5 h zur Reaktion gebracht. Nach säulenchromatographischer Reinigung an Kieselgel (Hexan:EtOAc, 100:0 → 87:13) konnten 56.0 mg (299 μmol, 60%) des Chromans **57x** als schwach gelbes Öl erhalten werden.

Analytische Daten von Verbindung **57x**:

**R$_f$** 0.37 (Hexan:EtOAc = 4:1).

**¹H-NMR** (400 MHz, CDCl₃): δ = 1.51 (s, 3 H, CH₃), 1.91–2.09 (m, 2 H, CH₂) 2.69 (s, 2 H, CH₂), 2.75–2.88 (m, 2 H, CH₂), 6.83 (dd, J = 1.0 Hz, 8.2 Hz, 1 H, Ar-H), 6.89 (dt, J = 1.0 Hz, 7.4 Hz, 1 H, Ar-H), 7.05–7.15 (m, 2 H, Ar-H).

**¹³C-NMR** (101 MHz, CDCl₃): δ = 21.6 (CH₂), 24.6 (CH₃), 28.8 (CH₂), 30.5 (CH₂), 73.5 (C$_q$), 116.8 (CN), 117.4 (C-Ar), 120.0 (C-Ar), 120.8 (C-Ar), 127.7 (C-Ar), 129.5 (C-Ar), 152.5 (C-Ar).

**HRMS** (APCI): m/z berechnet für C₁₂H₁₃NO: [M+H]⁺: 188.1070, gefunden: 188.1071.

**(2*E*)-Methyl-3-*O*-benzyl-4,6-benzyliden-2-brommethylen-α-D-glucopyranosid (*E*-105a")
und
(2*Z*)-Methyl-3-*O*-benzyl-4,6-benzyliden-2-brommethylen-α-D-glucopyranosid (*Z*-105a")**

$C_{22}H_{23}O_5Br$ (447.32)

Ein Lösung von WITTIG-Salz [Ph$_3$PCH$_2$Br]Br (1.10 g, 2.52 mmol, 1.97 Äq.) in THF (15.3 mL), eine Lösung von *n*BuLi (2.5 M, 768 µL, 1.92 mmol, 1.50 Äq.) in Hexan und eine Lösung von Keton **100a'** (473 mg, 1.28 mmol, 1.00 Äq.) in THF (8.8 mL) wurden nach AAV3 für 2 h zur Reaktion gebracht. Die Reinigung erfolgte durch Säulenchromatographie an Kieselgel (Pentan:EtOAc, 10:1 → 6:1) und lieferte 223 mg (499 µmol, 39%) von der Verbindung **E-105a"** und 96 mg (215 µmol, 17%) der Verbindung **Z-105a"** als weiße Feststoffe.

Analytische Daten von **E-105a'**:

[α]$_D^{20}$ = –24.1° (c = 1.07, CHCl$_3$). **R**$_f$: 0.43 (Hexan:EtOAc = 5:1).

**¹H-NMR** (600 MHz, CDCl$_3$): δ = 3.43 (s, 3 H, OCH$_3$), 3.66 (dd, *J* = 9.5, 9.5 Hz, 1 H, 4-H), 3.76 (dd, *J* = 10.4, 10.4 Hz, 1 H, 6-H), 4.00 (dt, *J* = 4.9, 9.5 Hz, 1 H, 5-H), 4.29 (dd, *J* = 4.9, 10.4 Hz, 1 H, 6-H'), 4.43 (d, *J* = 2.2 Hz, 1 H, 3-H), 4.72 (d, *J* = 11.6 Hz, 1 H, -CH$_2$Ph), 4.89 (d, *J* = 11.6 Hz, 1 H, -CH$_2$Ph), 5.57 (s, 1 H, 1-H), 5.58 (s, 1 H, 8-H), 6.57 (d, *J* = 2.2 Hz, 1 H, 7-H), 7.22–7.42 (m, 8 H, Ph-H), 7.47–7.49 (m, 2 H, Ph-H).

**¹³C-NMR** (125 MHz, CDCl$_3$): δ = 55.1 (OCH$_3$), 63.5 (C-5), 68.9 (C-6), 74.3 (-CH$_2$Ph), 77.7 (C-3), 83.8 (C-4), 99.6 (C-7), 101.3 (C-1), 106.2 (C-8), 126.0, 127.7, 127.8, 128.2, 128.4, 128.9 (C-Ph), 137.3, 137.6, 137.9 (C-2, C-Ph$_q$).

**IR** (ATR): $\tilde{v}$ (cm$^{-1}$) = 2968, 2918, 2831, 1497, 1470.

**MS** (ESI): *m/z* (%) = 469.0 (100) [M+Na]⁺. **HRMS** (ESI) : *m/z* berechnet für $C_{22}H_{23}O_5Br$: [M+Na]⁺: 469.0621, gefunden: 469.0614.

Analytische Daten von **Z-105a'**:

[α]$_D^{20}$ = +55.7° (c = 0.67, CHCl$_3$). **R**$_f$: 0.33 (Hexan:EtOAc = 5:1).

**¹H-NMR** (600 MHz, CDCl₃): δ = 3.42 (s, 3 H, OCH₃), 3.72–3.76 (m, 2 H, 5-H, 6-H), 3.87–3.90 (m, 1 H, 4-H), 4.32 (d, $J$ = 6.1 Hz, 1 H, 6-H'), 4.65–4.72 (m, 2 H, 3-H, -CH₂Ph), 4.78 (d, $J$ = 11.4 Hz, 1 H, -CH₂Ph), 5.13 (s, 1 H, 1-H), 5.56 (s, 1 H, 8-H), 6.79 (s, 1 H, 7-H), 7.27–7.31 (m, 3 H, Ph-H), 7.35–7.39 (m, 5 H, Ph-H), 7.47–7.49 (m, 2 H, Ph-H).

**¹³C-NMR** (125 MHz, CDCl₃): δ = 55.3 (OCH₃), 63.9 (C-5), 69.4 (C-6), 72.9 (-CH₂Ph), 77.3 (C-3), 83.0 (C-4), 100.6 (C-1), 101.5 (C-8), 112.4 (C-7), 126.1, 127.9, 128.0, 128.2, 128.3, 129.0 (C-Ph), 137.1, 137.2 (C-Ph_q), 137.8 (C-2).

**IR** (ATR): ṽ (cm⁻¹) = 2990, 2880, 2821, 1448.

**MS** (ESI): $m/z$ (%) = 469.0 (98) [M+Na]⁺. **HRMS** (ESI) : $m/z$ berechnet für C₂₂H₂₃O₅Br: [M+Na]⁺: 469.0621, gefunden: 469.0614.

**(3$E$)-Methyl-2-$O$-benzyl-4,6-benzyliden-3-brommethylen-α-D-glucopyranosid ($E$-101a)**

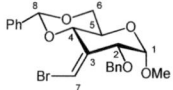

**C₂₂H₂₃O₅Br** (447.32)

Ein Lösung von WITTIG-Salz [Ph₃PCH₂Br]Br (1.39 g, 3.19 mmol, 1.98 Äq.) in THF (11.5 mL), eine Lösung von nBuLi (2.5 M, 966 µL, 2.42 mmol, 1.50 Äq.) in Hexan und eine Lösung von Keton **100a** (596 mg, 1.61 mmol, 1.00 Äq.) in THF (20.0 mL) wurden nach AAV3 für 3.5 h zur Reaktion gebracht. Die Reinigung erfolgte durch Säulenchromatographie an Kieselgel (Pentan:EtOAc, 10:1 ⟶ 6:1) und lieferte 321 mg (718 µmol, 51%) des gewünschten Bromolefins $E$-**101a** als weißer Feststoff.

Analytische Daten von Verbindung $E$-**101a**:

$[\alpha]_D^{20}$ = −55.4° (c = 0.13, CHCl₃). R_f: 0.50 (Pentan:EtOAc = 3:1).

**¹H-NMR** (600 MHz, CDCl₃): δ = 3.41 (s, 3 H, OCH₃), 3.71 (dd, $J$ = 10.5, 10.5 Hz, 1 H, 6-H), 3.87–3.91 (m, 1 H, 2-H), 3.93 (dt, $J$ = 9.5, 4.8 Hz, 1 H, 5-H), 4.07 (d, $J$ = 9.5 Hz, 1 H, 4-H), 4.25 (dd, $J$ = 10.5, 4.8 Hz, 1 H, 6-H'), 4.54 (d, $J$ = 12.5 Hz, -CH₂Ph), 4.65 (d, $J$ = 3.3 Hz, 1 H, 1-H), 4.76 (d, $J$ = 12.5 Hz, 1 H, -CH₂Ph), 5.53 (s, 1 H, 8-H), 6.48–6.48 (m, 1 H, 7-H), 7.29–7.45 (m, 8 H, Ph-H), 7.59–7.62 (m, 2 H, Ph-H).

**¹³C-NMR** (150 MHz, CDCl₃): δ = 55.4 (OCH₃), 64.5 (C-5), 69.5 (C-6), 72.5 (-CH₂Ph), 78.1 (C-2), 80.0 (C-4), 99.0 (C-1), 99.1 (C-8), 101.9 (C-7), 126.2, 127.8, 128.1, 128.2, 128.6, 128.9 (C-Ph), 132.3 (C-3), 137.0, 137.1 (C-Ph_q).

**IR** (ATR): ṽ (cm⁻¹) = 3088, 3062, 3031, 2971, 1951, 1886, 1809.

**MS** (ESI): $m/z$ (%) = 469.0 (100) [M+Na]$^+$. **HRMS** (ESI): $m/z$ berechnet für [M+Na]$^+$: 469.0621 gefunden: 469.0612.

**(3$E$)-Methyl-2-$O$-benzyl-4,6-benzyliden-3-brommethylen-α-D-glucopyranosid (101b)**

**C$_{22}$H$_{23}$O$_5$Br** (447.32)

Ein Lösung von WITTIG-Salz [Ph$_3$PCH$_2$Br]Br (1.00 g, 2.29 mmol, 1.96 Äq.) in THF (8.0 mL), eine Lösung von $n$BuLi (2.5 M, 704 µL, 1.75 mmol, 1.50 Äq.) in Hexan und eine Lösung von Keton **100b** (434 mg, 1.17 mmol, 1.00 Äq.) in THF (14.0 mL) wurden nach AAV3 für 2.5 h zur Reaktion gebracht. Die Reinigung erfolgte durch Säulenchromatographie an Kieselgel (Pentan:EtOAc, 10:1 → 6:1) und lieferte 227 mg (507 µmol, 44%) von der Verbindung $E$-**101b** und 72.0 mg (161 µmol, 14%) der Verbindung $Z$-**101b** als weiße Feststoffe.

Analytische Daten von Verbindung $Z$-**101b**:

$[\alpha]_D^{20}$ = +68.7 ° (c = 1.35, CHCl$_3$). **R$_f$**: 0.41 (Pentan:EtOAc = 3:1).

**$^1$H-NMR** (300 MHz, CDCl$_3$): δ = 3.36 (s, 3 H, OCH$_3$), 3.85 (d, $J$ = 1.6 Hz, 1 H, 2-H), 3.90 (d, $J$ = 9.8 Hz, 1 H, 6-H), 3.94–4.02 (m, 1 H, 5-H), 4.28 (dd, $J$ = 4.3, 9.8 Hz, 1 H, 6-H'), 4.41 (d, $J$ = 12.3 Hz, 1 H, -CH$_2$Ph), 4.58 (dd, $J$ = 1.9, 9.1 Hz, 1 H, 4-H), 4.69 (d, $J$ = 12.3 Hz, 1 H, -CH$_2$Ph), 4.72 (d, $J$ = 1.6 Hz, 1 H, 1-H), 5.62 (s, 1 H, 8-H), 6.30 (d, $J$ = 1.9 Hz, 1 H, 7-H), 7.27–7.41 (m, 8 H, Ph-H), 7.58–7.65 (m, 2 H, Ph-H).

**$^{13}$C-NMR** (125 MHz, CDCl$_3$): δ = 54.8 (OCH$_3$), 64.7 (C-5), 69.5 (C-6), 69.9 (-CH$_2$Ph), 78.1 (C-2), 80.9 (C-4), 100.7 (C-1), 102.1 (C-8), 103.5 (C-7), 126.2, 127.9, 128.1, 128.3, 128.5, 128.9 (C-Ph), 133.5 (C-3), 137.0, 137.2 (C-Ph$_q$).

**IR** (ATR): $\tilde{\nu}$ (cm$^{-1}$) = 2979, 2953, 2860, 2182, 1442.

**MS** (ESI): $m/z$ (%) = 469.0 (100) [M+Na]$^+$. **HRMS** (ESI) : $m/z$ berechnet für C$_{22}$H$_{23}$O$_5$Br: [M+Na]$^+$: 469.0621, gefunden: 469.0612.

**(3*E*)-Methyl-2-*O*-benzyl-4,6-benzyliden-3-brommethylen-α-D-galactopyranosid   (*E*-101c) und**
**(3*Z*)-Methyl-2-*O*-benzyl-4,6-benzyliden-3-brommethylen-α-D-galactopyranosid (*Z*-101c)**

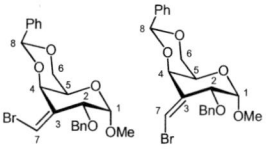

$C_{22}H_{23}O_5Br$ (447.32)

Eine Lösung von WITTIG-Salz [Ph₃PCH₂Br]Br (1.19 g, 2.74 mmol, 2.00 Äq.) in THF (9.4 mL), eine Lösung von *n*BuLi (2.5 M, 822 µL, 2.05 mmol, 1.50 Äq.) in Hexan und eine Lösung von Keton **100c** (508 mg, 1.37 mmol, 1.00 Äq.) in THF (16.4 mL) wurden nach AAV 3 für 3.5 h zur Reaktion gebracht. Die Reinigung erfolgte durch Säulenchromatographie an Kieselgel (Pentan:EtOAc, 10:1 → 6:1) und lieferte 210 mg (469 µmol, 34%) von der Verbindung *E*-101c und 110 mg (246 µmol, 18%) der Verbindung *Z*-101c als weiße Feststoffe (Ausbeute brsm: 80%).

Analytische Daten von Verbindung *E*-101c:

$[\alpha]_D^{20}$ = +153.0° (c = 1.05, CHCl₃). **R_f**: 0.41 (Pentan:EtOAc = 2:1).

**¹H-NMR** (600 MHz, CDCl₃): δ = 3.39 (s, 3 H, OCH₃), 3.66 (d, *J* = 1.3 Hz, 1 H, 5-H), 4.20 (ddd, *J* = 12.8, 12.8, 1.3 Hz, 2 H, 6-H, 6-H'), 4.48–4.50 (m, 1 H, 2-H), 4.56 (d, *J* = 12.0 Hz, 1 H, -CH₂Ph), 4.73 (d, *J* = 12.0 Hz, 1 H, -CH₂Ph), 4.77 (d, *J* = 3.4 Hz, 1 H, 1-H), 5.10 (d, *J* = 1.3 Hz, 1 H, 4-H), 5.64 (s, 1 H, 8-H), 6.53 (d, *J* = 2.2 Hz, 1 H, 7-H), 7.28–7.37 (m, 8 H, Ph–H), 7.46–7.49 (m, 2 H, Ph-H).

**¹³C-NMR** (125 MHz, CDCl₃): δ = 55.5 (OCH₃), 63.0 (C-5), 69.4 (C-6), 72.6 (-CH₂Ph), 75.0 (C-4), 76.2 (C-2), 98.8 (C-1), 101.0 (C-8), 105.9 (C-7), 126.2, 127.9, 128.0, 128.1, 128.4, 129.0 (C-Ph), 135.1 (C-3), 137.5, 137.6 (C-Ph_q).

**IR** (ATR): ṽ (cm⁻¹) = 3090, 3061, 3031, 2980, 2950, 2899, 2831, 1644.

**MS** (ESI): *m/z* (%) = 469.1 (100) [M+Na]⁺. **HRMS** (ESI): *m/z* berechnet für $C_{22}H_{23}O_5Br$: [M+Na]⁺: 469.0621, gefunden 469.0617.

Analytische Daten von Verbindung *Z*-101c:

$[\alpha]_D^{20}$ = +83.9° (c = 3.22, CHCl₃). **R_f**: 0.33 (Pentan:EtOAc = 2:1).

**¹H-NMR** (600 MHz, CDCl₃): δ = 3.46 (s, 3 H, OCH₃), 3.86 (d, *J* = 1.8 Hz, 1 H, 5-H), 4.08–4.11 (m, 1 H, 6-H), 4.24 (dd, *J* = 12.5, 1.8 Hz, 1 H, 6-H'), 4.46–4.48 (m, 1 H, 4-H), 4.51 (d, *J* = 12.9 Hz, 1 H, -CH₂Ph), 4.65 (dd, *J* = 4.0, 1.4 Hz, 1 H, 2-H), 4.80 (d, *J* = 4.0 Hz, 1 H, 1-H), 4.83 (d, *J* = 12.9 Hz, 1 H, -

CH$_2$Ph), 5.54 (s, 1 H, 8-H), 6.68–6.68 (m, 1 H, 7-H), 7.28–7.38 (m, 8 H, Ph-H), 7.42–7.44 (m, 2 H, Ph-H).

**$^{13}$C-NMR** (125 MHz, CDCl$_3$): δ = 55.9 (OCH$_3$), 64.3 (C-5), 69.3 (C-6), 72.9 (-CH$_2$Ph), 75.1 (C-4), 78.8 (C-2), 100.0 (C-1), 100.6 (C-8), 107.7 (C-7), 126.2, 127.9, 128.2, 128.3, 129.1 (C-Ph), 135.6 (C-3), 137.5, 137.5 (C-Ph$_q$).

**IR** (ATR): ṽ (cm$^{-1}$) = 3062, 3031, 1597, 1584.

**MS** (ESI): m/z (%) = 469.1 (59) [M+Na]+. **HRMS** (ESI): m/z berechnet für C$_{22}$H$_{23}$O$_5$Br: [M+Na]$^+$: 469.0621, gefunden: 469.0617.

**para-Methoxybenzyl-3,4-di-O-benzyl-6-O-triisopropylsilyl-β-D-glucopyranosid (108a)**

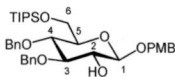

**C$_{37}$H$_{52}$O$_7$Si** (636.89)

Eine Lösung des Enolethers **107a** (2.00 g, 4.15 mmol, 1.00 Äq.) in CH$_2$Cl$_2$ (33.6 mL) wurde auf 0 °C gekühlt und eine Lösung aus DMDO in Aceton (0.08 M, 77.7 mL, 6.23 mmol, 1.50 Äq.) zugetropft. Die Reaktionsmischung wurde für 2 h bei dieser Temperatur gerührt. Anschließend wurde das Lösungsmittel bei Umgebungstemperatur am Vakuum entfernt. Der Rückstand wurde in CH$_2$Cl$_2$ (40.0 mL) gelöst und para-Methoxybenzylalkohol (5.17 mL, 41.5 mmol, 10.0 Äq.) zugetropft. Die Reaktionsmischung wurde über Nacht bei Umgebungstemperatur gerührt. Das Lösungsmittel wurde am Vakuum entfernt und nach Säulenchromatographie an Kieselgel (Pentan:EtOAc, 6:1 ⟶ 2:1) wurden 528 mg (829 μmol, 20%) des Kohlenhydratderivats **108a** als klares Öl erhalten.

Analytische Daten von Verbindung **108a**:

[α]$_D^{20}$ = –8.0° (c = 0.44, CHCl$_3$). **R$_f$**: 0.54 (Pentan:EtOAc = 2:1).

**$^1$H-NMR** (300 MHz, CDCl$_3$): δ = 1.01–1.18 (m, 21 H, TIPS-H), 3.29–3.38 (m, 1 H, 5-H), 3.50–3.78 (m, 4 H, 2-H, 3-H, 4-H, 6-H), 3.81 (s, 3 H, OCH$_3$), 3.84–4.07 (m, 2 H, 6-H', -CH$_2$Ph), 4.52 (d, J = 11.1 Hz, 1 H, -CH$_2$Ph), 4.70 (d, J = 9.7 Hz, 1 H, 1-H), 4.75–4.95 (m, 4 H, -CH$_2$Ph, -CH$_2$Ar), 6.82–6.93 (m, 2 H, Ar-H), 7.22–7.43 (m, 12 H, Ph-H, Ar-H).

**$^{13}$C-NMR** (125 MHz, CDCl$_3$): δ = 12.1 (CH,$_{TIPS}$), 18.1 (CH$_3$,$_{TIPS}$), 55.3 (OCH$_3$), 62.5 (C-6), 70.2, 74.7, 75.0, 75.2, 76.3, 77.3, 84.5 (C-2, C-3, C-4, C-5, -CH$_2$Ph, -CH$_2$Ar), 100.8 (C-1), 113.8 (C-Ar), 126.8, 127.6, 127.7, 127.8, 127.9, 128.3, 128.4, 128.5, 129.0, 129.8, 129.9 (C-Ph, C-Ar C-Ar$_q$), 138.2, 138.6 (C-Ph$_q$), 159.3 (C-Ar$_q$).

**IR** (ATR): $\tilde{\nu}$ (cm$^{-1}$) = 2724, 2626, 2551, 2067, 1948, 1879, 1807, 1740.

**MS** (ESI): $m/z$ (%) = 659.4 (100) [M+Na]$^+$. **HRMS** (ESI) : $m/z$ berechnet für C$_{37}$H$_{52}$O$_7$Si: [M+Na]$^+$: 659.3375, gefunden: 659.3375.


*para*-Methoxybenzyl-3,4-di-*O*-benzyl-6-*O*-tri*iso*propylsilyl-β-D-galactopyranosid (**108b**)

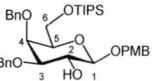

**C$_{37}$H$_{52}$O$_7$Si** (636.35)

Eine Lösung des Enolethers **107a** (2.00 g, 4.15 mmol, 1.00 Äq.) in CH$_2$Cl$_2$ (33.6 mL) wurde auf 0 °C gekühlt und eine Lösung von DMDO in Aceton (0.06 M, 103.7 mL, 6.22 mmol, 1.50 Äq.) zugetropft. Die Reaktionsmischung wurde für 2 h bei dieser Temperatur gerührt. Anschließend wurde das Lösungsmittel bei Umgebungstemperatur am Vakuum entfernt. Der Rückstand wurde in CH$_2$Cl$_2$ (40.0 mL) gelöst und *para*-Methoxybenzylalkohol (5.17 mL, 41.5 mmol, 10.0 Äq.) zugetropft. Die Reaktionsmischung wurde über Nacht bei Umgebungstemperatur gerührt. Das Lösungsmittel wurde am Vakuum entfernt und nach Säulenchromatographie an Kieselgel (Pentan:EtOAc, 6:1 ⟶ 2:1) wurden 2.26 g (3.55 mmol, 86%) des Kohlenhydratderivats **108a** als klares Öl erhalten.

Analytische Daten von Verbindung **108b**:

[α]$_D^{20}$ =+7.1 ° (c = 0.17, CHCl$_3$). R$_f$: 0.35 (Pentan:EtOAc = 6:1).

**$^1$H-NMR** (300 MHz, CDCl$_3$): δ = 1.03–1.17 (m, 21 H, TIPS-H), 3.28–3.38 (m, 1 H, 4-H), 3.50–3.72 (m, 3 H, 2-H, 4-H, 5-H), 3.79 (s, 3 H, OCH$_3$), 3.83–4.03 (m, 2 H, 6-H, 6-H'), 4.31 (d, $J$ = 7.5 Hz, 1 H, 1-H), 4.51 (d, $J$ = 11.1 Hz, 1 H, -CH$_2$Ar), 4.69 (d, $J$ = 10.8 Hz, 1 H, -CH$_2$Ph), 4.78–4.94 (m, 4 H, -CH$_2$Ar), 6.81–6.87 (m, 2 H, Ar-H), 7.21–7.40 (m, 12 H, Ph-H, Ar-H).

**$^{13}$C-NMR** (125 MHz, CDCl$_3$): δ = 12.1 (CH,$_{TIPS}$), 28.1 (CH$_3$,$_{TIPS}$), 55.3 (OCH$_3$), 60.4 (C-6), 62.5 (C-5), 70.2, 74.7, 75.2, 76.3, 77.3 (C-2, C-4, C-5, -CH$_2$Ph, -CH$_2$Ar), 84.5 (C-3), 100.8 (C-1), 113.8 (C-Ar), 127.6, 127.9, 128.3, 129.1, 129.9 (C-Ph, C-Ar, C-Ar$_q$), 138.3, 138.6 (C-Ph$_q$), 159.3 (C-Ar$_q$).

**IR** (ATR): $\tilde{\nu}$ (cm$^{-1}$) = 2756, 2724, 2627, 2551, 2066, 1949.

**MS** (ESI): $m/z$ (%) = 659.4 (100) [M+Na]$^+$. **HRMS** (ESI) : $m/z$ berechnet für C$_{37}$H$_{52}$O$_7$Si: [M+Na]$^+$: 659.3375, gefunden: 659.3378.

*para*-Methoxybenzyl-2-*O*-benzoyl-3,4-di-*O*-benzyl-6-*O*-tri*iso*propylsilyl-β-D-gluco-
pyranosid (109a)

$C_{44}H_{56}O_8Si$ (741.00)

Das Kohlenhydratderivat **108a** (528 mg, 830 µmol, 1.00 Äq.) wurde in Pyridin (2.7 mL) gelöst und bei Umgebungstemperatur Benzoylchlorid (144 µL, 1.25 mmol, 1.50 Äq.) zugetropft, DMAP (12 mg) zugegeben sowie über Nacht bei dieser Temperatur gerührt. Das Lösungsmittel wurde am Vakuum entfernt und nach anschließender säulenchromatographischer Reinigung an Kieselgel (Pentan:EtOAc, 6:1) konnten 519 mg (700 µmol, 85%) des gewünschten Kohlenhydratderivates **109a** als klares Öl erhalten werden.

Analytische Daten von Verbindung **109a**:

$[\alpha]_D^{20}$ = +8.8° (c = 0.57, CHCl$_3$). **R$_f$** 0.61 (Pentan:EtOAc = 2:1).

**$^1$H-NMR** (300 MHz, CDCl$_3$): δ = 0.96–1.25 (m, 21 H, TIPS-H), 3.32–3.37 (m, 1 H, 5-H), 3.74 (s, 3 H, OCH$_3$), 3.75–3.84 (m, 2 H, 3-H, 4-H), 3.94 (dd, *J* = 4.2, 11.1 Hz, 1 H, 6-H), 4.02 (d, *J* = 12.3 Hz, 1 H, 6-H'), 4.47 (d, *J* = 8.0 Hz, 1 H, 1-H), 4.53 (d, *J* = 12.2 Hz, 1 H, -CH$_2$Ar), 4.62 (d, *J* = 11.1 Hz, 1 H, -CH$_2$Ph), 4.68–4.92 (m, 4 H, -CH$_2$Ph, -CH$_2$Ar), 5.27 (dd, *J* = 8.0, 8.0 Hz, 1 H, 2-H), 6.65–6.71 (m, 2 H, Ar-H), 7.04–7.60 (m, 15 H, Ph-H, Ar-H), 7.92–7.97 (m, 2 H, Ar-H).

**$^{13}$C-NMR** (125 MHz, CDCl$_3$): δ = 12.1 (CH$_{,TIPS}$), 18.1 (CH$_{3,TIPS}$), 55.2 (OCH$_3$), 62.5 (C-6), 69.8, 74.9, 75.0, 76.3, 77.7, 82.8 (C-2, C-3, C-4, C-5, -CH$_2$Ph, -CH$_2$Ar), 98.5 (C-1), 113.5 (C-Ar), 127.5, 127.7, 127.9, 128.1, 128.2, 128.4, 129.2, 129.4, 129.8, 130.0 (C-Ph, C-Ar), 132.8 (C-Ar$_q$), 137.8, 138.1 (C-Ph$_q$), 159.0 (C-Ar$_q$), 165.1 (CO).

**IR** (ATR): $\tilde{\nu}$ (cm$^{-1}$) = 2723, 2625, 2549, 2328, 2337, 2245, 2064, 1950, 1878.

**MS** (ESI): *m/z* (%) = 763.4 (100) [M+Na]$^+$. **HRMS** (ESI) : *m/z* berechnet für C$_{44}$H$_{56}$O$_8$Si: [M+Na]$^+$: 763.3637, gefunden: 763.3636.

*para*-Methoxybenzyl-2-*O*-benzoyl-3,4-di-*O*-benzyl-6-*O*-tri*iso*propylsilyl-β-D-galacto-
pyranosid (109b)

$C_{44}H_{56}O_8Si$ (741.00)

Das Kohlenhydratderivat **108b** (914 mg, 1.43 mmol, 1.00 Äq.) wurde in Pyridin (5.2 mL) gelöst. Es wurde bei Umgebungstemperatur Benzoylchlorid (250 µL, 2.15 mmol, 1.50 Äq.) zugetropft, DMAP (24 mg) zugegeben und über Nacht bei dieser Temperatur gerührt. Das Lösungsmittel wurde am Vakuum entfernt. Nach säulenchromatographischer Reinigung an Kieselgel (Pentan:EtOAc, 6:1) konnten 885 mg (1.19 mmol, 84%) des gewünschten Kohlenhydratderivates **109b** als klares Öl erhalten.

Analytische Daten von Verbindung **109b**:

$[\alpha]_D^{20}$ = 0.0° (c = 0.28, CHCl$_3$). **R$_f$**: 0.58 (Pentan:EtOAc = 2:1).

**$^1$H-NMR** (300 MHz, CDCl$_3$): δ = 0.94–1.19 (m, 21 H, TIPS-H), 3.30–3.37 (m, 1 H, 4-H), 3.73 (s, 3 H, OCH$_3$), 3.75–4.08 (m, 4 H, 3-H, 5-H, 6-H, 6-H'), 4.43–4.86 (m, 7 H, 1-H, -CH$_2$Ph, -CH$_2$Ar), 5.27 (dd, J = 8.5, 8.5 Hz, 1 H, 2-H), 6.63–6.71 (m, 2 H, Ar-H), 7.03–7.69 (m, 13 H, Ph-H, Ar-H), 7.90–7.98 (m, 2 H, Ar-H), 8.12–8.18 (m, 2 H, Ar-H).

**$^{13}$C-NMR** (125 MHz, CDCl$_3$): δ = 18.1 (CH$_{3,TIPS}$), 21.1 (CH$_{,TIPS}$), 55.2 (OCH$_3$), 60.4 (C-6), 69.1 (-CH$_2$Ar), 73.8, 75.0, 75.0, 76.3, 77.7 (C-2, C-4, C-5, -CH$_2$Ph), 82.8 (C-3), 98.5 (C-1), 113.5 (C-Ar), 127.5, 127.7, 127.9, 128.1, 128.3, 128.8, 129.2, 129.4, 129.7, 130.0, 130.5, 132.8, 134.4 (C-Ph, C-Ar, C-Ar$_q$), 137.8, 138.1 (C-Ph$_q$), 159.0 (C-Ar$_q$), 165.1 (CO).

**IR** (ATR): ṽ (cm$^{-1}$) = 2725, 2625, 2549, 2062, 1693, 1913, 1879.

**MS** (ESI): m/z (%) = 763.5 (100) [M+Na]$^+$. **HRMS** (ESI) : m/z berechnet für C$_{44}$H$_{56}$O$_8$Si: [M+Na]$^+$: 763.36367, gefunden: 763.36346.

***para*-Methoxybenzyl-2-*O*-acetyl-3,4-di-*O*-benzyl-6-*O*-tri*iso*propylsilyl-β-D-galacto-pyranosid (109c)**

**C$_{39}$H$_{54}$O$_8$Si** (678.93)

Das Kohlenhydratderivat **108b** (1.00 g, 1.57 mmol, 1.00 Äq) wurde in Ac$_2$O (15.7 mL) und Pyridin (23.6 mL) gelöst und mit DMAP (kat.) versetzt. Die Reaktionsmischung wurde über Nacht bei Umgebungstemperatur gerührt. Das Lösungsmittel wurde am Vakuum entfernt und der Rückstand durch Säulenchromatographie an Kieselgel (Pentan:EtOAc, 4:1) gereinigt. Es konnten 776 mg (1.14 mmol, 73%) der Verbindung **109c** als klares Öl erhalten werden.

Analytische Daten von Verbindung **109c**:

$[\alpha]_D^{20}$ = -38.4° (c =0.25 , CHCl$_3$). **R$_f$**: 0.23 (Pentan:EtOAc = 4:1).

**¹H-NMR** (300 MHz, CDCl₃): δ = 0.98–1.17 (m, 21 H, TIPS-H), 1.91 (s, 3 H, CH₃), 3.24–3.33 (m, 1 H, 4-H), 3.60 (t, $J$ = 9.2 Hz, 1 H, 5-H), 3.69–3.76 (m, 1 H, 3-H), 3.78 (s, 3 H, OCH₃), 3.88–4.04 (m, 2 H, 6-H, 6-H'), 4.35 (d, $J$ = 7.9 Hz, 1 H, 1-H), 4.47–4.85 (m, 6 H, -CH₂Ph, -CH₂Ar), 5.00 (dd, $J$ = 8.7, 8.7 Hz, 1 H, 2-H), 6.81–6.88 (m, 2 H, Ar-H), 7.15–7.36 (m, 12 H, Ph-H, Ar-H).

**¹³C-NMR** (125 MHz, CDCl₃): δ = 12.1 (CH,ₜᵢₚₛ), 18.1 (CH₃,ₜᵢₚₛ), 21.0 (CH₃,ₐc), 55.3 (OCH₃), 62.4 (C-6), 69.3, 73.2, 74.9, 75.0, 76.2, 77.7 (C-2, C-4, C-5, -CH₂Ph, -CH₂Ar), 83.0 (C-3), 98.7 (C-1), 113.6 (C-Ar), 127.6, 127.7, 127.8, 127.9, 128.3, 128.4, 129.3, 129.4 (C-Ph, C-Ar, C-Arq), 138.0, 138.2 (C-Phq), 159.1 (C-Arq), 169.4 (CO).

**IR** (ATR): ṽ (cm⁻¹) = 3089, 2723, 2629, 2550, 2123, 2062, 1950.

**MS** (ESI): $m/z$ (%) = 701.4 (100) [M+Na]⁺. **HRMS** (ESI) : $m/z$ berechnet für C₃₉H₅₄O₈Si: [M+Na]⁺: 701.3480, gefunden: 701.3477.


**Allyl-3,4-di-*O*-benzyl-6-*O*-tri*iso*propylsilyl-2-*O*-*para*-methoxyphenyl-β-D-galacto-pyranosid (109b')**

**C₄₀H₅₆O₇Si (676.95)**

Das Kohlenhydrat **108b'** (1.29 g, 2.32 mmol, 1.00 Äq.) wurde in DMF (12 mL) gelöst und bei 0 °C mit NaH (60% in Mineralöl, 106 mg, 2.64 mmol, 1.14 Äq.) versetzt. Anschließend wurde 30 min bei 0 °C gerührt. Nun wurden PMBCl (360 µL, 3.64 mmol, 1.14 Äq.) und TBAI (42.8 mg, 116 µmol, 5 mol%) zugegeben. Die Lösung wurde auf Umgebungstemperatur erwärmt und für 2 h gerührt. Die Reaktion wurde durch Zugabe von NaHCO₃-Lösung (20 mL) beendet, die Phasen getrennt und die wässrige Phase wurde mit EtOAc (3×20 mL) extrahiert. Anschließend wurden die vereinigten organischen Phasen mit gesättigter wässriger NaCl-Lösung (5×20 mL) gewaschen, über Na₂SO₄ filtriert und das Lösungsmittel am Vakuum entfernt. Der Rückstand wurde durch Säulenchromatographie an Kieselgel (Pentan:EtOAc, 15:1) gereinigt. Es konnten 1.31 g (1.94 mmol, 84%) der Verbindung **109b'** als klares Öl erhalten.

Analytische Daten von Verbindung **109b'**:

[α]²⁰_D = +10.7° (c = 0.28, CHCl₃). Rf: 0.21 (Pentan:EtOAc = 15:1).

**¹H-NMR** (300 MHz, CDCl₃): δ = 1.01–1.19 (m, 21 H, TIPS-H), 3.24–3.34 (m, 1 H, 4-H), 3.39–3.50 (m, 1 H, 2-H), 3.57–3.71 (m, 2 H, 3-H, 6-H), 3.79 (s, 3 H, OCH₃), 3.86–4.02 (m, 2 H, 5-H, 6-H'), 4.08–4.17 (m, 1 H, -CH₂,ₐₗₗyₗ), 4.34–4.39 (m, 1 H-CH₂,ₐₗₗyₗ), 4.44 (d, $J$ = 7.7 Hz, 1 H, 1-H), 4.59–4.73 (m, 2 H, -CH₂Ph, -CH₂Ar), 4.76–4.97 (m, 4 H, -CH₂Ph, -CH₂Ar), 5.16–5.25 (m, 1 H, =CHₐₗₗyₗ), 5.29–

5.40 (m, 1 H, =CH$_{Allyl}$), 5.89–6.06 (m, 1 H, -CH$_{Allyl}$), 6.80–6.91 (m, 2 H, Ar-H), 7.22–7.37 (m, 12 H, Ph-H, Ar-H).

**¹³C-NMR** (125 MHz, CDCl₃): δ = 12.1 (CH,$_{TIPS}$), 18.0 (CH₃,$_{TIPS}$), 55.3 (OCH₃), 62.5 (C-6), 69.8 (CH₂,$_{Allyl}$), 74.5, 75.0, 75.7, 75.9, 77.5 (C-3, C-5, -CH₂Ph, -CH₂Ar), 82.3, 84.7 (C-2, C-4), 102.5 (C-1), 113.7 (C-Ar), 117.1 (=CH₂,$_{Allyl}$), 127.5, 127.6, 127.8, 127.9, 128.2, 128.3, 129.3, 129.7, 130.7, 134.1 (C-Ph, C-Ar, CH$_{Allyl}$), 138.3, 138.6 (C-Ph$_q$), 159.0 (C-Ar$_q$).

**IR** (ATR): ṽ (cm⁻¹) = 3422, 2724, 2621, 2550, 2282, 2066, 1953, 1884, 1809.

**MS** (ESI): *m/z* (%) = 699.4 (100) [M+Na]⁺. **HRMS** (ESI) : *m/z* berechnet für C₄₀H₅₆O₇Si: [M+Na]⁺: 699.3688, gefunden: 699.3691.

### *para*-Methoxybenzyl-2-*O*-benzoyl-3,4-di-*O*-benzyl-β-D-glucopyranosid (110a)

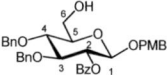

C₃₅H₃₆O₈ (584.66)

Nach der generellen Vorschrift AAV4 wurden Silylether **109a** (885 mg, 1.19 mmol, 1.00 Äq) in THF (45 mL) mit TBAF·3H₂O (566 mg, 1.78 mmol, 1.50 Äq) in THF (4.0 mL) umgesetzt. Nach Säulenchromatographie an Kieselgel (Pentan:EtOAc, 2:1 → 1:1) wurden 509 mg (871 µmol, 73%) von Verbindung **110a** als weißer Feststoff erhalten.

Analytische Daten von Verbindung **110a**:

[α]$_D^{20}$ = +20.0° (c = 0.13, CHCl₃). **R$_f$**: 0.14 (Pentan:EtOAc = 2:1).

**¹H-NMR** (300 MHz, CDCl₃): δ = 1.88–1.96 (m, 1 H, OH), 3.36–3.43 (m, 1 H, 5-H), 3.66–3.82 (m, 6 H, 3-H, 4-H, 6-H, OCH₃), 3.85–3.94 (m, 1 H, 6-H'), 4.50–4.87 (m, 7 H, -CH₂Ph, -CH₂Ar, 1-H), 5.27 (dd, *J* = 8.0, 8.0 Hz, 1 H, 2-H), 6.62–6.68 (m, 2 H, Ar-H), 7.04–7.13 (m, 7 H, Ph-H, Ar-H), 7.24–7.44 (m, 7 H, Ph-H, Ar-H), 7.57 (dd, *J* = 1.4, 7.2 Hz, 1 H, Ar-H), 7.90–7.95 (m, 2 H, Ar-H).

**¹³C-NMR** (125 MHz, CDCl₃): δ = 55.2 (OCH₃), 62.0 (C-6), 70.4 (-CH₂Ar), 73.7 (C-2), 75.0 (-CH₂Ph), 75.3 (C-5), 77.7 (C-4), 82.5 (C-3), 99.3 (C-1), 113.6 (C-Ar), 127.5, 127.9, 128.0, 128.1, 128.2, 128.4, 128.8, 129.2, 129.7, 129.8 133.0 (C-Ph, C-Ar, C-Ar$_q$), 137.6, 137.7 (C-Ph$_q$), 159.1 (C-Ar$_q$), 165.0 (CO).

**IR** (ATR): ṽ (cm⁻¹) = 3426, 3087, 2839, 1869, 1821, 1479.

**UV** (CH₃CN): λ$_{max}$ (lg ε) = [nm]= 226.5 (4.32), 274.0 (3.33), 280.0 (3.25).

**MS** (ESI): $m/z$ (%) = 607.3 (100) [M+Na]⁺. **HRMS** (ESI) : $m/z$ berechnet für C₃₅H₃₆O₈: [M+Na]⁺: 607.2302, gefunden: 607.2301.

***para*-Methoxybenzyl-2-*O*-benzoyl-3,4-di-*O*-benzyl-β-D-galactopyranosid (110b)**

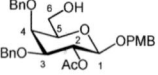

C₃₅H₃₆O₈ (584.66)

Nach der generellen Vorschrift AAV4 wurden Silylether **109b** (164 mg, 221 μmol, 1.00 Äq) in THF (7.9 mL) mit TBAF·3H₂O (105 mg, 332 μmol, 1.50 Äq) in THF (0.7 mL) umgesetzt. Nach Säulenchromatographie an Kieselgel (Pentan:EtOAc, 2:1) wurden 100 mg (171 μmol, 77%) von Verbindung **110b** als weißer Feststoff erhalten.

Analytische Daten von Verbindung **110b**:

$[\alpha]_D^{20}$ = +3.3° (c = 0.12, CHCl₃). **R_f**: 0.10 (Pentan:EtOAc = 2:1).

**¹H-NMR** (300 MHz, CDCl₃): δ = 3.35–3.43 (m, 1 H, 4-H), 3.66–3.95 (m, 8 H, 2-H, 3-H, 5-H, 6-H, 6-H', OCH₃), 4.48–4.88 (m, 7 H, 1-H, -CH₂Ph, -CH₂Ar), 5.27 (dd, J = 8.5, 8.5 Hz, 1 H, 2-H), 6.62–6.71 (m, 2 H, Ar-H), 7.02–7.61 (m, 15 H, Ph-H, Ar-H), 7.88–7.97 (m, 2 H, Ar-H).

**¹³C-NMR** (125 MHz, CDCl₃): δ = 55.2 (OCH₃), 61.9 (C-6), 70.4, 73.7, 75.0, 75.1, 75.4, 77.7 (C-2, C-4, C-5, -CH₂Ph, -CH₂Ar), 82.5 (C-3), 99.3 (C-1), 113.6 (C-Ar), 127.5, 127.8, 127.9, 128.1, 128.2, 128.4, 128.9, 129.2, 129.8, 132.9 (C-Ph, C-Ar, C-Ar_q), 137.6, 137.7 (C-Ph_q), 159.1 (C-Ar_q), 165.0 (CO).

**IR** (ATR): $\tilde{v}$ (cm⁻¹) = 3087, 2839, 1963, 1869, 1821, 1479.

**MS** (ESI): $m/z$ (%) = 607.3 (100) [M+Na]⁺. **HRMS** (ESI) : $m/z$ berechnet für C₃₅H₃₆O₈: [M+Na]⁺: 607.2302, gefunden: 607.2313.

***para*-Methoxybenzyl-2-*O*-acetyl-3,4-di-*O*-benzyl-β-D-galactopyranosid (110c)**

C₃₀H₃₄O₈ (522.59)

Nach der generellen Vorschrift AAV4 wurden Silylether **109c** (489 mg, 721 μmol, 1.00 Äq) in THF (26 mL) mit TBAF·3H₂O (344 mg, 1.08 mmol, 1.50 Äq) in THF (2.0 mL) umgesetzt. Nach Säulenchromatographie an Kieselgel (Pentan:EtOAc, 3:1 → 1:1) wurden 334 mg (639 μmol, 89%) von Verbindung **110c** als weißer Feststoff erhalten.

Analytische Daten von Verbindung **110c**:

[α]$_D^{20}$ = –36.8° (c = 0.34, CHCl$_3$). R$_f$: 0.08 (Pentan:EtOAc = 4:1).

**¹H-NMR** (300 MHz, CDCl$_3$): δ = 1.91 (s, 3 H, CH$_{3,Ac}$), 3.27–3.40 (m, 1 H, 4-H), 3.54–3.74 (m, 3 H, 3-H, 5-H, 6-H), 3.78 (s, 3 H, OCH$_3$), 3.78–3.93 (m, 1 H, 6-H'), 4.42 (d, J = 8.0 Hz, 1 H, 1-H), 4.49–4.84 (m, 6 H, -CH$_2$Ph, -CH$_2$Ar), 4.95–5.03 (m, 1 H, 2-H), 6.81–6.89 (m, 2 H, Ar-H), 7.14–7.37 (m, 12 H, Ph-H, Ar-H).

**¹³C-NMR** (125 MHz, CDCl$_3$): δ = 20.9 (CH$_{3,Ac}$), 55.3 (OCH$_3$), 61.8 (C-6), 70.5, 73.1, 75.0, 75.1, 75.3, 77.6 (C-2, C-4, C-5, -CH$_2$Ph, -CH$_2$Ar), 82.7 (C-3), 99.5 (C-1), 113.7 (C-Ar), 127.6, 127.7, 127.9, 128.0, 128.3, 128.4, 129.0, 129.2 (C-Ph, C-Ar, C-Ar$_q$), 137.6, 137.9 (C-Ph$_q$), 159.2 (C-Ar$_q$), 169.3 (C=O$_{Ac}$).

**IR** (ATR): ν̃ (cm⁻¹) = 3089, 2549, 2487, 2284, 2121, 2058, 1953, 1876, 1799.

**MS** (ESI): m/z (%) = 545.3 (100) [M+Na]⁺. **HRMS** (ESI) : m/z berechnet für C$_{30}$H$_{34}$O$_8$: [M+Na]⁺: 545.2146, gefunden: 545.2147.

**Allyl-3,4-di-*O*-benzyl-2-*O*-*para*-methyoxybenzyl-β-D-galactopyranosid (110b')**

**C$_{31}$H$_{36}$O$_7$ (520.61)**

Nach der generellen Vorschrift AAV4 wurde der Silylether **109b'** (1.55 g, 2.29 mmol, 1.00 Äq) in THF (60.5 mL) mit TBAF·3H$_2$O (1.09 g, 3.44 mmol, 1.50 Äq) in THF (14.5 mL) umgesetzt. Nach Säulenchromatographie an Kieselgel (Pentan:EtOAc, 6:1 ⟶ 3:1) wurden 1.06 g (2.04 mmol, 89%) von Verbindung **110b'** als farbloses Öl erhalten.

Analytische Daten von Verbindung **110b'**:

[α]$_D^{20}$ = –1.5° (c = 0.20, CHCl$_3$). R$_f$: 0.24 (Pentan:EtOAc = 2:1).

**¹H-NMR** (300 MHz, CDCl$_3$): δ = 3.30–3.75 (m, 5 H, 2-H, 3-H, 4-H, 5-H, 6-H), 3.78 (s, 3 H, OCH$_3$), 3.81–3.89 (m, 1 H, 6-H'), 4.10–4.21 (m, 1 H, -CH$_{2,Allyl}$), 4.34–4.44 (m, 1 H, -CH$_{2,Allyl}$), 4.47 (d, J = 7.8 Hz, 1 H, 1-H), 4.58–4.71 (m, 2 H, -CH$_2$Ph, -CH$_2$Ar), 4.75–4.97 (m, 4 H, -CH$_2$Ph, -CH$_2$Ar), 5.18–5.25 (m, 1 H, =CH$_{Allyl}$), 5.29–5.40 (m, 1 H, =CH$_{Allyl}$), 5.83–6.06 (m, 1 H, -CH$_{Allyl}$), 6.78–6.87 (m, 2 H, Ar-H), 7.19–7.37 (m, 12 H, Ph-H, Ar-H).

**$^{13}$C-NMR** (125 MHz, CDCl$_3$): δ = 55.3 (OCH$_3$), 62.1 (C-6), 70.6 (CH$_{2,Allyl}$), 74.6, 75.0, 75.1, 75.6, 77.5 (C-3, C-5, -CH$_2$Ph, -CH$_2$Ar), 81.9, 84.5 (C-2, C-4), 102.8 (C-1), 113.7 (C-Ar), 117.4 (=CH$_{2,Allyl}$), 127.5, 127.7, 127.8, 127.9, 128.3, 128.4, 129.7, 130.4, 133.8 (C-Ph, C-Ar, C-Ar$_q$, CH$_{Allyl}$), 137.9, 138.5 (C-Ph$_q$), 159.1 (C-Ar$_q$).

**IR** (ATR): ṽ (cm$^{-1}$) = 2547, 2332, 2067, 1943, 1878, 1803.

**MS** (ESI): m/z (%) = 543.2 (100) [M+Na]$^+$. **HRMS** (ESI): m/z berechnet für C$_{31}$H$_{36}$O$_7$: [M+Na]$^+$: 543.2353, gefunden: 543.2353.

**para-Methoxybenzyl-2-O-benzoyl-3,4-di-O-benzyl-6-oxo-β-D-glucopyranosid (111a)**

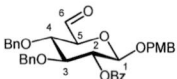

**C$_{35}$H$_{34}$O$_8$** (582.64)

Eine Lösung des Kohlenhydratderivates **110a** (210 mg, 359 μmol, 1.00 Äq.) in CH$_2$Cl$_2$ (9.0 mL) wurde nach AAV6 mit DMP (305 mg, 719 μmol, 2.00 Äq.) zur Reaktion gebracht. Die Reinigung erfolgte durch Säulenchromatographie an Kieselgel (Pentan:EtOAc, 2:1 → 1:1) und ergab 70 mg (120 μmol, 34%) des gewünschten Aldehyds **111a** als gelbes Öl.

Analytische Daten von Verbindung **111a**:

[α]$_D^{20}$ = –19.5° (c = 0.19, CHCl$_3$). R$_f$: 0.33 (Pentan:EtOAc = 1:1).

**$^1$H-NMR** (600 MHz, CDCl$_3$): δ = 3.73 (s, 3 H, OCH$_3$), 3.82 (dd, J = 8.0, 8.0 Hz, 1 H, 3-H), 3.87 (dd, J = 8.0, 8.0 Hz, 1 H, 4-H), 3.94 (dd, J = 1.4, 8.0 Hz, 1 H, 5-H), 4.56 (d, J = 12.2 Hz, 1 H, -CH$_2$Ar), 4.61–4.74 (m, 4 H, -CH$_2$Ph), 4.80 (d, J = 12.2 Hz, 1 H, -CH$_2$Ar), 6.65–6.72 (m, 2 H, Ar-H), 7.03–7.60 (m, 14 H, Ph-H, Ar-H), 7.87–7.94 (m, 2 H, Ar-H), 9.64 (d, J = 1.4 Hz, 1 H, 6-H).

**$^{13}$C-NMR** (125 MHz, CDCl$_3$): δ = 55.2 (OCH$_3$), 70.3, 73.2, 74.5, 74.5, 77.0, 78.7, 80.8 (C-2, C-3, C-4, C-5, -CH$_2$Ph, -CH$_2$Ar), 98.7 (C-1), 113.7 (C-Ar), 127.7, 127.9, 128.0, 128.1, 128.2, 128.4, 128.6, 129.7 (C-Ph, C-Ar, C-Ar$_q$), 133.1 (C-Ar$_q$), 137.1, 137.3 (C-Ph$_q$), 159.2 (C-Ar$_q$), 197.1 (C-6).

**IR** (ATR): ṽ (cm$^{-1}$) = 3088, 2980, 2058, 1962, 1874, 1813, 1498.

**MS** (ESI): m/z (%) = 600.4 (100) [M+NH$_4$]$^+$. **HRMS** (ESI): m/z berechnet für C$_{35}$H$_{34}$O$_8$: [M+Na]$^+$: 605.2146, gefunden: 605.2152.

**para-Methoxybenzyl-2-O-acetyl-3,4-di-O-benzyl-6-oxo-β-D-galactopyranosid (111c)**

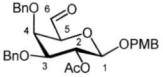

$C_{30}H_{32}O_8$ (520.21)

Zu einer Lösung von Oxalylchlorid (53.0 µL, 621 µmol, 1.10 Äq.) in $CH_2Cl_2$ (1.3 mL) wurde bei -78 °C eine Lösung von DMSO (88.0 µL, 1.24 mmol, 2.20 Äq.) in $CH_2Cl_2$ (0.3 mL) zugetropft. Nach der generellen Vorschrift AAV5 wurde eine Lösung von Alkohol **110c** (295 mg, 565 µmol, 1.00 Äq) in $CH_2Cl_2$ (1.0 mL) zugetropft und anschließend Triethylamin (392 µL, 2.82 mmol, 5.00 Äq.) zugefügt. Nach Säulenchromatographie an Kieselgel (Pentan:EtOAc, 3:2) wurden 257 mg (494 µmol, 87%) des Aldehyds **111c** als weißer Feststoff erhalten.

Analytische Daten von Verbindung **111c**:

$[\alpha]_D^{20}$ = -47.5° (c = 0.20, CHCl_3). R_f: 0.30 (Pentan:EtOAc = 1:1).

**¹H-NMR** (300 MHz, CDCl_3): δ = 1.91 (s, 3 H, CH_{3,Ac}), 3.64–3.76 (m, 1 H, 3-H), 3.79 (s, 3 H, OCH_3), 3.80–3.91 (m, 2 H, 4-H, 5-H), 4.50–4.83 (m, 7 H, 1-H, -CH_2Ph, -CH_2Ar), 5.00 (dd, J = 7.8, 7.8 Hz, 1 H, 2-H), 6.81–6.89 (m, 2 H, Ar-H), 7.14–7.37 (m, 12 H, Ph-H, Ar-H), 9.61–9.62 (m, 1 H, 6-H).

**¹³C-NMR** (125 MHz, CDCl_3): δ = 20.9 (CH_{3,Ac}), 55.3 (OCH_3), 70.4, 72.7, 74.6, 74.6, 76.9, 78.5 (C-2, C-4, C-5, -CH_2Ph, -CH_2Ar), 81.3 (C-3), 99.0 (C-1), 113.7 (C-Ar), 127.7, 127.9, 128.0, 128.1, 128.3, 128.4, 128.7, 129.3 (C-Ph, C-Ar, C-Ar_q), 137.1, 137.6 (C-Ph_q), 159.3 (C-Ar_q), 169.3 (CO), 196.9 (C-6).

**IR** (ATR): ṽ (cm⁻¹) = 3088, 2550, 2124, 2069, 1955, 1880, 1585.

**MS** (ESI): m/z (%) = 543.2 (100) [M+Na]⁺. **HRMS** (ESI) : m/z berechnet für $C_{30}H_{32}O_8$: [M+Na]⁺: 543.1995, gefunden: 543.1990.

**para-Methoxyphenyl-2-O-Benzoyl-3,4-di-O-benzyl-6,7-didesoxy-β-D-glucohept-6-inpyranosid (112b)**

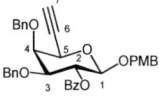

$C_{36}H_{34}O_7$ (578.65)

Zu einer Suspension von $K_2CO_3$ (35.2 mg, 255 µmol, 3.00 Äq) und Aldehyd **111c** (49.5 mg, 84.9 µmol, 1.0 Äq) in MeOH (1.0 mL) wurde eine Lösung von DMOPP (14.1 µL, 102 µmol, 1.20 Äq) und p-TsN_3 (20.1 mg, 102 µmol, 1.20 Äq) in MeCN (5.0 mL) getropft. Anschließend wurde die Reaktionsmischung für etwa 2 h unter Dünnschichtchromatographiekontrolle gerührt. Die Reaktionsmischung wurde mit EtOAc verdünnt und mit ges. wässriger NaHCO$_3$-Lösung gewaschen. Die vereinigten organischen Phasen wurden über Na$_2$SO$_4$ getrocknet, filtriert und das Lösungsmittel am Rückstand entfernt. Nach Säulenchromatographie an Kieselgel (Pentan:EtOAc, 4:1)   wurden 29.5 mg (51.0 µmol, 60%) der Verbindung **112c'** als weißer Feststoff erhalten.

Analytische Daten von Verbindung **112b**:

$[\alpha]_D^{20}$ = +4.0° (c = 4.05, CHCl$_3$). **R$_f$:** 0.20 (Pentan:EtOAc = 4:1).

**$^1$H-NMR** (300 MHz, CDCl$_3$): δ = 2.48 (d, *J* = 2.3 Hz, 1 H, 7-H), 3.71 (s, 3 H, OCH$_3$), 4.00–4.08 (m, 2 H, 2-H, 3-H), 4.46 (d, *J* = 11.9 Hz, 1 H, -CH$_2$Ph), 4.58–4.69 (m, 4 H, 4-H, -CH$_2$Ph, -CH$_2$Ar), 4.90 (d, *J* = 11.6 Hz, 1 H, -CH$_2$Ph), 4.98 (d, *J* = 11.6 Hz, 1 H, -CH$_2$Ph), 5.27–5.30 (m, 1 H, 1-H), 5.49–5.55 (m, 1 H, 5-H), 6.61–6.68 (m, 2 H, Ar-H), 7.05–7.61 (m, 15 H, Ph-H), 7.95–8.02 (m, 2 H, Ar-H).

**$^{13}$C-NMR** (125 MHz, CDCl$_3$): δ = 55.2 (OCH$_3$), 62.2 (-CH$_2$Ar), 69.8, 70.8, 72.5, 74.2, 75.0, 75.6, 76.6 (C-2, C-3, C-4, C-5, C-7, -CH$_2$Ph), 79.8 (C-6), 95.6 (C-1), 113.7 (C-Ar), 127.4, 127.5, 127.6, 128.0, 128.2, 128.3, 128.9, 129.6, 129.9, 132.9 (C-Ph, C-Ar, C-Ar$_q$), 137.9, 138.0 (C-Ph$_q$), 159.1 (C-Ar$_q$), 165.5 (CO).

**IR** (ATR): $\tilde{v}$ (cm$^{-1}$) = 3285, 3088, 3061, 2991, 1612.

**MS** (ESI): *m/z* (%) = 601.2 (100) [M+Na]$^+$. **HRMS** (ESI) : *m/z* berechnet für C$_{36}$H$_{34}$O$_7$: [M+Na]$^+$: 601.2197, gefunden: 601.2213.


**Allyl-2-*para*-methoxyphenyl-3,4-di-*O*-benzyl-7,7'-dibrommethylen-β-D-galactopyranosid (112b'1)**

**C$_{32}$H$_{34}$Br$_2$O$_6$** (674.42)

Zu einer Lösung aus Triphenylphosphin (1.00 g, 3.83 mmol, 4.00 Äq.) in CH$_2$Cl$_2$ (9.3 mL) wurde bei 0 °C eine Lösung von CBr$_4$ (635 mg, 1.92 mmol, 2.00 Äq.) in CH$_2$Cl$_2$ (5.5 mL) getropft. Die Mischung wurde für 10 min bei 0 °C gerührt. Anschließend wurde eine Lösung von Aldehyd **111b'** (496 mg, 957 µmol, 1.00 Äq.) in CH$_2$Cl$_2$ (6.6 mL) tropfenweise zugefügt. Nach 2.5 h weiterem Rühren wurde die Mischung auf Umgebungstemperatur erwärmt und die Reaktion durch Zugabe von Wasser (20 mL) beendet. Die wässrige Phase wurde mit CH$_2$Cl$_2$ (3×20 mL) extrahiert. Die vereinigten organischen Phasen wurden über Na$_2$SO$_4$ getrocknet, filtriert und das

Lösungsmittel am Vakuum entfernt. Der Rückstand wurde durch Säulenchromatographie an Kieselgel (Pentan:EtOAc, 6:1) gereinigt. Es konnten 513 mg (761 µmol, 80%) von Verbindung **112b'1** als gelbliches Öl erhalten werden.

Analytische Daten von Verbindung **112b'1**:

$[\alpha]_D^{20}$ = +64.1° (c =0.17 , CHCl₃). $R_f$: 0.21 (Pentan:EtOAc = 6:1).

**¹H-NMR** (300 MHz, CDCl₃): δ = 3.35–3.46 (m, 2 H, 2-H, 3-H), 3.58–3.68 (m, 1 H, 4-H), 3.79 (s, 3 H, OCH₃), 3.96–4.04 (m, 1 H, -CH₂,Allyl), 4.10–4.19 (m, 1 H, -CH₂,Allyl), 4.37–4.45 (m, 1 H, 1-H), 4.47 (d, J = 8.0 Hz, 1 H, 5-H), 4.59–4.67 (m, 2 H, -CH₂Ph, -CH₂Ar), 4.72–4.92 (m, 4 H, -CH₂Ph, -CH₂Ar), 5.19–5.26 (m, 1 H, =CH_Allyl), 5.30–5.41 (m, 1 H, =CH_Allyl), 5.95 (ddd, J = 5.7, 10.8, 17.2 Hz, 1 H, -CH_Allyl), 6.31 (d, J = 8.0 Hz, 1 H, 6-H), 6.83 (d, J = 8.7 Hz, 2 H, Ar-H), 7.15–7.43 (m, 12 H, Ph-H, Ar-H).

**¹³C-NMR** (125 MHz, CDCl₃): δ = 55.3 (OCH₃), 70.5 (CH₂,Allyl), 74.5, 74.8, 75.2, 75.8 (C-5, -CH₂Ph, -CH₂Ar), 80.5, 81.6, 84.1 (C-2, C-3, C-4), 95.5 (C-7), 102.5 (C-1), 113.7 (C-Ar), 117.5 (=CH₂,Allyl), 127.6, 127.8, 127.9, 128.3, 128.4, 128.7, 130.4, 133.6, 135.3 (C-6, C-Ph, C-Ar, C-Ar_q, CH_Allyl), 137.5, 138.4 (C-Ph_q), 159.2 (C-Ar_q).

**IR** (ATR): $\tilde{v}$ (cm⁻¹) = 2990, 2955, 2880, 1448, 1390.

**MS** (ESI): m/z (%) = 697.1 (100) [M+Na]⁺. **HRMS** (ESI): m/z berechnet für C₃₂H₃₄Br₂O₆: [M+Na]⁺: 697.0597, gefunden: 697.0610.

**Allyl-2-O-*para*-methylbenzyl-3,4-di-O-benzyl-6,7-didesoxy-β-D-galactohept-6-in-pyranosid (112b')**

**C₃₂H₃₄O₆** (514.61)

Das Dibromid **112b'1** (213 mg, 317 µmol, 1.00 Äq.) wurde in THF (4.5 mL) gelöst und auf 0 °C gekühlt. Bei dieser Temperatur wurde eine Lösung aus nBuLi in Hexan (1.6 M, 436 µL, 697 µmol, 2.20 Äq.) zugetropft. Die Reaktionsmischung wurde für 3 h gerührt und schließlich durch Zugabe einer gesättigten wässrigen NH₄Cl-Lösung (10 mL) beendet. Die Phasen wurden getrennt und die wässrige Phase wurde mit EtOAc (3×20 mL) extrahiert. Anschließend wurden die vereinigten organischen Phasen mit gesättigter wässriger NH₄Cl- (1×20 mL) und NaCl-Lösung (1×20 mL) gewaschen. Nach Trocknung der vereinigten organischen Phasen über Na₂SO₄ wurde filtriert und das Lösungsmittel am Vakuum entfernt. Der Rückstand wurde durch

Säulenchromatographie an Kieselgel (Pentan:EtOAc, 10:1) gereinigt. Es konnten 123 mg (239 µmol, 75%) von Verbindung **112b'** als gelbliches Öl erhalten werden.

Analytische Daten von Verbindung **112b'**:

$[\alpha]_D^{20}$ = +4.2° (c = 0.69, CHCl$_3$). R$_f$: 0.27 (Pentan:EtOAc = 4:1).

**¹H-NMR** (300 MHz, CDCl$_3$): δ = 2.52–2.54 (m, 1 H, 7-H), 3.41–3.66 (m, 3 H, 2-H, 4-H, 5-H), 3.79 (s, 3 H, OCH$_3$), 4.02–4.07 (m, 1 H, 3-H), 4.11–4.19 (m, 1 H, 1-H), 4.40–4.51 (m, 2 H, -CH$_{2,Allyl}$), 4.65 (d, J = 10.5 Hz, 1 H, -CH$_2$Ar), 4.76–4.89 (m, 4 H, -CH$_2$Ph), 4.95 (d, J = 10.5 Hz, 1 H, -CH$_2$Ar), 5.20–5.27 (m, 1 H, =CH$_{Allyl}$), 5.31–5.41 (m, 1 H, =CH$_{Allyl}$), 5.97 (ddd, J = 5.6, 10.7, 16.9 Hz, 1 H, -CH$_{Allyl}$), 6.75–6.94 (m, 2 H, Ar-H), 7.18–7.41 (m, 12 H, Ph-H, Ar-H).

**¹³C-NMR** (150 MHz, CDCl$_3$): δ = 55.3 (OCH$_3$), 65.7, 70.5, 74.1, 74.6, 75.5, 75.8 (C-4, C-5, -CH$_2$Ph, -CH$_2$Ar), 80.5 (C-6), 81.4, 81.7, 83.5 (C-2, C-3, C-7), 102.5 (C-1), 113.7 (C-Ar), 117.5 (=CH$_{2,Allyl}$), 127.5, 127.7, 128.1, 128.2, 129.8, 130.3 (C-Ph, C-Ar, C-Ar$_q$), 133.6 (CH$_{Allyl}$), 137.8, 138.4 (C-Ph$_q$), 159.1 (C-Ar$_q$).

**IR** (ATR): $\tilde{v}$ (cm$^{-1}$) = 3284, 3088, 2904, 1495, 1357.

**MS** (ESI): m/z (%) = 537.2 (100) [M+Na]$^+$. **HRMS** (ESI) : m/z berechnet für C$_{32}$H$_{34}$O$_6$: [M+Na]$^+$: 537.2248, gefunden: 537.2245.

**para-Methoxyphenyl-3,4-di-O-benzyl-6,7-didesoxy-β-D-galactohept-6-inpyranosid (112c')**

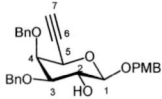

**C$_{29}$H$_{30}$O$_6$ (474.54)**

Zu einer Suspension von K$_2$CO$_3$ (159 mg, 1.15 mmol, 3.00 Äq) und Aldehyd **111c** (196 mg, 379 µmol, 1.00 Äq) in MeOH (1.2 mL) wurde eine Lösung von DMOPP (63.8 µL, 462 µmol, 1.20 Äq) und p-TsN$_3$ (91.0 mg, 462 µmol, 1.20 Äq) in MeCN (4.3 mL) getropft. Anschließend wurde die Reaktionsmischung für etwa 3 h unter Dünnschichtchromatographiekontrolle gerührt. Die Reaktionsmischung wurde mit EtOAc verdünnt und mit ges. wässriger NaHCO$_3$-Lösung gewaschen. Die vereinigten organischen Phasen wurden über Na$_2$SO$_4$ getrocknet, filtriert und das Lösungsmittel am Vakuum entfernt. Nach Säulenchromatographie an Kieselgel (Pentan:EtOAc, 4:1) wurden 121 mg (255 µmol, 62%) der Verbindung **112c'** als weißer Feststoff erhalten.

Analytische Daten von Verbindung **112c'**:

$[\alpha]_D^{20}$ = −44.8° (c = 0.29, CHCl₃). R_f: 0.17 (Pentan:EtOAc = 4:1).

**¹H-NMR** (300 MHz, CDCl₃): δ = 2.31 (d, *J* = 2.0 Hz, 1 H, OH), 2.55 (d, *J* = 2.1 Hz, 1 H, 7-H), 3.41–3.67 (m, 3 H, 2-H, 4-H, 5-H), 3.79 (s, 3 H, OCH₃), 4.06 (dd, *J* = 2.2, 9.6 Hz, 1 H, 1-H), 4.30 (d, *J* = 7.7 Hz, 1 H, 3-H), 4.48–5.03 (m, 6 H, -CH₂Ph, -CH₂Ar), 6.79–6.91 (m, 2 H, Ar-H), 7.19–7.39 (m, 12 H, Ph-H, Ar-H).

**¹³C-NMR** (125 MHz, CDCl₃): δ = 55.3 (OCH₃), 65.9 (C-5), 70.9, 74.1, 74.2, 75.3, 75.5 (C-2, C-4, -CH₂Ph, -CH₂Ar), 80.4, 81.4, 83.2 (C-3, C-6, C-7), 101.1 (C-1), 113.9 (C-Ar), 126.8, 127.6, 127.7, 127.8, 127.8, 128.1, 128.3, 128.4, 128.7, 129.8, 129.9 (C-Ph, C-Ar), 137.8, 138.3 (C-Ph_q), 159.4 (C-Ar_q).

**IR** (ATR): ṽ (cm⁻¹) = 2615, 2540, 2475, 2125, 1951, 1888, 1812, 1639.

**MS** (ESI): *m/z* (%) = 497.3 (100) [M+Na]⁺. **HRMS** (ESI) : *m/z* berechnet für C₂₉H₃₀O₆: [M+Na]⁺: 497.1940, gefunden: 497.1945.

## 2-*O*-Acetyl-3,4-di-*O*-benzyl-6,7-didesoxy-β-D-galactohept-6-inpyranosid (113c)

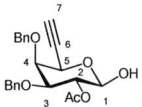

C₂₃H₂₄O₆ (396.46)

Das Kohlenhydratderivat **112c** (23.8 mg, 46.1 µmol, 1.0 Äq.) wurde in CH₂Cl₂ (2.0 mL) gelöst. Zu dieser Lösung wurden DDQ (28.3 mg, 125 µmol, 2.7 Äq.) und H₂O (0.1 mL) zugefügt. Die Reaktionsmischung wurde über Nacht bei Umgebungstemperatur gerührt. Das Lösungsmittel wurde am Vakuum entfernt und der Rückstand durch Säulenchromatographie an Kieselgel (Pentan:EtOAc, 2:1) gereinigt. Es konnten 4.0 mg (10.1 µmol, 22%) der Verbindung **113c** als weißer Feststoff isoliert werden.

Analytische Daten von Verbindung **113c**:

$[\alpha]_D^{20}$ = +40.3° (c =0.61 , CHCl₃). R_f: 0.10 (Pentan:EtOAc = 2:1).

**¹H-NMR** (300 MHz, CDCl₃): δ = 2.00 (s, 3 H, CH₃,Ac), 2.50 (d, *J* = 2.3 Hz, 1 H, 7-H), 3.60–3.66 (m, 1 H, 3-H), 3.77–3.80 (m, 1 H, 4-H), 3.93 (dd, *J* = 9.6, 9.6 Hz, 1 H, 2-H), 4.63–5.02 (m, 5 H, 1-H, -CH₂Ph), 5.37–5.42 (m, 1 H, 5-H), 7.11–7.45 (m, 10 H, Ph-H).

**¹³C-NMR** (125 MHz, CDCl₃): δ = 20.9 (CH₃,Ac), 61.7 (C-5), 72.9, 74.0, 75.6, 78.5, 80.8, 81.8 (C-2, C-3, C-4, C-6, C-7, -CH₂Ph), 90.5 (C-1), 127.6, 127.7, 127.8, 128.1, 128.2, 128.3 (C-Ph), 137.7, 138.2 (C-Ph_q), 170.1 (CO).

**IR** (ATR): $\tilde{\nu}$ (cm$^{-1}$) = 3469, 3388, 3271, 2931, 1737, 1691.

**MS** (ESI): $m/z$ (%) = 419.2 (100) [M+Na]$^+$. **HRMS** (ESI) : $m/z$ berechnet für C$_{23}$H$_{24}$O$_6$: [M+Na]$^+$: 419.1465, gefunden: 419.1462.

**2-$O$-Benzoyl-3,4-di-$O$-benzyl-6,7-didesoxy-β-D-galactohept-6-inpyranosyltrichloracetimidat (114b)**

**C$_{30}$H$_{26}$Cl$_3$NO$_6$** (602.89)

Das Kohlenhydratderivat **113b** (12.2 mg, 20.2 μmol, 1.00 Äq.) wurde in CH$_2$Cl$_2$ (2.0 mL) gelöst. Die Lösung wurde auf 0 °C gekühlt. Es wurden DBU (0.6 μL, 3.99 μmol, 15 mol%) und Cl$_3$CCN (54 μL, 533 μmol, 20.0 Äq.) zugetropft. Die Lösung wurde für 30 min bei 0 °C gerührt. Nach dem Entfernen der Lösungsmittel am Vakuum wurde der Rückstand durch Säulenchromatographie an Kieselgel (Pentan:EtOAc, 4:1) gereinigt. Es konnten 9.5 mg (15.8 μmol, 61%) des gewünschten Donors **114b** als weißer Schaum erhalten werden.

Analytische Daten von Verbindung **114b**:

[α]$_D^{20}$ = +37.7° (c =0.18 , CHCl$_3$). R$_f$: 0.45 (Pentan:EtOAc = 2:1).

**¹H-NMR** (300 MHz, CDCl$_3$): δ = 2.56 (d, $J$ = 2.1 Hz, 1 H, 7-H), 3.76–3.88 (m, 1 H, 3-H), 4.04–4.21 (m, 1 H, 4-H), 4.66 (dd, $J$ = 2.0, 10.0 Hz, 1 H, 5-H), 4.70–5.07 (m, 4 H, -CH$_2$Ph), 5.32 (dd, $J$ = 3.6, 10.0 Hz, 1 H, 2-H), 6.59 (d, $J$ = 3.6 Hz, 1 H, 1-H), 7.09–7.60 (m, 13 H, Ph-H), 7.86–7.94 (m, 2 H, Ph-H), 8.53 (s$_{br}$, 1 H, NH).

**¹³C-NMR** (125 MHz, CDCl$_3$): δ = 64.5 (C-5), 72.0, 74.8, 75.6, 76.0, 78.1 (C-2, C-4, C-6, C-7, -CH$_2$Ph), 79.9 (CCl$_3$), 81.5 (C-3), 93.3 (C-1), 127.7, 127.9, 128.0, 128.2, 128.3, 128.4, 129.0, 129.7, 133.3 (C-Ph, C-Ph$_q$), 137.4, 137.6 (C-Ph$_q$), 160.2 (C=N), 165.2 (CO).

**IR** (ATR): $\tilde{\nu}$ (cm$^{-1}$) = 3339, 3198, 3182, 2160, 2023.

**MS** (ESI): $m/z$ (%) = 624.07 (75) [M+Na]$^+$. **HRMS** (ESI) : $m/z$ berechnet für C$_{30}$H$_{26}$Cl$_3$NO$_6$: [M+Na]$^+$: 624.07179, gefunden: 624.07166.

**2-*O*-Acetyl-3,4-di-*O*-benzyl-6,7-didesoxy-β-D-galactohept-6-inpyranosyltrichloracetimidat (114c)**

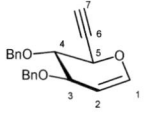

**$C_{25}H_{24}Cl_3NO_6$ (540.82)**

Das Kohlenhydratderivat **113c** (5.1 mg, 12.9 µmol, 1.00 Äq.) wurde in $CH_2Cl_2$ (2.0 mL) gelöst. Die Lösung wurde auf 0 °C gekühlt. Es wurden DBU (0.3 µL, 1.93 µmol, 15 mol%) und $Cl_3CCN$ (26 µL, 257 µmol, 20.0 Äq.) zugetropft. Die Lösung wurde für 30 min bei 0 °C gerührt. Nach dem Entfernen der Lösungsmittel am Vakuum wurde der Rückstand durch Säulenchromatographie an Kieselgel (Pentan:EtOAc, 4:1) gereinigt. Es konnten 6.9 mg (12.8 µmol, 99%) des gewünschten Donors **114c** als weißer Schaum erhalten werden.

Analytische Daten von Verbindung **114c**:

$[\alpha]_D^{20}$ = +43.8° (c = 0.13 , $CHCl_3$). R$_f$: 0.40 (Pentan:EtOAc = 2:1).

**$^1$H-NMR** (300 MHz, $CDCl_3$): δ = 1.90 (s, 3 H, $CH_{3,Ac}$), 2.54 (d, $J$ = 2.1 Hz, 1 H, 7-H), 3.66–3.81 (m, 1 H, 3-H), 3.90–4.02 (m, 1 H, 2-H), 4.59 (dd, $J$ = 2.1, 10.2 Hz, 1 H, 5-H), 4.67–5.08 (m, 5 H, 4-H, -$CH_2Ph$), 6.47 (d, $J$ = 3.6 Hz, 1 H, 1-H), 7.02–7.56 (m, 10 H, Ph-H), 8.61 (s$_{br}$, 1 H, NH).

**$^{13}$C-NMR** (125 MHz, $CDCl_3$): δ = 20.6 ($CH_{3,Ac}$), 64.4 (C-5), 71.7, 74.8, 75.6, 75.9, 78.2 (C-2, C-4, C-6, C-7, -$CH_2Ph$), 79.8 ($CCl_3$), 81.3 (C-3), 93.2 (C-1), 127.7, 127.8, 128.0, 128.3, 128.4 (C-Ph), 137.4, 137.9 (C-Ph$_q$), 160.5 (C=N), 169.7 (CO).

**IR** (ATR): $\tilde{v}$ (cm$^{-1}$) = 3359, 3338, 3225, 2924, 1996.

**MS** (ESI): $m/z$ (%) = 562.1 (80) [M+Na]$^+$. **HRMS** (ESI) : $m/z$ berechnet für $C_{25}H_{24}Cl_3NO_6$: [M+Na]$^+$: 562.0561, gefunden: 562.0560.

**3,4-Di-*O*-benzyl-6,7-didesoxy-D-glucal-6-in (117a)**

**$C_{21}H_{20}O_3$ (320.38)**

Zu einer Suspension von $K_2CO_3$ (859 mg, 6.20 mmol, 3.00 Äq) und Aldehyd **116a** (670 mg, 2.06 mmol, 1.0 Äq.) in MeOH (6.0 mL) wurde eine Lösung von DMOPP (344 µL, 2.48 mmol,

1.20 Äq.) und $p$-TsN$_3$ (489 mg, 2.48 mmol, 1.20 Äq.) in MeCN (30 mL) getropft. Anschließend wurde die Reaktionsmischung für etwa 3 h unter Dünnschichtchromatographiekontrolle gerührt und anschließend mit EtOAc verdünnt sowie mit ges. wässriger NaHCO$_3$-Lösung gewaschen. Die vereinigten organischen Phasen wurden über Na$_2$SO$_4$ getrocknet, filtriert und das Lösungsmittel am Vakuum entfernt. Nach Säulenchromatographie an Kieselgel (Pentan:EtOAc, 10:1) wurden 216 mg (674 µmol, 33%) der Verbindung **117a** als farbloses Öl erhalten.

Analytische Daten von Verbindung **117a**:

$[\alpha]_D^{20}$ = 0.0° (c = 0.13, CHCl$_3$). R$_f$: 0.21 (Pentan:EtOAc = 6:1).

**$^1$H-NMR** (300 MHz, CDCl$_3$): δ = 2.55 (d, $J$ = 2.3 Hz, 1 H, 7-H), 3.82 (dd, $J$ = 5.8, 8.2 Hz, 1 H, 4-H), 4.06–4.13 (m, 1 H, 5-H), 4.58–4.63 (m, 3 H, 3-H, -CH$_2$Ph), 4.78 (d, $J$ = 11.2 Hz, 1 H, -CH$_2$Ph), 4.86–4.94 (m, 2 H, 2-H, -CH$_2$Ph), 6.37 (dd, $J$ = 1.5, 6.2 Hz, 1 H, 1-H), 7.22–7.40 (m, 10 H, Ph-H).

**$^{13}$C-NMR** (125 MHz, CDCl$_3$): δ = 67.1 (C-5), 70.9, 74.1, 74.2, 74.8, 77.4 (C-3, C-4, C-7, -CH$_2$Ph), 79.6 (C-6), 101.0 (C-2), 127.6, 127.6, 127.8, 127.8, 127.9, 128.3 (C-Ph), 137.6, 138.1 (C-Ph$_q$), 143.8 (C-1).

**IR** (ATR): $\tilde{v}$ (cm$^{-1}$) = 2603, 2351, 2126, 1954, 1877, 1813, 1731.

**MS** (ESI): $m/z$ (%) = 343.1 (100) [M+Na]$^+$. **HRMS** (ESI) : $m/z$ berechnet für C$_{21}$H$_{20}$O$_3$: [M+Na]$^+$: 343.1305, gefunden: 343.1307.

**3,4-Di-$O$-benzyl-6,7-didesoxy-D-galactal-6-in (117b)**

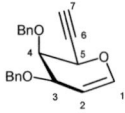

C$_{21}$H$_{20}$O$_3$ (320.38)

Zu einer Suspension von K$_2$CO$_3$ (64 mg, 462 µmol, 3.00 Äq) und Aldehyd **116b** (50 mg, 154 µmol, 1.0 Äq.) in MeOH (1.0 mL) wurde eine Lösung von DMOPP (26 µL, 185 µmol, 1.20 Äq.) und $p$-TsN$_3$ (36.5 mg, 185 µmol, 1.20 Äq.) in MeCN (2.0 mL) getropft. Anschließend wurde die Reaktionsmischung für etwa 3 h unter Dünnschichtchromatographiekontrolle gerührt und anschließend mit EtOAc verdünnt sowie mit ges. wässriger NaHCO$_3$-Lösung gewaschen. Die vereinigten organischen Phasen wurden über Na$_2$SO$_4$ getrocknet, filtriert und das Lösungsmittel am Vakuum entfernt. Nach Säulenchromatographie an Kieselgel (Pentan:EtOAc, 10:1) wurden 13 mg (40.6 µmol, 26%) der Verbindung **117b** als klares Öl erhalten.

Analytische Daten von Verbindung **117b**:

$[\alpha]_D^{20}$ = 26.8° (c = 1.11, CHCl₃). **R_f**: 0.10 (Pentan:EtOAc = 6:1).

**¹H-NMR** (600 MHz, CDCl₃): δ = 2.50 (d, $J$ = 2.5 Hz, 1 H, 7-H), 3.91–3.93 (m, 1 H, 4-H), 4.14–4.17 (m, 1 H, 3-H), 4.60–4.62 (m, 2 H, -CH₂Ph), 4.69–4.71 (m, 1 H, 5-H), 4.86–4.89 (m, 2 H, -CH₂Ph), 4.92–4.95 (m, 1 H, 2-H), 6.36 (dd, $J$ = 1.7, 6.6 Hz, 1 H, 1-H), 7.24–7.35 (m, 8 H, Ph-H), 7.41–7.44 (m, 2 H, Ph-H).

**¹³C-NMR** (125 MHz, CDCl₃): δ = 66.2 (C-5), 69.5 (C-3), 70.8 (-CH₂Ph), 72.6 (C-4), 73.3 (-CH₂Ph), 74.7 (C-7), 79.5 (C-6), 100.5 (C-2), 127.4, 127.6, 128.1, 128.4 (C-Ph), 137.8, 138.2 (C-Ph_q), 143.8 (C-1).

**IR** (ATR): $\tilde{\nu}$ (cm⁻¹) = 3325, 2986, 2102, 1980.

**MS** (ESI): $m/z$ (%) = 343.1 (100) [M+Na]⁺. **HRMS** (ESI) : $m/z$ berechnet für C₂₁H₂₀O₃: [M+Na]⁺: 343.1305, gefunden: 343.1311.


**3,4-Di-*O*-benzyl-6,7-didesoxy-2-*O*-pivaloyl-β-D-glucohept-6-inpyranosyldibutylphosphat (118a)**

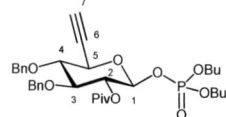

**C₃₄H₄₇O₉P (630.71)**

Das Glucal **117a** (61 mg, 191 µmol, 1.00 Äq.) wurde in CH₂Cl₂ (1.9 mL) gelöst. Die Lösung wurde auf 0 °C gekühlt. Es wurde eine Lösung von DMDO in Aceton (0.07 M, 4.08 mL, 286 µmol, 1.50 Äq.) zugetropft und für 20 min bei 0 °C gerührt. Das Lösungsmittel wurde am Vakuum entfernt und der Rückstand in CH₂Cl₂ (2.9 mL) aufgenommen. Die Lösung wurde auf -78 °C gekühlt. Bei dieser Temperatur wurde Dibutylphosphat (45.4 µL, 228 µmol, 1.50 Äq.) zugetropft und auf -25 °C erwärmt. Die Reaktion wurde für 20 min bei -25 °C gerührt. Anschließend wurden DMAP (93 mg, 763 µmol, 4.00 Äq.) und Pivaloylchlorid (47 µL, 381 µmol, 2.00 Äq.) zugegeben und es wurde auf -15 °C erwärmt. Die Reaktionsmischung wurde für weitere 60 min gerührt, mit Hexan und EtOAc verdünnt und der Rückstand über Kieselgel abfiltriert. Das Lösungsmittel wurde unter vermindertem Druck entfernt und nach säulenchromatographischer Reinigung an Kieselgel (Pentan:EtOAc, 3:1 → 1:1) wurden 54 mg (85.6 µmol, 45%) des Dibutylphosphats **118a** als gelbes Öl isoliert.

Analytische Daten von Verbindung **118a**:

$[\alpha]_D^{20}$ = +38.9° (c =0.19 , CHCl₃). **R_f**: 0.34 (Pentan:EtOAc = 2:1).

**¹H-NMR** (300 MHz, CDCl₃): δ = 0.81–0.98 (m, 6 H, CH₃,Bu), 1.10–1.26 (m, 9 H, CH₃,Piv), 1.29–1.45 (m, 4 H, CH₂,Bu), 1.52–1.76 (m, 4 H, CH₂,Bu), 2.51 (d, $J$ = 2.1 Hz, 1 H, 7-H), 3.60 (t, $J$ = 9.0 Hz, 1 H, 3-H), 3.73 (dd, $J$ = 9.6, 9.6 Hz, 1 H, 4-H), 3.92–4.01 (m, 1 H, 2-H), 4.21 (dd, $J$ = 2.1, 9.6 Hz, 1 H, 5-H), 4.43–4.97 (m, 7 H, 1-H, CH₂,Bu, -CH₂Ph), 5.06–5.25 (m, 2 H, CH₂,Bu), 7.17–7.38 (m, 10 H, Ph-H).

**¹³C-NMR** (125 MHz, CDCl₃): δ = 13.6 (CH₃,Bu), 18.6 (CH₂,Bu), 27.1 (CH₃,Piv), 32.1 (CH₂,Bu), 38.8 (C-Pivq), 66.3, 68.0, 72.3, 74.9, 75.2, 75.5, 77.4, 79.3, 81.3, 81.5 (C-2, C-3, C-4, C-5, C-6, C-7, CH₂,Bu, -CH₂Ph), 96.1 (C-1), 127.2, 127.5, 127.8, 127.9, 128.1, 128.2, 128.3 (C-Ph), 137.4, 137.7 (C-Phq), 176.5 (CO).

**IR** (ATR): $\tilde{\nu}$ (cm⁻¹) = 3469, 3452, 3284, 3030, 2921, 1710.

**MS** (ESI): $m/z$ (%) = 653.3 (100) [M+Na]⁺. **HRMS** (ESI) : $m/z$ berechnet für C₃₄H₄₇O₉P: [M+Na]⁺: 653.2850, gefunden: 653.2850.


**3,4-Di-*O*-benzyl-6,7-didesoxy-2-*O*-pivaloyl-β-D-galactohept-6-inpyranosyldibutyl-phosphat (118b)**

**C₃₄H₄₇O₉P** (630.71)

Das Glucal **117b** (10 mg, 31.3 µmol, 1.00 Äq.) wurde in CH₂Cl₂ (1.0 mL) gelöst. Die Lösung wurde auf 0 °C gekühlt. Es wurde eine Lösung von DMDO in Aceton (0.06 M, 781 µL, 46.8 µmol, 1.50 Äq.) zugetropft und für 20 min bei 0 °C gerührt. Das Lösungsmittel wurde am Vakuum entfernt und der Rückstand in CH₂Cl₂ (1.0 mL) aufgenommen. Die Lösung wurde auf -78 °C gekühlt. Bei dieser Temperatur wurde Dibutylphosphat (7.5 µL, 37.5 µmol, 1.50 Äq.) zugetropft und auf -25 °C erwärmt. Die Reaktion wurde für 20 min bei -25 °C gerührt. Anschließend wurden DMAP (15.3 mg, 125 µmol, 4.00 Äq.) und Pivaloylchlorid (7.7 µL, 62.5 µmol, 2.00 Äq.) zugegeben und es wurde auf 0 °C erwärmt. Die Reaktionsmischung wurde für weitere 60 min gerührt, mit Hexan und EtOAc verdünnt und der Rückstand über Kieselgel abfiltriert. Das Lösungsmittel wurde unter vermindertem Druck entfernt und nach säulenchromatographischer Reinigung an Kieselgel (Pentan:EtOAc, 2:1 ⟶ 1:1) wurden 8.7 mg (13.8 µmol, 44%) des Dibutylphosphats **118b** als gelbes Öl isoliert.

Analytische Daten von Verbindung **118b**:

$[\alpha]_D^{20}$ = 73.3° (c = 0.36, CHCl₃). **R$_f$**: 0.26 (Pentan:EtOAc = 2:1).

**¹H-NMR** (600 MHz, CDCl₃): δ = 0.89–0.92 (m, 6 H, CH₃,Bu), 1.17–1.23 (m, 9 H, CH₃,Piv), 1.35–1.40 (m, 4 H, CH₂,Bu), 1.62–1.64 (m, 4 H, CH₂,Bu), 2.44 (d, $J$ = 2.3 Hz, 1 H, 7-H), 3.89 (dd, $J$ = 2.3, 10.4 Hz, 1 H, 3-H), 3.96–3.98 (m, 1 H, 4-H), 4.01–4.08 (m, 4 H, CH₂,Bu), 4.48–4.63 (m, 2 H, -CH₂Ph), 4.70–4.72 (m, 1 H, 5-H), 4.84–4.96 (m, 2 H, -CH₂Ph), 5.34 (dd, $J$ = 3.3, 10.5 Hz, 1 H, 1-H), 5.80–5.83 (m, 1 H, 2-H), 7.22–7.34 (m, 8 H, Ph-H), 7.38–7.41 (m, 2 H, Ph-H).

**¹³C-NMR** (125 MHz, CDCl₃): δ = 13.6 (CH₃,Bu), 18.6 (CH₂,Bu), 27.2 (CH₃,Piv), 32.2 (CH₂,Bu), 38.8 (C-Piv$_q$), 63.8 (C-5), 67.8 (CH₂,Bu), 69.0 (C-2), 72.7 (-CH₂Ph), 74.8 (C-7), 75.0 (C-3), 76.0 (C-4), 78.6 (C-6), 94.7 (C-1), 127.3, 127.5, 127.7, 128.0, 128.2, 128.3 (C-Ph), 137.6, 137.7 (C-Ph$_q$), 177.3 (CO).

**IR** (ATR): ṽ (cm⁻¹) = 3412, 3089, 2726, 2129, 1953, 1876.

**UV** (CH₃CN): λ$_{max}$ (lg ε) = 205.0 nm (4.24), 251.5 (2.80), 257.0 (2.81).

**MS** (ESI): $m/z$ (%) = 653.3 (100) [M+Na]⁺. **HRMS** (ESI) : $m/z$ berechnet für C₃₄H₄₇O₉P: [M+Na]⁺: 653.2850, gefunden: 653.2850.


**2-(Phenylethinyl)-3,4,6-tri-*O*-acetyl-D-galactal (122a)**

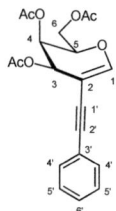

**C₂₀H₂₀O₇ (372.37)**

Eine Lösung des 2-Bromgalactals **121a** (70.2 mg, 200 µmol, 1.00 Äq.) und Phenylacetylen (27 µL, 240 µmol, 1.20 Äq.) in NEt₃ (2 mL) wurde nach AAV7 mit Pd(PPh₃)₂Cl₂ (7.0 mg, 9.9 µmol, 5 mol%) und CuI (3.8 mg, 19.9 µmol, 10 mol%) behandelt. Die Lösung wurde über 16 h bei 70 °C gerührt. Die säulenchromatographische Reinigung an Kieselgel (Pentan:EtOAc, 9:1 → 3:1) erbrachte 49.0 mg (132 µmol, 66%) der Verbindung **122a** als gelbes Öl.

Analytische Daten von Verbindung **122a**:

$[\alpha]_D^{20}$ = +54.0° (c = 0.10, CHCl₃). **R$_f$**: 0.38 (Hexan:EtOAc = 3:1).

**¹H-NMR** (300 MHz, CDCl₃): δ = 2.03–2.15 (m, 9 H, CH₃), 4.21–4.41 (m, 4 H, 4-H, 5-H, 6-H, 6-H'), 5.50 (dd, $J$ = 1.6, 4.5 Hz, 1 H, 3-H), 6.94 (d, $J$ = 1.6 Hz, 1 H, 1-H), 7.26–7.37 (m, 5 H, Ph-H).

¹³**C-NMR** (125 MHz, CDCl₃): δ = 20.7, 20.7, 20.7 (CH₃), 61.7 (C-6), 63.2 (C-3), 64.4 (C-4), 73.5 (C-5), 83.3 (C-1'), 90.3 (C-2'), 97.0 (C-2), 123.1 (C- Ph), 127.9 (C-Ph), 128.2 (C-Ph), 130.1 (C-Ph), 150.4 (C-1), 169.9, 170.0, 170.3 (CO).

**IR** (ATR): $\tilde{v}$ (cm⁻¹) = 3082, 2965, 2934, 2340, 1593, 1488, 1407.

**MS** (ESI): *m/z* (%) = 395.2 (100) [M+Na]⁺. **HRMS** (ESI) : *m/z* berechnet für C₂₀H₂₀O₇: [M+Na]⁺: 395.1101, gefunden: 395.1103.

**2-(Trimethylsilylethinyl)-3,4,6-tri-*O*-acetyl-D-galactal (122b)**

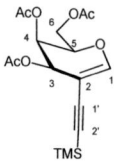

**C₁₇H₂₄O₇Si** (368.45)

Eine Lösung von 2-Bromgalactal **121b** (351 mg, 1.00 mmol, 1.00 Äq.) und Trimethylsilylacetylen (160 mg, 1.63 mmol, 1.60 Äq.) in NEt₃ und THF (4:1, 5 mL) wurde nach AAV7 mit Pd(PPh₃)₂Cl₂ (35.0 mg, 5.0 mmol, 5 mol%) und CuI (19.0 mg, 10.0 µmol, 10 mol%) behandelt. Die Lösung wurde über 16 h bei 70 °C gerührt. Die säulenchromatographische Reinigung an Kieselgel (Pentan:EtOAc, 9:1 ⟶ 3:1) erbrachte 160 mg (434 µmol, 43%) der Verbindung **122b** als gelbes Öl.

Analytische Daten von Verbindung **122b**:

[α]$_D^{20}$ = +73.5° (c = 0.23, CHCl₃). **R_f**: 0.49 (Hexan:EtOAc = 3:1).

¹**H-NMR** (300 MHz, CDCl₃): δ = 0.13–0.23 (m, 9 H, CH₃), 2.03 (s, 3 H, CH₃), 2.07 (s, 3 H, CH₃), 2.12 (s, 3 H, CH₃), 4.18–4.34 (m, 3 H, 4-H, 6-H, 6-H'), 4.83 (dd, *J* = 1.5 Hz, 4.8 Hz, 1 H, 3-H), 5.64–5.68 (m, 1 H, 5-H), 6.87 (d, *J* = 1.5 Hz, 1 H, 1-H).

¹³**C-NMR** (125 MHz, CDCl₃): δ = 0.0 (CH₃), 20.6, 20.7, 20.7 (CH₃), 61.6 (C-6), 63.0 (C-3), 64.1 (C-4), 73.6 (C-5), 95.5 (C-1'), 97.1 (C-2'), 98.9 (C-2), 151.3 (C-1), 169.9, 170.2 (CO).

**IR** (ATR): $\tilde{v}$ (cm⁻¹) = 2963, 2899, 2144, 1434, 1410, 1314.

**MS** (ESI): *m/z* (%) = 391.1 (100) [M+Na]⁺. **HRMS** (ESI) : *m/z* berechnet für C₁₇H₂₄O₇Si: [M+Na]⁺: 391.1184, gefunden: 391.1177.

## 3,4,6-Tri-*O*-acetyl-1,2-didesoxy-2-(*R*)-phenylethyl-D-galactopyranosid (123a)

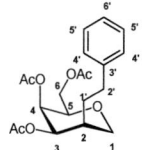

$C_{20}H_{26}O_7$ (378.42)

Eine Lösung des Enins **122a** (28.5 mg, 75.7 µmol, 1.00 Äq.) in MeOH:CH$_2$Cl$_2$:EtOAc (3:1:1, 5 mL) wurde nach AAV8 mit PEARLMAN-Katalysator (Pd(OH)$_2$/C, 10 mg) und Wasserstoff (2 bar) behandelt. Die Reaktion wurde über Nacht bei Umgebungstemperatur gerührt. Die Reinigung erfolgte durch Säulenchromatographie an Kieselgel (Pentan:EtOAc = 9:1 → 3:1) und ergab 28.0 mg (74.4 µmol, 97%) des Kohlenhydratderivats **123a** als gelbes Öl.

Analytische Daten von Verbindung **123a**:

$[\alpha]_D^{20}$ = -5.5° (c = 0.20, CHCl$_3$). $R_f$: 0.34 (Hexan:EtOAc = 3:1).

**¹H-NMR** (300 MHz, CDCl$_3$): δ =1.88–1.94 (m, 1 H, 2-H), 2.01–2.07 (m, 9 H, CH$_3$), 2.45–2.60 (m, 2 H, 1'-H, 2'-H), 2.65–2.80 (m, 2 H, 1'-H, 2'-H), 3.49–3.61 (m, 1 H, 1-H), 3.84–4.00 (m, 2 H, 1-H, 5-H), 4.06–4.14 (m, 1 H, 6-H), 4.26–4.32 (m, 1 H, 6-H'), 5.16–5.23 (m, 2 H, 3-H, 4-H), 7.13–7.32 (m, 5 H, Ph-H).

**¹³C-NMR** (125 MHz, CDCl$_3$): δ =20.9, 20.9, 20.9 (CH$_3$), 27.5 (C-1'), 33.8 (C-2'), 37.5 (C-2), 61.8 (C-6), 66.9 (C-1), 67.8 (C-4), 70.0 (C-3), 74.4 (C-5), 125.9 (C-Ph), 128.2 (C-Ph), 128.4 (C-Ph), 141.5 (C-Ph), 169.8, 169.8, 170.6 (CO).

**IR** (ATR): $\tilde{\nu}$ (cm$^{-1}$) = 3061, 3025, 2961, 2933, 2858, 1602, 1573.

**MS** (ESI): m/z (%) = 401.2 (100) [M+Na]$^+$. **HRMS** (ESI) : m/z berechnet für C$_{20}$H$_{26}$O$_7$: [M+Na]$^+$: 401.1571, gefunden: 401.1574.


## 2-(2'-Trimethylsilylethyl)-3,4,6-tri-*O*-acetyl-D-galactal (123b)

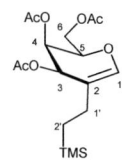

$C_{17}H_{28}O_7Si$ (372.49)

Eine Lösung des Enins **122b** (40.3 mg, 109 µmol, 1.00 Äq.) in MeOH:CH$_2$Cl$_2$:EtOAc (3:1:1, 5 mL) wurde nach AAV7 mit PEARLMAN-Katalysator (Pd(OH)$_2$/C, 10 mg) und Wasserstoff (2 bar) behandelt. Die Reinigung erfolgte durch Säulenchromatographie an Kieselgel (Pentan:EtOAc, 9:1 → 3:1) und ergab 35.0 mg (94.0 µmol, 87%) des Kohlenhydratderivates **123b** als klares Öl.

Analytische Daten von Verbindung **123b**:

[α]$_D^{20}$ = +25.3° (c = 0.17, CHCl$_3$). **R**$_f$: 0.56 (Hexan:EtOAc = 3:1).

**¹H-NMR** (300 MHz, CD$_3$OD): δ = –0.06–0.02 (m, 9 H, CH$_3$), 0.43–0.50 (m, 1 H, 2'-H), 0.55–0.65 (m, 1 H, 2'-H), 1.81–2.01 (m, 2 H, 1'-H), 2.04 (s, 3 H, CH$_3$), 2.08 (s, 3 H, CH$_3$), 2.11 (s, 3 H, CH$_3$), 4.17–4.30 (m, 3 H, 4-H, 6-H, 6-H'), 5.42 (dd, $J$ = 1.6, 4.9 Hz, 1 H, 3-H), 5.66 (d, $J$ = 4.7 Hz, 1 H, 5-H) 6.30 (s, 1 H, 1-H).

**¹³C-NMR** (125 MHz, CD$_3$OD): δ = –1.7 (CH$_3$), 14.9 (C-2'), 20.7, 20.8, 20.9 (CH$_3$), 22.8 (C-1'), 62.0 (C-6), 64.6 (C-3*), 64.7 (C-4*), 72.5 (C-5), 112.6 (C-2), 139.7 (C-1), 170.0, 170.4, 170.5 (CO).

**IR** (ATR): $\tilde{v}$ (cm⁻¹) = 2952, 2923, 1666, 1438, 1103.

**MS** (ESI): $m/z$ (%) = 395.2 (60) [M+Na]⁺. **HRMS** (ESI) : $m/z$ berechnet für C$_{17}$H$_{28}$O$_7$Si: [M+Na]⁺: 395.1497, gefunden: 395.1497.

**Methyl-(3,4,6-tri-*O*-tri*iso*propylsilyl-D-glucalyl)-(1→7*C*)-2,3,4-tri-*O*-benzyl-6-didehydro-7*C*-α-D-mannopyranosid (60b')**

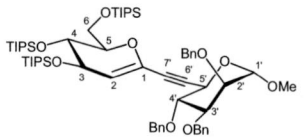

**C$_{62}$H$_{98}$O$_9$Si$_3$** (1071.69)

Eine Lösung von Iodglucal **61a** (561 mg, 757 µmol, 1.0 Äq.) und Alkin **62b** (347 mg, 757 µmol, 1.0 Äq.) in NEt$_3$ (24 mL) wurde nach AAV7 mit Pd(PPh$_3$)$_2$Cl$_2$ (26.5 mg, 38 µmol, 5 mol%) und CuI (14.4 mg, 75 µmol, 10 mol%) behandelt. Die Lösung wurde über Nacht bei Umgebungs-temperatur gerührt. Die säulenchromatographische Reinigung an Kieselgel (Pentan:EtOAc, 12:1) erbrachte 600 mg (560 µmol, 74%) des gewünschten *C*-Disaccharids **60b'** als gelbliches Öl.

Analytische Daten von Verbindung **60b'**:

[α]$_D^{20}$ = +30.2° (c = 0.55, CHCl$_3$). **R**$_f$: 0.40 (Pentan:EtOAc = 6:1).

**¹H-NMR** (600 MHz, CDCl₃): δ = 0.90–1.07 (m, 63 H, TIPS-H), 3.31 (s, 3 H, OCH₃), 3.68–3.77 (m, 2 H, 2'-H, 4'-H), 3.87–4.17 (m, 6 H, 3-H, 4-H, 5-H, 6-H, 6-H', 3'-H), 4.26–4.32 (m, 1 H, 5'-H), 4.39–4.96 (m, 7 H, -CH₂Ph, 1'-H), 5.25–5.28 (m, 1 H, 2-H), 7.22–7.38 (m, 15 H, Ph-H).

**¹³C-NMR** (125 MHz, CDCl₃): δ = 12.3 (CH,TIPS), 18.1 (CH₃,TIPS), 55.2 (OCH₃), 60.4 (C-6), 63.2 (C-5'), 65.8 (C-3*), 69.3 (C-4*), 72.7, 72.9 (-CH₂Ph), 74.8 (C-4'*), 75.5 (-CH₂Ph), 78.5 (C-3'*), 78.9 (C-2'*), 80.9 (C-7'), 81.2 (C-5), 84.8 (C-6'), 99.3 (C-1'), 107.2 (C-2), 127.4, 127.5, 127.8, 128.1, 128.2, 128.3 (C-Ph), 135.6 (C-1), 138.1, 138.5 (C-Ph_q).

**IR** (Film): ṽ (cm⁻¹) = 2944, 1728, 1464, 1265, 1065.

**UV** (CH₃CN): λ_max (lg ε) [nm] = 235.0 (4.06).

**MS** (ESI): m/z (%) = 1093.6 (100). [M+Na]⁺. **HRMS** (ESI): m/z berechnet für C₆₂H₉₈O₉Si₃: [M+Na]⁺: 1093.64109, gefunden: 1093.64083.

**Methyl-(D-glucalyl)-(1→7C)-2,3,4-tri-O-benzyl-6-didehydro-7C-α-D-mannopyranosid (60b'')**

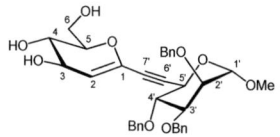

**C₃₅H₃₈O₉** (602.67)

Eine Lösung von TBAF·3H₂O (795 mg, 2.50 mmol, 4.50 Äq.) in THF (4.8 mL) wurde nach AAV4 mit einer Lösung von C-Disaccharid **60b'** (596 mg, 556 µmol, 1.00 Äq.) in THF (20 mL) zur Reaktion gebracht. Die säulenchromatographische Reinigung an Kieselgel (CH₂Cl₂:MeOH, 12:1) ergab 290 mg (481 µmol, 86%) des gewünschten C-Disaccharids **60b''** als weißen Feststoff.

Analytische Daten von Verbindung **60b''**:

[α]_D²⁰ = +90.7° (c = 1.4, MeOH). **R_f**: 0.27 (CH₂Cl₂:MeOH = 12:1).

**¹H-NMR** (300 MHz, CD₃OD): δ =3.39 (s, 3 H, OCH₃), 3.54–3.92 (m, 7 H, 4-H, 5-H, 6-H, 6-H', 2'-H, 3'-H, 4'-H), 4.15 (dd, J = 2.8, 7.2 Hz, 1 H, 3-H), 4.34 (d, J = 9.4 Hz, 1 H, 5'-H), 4.55–4.87 (m, 7 H, -CH₂Ph, 1'-H), 5.14 (d, J = 2.8 Hz, 1 H, 2-H), 7.19–7.39 (m, 15 H, Ph-H).

**¹³C-NMR** (125 MHz, CD₃OD): δ = 58.2 (OCH₃), 64.5 (C-6), 66.7 (C-5'), 72.6 (C-4), 73.3 (C-3), 75.8, 76.4, 78.6 (-CH₂Ph), 79.0 (C-7'), 82.1 (C-5), 82.4 (C-3'), 83.1 (C-4'), 83.8 (C-2'), 89.5 (C-6'), 103.1 (C-1'), 114.4 (C-2), 131.1, 131.2, 131.3, 131.6, 131.7, 131.8 (C-Ph), 140.5 (C-1), 141.9, 142.0 (C-Ph_q).

**IR** (KBr): $\tilde{v}$ (cm$^{-1}$) = 3343, 2918, 1642, 1454, 1269, 1209.

**UV** (MeOH): $\lambda_{max}$ (lg $\varepsilon$) [nm] = 205.0 (4.46), 240.0 (4.07).

**MS** (ESI): $m/z$ (%) = 625.2 (100) [M+Na]$^+$. **HRMS** (ESI): $m/z$ berechnet für $C_{35}H_{38}O_9$: [M+Na]$^+$: 625.2408, gefunden: 625.2421.

**Methyl-(3,4,6-tri-$O$-benzyl-D-glucalyl)-(1→7$C$)-2,3,4-tri-$O$-benzyl-6-didehydro-7$C$-α-D-mannopyranosid (60b)**

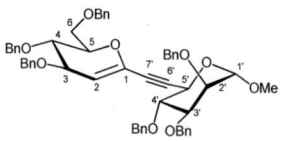

$C_{56}H_{56}O_9$ (873.04)

Eine Lösung des $C$-Disaccharids **60b''** (243 mg, 404 µmol, 1.00 Äq.) in DMF (5 mL) wurde nach AAV9 mit NaH (60% in Mineralöl, 72.7 mg, 1.82 mmol, 4.50 Äq.) und Benzylbromid (216 µmol, 1.82 mmol, 4.50 Äq.) zur Reaktion gebracht. Das Rohprodukt wurde durch Säulenchromatographie an Kieselgel (Pentan:EtOAc, 10:1 → 6:1) gereinigt und es konnten 289 mg (331 mol, 82%) des gewünschten $C$-Disaccharids **60b** als farbloses Öl isoliert werden.

Analytische Daten von Verbindung **60b**:

$[\alpha]_D^{20}$ = +48.6° (c = 0.70, CHCl$_3$). **R$_f$**: 0.32 (Pentan:EtOAc = 3:1).

**$^1$H-NMR** (600 MHz, CDCl$_3$): δ = 3.31 (s, 3 H, OCH$_3$), 3.71–3.72 (m, 1 H, 4-H*), 3.72–4.12 (m, 7 H, 4-H*, 5-H*, 6-H, 2'-H*, 3'-H*, 4'-H*), 4.23 (dd, $J$ = 3.0, 6.5 Hz, 1 H, 3-H), 4.40–4.93 (m, 14 H, -CH$_2$Ph, 1'-H, 5'-H*), 5.32 (d, $J$ = 3.0 Hz, 1 H, 2-H), 7.11–7.39 (m, 30 H, Ph-H).

**$^{13}$C-NMR** (125 MHz, CDCl$_3$): δ = 55.3 (OCH$_3$), 63.2 (C-5'*), 68.3 (C-6), 70.5, 72.6, 73.0, 73.5 (-CH$_2$Ph), 73.8 (C-4*), 73.6, 74.8 (-CH$_2$Ph), 75.7 (C-3), 76.3 (C-4'*), 77.8 (C-5*), 78.6 (C-3'*), 79.0 (C-2'*), 79.6 (C-7'*), 86.4 (C-6'*), 99.4 (C-1'), 107.3 (C-2), 127.5, 127.6, 127.7, 127.8, 128.2, 128.3 (C-Ph), 137.7 (C-1), 138.0, 138.1, 138.2, 138.4 (C-Ph$_q$).

**IR** (Film): $\tilde{v}$ (cm$^{-1}$) = 2923, 1726, 1496, 1454.

**UV** (CH$_3$CN): $\lambda_{max}$ (lg $\varepsilon$) [nm] = 235.0 (4.02).

**MS** (ESI): $m/z$ (%) = 895.4 (100) [M+Na]$^+$. **HRMS** (ESI): $m/z$ berechnet für $C_{56}H_{56}O_9$: [M+Na]$^+$: 895.3817, gefunden: 895.3829.

**Methyl-(3,4,6-tri-*O*-tri*iso*propylsilyl-D-glucalyl)-(1→7*C*)-2,3,4-tri-*O*-benzyl-6-didehydro-7*C*-α-D-galactopyranosid (60c')**

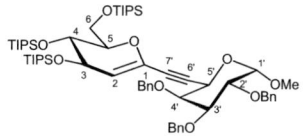

$C_{62}H_{98}O_9Si_3$ (1071.69)

Eine Lösung von Iodglucal **61a** (748 mg, 1.01 mmol, 1.00 Äq.) und Alkin **62c** (480 mg, 1.04 mmol, 1.00 Äq.) in NEt$_3$ (25 mL) und THF (9 mL) wurde nach AAV7 mit Pd(PPh$_3$)$_2$Cl$_2$ (35.4 mg, 50 µmol, 5 mol%) und CuI (19.1 mg, 100 µmol, 10 mol%) behandelt. Die Lösung wurde über Nacht bei Umgebungstemperatur gerührt. Die säulenchromatographische Reinigung an Kieselgel (Pentan:EtOAc, 7:1) erbrachte 508 mg (474 µmol, 47%) des gewünschten *C*-Disaccharids **60c'** als farbloses Öl.

Analytische Daten von Verbindung **60c'**:

$[α]_D^{20}$ = +23.4° (c = 1.06, CHCl$_3$). **R$_f$**: 0.45 (Pentan:EtOAc = 4:1).

**$^1$H-NMR** (300 MHz, CDCl$_3$): δ = 0.94–1.09 (m, 54 H, TIPS), 2.14 (s, 9 H, TIPS), 3.37 (s, 3 H, OCH$_3$), 3.82 (dd, *J* = 3.2, 10.0 Hz, 1 H, 2'-H), 3.86–4.05 (m, 6 H, 3-H, 4-H, 6-H, 3'-H, 4'-H), 4.25–4.31 (m, 1 H, 5-H), 4.56–4.90 (m, 8 H, -CH$_2$Ph, 1'-H, 5'-H), 5.24–5.28 (m, 1 H, 2-H), 7.14–7.43 (m, 15 H, Ph-H).

**$^{13}$C-NMR** (125 MHz, CDCl$_3$): δ = 18.0 (CH,TIPS), 30.9 (CH$_3$,TIPS), 55.8 (OCH$_3$), 61.5 (C-6), 62.1 (C-5'), 65.7 (C-3), 69.3 (C-4), 72.9, 73.6, 75.1 (-CH$_2$Ph), 75.5 (C-4'*), 75.7 (C-3'*), 77.0 (C-2'*), 81.2 (C-7'), 81.3 (C-5), 83.3 (C-6'), 99.1 (C-1'), 107.6 (C-2), 127.3, 127.4, 127.6, 127.9, 128.0, 128.2, 128.3 (C-Ph), 135.3 (C-1), 138.1, 138.3, 138.5 (C-Ph$_q$).

**IR** (Film): $\tilde{v}$ (cm$^{-1}$) = 3031, 2943, 2866, 1637, 1496, 1463, 1387.

**UV** (CH$_3$CN): $λ_{max}$ (lg ε) = 230.5 nm (4.03).

**MS** (ESI): *m/z* (%) = 1093.6 (100) [M+Na]$^+$. **HRMS** (ESI): *m/z* berechnet für $C_{62}H_{98}O_9Si_3$: [M+Na]$^+$: 1093.6411, gefunden: 1093.6420.

**Methyl-(D-glucalyl)-(1→7C)-2,3,4-tri-O-benzyl-6-didehydro-7C-α-D-galactopyranosid (60c'')**

$C_{35}H_{38}O_9$ (602.67)

Eine Lösung von TBAF·3H$_2$O (662 mg, 2.10 mmol, 4.50 Äq.) in THF (4 mL) wurde nach AAV4 mit einer Lösung des C-Disaccharids **60c'** (500 mg, 467 μmol, 1.00 Äq.) in THF (17 mL) zur Reaktion gebracht. Die säulenchromatographische Reinigung an Kieselgel (CH$_2$Cl$_2$:MeOH, 12:1) ergab 226 mg (375 μmol, 80%) des gewünschten C-Disaccharids **60c''** als weißer Feststoff.

Analytische Daten von Verbindung **60c''**:

$[\alpha]_D^{20}$ = +65.7° (c = 0.35, MeOH). **R$_f$**: 0.35 (CH$_2$Cl$_2$:MeOH = 12:1).

**$^1$H-NMR** (600 MHz, CD$_3$OD): δ =3.36 (s, 3 H, OCH$_3$), 3.57–3.60 (m, 1 H, 4-H), 3.77–3.81 (m, 2 H, 5-H, 6-H), 3.85–3.88 (m, 2 H, 3'-H, 6-H), 3.94 (dd, J = 3.5, 10.0 Hz, 1 H, 2'-H), 4.05–4.06 (m, 1 H, 4'-H), 4.15 (dd, J = 3.0, 7.0 Hz, 1 H, 3-H), 4.58 (s$_{br}$, 3 H, OH), 4.64–7.40 (m, 4 H, -CH$_2$Ph), 4.72–4.74 (m, 3 H, 1'-H, -CH$_2$Ph), 5.11 (d, J = 2.7 Hz, 1 H, 2-H), 7.24–7.42 (m, 15 H, Ph-H).

**$^{13}$C-NMR** (125 MHz, CD$_3$OD): δ = 56.1 (OCH$_3$), 62.0 (C-6), 63.3 (C-5'), 70.1 (C-4), 70.8 (C-3), 73.6, 74.4, 76.4 (-CH$_2$Ph), 77.0 (C-2'), 78.6, 78.6 (C-3', C-4'), 81.0 (C-7'), 81.3 (C-5), 85.9 (C-6'), 100.2 (C-1'), 111.9 (C-2), 128.5, 128.7, 129.1, 129.3 (C-Ph), 138.0 (C-1), 139.6, 139.7 (C-Ph$_q$).

**IR** (Film): $\tilde{\nu}$ (cm$^{-1}$) = 3386, 3056, 2929, 1642, 1496, 1454, 1352, 1265.

**UV** (CH$_3$CN): $\lambda_{max}$ (lg ε) = 205.5 nm (4.42), 241.0 (4.05).

**MS** (ESI): m/z (%) = 625.2 (100) [M+Na]$^+$. HRMS (ESI): m/z berechnet für $C_{35}H_{38}O_9$: [M+Na]$^+$: 625.2408, gefunden: 625.2398.

**Methyl-(3,4,6-tri-O-benzyl-D-glucalyl)-(1→7C)-2,3,4-tri-O-benzyl-6-didehydro-7C-α-D-galactopyranosid (60c)**

$C_{56}H_{56}O_9$ (873.04)

Eine Lösung des C-Disaccharids **60c''** (220 mg, 365 µmol, 1.00 Äq.) in DMF (5 mL) wurde nach AAV9 mit NaH (60% in Mineralöl, 65.7 mg, 1.64 mmol, 4.50 Äq.) und Benzylbromid (195 µmol, 1.64 mmol, 4.5 Äq.) zur Reaktion gebracht. Das Rohprodukt wurde durch Säulenchromatographie an Kieselgel (Pentan:EtOAc, 6:1 ⟶ 2:1) gereinigt und es konnten 281 mg (322 µmol, 87%) des gewünschten C-Disaccharids **60c** als farbloses Öl isoliert werden.

Analytische Daten von Verbindung **60c**:

$[\alpha]_D^{20}$ = +28.8° (c = 0.48, CHCl₃). **R**$_f$: 0.08 (Pentan:EtOAc = 6:1).

**¹H-NMR** (300 MHz, CDCl₃): δ = 3.38 (s, 3 H, OCH₃), 3.70–3.91 (m, 5 H, 5-H, 6-H, 3'-H\*, 4'-H\*), 3.99–4.06 (m, 2 H, 4-H\*, 2'-H\*), 4.21 (dd, J = 3.0, 6.3 Hz, 1 H, 3-H\*), 4.44–4.98 (m, 14 H, -CH₂Ph, 1'-H, 5'-H\*), 5.27–5.29 (m, 1 H, 2-H), 7.16–7.45 (m, 30 H, Ph-H).

**¹³C-NMR** (125 MHz, CDCl₃): δ = 55.9 (OCH₃), 62.2 (C-5'\*), 68.2 (C-6), 70.4, 73.1, 73.5, 73.7, 73.8, 73.8 (-CH₂Ph), 75.0 (C-4\*), 75.6 (C-3\*), 76.1 (C-4'\*), 77.0 (C-5\*), 77.7 (C-3'\*), 77.8 (C-2'\*), 80.1 (C-7'\*), 85.0 (C-6'\*), 99.2 (C-1'), 107.5 (C-2), 127.4, 127.5, 127.6, 127.7, 128.0, 128.2, 128.3 (C-Ph), 137.4 (C-1), 137.9, 138.0, 138.2, 138.4 (C-Ph$_q$).

**IR** (KBr): $\tilde{\nu}$ (cm⁻¹) = 3087, 2991, 2862, 1951, 1869, 1453, 1349.

**UV** (CH₃CN): λ$_{max}$ (lg ε) = 241.5 nm (4.17).

**MS** (ESI): m/z (%) = 895.4 (100) [M+Na]⁺. **HRMS** (ESI): m/z berechnet für C₅₆H₅₆O₉: [M+Na]⁺: 895.3817, gefunden: 895.3831.

**Methyl-(3,4,6-tri-O-benzyl-D-galactalyl)-(1→7C)-2,3,4-tri-O-benzyl-6-didehydro-7C-α-D-glucopyranosid (60d)**

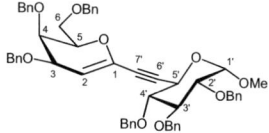

C₅₆H₅₆O₉ (873.04)

Eine Lösung des Lactons **90b** (231 mg, 513 µmol, 1.00 Äq.) in THF (13 mL) wurde mit HMPA (140 µL, 802 µmol, 1.50 Äq.), KHMDS (0.5 M in Toluol, 3.2 mL, 1.60 mmol, 3.00 Äq.) und einer Lösung von N-Phenyltrifluormethansulfonimid (572 mmol, 1.60 mmol, 3.00 Äq.) in THF (6.0 mL) nach AAV10 zur Reaktion gebracht. Der Rückstand wurde mit einer Lösung des Alkins **62a** (193 mg, 421 µmol, 0.82 Äq.) in NEt₃ (15 mL), Pd(PPh₃)₂Cl₂ (14.8 mg, 21 µmol, 5 mol%) und CuI (8.0 mg, 42 µmol, 10 mol%) behandelt. Die Reinigung erfolgte durch Säulenchromatographie an

Kieselgel (Pentan:EtOAc, 4:1) sowie anschließender GPC-HPLC-Trennung (CHCl$_3$) und ergab 358 mg (410 μmol, 97% über 2 Stufen) des gewünschten $C$-Disaccharids **60d** als gelbliches Öl.

Analytische Daten von Verbindung **60d**:

$[\alpha]_D^{20}$ = +7.9° (c = 1.64, CHCl$_3$). **R$_f$:** 0.39 (Pentan:EtOAc = 2:1).

**$^1$H-NMR** (600 MHz, CDCl$_3$): δ = 3.41 (s, 3 H, OCH$_3$), 3.50–3.53 (m, 1 H, 2'-H), 3.54–3.59 (m, 1 H, 4'-H), 3.70–3.75 (m, 2 H, 6-H, 6-H'), 3.88–3.93 (m, 1 H, 3'-H), 3.98–4.00 (m, 1 H, 3-H), 4.19–4.25 (m, 2 H, 4-H, 5-H), 4.38–4.42 (m, 2 H, -CH$_2$Ph), 4.45–4.51 (m, 4 H, 1'-H, 5'-H, -CH$_2$Ph), 4.56–4.68 (m, 2 H, -CH$_2$Ph), 4.79–4.96 (m, 6 H, -CH$_2$Ph), 5.32–5.33 (m, 1 H, 2-H), 7.24–7.40 (m, 30 H, Ph-H).

**$^{13}$C-NMR** (125 MHz, CDCl$_3$): δ = 55.6 (OCH$_3$), 61.9 (C-5'), 67.7 (C-6), 70.0 (C-3), 70.8 (-CH$_2$Ph), 73.4 (C-4), 73.5, 73.6, 75.6, 75.9 (-CH$_2$Ph), 76.4 (C-5), 79.2 (C-2'), 80.1 (C-7'), 80.8 (C-3'), 81.9 (C-4'), 85.6 (C-6'), 98.3 (C-1'), 107.5 (C-2), 127.2, 127.5, 127.6, 127.7, 127.8, 127.9, 128.0, 128.1, 128.2, 128.3, 128.4 (C-Ph), 136.6 (C-1), 137.7, 137.8, 137.9, 138.3, 138.5 (C-Ph$_q$).

**IR** (Film): $\tilde{\nu}$ (cm$^{-1}$) = 3060, 3031, 2921, 1701, 1638, 1496.

**UV** (CH$_3$CN): $\lambda_{max}$ (lg ε) [nm] = 204.0 (4.69), 240.5 (4.10).

**MS** (ESI): $m/z$ (%) = 895.3 (100) [M+Na]$^+$. **HRMS** (ESI): $m/z$ berechnet für C$_{56}$H$_{56}$O$_9$: [M+Na]$^+$: 895.3817, gefunden 895.3828.

**Methyl-(3,4,6-tri-$O$-benzyl-D-galactalyl)-(1→7$C$)-2,3,4-tri-$O$-benzyl-6-didehydro-7$C$-α-D-mannopyranosid (60e)**

C$_{56}$H$_{56}$O$_9$ (873.04)

Eine Lösung des Lactons **90b** (77.7 mg, 173 μmol, 1.00 Äq.) in THF (5 mL) wurde mit HMPA (47 μL, 270 μmol, 1.50 Äq.), KHMDS (0.5 M in Toluol, 1.1 mL, 540 μmol, 3.00 Äq.) und einer Lösung von $N$-Phenyltrifluormethansulfonimid (193 mg, 540 μmol, 3.00 Äq.) in THF (2.5 mL) nach AAV10 zur Reaktion gebracht. Der Rückstand wurde mit einer Lösung von Alkin **62b** (81 mg, 176 μmol, 1.02 Äq.) in NEt$_3$ (7.0 mL), Pd(PPh$_3$)$_2$Cl$_2$ (8.4 mg, 11.7 μmol, 7 mol%) und CuI (8.5 mg, 44.6 μmol, 20 mol%) behandelt. Die Reinigung erfolgte durch Säulenchromatographie an Kieselgel (Pentan:EtOAc, 6:1 → 4:1) sowie anschließender GPC-HPLC-Trennung (CHCl$_3$) und ergab 145 mg (166 μmol, 96% über zwei Stufen) des gewünschten $C$-Disaccharids **60e** als gelbliches Öl.

Analytische Daten von Verbindung **60e**:

$[\alpha]_D^{20}$ = +22.7° (c = 0.26, CHCl₃). R$_f$: 0.39 (Pentan:EtOAc = 2:1).

**¹H-NMR** (600 MHz, CDCl₃): δ = 3.31 (s, 3 H, OCH₃), 3.67–3.76 (m, 4 H, 5-H*, 6-H, 2'-H*), 3.95–3.97 (m, 1 H, 3-H*), 4.00 (t, *J* = 9.5 Hz, 1 H, 4'-H*), 4.16–4.21 (m, 2 H, 4-H*, 3'-H*), 4.35–4.47 (m, 3 H, CH₂Ph, 5'-H*), 4.54–4.92 (m, 11 H, -CH₂Ph, 1'-H), 5.28–5.33 (m, 1 H, 2-H), 7.14–7.39 (m, 30 H, Ph-H).

**¹³C-NMR** (125 MHz, CDCl₃): δ = 55.2 (OCH₃), 63.1 (C-5'*), 67.9 (C-6), 70.2 (C-3*), 70.8 (CH₂Ph), 71.6 (C-4*), 72.7 (CH₂Ph), 72.9 (CH₂Ph), 73.4 (CH₂Ph), 73.5 (CH₂Ph), 74.8 (C-5*), 75.6 (CH₂Ph), 76.3 (C-3'*), 78.5 (C-4'*), 78.9 (C-2'*), 79.8 (C-7'), 85.9 (C-6'), 99.3 (C-1'), 107.3 (C-2), 127.3, 127.4, 127.5, 127.6, 127.7, 127.8, 127.9, 128.1, 128.2, 128.3 (C-Ph), 136.8 (C-1), 137.8, 138.1, 138.3, 138.4 (C-Ph$_q$).

**IR** (Film): ṽ (cm⁻¹) = 3063, 3031, 2921, 1701, 1638, 1496.

**UV** (CH₃CN): λ$_{max}$ (lg ε) = 242.0 nm (4.09).

**MS** (ESI): *m/z* (%) = 895.4 (100) [M+Na]⁺. **HRMS** (ESI): *m/z* berechnet für C₅₆H₅₆O₉: [M+Na]⁺: 895.3817, gefunden 895.3824.

**Methyl-(3,4,6-tri-*O*-benzyl-D-galactalyl)-(1→7*C*)-2,3,4-tri-*O*-benzyl-6-didehydro-7*C*-α-D-galactopyranosid (60f)**

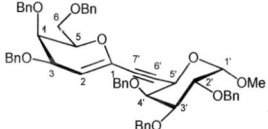

**C₅₆H₅₆O₉ (873.04)**

Eine Lösung des Lactons **90b** (264 mg, 586 µmol, 1.00 Äq.) in THF (15 mL) wurde mit HMPA (159 µL, 916 µmol, 1.50 Äq.), KHMDS (0.5 M in Toluol, 3.7 mL, 1.83 mmol, 3.00 Äq.) und einer Lösung von *N*-Phenyltrifluormethansulfonimid (654 mg, 1.83 mmol, 3.0 Äq.) in THF (7.0 mL) nach AAV10 zur Reaktion gebracht. Der Rückstand wurde mit einer Lösung von Alkin **62c** (280 mg, 611 µmol, 1.04 Äq.) in NEt₃ (22 mL), Pd(PPh₃)₂Cl₂ (21.4 mg, 30 µmol, 5 mol%) und CuI (11.6 mg, 60 µmol, 10 mol%) behandelt. Die Reinigung erfolgte durch Säulenchromatographie an Kieselgel (Pentan:EtOAc, 6:1) sowie anschließender GPC-HPLC-Trennung (CHCl₃) und ergab 383 mg (439 µmol, 75% über zwei Stufen) des gewünschten *C*-Disaccharids **60f** als gelbliches Öl.

Analytische Daten von Verbindung **60f**:

$[\alpha]_D^{20}$ = +12.1° (c = 0.14, CHCl$_3$). R$_f$: 0.61 (Pentan:EtOAc = 2:1).

**$^1$H-NMR** (600 MHz, CDCl$_3$): δ = 3.37 (s, 3 H, OCH$_3$), 3.65–3.71 (m, 2 H, 6-H), 3.83 (dd, $J$ = 4.5, 10.2 Hz, 1 H, 4'-H*), 3.86–3.89 (m, 1 H, 3'-H*), 3.93–3.96 (m, 1 H, 3-H*), 4.01 (dd, $J$ = 4.5, 10.2 Hz, 1 H, 5-H*), 4.13–4.20 (m, 2 H, 2'-H*, 4-H*), 4.37–4.94 (m, 14 H, -CH$_2$Ph, 1'-H, 5'-H), 5.25–5.28 (m, 1 H, 2-H), 7.15–7.44 (m, 30 H, Ph-H).

**$^{13}$C-NMR** (125 MHz, CDCl$_3$): δ = 55.9 (OCH$_3$), 62.2 (C-5'*), 67.8 (C-6), 70.1 (C-3*), 70.7 (-CH$_2$Ph), 71.6 (C-4*), 73.1, 73.4, 73.6, 73.7 75.0 (-CH$_2$Ph), 75.6 (C-5*), 76.7 (C-2'*) 77.2 (C-3'*), 77.8 (C-4'*), 80.3 (C-7'), 84.6 (C-6'), 99.1 (C-1'), 107.6 (C-2), 127.3, 127.4, 127.5, 127.6, 127.7, 127.9 128.0, 128.1, 128.2, 128.3 (C-Ph), 136.6 (C-1), 137.8, 138.0, 138.2, 138.3, 138.5 (C-Ph$_q$).

**IR** (Film): $\tilde{v}$ (cm$^{-1}$) = 3373, 3062, 3030, 2921, 1638, 1496, 1454, 1351.

**UV** (CH$_3$CN): $\lambda_{max}$ (lg ε) = 239 nm (4.07).

**MS** (ESI): $m/z$ (%) = 895.4 (100) [M+Na]$^+$. **HRMS** (ESI): $m/z$ berechnet für C$_{56}$H$_{56}$O$_9$: [M+Na]$^+$: 895.3817, gefunden: 895.3817.


## (2*E*)-Methyl-(3,4,6-tri-*O*-benzyl-D-glucalyl)-(1→7*C*)-3,4,6-tri-*O*-benzyl-2-methylen-α-D-glucopyranosid (65a)

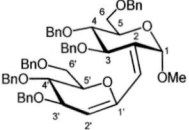

**C$_{56}$H$_{58}$O$_9$** (875.05)

Eine Lösung von Tributylstannylglucal **63c** (417 mg, 590 µmol, 1.07 Äq.) und Bromolefin **105a** (297.0 mg, 552 µmol, 1.00 Äq.) in DMF (6.5 mL) wurde mit CuI (42.0 mg, 221 µmol, 40 mol%), LiCl (58.5 mg, 1.38 mmol, 2.50 Äq.) und Pd(PPh$_3$)$_4$ (63.8 mg, 55.2 µmol, 10 mol%) versetzt und bei 80 °C für 18 h nach AAV11 zur Reaktion gebracht. Die Reinigung erfolgte durch Säulenchromatographie an Kieselgel (Pentan:EtOAc, 10:1 → 4:1) und ergab 314 mg (359 µmol, 65%) des gewünschten Diens **65a** als klares Öl.

Analytische Daten von Verbindung **65a**:

$[\alpha]_D^{20}$ = −1.5° (c = 0.46, CHCl$_3$). R$_f$: 0.36 (Hexan:EtOAc = 2:1).

**$^1$H-NMR** (300 MHz, C$_6$D$_6$): δ = 3.36 (s, 3 H, OCH$_3$), 3.51–3.61 (m, 1 H, 5*-H), 3.61–3.72 (m, 1 H, 6*-H), 3.79–4.84 (m, 18 H, 4-H, 6-H, 3'-H, 4'-H, 5'-H, 6'-H, -CH$_2$Ph), 4.88–5.03 (m, 3 H, 3*-H, 2'-H, CH$_2$Ph), 5.83 (s$_{br}$, 1 H, 1-H), 6.02 (s$_{br}$, 1 H, 7-H), 6.94–7.49 (m, 30 H, Ph-H).

**¹³C-NMR** (125 MHz, C$_6$D$_6$): δ = 55.5 (OCH$_3$), 69.4, 70.3, 70.6, 71.6, 71.8, 72.8, 73.4, 73.7, 73.9, 74.9 (C-5, C-6, C-4', C-6', -CH$_2$Ph), 75.5, 77.4, 77.6, 77.6 (C-3, C-4, C-3', C-5'), 103.6 (C-2'), 105.8 (C-1), 127.2, 127.5, 127.7, 127.8, 127.9, 128.0, 128.1, 128.3, 128.4, 128.5, 128.6, 129.1 (C-7, C-Ph), 135.1 (C-2), 138.4, 139.0, 139.0, 139.3, 139.4, 140.3 (C-Ph$_q$), 152.1 (C-1').

**IR** (ATR): ṽ (cm$^{-1}$) = 3086, 3061, 1949, 1871, 1808, 1671.

**MS** (ESI): m/z (%) = 897.4 (100) [M+Na]⁺. **HRMS** (ESI): m/z berechnet für C$_{56}$H$_{58}$O$_9$: [M+Na]⁺: 897.3973, gefunden: 897.3984.

**(2$E$)-Methyl-(3,4,6-tri-$O$-benzyl-D-glucalyl)-(1→7$C$)-3,4,6-tri-$O$-benzyl-2-methylen-β-D-glucopyranosid (65b)**

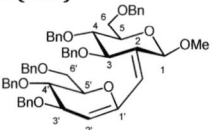

**C$_{56}$H$_{58}$O$_9$ (875.05)**

Eine Lösung von 1-Tributylstannylglucal **63c** (322 mg, 456 µmol, 1.00 Äq.) und Bromolefin (257 mg, 479 µmol, 1.05 Äq.) in DMF (5 mL) wurde mit CuI (35.0 mg, 182 µmol, 40 mol%), LiCl (48.0 mg, 1.14 mmol, 2.50 Äq.) und Pd(PPh$_3$)$_4$ (53.0 mg, 45.6 µmol, 10 mol%) versetzt und bei 80 °C für 18 h zur Reaktion nach AAV11 gebracht. Die Reinigung erfolgte durch Säulenchromatographie an Kieselgel (Pentan:EtOAc, 10:1 → 4:1) und ergab 350 mg (400 µmol, 88%) des gewünschten Diens **65b** als klares Öl.

Analytische Daten von Verbindung **65b**:

[α]$_D^{20}$ = -1.5° (c = 0.46, CHCl$_3$). R$_f$: 0.36 (Hexan:EtOAc = 2:1).

**¹H-NMR** (300 MHz, C$_6$D$_6$): δ = 3.36 (s, 3 H, OCH$_3$), 3.51–3.61 (m, 1 H, 5*-H), 3.61–3.72 (m, 1 H, 6*-H), 3.79–4.84 (m, 18 H, 4-H, 6-H, 3'-H, 4'-H, 5'-H, 6'-H, -CH$_2$Ph), 4.88–5.03 (m, 3 H, 3*-H, 2'-H, CH$_2$Ph), 5.83 (s$_{br}$, 1 H, 1-H), 6.02 (s$_{br}$, 1 H, 7-H), 6.94–7.49 (m, 30 H, Ph-H).

**¹³C-NMR** (125 MHz, C$_6$D$_6$): δ = 55.5 (OCH$_3$), 69.4, 70.3, 70.6, 71.6, 71.8, 72.8, 73.4, 73.7, 73.9, 74.9 (C-5, C-6, C-4', C-6', -CH$_2$Ph), 75.5, 77.4, 77.6, 77.6 (C-3, C-4, C-3', C-5'), 103.6 (C-2'), 105.8 (C-1), 127.2, 127.5, 127.7, 127.8, 127.9, 128.0, 128.1, 128.3, 128.4, 128.5, 128.6, 129.1 (C-7, C-Ph), 135.1 (C-2), 138.4, 139.0, 139.0, 139.3, 139.4, 140.3 (C-Ph$_q$), 152.1 (C-1').

**IR (ATR)**: ṽ (cm$^{-1}$) = 3086, 3061, 1949, 1871, 1808, 1671.

**MS (ESI)**: m/z (%) = 897.4 (100) [M+Na]⁺. **HRMS (ESI)**: m/z berechnet für C$_{56}$H$_{58}$O$_9$: [M+Na]⁺: 897.3973, gefunden: 897.3984.

**(2*E*)-Methyl-(3,4,6-tri-*O*-benzyl-ᴅ-glucalyl)-(1→7*C*)-3-*O*-benzyl-4,6-*O*-benzyliden-2-methylen-α-ᴅ-glucopyranosid (65c)**

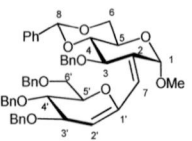

C₄₉H₅₀O₉ (782.92)

Eine Lösung von 1-Tributylstannylglucal **63c** (101 mg, 143 µmol, 1.00 Äq.) und Bromolefin **E-105a"** (67.0 mg, 150 µmol, 1.05 Äq.) in einer Mischung aus Acetonitril und NMP (10:1, 3.3 mL) wurde mit CuI (5.40 mg, 28.6 µmol, 20 mol%) und Pd(PPh₃)₄ (16.5 mg, 14.3 µmol, 10 mol%) versetzt und bei 100 °C für 6 h nach AVV11 zur Reaktion gebracht. Die Reinigung erfolgte durch Säulenchromatographie an Kieselgel (Pentan:EtOAc, 6:1 → 2:1) und ergab 74.0 mg (94.5 µmol, 66%) des gewünschten Diens **65c** als gelber Feststoff.

Analytische Daten von Verbindung **65c**:

[α]$_D^{20}$ = –45.8° (c = 0.24, CHCl₃). **R**f: 0.50 (Hexan:EtOAc = 2:1).

**¹H-NMR** (300 MHz, CDCl₃): δ = 3.32 (s, 3 H, OCH₃), 3.61–3.92 (m, 5 H, 5-H, 6-H, 6'-H), 3.95–4.02 (m, 2 H, 4-H, 4'-H), 4.09–4.18 (m, 1 H, 5'-H), 4.23–4.34 (m, 1 H, 3'-H), 4.45–4.96 (m, 9 H, 3-H, -CH₂Ph), 5.03 (d, *J* = 2.8 Hz, 1 H, 2'-H), 5.53 (d, *J* = 2.6 Hz, 1 H, 1-H), 5.59 (s, 1 H, 8-H), 6.19 (s$_{br}$, 1 H, 7-H), 7.17–7.55 (m, 25 H, Ph-H).

**¹³C-NMR** (125 MHz, CDCl₃): δ = 54.7 (OCH₃), 63.2 (C-5), 68.9, 69.1, 70.6 (C-6, C-6', -CH₂Ph), 73.4, 73.9, 74.0, 74.0 (C-4', -CH₂Ph), 74.2 (C-3), 77.1 (C-5'), 77.1 (C-3'), 84.1 (C-4), 97.7 (C-1), 101.2 (C-8), 104.1 (C-2'), 119.8 (C-7), 126.1, 127.5, 127.6, 127.7, 127.8, 127.9, 128.2, 128.3, 128.4, 128.8 (C-Ph), 135.9 (C-2), 137.5, 137.9, 138.1, 138.3, 138.3 (C-Ph$_q$), 151.2 (C-1').

**IR** (ATR): ṽ (cm⁻¹) = 3087, 2361, 1953, 1808, 1666.

**MS** (ESI): m/z (%) = 805.3 (100) [M+Na]+. **HRMS** (ESI) : *m/z* berechnet für C₄₉H₅₀O₉: [M+Na]⁺: 805.3347, gefunden: 805.3350.

**(2Z)-Methyl-(3,4,6-tri-*O*-benzyl-D-glucalyl)-(1→7*C*)-3-*O*-benzyl-4,6-*O*-benzyliden-2-methylen-α-D-glucopyranosid (65d)**

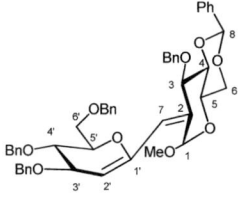

$C_{49}H_{50}O_9$ (782.92)

Eine Lösung von 1-Tributylstannylglucal **63c** (58.0 mg, 82.2 µmol, 1.00 Äq.) und Bromolefin **Z-105a''** (38.5 mg, 86.1 µmol, 1.05 Äq.) in Acetonitril und NMP (10:1, 1.9 mL) wurde mit $Pd(PPh_3)_4$ (9.5 mg, 8.2 µmol, 10 mol%) versetzt und bei 105 °C für 20 h nach AAV11 zur Reaktion gebracht. Die Reinigung erfolgte durch Säulenchromatographie an Kieselgel (Pentan:EtOAc, 6:1 → 2:1) und ergab 47.3 mg (60.4 µmol, 73%) des gewünschten Diens **65d** als klares Öl.

Analytische Daten von Verbindung **65d**:

$[\alpha]_D^{20}$ = +53.1° (c = 0.35, CHCl₃). $R_f$: 0.41 (Hexan:EtOAc = 2:1).

**¹H-NMR** (300 MHz, CDCl₃): δ = 3.47 (s, 3 H, OCH₃), 3.62–3.83 (m, 5 H, 5-H, 6-H, 6'-H), 3.84–3.93 (m, 2 H, 4-H, 4'-H), 4.00–4.08 (m, 1 H, 5'-H), 4.27 (dd, *J* = 2.6, 6.5 Hz, 1 H, 3'-H), 4.31–4.69 (m, 7 H, -CH₂Ph), 4.81 (d, *J* = 11.3 Hz, 1 H, -CH₂Ph), 5.12 (d, *J* = 2.8 Hz, 1 H, 2'-H), 5.24 (s, 1 H, 1-H), 5.31 (d, *J* = 4.4 Hz, 1 H, 3-H), 5.54 (s, 1 H, 8-H), 6.35 (s_br, 1 H, 7-H), 7.00–7.54 (m, 25 H, Ph H).

**¹³C-NMR** (125 MHz, CDCl₃): δ = 55.6 (OCH₃), 64.0 (C-5), 68.5, 69.9, 70.6 (C-6, C-6', -CH₂Ph), 71.1, 73.4, 73.9, 74.2 (C-4', -CH₂Ph), 75.7 (C-3), 77.1 (C-5'), 77.2 (C-3'), 84.0 (C-4), 99.2 (C-1), 101.5 (C-8), 104.9 (C-2'), 126.2, 127.1, 127.2, 127.5, 127.6, 127.8, 128.2, 128.3, 128.4, 128.9 (C-7, C-Ph), 133.7 (C-2), 137.5, 137.9, 138.3, 138.3, 138.8 (C-Ph_q), 151.4 (C-1').

**IR** (ATR): $\tilde{\nu}$ (cm⁻¹) = 3086, 3062, 1881, 1810.

**MS** (ESI): m/z (%) = 805.3 (100) [M+Na]+. **HRMS** (ESI) : *m/z* berechnet für $C_{49}H_{50}O_9$: [M+Na]⁺: 805.3347, gefunden: 805.3350.

**(2E)-Methyl-(3,4,6-tri-O-benzyl-D-galactalyl)-(1→7C)-3,4,6-tri-O-benzyl-2-methylen-β-D-galactopyranosid (65e)**

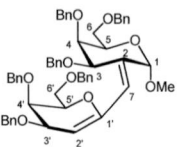

**C<sub>56</sub>H<sub>58</sub>O<sub>9</sub>** $C_{56}H_{58}O_9$ (875.05)

Eine Lösung von 1-Tributylstannylgalactal **63d** (122 mg, 173 µmol, 1.00 Äq.) und Bromolefin **105b** (97.6 mg, 208 µmol, 1.05 Äq.) in einer Mischung aus Acetonitril und NMP (10:1, 3.3 mL) wurde mit Pd(PPh₃)₄ (29.9 mg, 25.9 µmol, 15 mol%) versetzt und bei 105 °C für 14 h nach AVV11 zur Reaktion gebracht. Die Reinigung erfolgte durch Säulenchromatographie an Kieselgel (Pentan:EtOAc, 6:1 ⟶ 2:1) und ergab 84.6 mg (96.7 µmol, 56%) des gewünschten Diens **65e** als klares Öl.

Analytische Daten von Verbindung **65e**:

$[\alpha]_D^{20}$ = +26.6° (c = 0.58, CHCl₃). **R$_f$:** 0.37 (Hexan:EtOAc = 2:1).

**¹H-NMR** (300 MHz, CDCl₃): δ = 3.44 (m, 3 H, OCH₃), 3.57 (d, $J$ = 5.9 Hz, 2 H, 6-H*), 3.69–3.81 (m, 2 H, 4-H*, 6'-H*), 3.90–4.05 (m, 2 H, 5-H*, 6'-H*), 4.19–4.68 (m, 14 H, 3'-H, 4'-H, 5'-H, -CH₂Ph), 4.90 (d, $J$ = 11.8 Hz, 1 H, -CH₂Ph), 5.01–5.06 (m, 1 H, 2'-H), 5.08 (s, 1 H, 1-H), 5.41 (d, $J$ = 4.1 Hz, 1 H, 3*-H), 6.12 (s, 1 H, 7-H), 7.01–7.50 (m, 30 H, Ph-H).

**¹³C-NMR** (125 MHz, CDCl₃): δ = 56.0 (OCH₃), 68.0, 68.4 (C-6, C-6'), 70.6, 70.6, 78.9, 71.0, 72.2, 73.1, 73.3, 73.7 (C-3, C-5, C-4', C-5', -CH₂Ph), 75.9 (C-3'), 76.4 (C-4), 96.9 (C-1), 104.7 (C-2'), 123.5 (C-7), 127.0, 127.4, 127.6, 127.7, 128.0, 128.2, 128.3, 128.4 (C-Ph), 134.6 (C-2), 137.8, 138.3, 138.3, 138.5, 138.7, 139.0 (C-Ph), 150.8 (C-1').

**IR** (ATR): ṽ (cm⁻¹) = 3036, 2915, 2359, 2184.

**MS (ESI):** m/z (%) = 897.4 (100) [M+Na]⁺. **HRMS (ESI):** m/z berechnet für C₅₆H₅₈O₉: [M+Na]⁺: 897.3973, gefunden: 897.3963.

**(2$E$)-Methyl-(3,4,6-tri-$O$-benzyl-D-galactalyl)-(1→7$C$)-3,4,6-tri-$O$-benzyl-2-methylen-β-D-glucopyranosid (65f)**

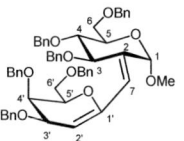

$C_{56}H_{58}O_9$ (875.05)

Eine Lösung von 1-Tributylstannylgalactal **63d** (181 mg, 256 µmol, 1.00 Äq.) und Bromolefin **105a** (145 mg, 269 µmol, 1.05 Äq.) in DMF (2.5 mL) wurde mit CuI (7.3 mg, 38.4 µmol, 15 mol%), LiCl (26.0 mg, 0.614 mmol, 2.40 Äq.) und Pd(PPh₃)₄ (14.8 mg, 12.8 µmol, 10 mol%) versetzt und bei 80 °C für 4 h nach AAV11 zur Reaktion gebracht. Die Reinigung erfolgte durch Säulenchromatographie an Kieselgel (Pentan:EtOAc, 10:1 ⟶ 4:1) und ergab 133 mg (152 µmol, 60%) des gewünschten Diens **65f** als klares Öl.

Analytische Daten von Verbindung **65f**:

[α]$_D^{20}$ = −31.5° (c = 0.20, CHCl₃). **R**$_f$: 0.34 (Hexan:EtOAc = 2:1).

**¹H-NMR** (300 MHz, C₆D₆): δ = 3.41 (s, 3 H, OCH₃), 3.62–3.79 (m, 5 H, 5-H, 6-H, 6'-H), 3.85 (d, $J$ = 2.9 Hz, 1 H, 3'-H), 3.96–4.06 (m, 2 H, 5'-H, -CH₂Ph), 4.09–4.75 (m, 11 H, 3-H, -CH₂Ph), 4.83 (d, $J$ = 11.7 Hz, 1 H, -CH₂Ph), 4.95 (d, $J$ = 2.9 Hz, 1 H, 2'-H), 5.36 (s, 1 H, 1-H), 5.86 (s, 1 H, 4'-H), 6.62–6.64 (m, 1 H, 7-H), 6.80–7.60 (m, 30 H, Ph-H).

**¹³C-NMR** (125 MHz, C₆D₆): δ = 55.3 (OCH₃), 68.2, 68.9, 70.1, 70.4, 70.4, 70.8, 71.1, 72.1, 72.9, 73.0, 73.2 (C-3, C-4, C-5, C-6, C-6', -CH₂Ph), 73.7 (C-4'), 75.8 (C-5'), 79.6 (C-3'), 98.8 (C-1), 105.4 (C-2'), 127.1, 127.3, 127.4, 127.5, 127.6, 127.7, 127.8, 127.9, 128.1, 128.2, 128.3, 128.4 (C-7, C-Ph), 134.0 (C-2), 137.8, 138.1, 138.3, 138.6, 138.6, 139.2 (C-Ph$_q$), 151.1 (C-1').

**IR** (ATR): $\tilde{v}$ (cm⁻¹) = 3392, 3086, 3028, 1602, 1584.

**MS** (ESI): $m/z$ (%) = 897.4 (100) [M+Na]⁺. **HRMS** (ESI) : $m/z$ berechnet für C₅₆H₅₈O₉: [M+Na]⁺: 897.3973, gefunden: 897.3980.

**(3*E*)-Methyl-(3,4,6-tri-*O*-benzyl-D-glucalyl)-(1→7*C*)-2-*O*-benzyl-4,6-*O*-benzyliden-3-methylen-α-D-glucopyranosid (65g)**

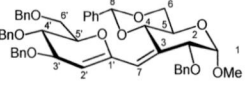

$C_{49}H_{50}O_9$ (782.92)

Eine Lösung von 1-Tributylstannylglucal **63c** (140 mg, 198 μmol, 1.00 Äq.) und Bromolefin **101a** (93.0 mg, 208 μmol, 1.05 Äq.) in einer Mischung aus Acetonitril und NMP (10:1, 4.4 mL) wurde mit CuI (7.50 mg, 39.7 μmol, 20 mol%) und Pd(PPh₃)₄ (22.9 mg, 19.8 μmol, 10 mol%) versetzt und bei 100 °C für 14 h nach AVV11 in der Mikrowelle zur Reaktion gebracht. Die Reinigung erfolgte durch Säulenchromatographie an Kieselgel (Pentan:EtOAc, 6:1 → 2:1) und ergab 97.6 mg (125 μmol, 63%) des gewünschten Diens **65g** als gelbliches Öl.

Analytische Daten von Verbindung **65g**:

$[\alpha]_D^{20}$ = –30.0° (c = 0.20, CHCl₃). **R**f: 0.30 (Hexan:EtOAc = 2:1).

**¹H-NMR** (300 MHz, CDCl₃): δ = 3.44 (s, 3 H, OCH₃), 3.47–3.57 (m, 2 H, 6-H), 3.63 (dd, *J* = 9.9, 9.9 Hz, 2 H, 6'-H), 3.73–3.80 (m, 1 H, 4'-H), 3.94–3.98 (m, 1 H, 2-H), 4.02–4.27 (m, 4 H, 4-H, 5-H, 3'-H, 5'-H), 4.38–4.60 (m, 6 H, -CH₂Ph), 4.67 (d, *J* = 3.7 Hz, 1 H, 1-H), 4.70–4.83 (m, 2 H, -CH₂Ph), 4.94–4.96 (m, 1 H, 2'-H), 5.41 (s, 1 H, 8-H), 6.14–6.19 (m, 1 H, 7-H), 7.16–7.42 (m, 25 H, Ph-H).

**¹³C-NMR** (125 MHz, CDCl₃): δ = 55.6 (OCH₃), 65.3 (C-6), 68.4 (C-6'), 69.6, 71.7, 73.3, 73.4 (-CH₂Ph), 74.0 (C-4'), 76.8 (C-5), 77.5 (C-2), 77.7 (C-3'), 79.0, 790. (C-4, C-5'), 99.7 (C-1), 101.0 (C-2'), 102.2 (C-8), 120.6 (C-7), 126.5, 127.4, 127.5, 127.6, 127.7, 127.9, 128.2, 128.3, 128.5, 129.1 (C-Ph), 133.8 (C-3), 137.5, 137.6, 138.2, 138.6, 138.7 (C-Ph_q), 150.4 (C-1').

**IR** (ATR): $\tilde{v}$ (cm⁻¹) = 3088, 3062, 3029, 1953, 1882, 1810, 1692, 1606, 1586.

**MS** (ESI): *m/z* (%) = 805.3 (100) [M+Na]⁺. **HRMS** (ESI): *m/z* berechnet für $C_{49}H_{50}O_9$: [M+Na]⁺: 805.3347, gefunden: 805.3353.

## (3*E*)-Methyl-(3,4,6-tri-*O*-benzyl-D-glucalyl)-(1→7*C*)-2-*O*-benzyl-4,6-*O*-benzyliden-3-methylen-α-D-mannopyranosid (65h)

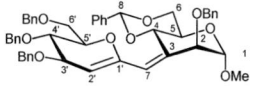

**C₄₉H₅₀O₉** (782.92)

Eine Lösung von 1-Tributylstannylglucal **63c** (104 mg, 147 µmol, 1.00 Äq.) und Bromolefin **101b** (69.0 mg, 154 µmol, 1.05 Äq.) in Acetonitril und NMP (10:1, 3.3 mL) wurde mit Pd(PPh₃)₄ (17.0 mg, 14.7 µmol, 10 mol%) versetzt und bei 105 °C für 6.5 h nach AAV11 zur Reaktion gebracht. Die Reinigung erfolgte durch Säulenchromatographie an Kieselgel (Pentan:EtOAc, 6:1 → 2:1) und ergab 90.5 mg (116 µmol, 78%) des gewünschten Diens **65h** als gelbliches Öl.

Analytische Daten von Verbindung **65h**:

$[\alpha]_D^{20}$ = –35.9° (c = 1.50, CHCl₃). R_f: 0.37 (Hexan:EtOAc = 2:1).

**¹H-NMR** (300 MHz, CDCl₃): δ = 3.27 (s, 3 H, OCH₃), 3.32–3.41 (m, 1 H, 6-H), 3.70 (dd, *J* = 11.1, 4.9 Hz, 1 H, 6-H), 3.79–3.94 (m, 5 H, 4-H, 5-H, 4'-H, 6'-H), 4.20–4.32 (m, 2 H, 3'-H, -CH₂Ph), 4.38–4.69 (m, 7 H, 5'-H, -CH₂Ph), 4.74 (d, *J* = 1.4 Hz, 1 H, 1-H), 4.79 (d, *J* = 11.3 Hz, 1 H, -CH₂Ph), 5.04 (d, *J* = 3.0 Hz, 1 H, 2'-H), 5.33 (d, *J* = 1.4 Hz, 1 H, 2-H), 5.65 (s, 1 H, 8-H), 6.15 (d, *J* = 1.8 Hz, 1 H, 7-H), 6.83–8.15 (m, 25 H, Ph-H).

**¹³C-NMR** (125 MHz, CDCl₃): δ = 54.7 (OCH₃), 66.5 (C-5), 68.6 (-CH₂Ph), 68.6, 69.5, 69.5, 70.1 (C-6, C-6', -CH₂Ph), 73.3, 73.5, 73.6, 74.0 (C-2, C-4*, -CH₂Ph), 76.5, 76.5 (C-3', C-5'), 77.1 (C-4'*), 101.6 (C-1), 101.8 (C-8), 103.7 (C-2'), 120.6 (C-7), 126.3, 127.4, 127.5, 127.6, 127.7, 127.9, 128.2, 128.3, 129.1 (C-Ph), 133.2 (C-3), 137.6, 138.2, 134.4, 138.4, 138.5 (C-Ph_q), 151.6 (C-1').

**IR** (ATR): $\tilde{\nu}$ (cm⁻¹) = 3086, 3061, 1954, 1874, 1811, 1700.

**MS** (ESI): *m/z* (%) = 805.4 (100) [M+Na]⁺. **HRMS** (ESI): *m/z* berechnet für C₄₉H₅₀O₉: [M+Na]⁺: 805.3347, gefunden: 805.3416.

## (3*E*)-Methyl-(3,4,6-tri-*O*-benzyl-D-galactalyl)-(1→7*C*)-2-*O*-benzyl-4,6-*O*-benzyliden-3-methylen-α-D-mannopyranosid (65j)

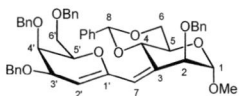

**C₄₉H₅₀O₉** (782.92)

Eine Lösung von 1-Tributylstannylgalactal **63d** (230 mg, 326 µmol, 1.00 Äq.) und Bromolefin **101b** (153 mg, 342 µmol, 1.05 Äq.) in DMF (3.0 mL) wurde mit CuI (13.0 mg, 68.0 µmol, 21 mol%), LiCl (37.3 mg, 880 µmol, 2.70 Äq.) und Pd(PPh₃)₄ (37.6 mg, 32.6 µmol, 10 mol%) versetzt und bei 80 °C für 5.5 h nach AAV11 zur Reaktion gebracht. Die Reinigung erfolgte durch Säulenchromatographie an Kieselgel (Pentan:EtOAc, 10:1 → 4:1) und ergab 203 mg (259 µmol, 80%) des gewünschten Diens **65j** als gelbliches Öl.

Analytische Daten von Verbindung **65j**:

$[\alpha]_D^{20}$ = –22.4° (c = 0.50, CHCl₃). **R$_f$:** 0.46 (Hexan:EtOAc = 2:1).

**¹H-NMR** (600 MHz, C₆D₆): δ = 2.94 (s, 3 H, OCH₃), 3.69–3.73 (m, 2 H, 5'-H\*, 6'-H\*), 3.83–3.95 (m, 3 H, 5-H\*, 6-H\*), 4.04–4.10 (m, 2 H, 4'-H, -CH₂Ph), 4.19 (dd, $J$ = 4.8, 10.2 Hz, 1 H, 6'-H), 4.26–4.45 (m, 5 H, 4-H, -CH₂Ph), 4.67–4.77 (m, 3 H, 3'-H, -CH₂Ph), 4.86–4.88 (m, 2 H, 2'-H, -CH₂Ph) 4.91 (d, $J$ = 3.7 Hz, 1 H, 1-H), 5.43 (s, 1 H, 8-H), 5.76 (s, 1 H, 2-H), 6.58 (d, $J$ = 1.4 Hz, 1 H, 7-H), 7.06–7.64 (m, 25 H, Ph-H).

**¹³C-NMR** (125 MHz, C₆D₆): δ =53.9 (OCH₃), 66.8 (C-4'), 68.6 (C-6\*), 69.5 (C-6'), 70.3, 70.6, 70.8, 72.4, 72.8, 72.9, 73.1 (C-3, C-5, C-5', -CH₂Ph), 74.6 (C-2), 76.0 (C-4), 76.9 (C-3'), 101.6 (C-2'), 101.9 (C-8), 102.9 (C-1), 120.8 (C-7), 126.7, 127.3, 127.4, 127.5, 127.7, 127.8, 127.9, 128.0, 128.1, 128.2 (C-Ph), 128.7 (C-3), 138.4, 138.9, 139.0, 139.3 (C-Ph$_q$), 150.8 (C-1').

**IR** (ATR): $\tilde{v}$ (cm⁻¹) = 3086, 3061, 1732, 1697, 1649.

**MS** (ESI): $m/z$ (%) = 805.3 (100) [M+Na]⁺. **HRMS** (ESI): $m/z$ berechnet für C₄₉H₅₀O₉: [M+Na]⁺: 805.3347, gefunden: 805.3348.

### (3*E*)-Methyl-(3,4,6-tri-*O*-benzyl-ᴅ-galactalyl)-(1→7*C*)-2-*O*-benzyl-4,6-*O*-benzyliden-3-methylen-α-ᴅ-galactopyranosid (65k)

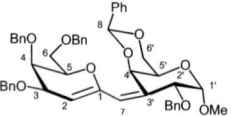

**C₄₉H₅₀O₉** (782.92)

Eine Lösung von 1-Tributylstannylgalactal **63d** (292 mg, 413 µmol, 1.00 Äq.) und Bromolefin **101c** (194 mg, 0.434 µmol, 1.05 Äq.) in DMF (3.5 mL) wurde mit CuI (23.6 mg, 123.0 µmol, 30 mol%), LiCl (47.3 mg, 1.11 mmol, 2.70 Äq.) und Pd(PPh₃)₄ (47.7 mg, 41.0 µmol, 10 mol%) versetzt und bei 80 °C für 16 h nach AAV11 zur Reaktion gebracht. Die Reinigung erfolgte durch

Säulenchromatographie an Kieselgel (Pentan:EtOAc, 4:1 ⟶ 2:1) und ergab 290 mg (370 µmol, 88%) des gewünschten Diens **65k** als gelbe Nadeln.

Analytische Daten von Verbindung **65k**:

$[\alpha]_D^{20}$ = +63.0° (c = 0.67, CHCl₃). **R$_f$**: 0.31 (Hexan:EtOAc = 2:1).

**¹H-NMR** (300 MHz, CDCl₃): δ = 3.39 (s, 3 H, OCH₃), 3.57–3.60 (m, 1 H, 5-H), 3.64 (dd, J = 4.5, 10.1 Hz, 1 H, 6*-H), 3.76–3.88 (m, 2 H, 6*-H, 6'*-H), 3.92–3.95 (m, 1 H, 5'-H), 4.06–4.11 (m, 1 H, 6'*-H), 4.24–4.31 (m, 2 H, 3'-H, 4'-H), 4.42–4.57 (m, 4 H, 2-H, -CH₂Ph), 4.63–4.78 (m, 4 H, -CH₂Ph), 4.80 (d, J = 3.5 Hz, 1 H, 1-H), 4.91 (d, J = 12.0 Hz, 1 H, -CH₂Ph), 5.04 (d, J = 2.3 Hz, 1 H, 2'-H), 5.43 (s, 1 H, 8-H), 5.70 (d, J = 0.9 Hz, 1 H, 4-H), 6.14 (d, J = 2.0 Hz, 1 H, 7-H), 7.31–7.55 (m, 25 H, Ph-H).

**¹³C-NMR** (125 MHz, CDCl₃): δ = 55.5 (OCH₃), 63.9 (C-5), 69.3, 69.4 (C-6, C-6'), 70.7, 70.9, 72.0, 72.4 (C-4', C-5', -CH₂Ph), 73.3, 73.3, 73.4 (C-4, -CH₂Ph), 74.7 (C-2), 75.6 (C-3'), 99.9 (C-1), 100.6 (C-8), 103.2 (C-2'), 120.3 (C-7), 126.2, 127.4, 127.6, 127.7, 127.8, 127.9, 128.0, 128.1, 128.3, 128.7 (C-Ph), 133.4 (C-3), 137.9, 137.9, 138.2, 138.4, 138.4 (C-Ph$_q$), 150.9 (C-1').

**IR** (ATR): $\tilde{\nu}$ (cm⁻¹) = 3439, 3062, 3030, 1649, 1619, 1584.

**MS** (ESI): m/z (%) = 805.3 (100) [M+Na]⁺. **HRMS** (ESI): m/z berechnet für C₄₉H₅₀O₉: [M+Na]⁺: 805.3347, gefunden: 805.3339.

### (4E)-Methyl-(3,4,6-tri-O-benzyl-D-glucalyl)-(1⟶7C)-2,3,6-tri-O-benzyl-4-methylen-α-D-allopyranosid (65l)

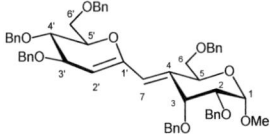

C₅₆H₅₈O₉ (875.05)

Eine Lösung von 1-Tributylstannylglucal **63c** (286 mg, 405 µmol, 1.00 Äq.) und Bromolefin **103a** (230 mg, 426 µmol, 1.05 Äq.) in DMF (5.0 mL), CuI (30.8 mg, 162 µmol, 40 mol%), LiCl (44.0 mg, 1.04 mmol, 2.50 Äq.), Pd(PPh₃)₄ (46.0 mg, 40.0 µmol, 10 mol%) wurden bei 80 °C für 7 h nach AAV11 zur Reaktion gebracht. Die Reinigung erfolgte durch Säulenchromatographie an Kieselgel (Pentan:EtOAc, 7:1 ⟶ 3:1) und ergab 268 mg (306 µmol, 76%) des erwünschten Diens **65l** als gelbliches Öl.

Analytische Daten von Verbindung **65l**:

$[\alpha]_D^{20}$ = +32.5° (c = 0.24, CHCl$_3$). R$_f$: 0.25 (Hexan:EtOAc = 2:1).

**$^1$H-NMR** (600 MHz, C$_6$D$_6$): δ = 3.41 (s, 3 H, OCH$_3$), 3.71–3.77 (m, 2 H, 6'-H), 3.80–3.84 (m, 1 H, 4'-H), 3.87–3.94 (m, 1 H, -CH$_2$Ph), 4.01–4.02 (m, 2 H, 3-H, 3'-H), 4.06–4.09 (m, 3 H, 5-H, 6-H), 4.22–4.25 (m, 2 H, -CH$_2$Ph), 4.33 (d, $J$ = 12.0 Hz, 1 H, -CH$_2$Ph), 4.38–4.40 (m, 2 H, -CH$_2$Ph), 4.47–4.65 (m, 5 H, 2-H*, -CH$_2$Ph), 4.82–4.86 (m, 2 H, -CH$_2$Ph), 4.91 (d, $J$ = 2.7 Hz, 1 H, 1-H), 5.14 (d, $J$ = 1.8 Hz, 1 H, 2'-H), 5.66 (s, 1 H, 7-H), 6.11 (dd, $J$ = 3.1, 9.1 Hz, 1 H, 5'-H*), 6.78–7.64 (m, 30 H, Ph-H).

**$^{13}$C-NMR** (125 MHz, C$_6$D$_6$): δ = 56.3 (OCH$_3$), 69.0, 69.8, 70.8, 72.1, 72.8, 72.9, 73.3, 73.6 (C-6, C-6', -CH$_2$Ph), 74.6 (C-5), 77.6 (C-4'), 78.1 (C-2), 79.0 (C-3'), 83.2 (C-3), 96.6 (C-2'), 104.9 (C-1), 126.9 (C-7), 127.4, 127.6, 127.7, 127.8, 127.9, 128.0, 128.2, 128.3, 128.4, 128.5, 128.6 (C-Ph), 134.1 (C-4), 138.9, 139.2, 139.4, 139.6 (C-Ph$_q$), 151.9 (C-1').

**IR** (ATR): $\tilde{\nu}$ (cm$^{-1}$) = 3086, 3061, 1952, 1878, 1808, 1585.

**MS** (ESI): $m/z$ (%) = 897.4 (100) [M+Na]$^+$. **HRMS** (ESI): $m/z$ berechnet für C$_{56}$H$_{58}$O$_9$: [M+Na]$^+$: 897.3973, gefunden: 897.3972.

### (4E)-Methyl-(3,4,6-tri-O-benzyl-D-galactalyl)-(1→7C)-2,3,6-tri-O-benzyl-4-methylen-α-D-allopyranosid (65m)

**C$_{56}$H$_{58}$O$_9$ (875.05)**

Eine Lösung von 1-Tributylstannylgalactal **63d** (314 mg, 444 µmol, 1.00 Äq.) und Bromolefin **103a** (251 mg, 467 µmol, 1.05 Äq.) in Acetonitril und NMP (10:1, 10.5 mL) wurde mit Pd(PPh$_3$)$_4$ (77.0 mg, 66.6 µmol, 15 mol%) versetzt und bei 105 °C für 6 h nach AAV11 zur Reaktion gebracht. Die Reinigung erfolgte durch Säulenchromatographie an Kieselgel (Pentan:EtOAc, 5:1 → 3:1) und ergab 258 mg (295 µmol, 74%) des gewünschten Diens **65m** als gelbes Öl.

Analytische Daten von Verbindung **65m**:

$[\alpha]_D^{20}$ = +3.9° (c = 0.94, CHCl$_3$). R$_f$: 0.45 (Hexan:EtOAc = 2:1).

**$^1$H-NMR** (300 MHz, CDCl$_3$): δ = 3.35 (s, 3 H, OCH$_3$), 3.40–3.58 (m, 4 H, 5-H*, 4'-H*, 6'-H*), 3.69–3.90 (m, 6 H, 6-H*, 3-H*, 3'-H*, -CH$_2$Ph), 4.30–4.94 (m, 13 H, 1-H, 2-H*, 2'-H*, -CH$_2$Ph), 5.28 (s, 1 H, 7-H), 6.07–6.11 (m, 1 H, 5'-H*), 7.01–7.53 (m, 30 H, Ph-H).

**¹³C-NMR** (125 MHz, CDCl₃): δ = 56.4 (OCH₃), 67.9, 69.3, 71.1, 71.5, 72.1, 72.3, 72.6, 72.8 (C-6, C-6', -CH₂Ph), 73.4 (C-5), 74.0 (C-4'), 75.7 (C-2), 78.3 (C-3'), 81.7 (C-3), 95.8 (C-2'), 104.5 (C-1), 126.8 (C-7), 127.3, 127.4, 127.5, 127.6, 127.7, 127.8, 127.9, 128.0, 128.2, 128.4 (C-Ph), 132.5 (C-4), 137.8, 137.8, 138.2, 138.3, 138.6, 138.7 (C-Ph_q), 150.8 (C-1').

**IR** (ATR): $\tilde{v}$ (cm⁻¹) = 3385, 3086, 3062, 3007, 1604, 1585.

**MS** (ESI): *m/z* (%) = 897.4 (26) [M+Na]⁺. **HRMS** (ESI) : *m/z* berechnet für C₅₆H₅₈O₉: [M+Na]⁺: 897.3973, gefunden: 897.3966.


**Methyl-(1,2-didesoxy-β-D-glucosyl)-(1→7C)-7C-6,7-didesoxy-α-D-glucopyranosid (127)**

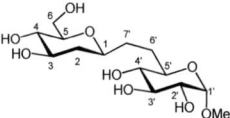

**C₁₄H₂₆O₉** (338.35)

Eine Lösung des *C*-Disaccharids **60a''** (50.0 mg, 82.9 µmol, 1.00 Äq.) in MeOH (4.0 mL) wurde nach AAV8 mit PEARLMAN-Katalysator (Pd(OH)₂/C, 10 mg) und Wasserstoff (1 bar) behandelt. Die Reaktion wurde über Nacht bei Umgebungstemperatur gerührt. Die Reinigung erfolgte durch Säulenchromatographie an Kieselgel (CH₂Cl₂:MeOH, 5:1) und ergab 25.3 mg (74.7 µmol, 90%) des gewünschten *C*-Disaccharids **127**.

Analytische Daten von Verbindung **127**:

$[\alpha]_D^{20}$ = +91.8° (c = 1.64, CHCl₃). **R_f**: 0.25 (CH₂Cl₂:MeOH = 3:1).

**¹H-NMR** (300 MHz, CD₃OD): δ = 1.23–1.45 (m, 2 H, 2-H, 6'-H), 1.49–1.61 (m, 1 H, 7'-H), 1.68–1.81 (m, 1 H, 7'-H), 1.90–2.13 (m, 2 H, 2-H, 6'-H), 3.01–3.21 (m, 2 H, 5-H, 4'-H), 3.29–3.69 (m, 9 H, OMe, 1-H, 3-H, 4-H, 2'-H, 3'-H, 5'-H), 3.81–3.85 (m, 2 H, 6-H), 4.62 (d, *J* = 3.9 Hz, 1 H, 1'-H).

**¹³C-NMR** (125 MHz, CD₃OD): δ = 28.9 (C-6'), 32.4 (C-7'), 40.6 (C-2), 55.4 (OMe), 63.3 (C-6), 72.3 (C-2'), 73.6 (C-1*, C-3*), 73.9 (C-4), 75.0 (C-4'), 75.6 (C-3'), 76.9 (C-5'), 81.6 (C-5), 101.0 (C-1').

**IR** (KBr): $\tilde{v}$ (cm⁻¹) = 3417, 2854, 2095, 1649, 894.

**UV** (MeOH): λ_max (lg ε) [nm] = keine Absorption zwischen 190 und 350 nm.

**MS** (ESI): *m/z* (%) = 361.1 (100) [M+Na]⁺. **HRMS** (ESI): *m/z* berechnet für C₁₄H₂₆O₉: [M+Na]⁺: 361.1469, gefunden 361.1471.

**2-Desoxy-$C$-Disaccharid 66'a**

$$C_{14}H_{24}O_9 \ (336.33)$$

Eine Lösung des $C$-Disaccharids **65g** (30.0 mg, 38.3 µmol, 1.00 Äq.) in MeOH:CH$_2$Cl$_2$:EtOAc (3:1:1, 5 mL) wurde nach AAV8 mit PEARLMAN-Katalysator (Pd(OH)$_2$/C, 22 mg) und Wasserstoff (1 bar) behandelt. Die Reaktion wurde über Nacht bei Umgebungstemperatur gerührt. Die Reinigung erfolgte durch Säulenchromatographie an Kieselgel (CH$_2$Cl$_2$:MeOH, 9:1 → 3:1) und ergab 8.0 mg (23.8 µmol, 62%) des 2-Desoxy-$C$-Disaccharids **66'a** als gelbes Öl.

Analytische Daten von Verbindung **66'a**:

$[\alpha]_D^{20}$ = +82.2° (c = 0.49, MeOH). **R$_f$**: 0.43 (CH$_2$Cl$_2$:MeOH = 3:1).

**$^1$H-NMR** (600 MHz, C$_5$D$_5$N): δ =2.24 (dd, $J$ = 12.5, 12.5 Hz, 1 H, 7-H), 2.48–2.57 (m, 2 H, 7-H, 2'-H), 2.78–2.84 (m, 1 H, 2'-H), 3.38–3.40 (m, 1 H, 3-H), 3.43 (s, 3 H, OCH$_3$), 4.00–4.16 (m, 3 H, 6-H*, 4'-H, 5'-H), 4.22–4.28 (m, 2 H, 2-H, 6-H*), 4.31–4.49 (m, 4 H, 4-H, 5-H, 6'-H*), 4.60–4.64 (m, 1 H, 3'-H), 4.85–4.97 (m, 1 H, 1-H).

**$^{13}$C-NMR** (125 MHz, C$_5$D$_5$N): δ =39.4 (C-7), 40.7 (C-3), 43.9 (C-2'), 55.5 (OCH$_3$), 63.0, 63.2 (C-6, C-6'), 67.7 (C-2), 70.8, 70.9 (C-3', C-5'), 73.8 (C-4'), 75.4 (C-5), 75.6 (C-4), 101.9 (C-1), 107.8 (C-1').

**IR** (ATR): $\tilde{v}$ (cm$^{-1}$) = 3379, 1463, 1376.

**MS** (ESI): $m/z$ (%) = 359.1 (100) [M+Na]$^+$. HRMS (ESI): $m/z$ berechnet für C$_{14}$H$_{24}$O$_9$: [M+Na]$^+$: 359.1313, gefunden 359.1310.

**2-Desoxy-$C$-Disaccharid 66'b**

$$C_{14}H_{24}O_9 \ (336.33)$$

Eine Lösung des $C$-Disaccharids **65i** (25.0 mg, 31.9 µmol, 1.00 Äq.) in MeOH:CH$_2$Cl$_2$:EtOAc (3:1:1, 5 mL) wurde nach AAV8 mit PEARLMAN-Katalysator (Pd(OH)$_2$/C, 10 mg) und Wasserstoff (1 bar) behandelt. Die Reaktion wurde über Nacht bei Umgebungstemperatur gerührt. Die Reinigung erfolgte durch Säulenchromatographie an Kieselgel (CH₂Cl₂:MeOH, 9:1 ⟶ 3:1) und ergab 6.4 mg (19.0 µmol, 59%) des 2-Desoxy-*C*-Disaccharids **66'b** als gelbes Öl.

Analytische Daten von Verbindung **66'b**:

$[\alpha]_D^{20}$ = +15.8° (c = 0.26, MeOH). $R_f$: 0.38 (CH₂Cl₂:MeOH = 3:1).

**¹H-NMR** (300 MHz, C₅D₅N): δ =1.80–2.60 (m, 5 H, 3-H, 7-H, 2'-H), 3.20–3.52 (m, 4 H, 3'-H*, OCH₃), 4.12–4.53 (m, 7 H, 5-H, 6-H, 4'-H*, 5'-H, 6'-H), 4.64–5.03 (m, 3 H, 1-H, 2-H, 4-H).

**¹³C-NMR** (125 MHz, C₅D₅N): δ =26.9 (C-2'), 36.3 (C-3), 38.4 (C-7), 44.8 (C-3'*), 55.1 (OCH₃), 63.0 (C-6), 64.8 (C-6'), 67.6 (C-5'), 68.3 (C-4'), 74.3 (C-2), 75.5 (C-5), 81.6 (C-4), 99.6 (C-1), 116.0 (C-1').

**IR** (ATR): $\tilde{\nu}$ (cm⁻¹) = 3382, 2931, 2364, 1639, 1443.

**MS** (ESI): *m/z* (%) = 359.1 (100) [M+Na]⁺. HRMS (ESI): *m/z* berechnet für C₁₄H₂₄O₉: [M+Na]⁺: 361.1313, gefunden 361.1310.

## Methyl-(1,2-didesoxy-β-ᴅ-glucopyranosyl)-(1→7*C*)-2-methyl-β-ᴅ-glucopyranosid (66a)

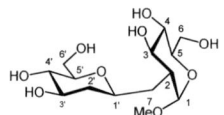

**C₁₄H₂₆O₉** (338.35)

Eine Lösung von Dien **65a** (10.0 mg, 11.4 µmol, 1.00 Äq.) in THF und MeOH (1:1, 2 mL) wurde mit HCOONH₄ (70.0 mg, 1.11 mmol, 100 Äq.) und Pd/C (10% Pd, 10 mg) bei 80 °C für 16 h nach AAV12 zur Reaktion gebracht. Die Reinigung erfolgte durch Säulenchromatographie an Kieselgel (CH₂Cl₂:MeOH, 10:1 ⟶ 7:1) und ergab 3.5 mg (10.3 µmol, 91%) des gewünschten Desoxy-*C*-glycosids **66a** als gelbliches Öl in einer 7:1-Mischung der Diastereomere.

Analytische Daten des Hauptdiastereomers **66a**:

$R_f$: 0.15 (CH₂Cl₂:MeOH = 10:1).

**¹H-NMR** (600 MHz, CD₃OD): δ =1.25–1.35 (m, 1 H, 2'-H), 1.61–1.66 (m, 1 H, 7-H), 1.72–1.79 (m, 2 H, 2-H, 7-H), 1.95 (dd, *J* = 3.6, 12.7 Hz, 1 H, 2'-H), 3.11–3.19 (m, 1 H, 5'-H), 3.24–3.25 (m, 1 H, 4-H), 3.34 (s, 3 H, OCH₃), 3.35–3.59 (m, 5 H, 3-H, 5-H, 1'-H, 3'-H, 4'-H), 3.63–3.69 (m, 2 H, 6-H, 6'-H), 3.77–3.86 (m, 2 H, 6-H, 6'-H), 4.75 (d, *J* = 3.1 Hz, 1 H, 1-H).

**¹³C-NMR** (125 MHz, CD$_3$OD): δ =34.8 (C-7), 41.1 (C-2'), 45.5 (C-2), 55.3 (OCH$_3$), 63.0, 63.4 (C-6, C-6'), 73.0 (C-4), 73.5 (C-4'), 73.6 (C-5), 74.0 (C-1'), 74.6 (C-3), 76.6 (C-3'), 81.6 (C-5'), 102.2 (C-1).

**IR** (ATR): $\tilde{v}$ (cm⁻¹) = 3726, 3344, 2917, 2341.

**MS** (ESI): *m/z* (%) = 361.2 (100) [M+Na]⁺. **HRMS** (ESI): *m/z* berechnet für C$_{14}$H$_{26}$O$_9$: [M+Na]⁺: 361.1469, gefunden: 361.1469.


## Methyl-(1,2-didesoxy-β-D-glucopyranosyl)-(1→7*C*)-3-methyl-α-D-glucopyranosid (66b)

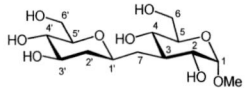

**C$_{14}$H$_{26}$O$_9$** (338.35)

Eine Lösung von Dien **65g** (12.8 mg, 16.3 μmol, 1.00 Äq.) in THF und MeOH (1:1, 2 mL) wurde mit HCOONH$_4$ (60.0 mg, 952 μmol, 58.0 Äq.) und Pd/C (10% Pd, 10 mg) bei 80 °C für 16 h nach AAV12 zur Reaktion gebracht. Die Reinigung erfolgte durch Säulenchromatographie an Kieselgel (CH$_2$Cl$_2$:MeOH, 10:1 → 7:1) und ergab 3.8 mg (11.2 μmol, 69%) des gewünschten Desoxy-*C*-glycosids **66b** als leicht gelbes Öl in einer 10:1-Mischung der Diastereomere.

Analytische Daten des Hauptdiastereomers **66b**:

**R$_f$:** 0.25 (CH$_2$Cl$_2$:MeOH = 10:1).

**¹H-NMR** (600 MHz, CD$_3$OD): δ =1.26–1.41 (m, 1 H, 2'-H), 1.75*–1.84 (m, 1 H, 7-H), 1.93–1.99 (m, 2 H, 7-H, 2'-H), 2.34–2.41 (m, 1 H, 3-H), 3.09–3.21 (m, 3 H, 4-H, 5-H, 4'-H), 3.40 (s, 3 H, OCH$_3$), 3.47–3.58 (m, 2 H, 1'-H, 3'-H), 3.59–3.69 (m, 3 H, 6-H, 5'-H, 6'-H), 3.71–3.73 (m, 1 H, 2-H), 3.76–3.79 (m, 1 H, 6'-H), 3.85 (dd, *J* = 11.8, 2.3 Hz, 1 H, 6-H), 4.55 (d, *J* = 3.3 Hz, 1 H, 1-H).

**¹³C-NMR** (125 MHz, CD$_3$OD): δ = 31.6 (C-7), 40.9, 40.9 (C-3, C-2'), 55.8 (OCH$_3$), 62.8 (C-6'), 63.2 (C-6), 68.6 (C-5'), 70.1 (C-4), 70.7 (C-2), 73.6 (C-4'), 74.0 (C-3'), 76.7 (C-1'), 81.6 (C-5), 100.9 (C-1).

**IR** (ATR): $\tilde{v}$ (cm⁻¹) = 3348, 2918, 2360 2342, 1593.

**MS** (ESI): *m/z* (%) = 361.1 (100) [M+Na]⁺. **HRMS** (ESI): *m/z* berechnet für C$_{14}$H$_{26}$O$_9$: [M+Na]⁺: 361.1469, gefunden: 361.1468.

Konfiguration über folgendes Intermediat bestimmt:

Analytische Daten von Verbindung **66b'**:

$$C_{21}H_{30}O_9 \ (426.46)$$

$[\alpha]_D^{20}$ = +9.1° (c = 0.12, MeOH). **R$_f$**: 0.45 (CH$_2$Cl$_2$:MeOH = 10:1).

**¹H-NMR** (600 MHz, CD$_3$OD): δ =1.24–1.35 (m, 1 H, 2'-H), 1.78 (ddd, $J$ = 2.7, 7.5, 14.9 Hz, 1 H, 7-H), 1.92–1.99 (m, 1 H, 2'-H), 2.03–2.14 (m, 1 H, 7-H), 2.63–2.70 (m, 1 H, 3-H), 3.05–3.15 (m, 2 H, 4'-H, 5'-H), 3.39 (s, 3 H, OCH$_3$), 3.40–3.47 (m, 1 H, 3'-H), 3.53–3.63 (m, 2 H, 1'-H, 6'-H), 3.69–3.72 (m, 1 H, 6-H), 3.73–3.86 (m, 4 H, 2-H, 4-H, 5-H, 6'-H), 4.22 (dd, $J$ = 4.7, 10.2 Hz, 1 H, 6-H), 4.59 (d, $J$ = 3.6 Hz, 1 H, 1-H), 5.56 (s, 1 H, 8-H), 7.28–7.48 (m, 5 H, Ph-H).

**¹³C-NMR** (125 MHz, CD$_3$OD): δ =31.4 (C-7), 40.1 (C-3), 41.2 (C-2'), 55.9 (OCH$_3$), 59.8 (C-5), 63.3 (C-6'), 70.1 (C-2), 70.4 (C-6), 73.6 (C-4'), 74.1 (C-3'), 77.1 (C-1'), 80.5 (C-4), 81.5 (C-5'), 101.9 (C-1), 102.7 (C-8), 127.3, 129.1, 129.6 (C-Ph), 139.5 (C-Ph$_q$).

**IR** (ATR): $\tilde{\nu}$ (cm⁻¹) = 3348, 2922, 2854 2340.

**MS** (ESI): $m/z$ (%) = 449.2 (90) [M+Na]⁺. **HRMS** (ESI): $m/z$ berechnet für C$_{21}$H$_{30}$O$_9$: [M+Na]⁺: 449.1782, gefunden: 449.1782.

## Methyl-(1,2-didesoxy-β-D-glucopyranosyl)-(1→7C)-4-methyl-α-D-allopyranosid (66c)

$$C_{14}H_{26}O_9 \ (338.35)$$

Eine Lösung von Dien **65l** (28.0 mg, 32.0 µmol, 1.00 Äq.) in THF und MeOH (1:1, 2 mL) wurde mit HCOONH$_4$ (20.0 mg, 320 µmol, 10.0 Äq.) und Pd/C (10% Pd, 20 mg) bei 80 °C für 16 h nach AAV12 zur Reaktion gebracht. Die Reinigung erfolgte durch Säulenchromatographie an Kieselgel (CH$_2$Cl$_2$:MeOH, 10:1 → 7:1) und ergab 10.8 mg (31.9 µmol, 99%) gewünschten Desoxy-C-glycosids **66c** als gelbliches Öl in einer 5:1-Mischung der Diastereomere.

Analytische Daten des Hauptdiastereomers **66c**:

**R$_f$**: 0.20 (CH$_2$Cl$_2$:MeOH = 10:1).

**¹H-NMR** (600 MHz, CD₃OD): δ =1.28–1.35 (m, 1 H, 7-H), 1.77–1.83 (m, 2 H, 4-H, 2'-H), 1.92–1.99 (m, 2 H, 7-H, 2'-H), 2.35–2.40 (m, 1 H, 3-H), 3.14–3.15 (m, 2 H, 3'-H, 4'-H), 3.16–3.18 (m, 1 H, 5'-H), 3.40 (s, 3 H, OCH₃), 3.49–3.55 (m, 1 H, 1'-H), 3.59–3.69 (m, 3 H, 5-H, 6-H, 6'-H), 3.69–3.72 (m, 1 H, 2-H), 3.77–3.87 (m, 2 H, 6-H, 6'-H), 4.54 (d, $J$ = 3.3 Hz, 1 H, 1-H).

**¹³C-NMR** (125 MHz, CD₃OD): δ =29.0 (C-7), 40.9, 41.0 (C-2', C-4), 55.5 (OCH₃), 62.6, 63.7 (C-6, C-6'), 71.0 (C-5), 71.9 (C-2), 72.1, 73.9, 74.0 (C-1', C-3', C-4'), 77.8 (C-3*), 81.8 (C-5'*), 101.3 (C-1).

**IR** (ATR): $\tilde{\nu}$ (cm⁻¹) = 3347, 2922, 2341, 1597.

**MS** (ESI): $m/z$ (%) = 361.1 (100) [M+Na]⁺. **HRMS** (ESI): $m/z$ berechnet für C₁₄H₂₆O₉: [M+Na]⁺: 361.1469, gefunden: 361.1468.

**Methyl-(3,4,6-tri-*O*-benzyl-D-glucalyl)-(1→7*C*)-2,3,4-tri-*O*-benzyl-7*C*-α-D-mannopyranosid (59b)**

**C₅₆H₆₀O₉** (877.07)

Eine Lösung von Enin **60b** (202 mg, 231 μmol, 1.00 Äq.) in THF und MeOH (1:2, 15 mL) wurde mit Raney-Nickel und Wasserstoff (1 bar) nach AAV13 bei Umgebungstemperatur für 2.5 h zur Reaktion gebracht. Die Reinigung erfolgte durch Säulenchromatographie an Kieselgel (Pentan:EtOAc, 6:1) und ergab 162 mg (185 μmol, 80%) des gewünschten Enolether-*C*-glycosids **59b** farbloses Öl.

Analytische Daten von Verbindung **59b**:

$[\alpha]_D^{20}$ = +23.1° (c = 0.13, CHCl₃). **R_f**: 0.35 (Pentan:EtOAc = 4:1).

**¹H-NMR** (300 MHz, CDCl₃): δ = 1.62–1.79 (m, 1 H, 6'-H*), 2.00–2.19 (m, 2 H, 7'-H*), 2.25–2.48 (m, 1 H, 6'-H*), 3.25 (s, 3 H, OMe), 3.44–3.87 (m, 7 H, 3-H, 4-H, 6-H, 2'-H*, 4'-H, 5'-H), 4.01–4.09 (m, 1 H, 5-H*), 4.14–4.19 (m, 1 H, 3'-H), 4.45–4.95 (m, 14 H, -CH₂Ph, 1'-H, 2-H), 7.19–7.39 (m, 30 H, Ph-H).

**¹³C-NMR** (125 MHz, CDCl₃): δ = 29.0 (C-6'*), 29.7 (C-7'*), 54.6 (OMe), 68.6 (C-6), 70.1 (-CH₂Ph), 70.8 (C-5'), 72.1, 72.7, 73.3, 73.4 (-CH₂Ph), 74.3 (C-4*), 74.6 (C-3*), 75.1 (-CH₂Ph), 76.7 (C-3'),

77.0 (C-5*), 78.7 (C-2'*), 80.3 (C-4'), 94.8 (C-1), 98.9 (C-1'), 127.2, 127.4, 127.5, 127.6, 127.7, 127.8, 128.1, 128.2 (C-Ph), 138.1, 138.2, 138.4, 138.5 (C-Ph$_q$), 155.9 (C-2).

**IR** (Film): $\tilde{\nu}$ (cm$^{-1}$) = 1674, 1496, 1454, 1364.

**UV** (CH$_3$CN): $\lambda_{max}$ (lg $\varepsilon$) [nm] = 251.5 (3.10), 257.5 (3.13), 263.0 (3.04).

**MS** (ESI): $m/z$ (%) = 899.4 (100) [M+Na]$^+$. **HRMS** (ESI): $m/z$ berechnet für C$_{56}$H$_{60}$O$_9$: [M+Na]$^+$: 899.1430, gefunden: 899.4137.

**Methyl-(3,4,6-tri-$O$-benzyl-D-glucalyl)-(1→7$C$)-2,3,4-tri-$O$-benzyl-7$C$-α-D-galactopyranosid (59c)**

**C$_{56}$H$_{60}$O$_9$ (877.07)**

Eine Lösung von Enin **60c** (117 mg, 134 µmol, 1.00 Äq.) in THF und MeOH (1:2, 15 mL) wurde mit RANEY-Nickel und Wasserstoff (1 bar) nach AAV13 bei Umgebungstemperatur für 3 h zur Reaktion gebracht. Die Reinigung erfolgte durch Säulenchromatographie an Kieselgel (Pentan:EtOAc, 4:1) und ergab 71.5 mg (81.5 µmol, 61%) des gewünschten Enolether-$C$-glycosids **59c** als farbloses Öl.

Analytische Daten von Verbindung **59c**:

[$\alpha$]$_D^{20}$ = +9.2° (c = 0.97, CHCl$_3$). **R$_f$:** 0.27 (Pentan:EtOAc = 2:1).

**¹H-NMR** (300 MHz, CDCl$_3$): $\delta$ = 1.20–1.53 (m, 2 H, 6'-H), 1.95 (m, 2 H, 7'-H), 3.15 (dd, $J$ = 9.6, 9.6 Hz, 1 H, 4-H*), 3.31 (s, 3 H, OMe), 3.45 (dd, $J$ = 3.6, 9.6 Hz, 1 H, 2'-H), 3.59 (dd, $J$ = 9.0, 9.0 Hz, 1 H, 5'-H), 3.71 (d, $J$ = 6.1 Hz, 2 H, 6-H), 3.89–3.96 (m, 2 H, 3-H, 3'-H), 4.11–4.20 (m, 2 H, 5-H, CH$_2$Ph), 4.11–4.96 (m, 14 H, 2-H, 4'-H*, 1'-H, -CH$_2$Ph), 7.24–7.33 (m, 30 H, Ph-H).

**¹³C-NMR** (125 MHz, CDCl$_3$): $\delta$ = 29.0 (C-6'), 29.7 (C-7'), 55.1 (OMe), 68.3 (C-6), 69.5 (C-5'), 70.8, 71.2, 71.4, 73.0 (-CH$_2$Ph), 73.3 (C-4), 73.3 (-CH$_2$Ph), 75.0 (C-3), 75.6 (-CH$_2$Ph), 75.7 (C-5), 80.1 (C-2'), 81.9 (C-4'), 82.0 (C-3'), 94.9 (C-2), 97.7 (C-1'), 127.3, 127.4, 127.5, 127.8, 127.9, 128.2, 128.3 (C-Ph), 138.0, 138.1, 138.2, 138.5, 138.6, 138.7 (C-Ph$_q$), 154.8 (C-1).

**IR** (Film): $\tilde{\nu}$ (cm$^{-1}$) = 2903, 1673, 1604, 1496, 1453, 1351.

**UV** (CH$_3$CN): $\lambda_{max}$ (lg $\varepsilon$) [nm] = 204.5 (4.76), 252.5 (2.99), 257.0 (3.05), 263.0 (3.08).

**MS** (ESI): $m/z$ (%) = 899.4 (100) [M+Na]+. **HRMS** (ESI): $m/z$ berechnet für $C_{56}H_{60}O_9$: [M+Na]+: 899.4130, gefunden: 899.4135.

**Methyl-(3,4,6-tri-*O*-benzyl-D-galactalyl)-(1→7*C*)-2,3,4-tri-*O*-benzyl-7*C*-α-D-manno-pyranosid (59e)**

$C_{56}H_{60}O_9$ (877.07)

Eine Lösung von Enin **60e** (80 mg, 91.6 µmol, 1.00 Äq.) in THF und MeOH (1:2, 7.5 mL) wurde mit RANEY-Nickel und Wasserstoff (1 bar) nach AAV13 bei Umgebungstemperatur für 2.5 h zur Reaktion gebracht. Die Reinigung erfolgte durch Säulenchromatographie an Kieselgel (Pentan:EtOAc, 4:1) und ergab 59 mg (67.3 µmol, 75%) des gewünschten Enolether-*C*-glycosids **59e** als farbloses Öl.

Analytische Daten von Verbindung **59e**:

$[\alpha]_D^{20}$ = +2.5° (c = 0.32, CHCl$_3$). **R**$_f$: 0.44 (Pentan:EtOAc = 2:1).

**¹H-NMR** (300 MHz, CDCl$_3$): δ = 1.58–2.39 (m, 4 H, 6'-H, 7'-H), 3.24 (s, 3 H, OMe), 3.39–3.94 (m, 7 H, 3-H*, 4-H*, 5-H*, 6-H, 3'-H*, 5'-H*), 4.05–4.21 (m, 2 H, 4'-H*, 2'-H*), 4.52–4.94 (m, 14 H, CH$_2$Ph, 1'-H, 2-H), 7.20–7.42 (m, 30 H, Ph-H).

**¹³C-NMR** (125 MHz, CDCl$_3$): δ = 29.0 (C-6'*), 29.7 (C-7'*), 54.6 (OMe), 68.3 (C-6), 70.7 (-CH$_2$Ph), 70.7 (C-5'*), 71.2 (C-4*), 71.5 (C-3*), 72.1, 72.7, 72.9, 73.3 (-CH$_2$Ph), 74.6 (C-5*), 74.9 (-CH$_2$Ph), 75.6 (C-2'*), 78.8 (C-4'*), 80.2 (C-3'*), 94.8 (C-2), 98.8 (C-1'), 127.3, 127.5, 127.7, 128.0, 128.1, 128.2 (C-Ph), 138.2, 138.2, 138.5, 138.5, 138.6, 138.6 (C-Ph$_q$), 155.0 (C-1).

**IR** (Film) $\tilde{v}$ (cm⁻¹) = 1671, 1604, 1496, 1453, 1363.

**UV** (CH$_3$CN): $\lambda_{max}$ (lg ε) [nm] = 204.5 (4.70), 252.5 (3.07), 258.0 (3.15), 263.0 (2.98).

**MS** (ESI): $m/z$ (%) = 917.4 (100) [M+Na]+. **HRMS** (ESI): $m/z$ berechnet für $C_{56}H_{60}O_9$: [M+Na]+: 899.4130, gefunden: 899.4139.

**Methyl-(3,4,6-tri-*O*-benzyl-D-galactalyl)-(1→7*C*)-2,3,4-tri-*O*-benzyl-7*C*-α-D-galacto-pyranosid (59f)**

**C₅₆H₆₀O₉** (877.07)

Eine Lösung von Enin **60f** (126 mg, 144 µmol, 1.00 Äq.) in THF und MeOH (1:2, 11.25 mL) wurde mit RANEY-Nickel und Wasserstoff (1 bar) nach AAV13 bei Umgebungstemperatur für 3.5 h zur Reaktion gebracht. Die Reinigung erfolgte durch Säulenchromatographie an Kieselgel (Pentan:EtOAc, 6:1 ⟶ 4:1) und ergab 48.0 mg (54.7 µmol, 38%, 76% brsm) des gewünschten Enolether-*C*-glycosids **59f** als farbloses Öl.

Analytische Daten von Verbindung **59f**:

$[\alpha]_D^{20}$ = −4.1° (c = 0.27, CHCl₃). $R_f$: 0.44 (Pentan:EtOAc = 2:1).

**¹H-NMR** (300 MHz, CDCl₃): δ = 1.48–2.15 (m, 4 H, 6'-H, 7'-H), 3.30 (s, 3 H, OMe), 3.57–3.77 (m, 4 H, 6-H, 4'-H, 5'-H), 3.82–3.90 (m, 2 H, 3'-H, 3-H), 4.00 (dd, $J$ = 4.1, 10.4 Hz, 1 H, 2'-H), 4.05–4.18 (m, 2 H, 4-H, 5-H), 4.54–4.70 (m, 11 H, CH₂Ph, 1'-H, 2-H), 4.76–4.95 (m, 3 H, CH₂Ph), 7.18–7.37 (m, 30 H, Ph-H).

**¹³C-NMR** (125 MHz, CDCl₃): δ = 28.0 (C-6'*), 29.9 (C-7'*), 55.3 (OMe), 68.2 (C-6), 69.4 (C-5'*), 70.8 (CH₂Ph), 71.5 (C-4*), 71.6 (C-3*), 72.9 (CH₂Ph), 73.2 (CH₂Ph) 73.3 (CH₂Ph), 73.4 (CH₂Ph), 74.7 (CH₂Ph), 75.5 (C-5*), 76.4 (C-2'*), 77.0 (C-4'*), 79.5 (C-3'*), 95.3 (C-2), 98.6 (C-1'), 127.3, 127.4, 127.5, 127.6, 127.7, 128.0, 128.2 (C-Ph), 138.0, 138.0, 138.4, 138.5, 138.5 138.8 (C-Ph_q), 154.4 (C-1).

**IR** (Film): $\tilde{\nu}$ (cm⁻¹) = 2922, 1669, 1604, 1453, 1351.

**UV** (CH₃CN): $\lambda_{max}$ (lg ε) [nm] = 205.5 (4.79), 252.0 (3.12), 257.5 (3.15), 264.0 (3.00).

**MS** (ESI): *m/z* (%) = 899.5 (100) [M+Na]⁺. **HRMS** (ESI): *m/z* berechnet für C₅₆H₆₀O₉: [M+Na]⁺: 899.4130, gefunden 899.4146.

## Methyl-(3,4,6-tri-*O*-benzylglucalyl)-(1→7*C*)-2-*O*-benzyl-4,6-*O*-benzyliden-3-methyl-α-ᴅ-allopyranosid (48g)

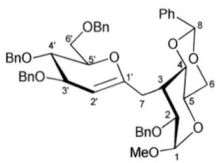

$C_{49}H_{52}O_9$ (784.93)

Eine Lösung von Dien **65g** (37.0 mg, 47.0 µmol, 1.00 Äq.) in THF und MeOH (1:2, 7.5 mL) wurde mit RANEY-Nickel und Wasserstoff (1 bar) nach AAV13 bei Umgebungstemperatur für 5.5 h zur Reaktion gebracht. Die Reinigung erfolgte durch Säulenchromatographie an Kieselgel (Pentan:EtOAc, 7:1 → 4:1) und ergab 22.2 mg (28.3 µmol, 60%) des gewünschten Enolether-*C*-glycosids **48g** als farbloses Öl.

Analytische Daten von Verbindung **48g**:

$[\alpha]_D^{20}$ = –9.6° (c = 0.68, CHCl$_3$). **R$_f$**: 0.35 (Hexan:EtOAc = 2:1).

**¹H-NMR** (600 MHz, CDCl₃): δ = 2.51 (dd, *J* = 15.3, 8.7 Hz, 1 H, 7-H), 2.79 (d, *J* = 15.3 Hz, 1 H, 7-H), 3.00–3.07 (m, 1 H, 3-H), 3.38 (s, 3 H, OCH₃), 3.52–3.58 (m, 2 H, 2-H, 4-H), 3.64 (dd, *J* = 10.3, 10.3 Hz, 1 H, 6-H), 3.72–3.76 (m, 2 H, 6-H', 6'-H), 3.80 (dd, *J* = 6.5, 9.4 Hz, 1 H, 4'-H), 3.88–3.96 (m, 2 H, 5-H, 5'-H), 4.19 (d, *J* = 6.2 Hz, 1 H, 3'-H), 4.27 (dd, *J* = 5.0, 10.3 Hz, 1 H, 6'-H), 4.44–4.55 (m, 5 H, -CH₂Ph), 4.60 (dd, *J* = 3.9, 7.4 Hz, 2 H, 1-H, -CH₂Ph), 4.77–4.82 (m, 3 H, 2'-H, -CH₂Ph), 5.43 (s, 1 H, 8-H), 7.22–7.37 (m, 20 H, Ph-H), 7.45–7.47 (m, 5 H, Ph-H).

**¹³C-NMR** (125 MHz, CDCl₃): δ = 28.4 (C-7), 35.4 (C-3), 55.4 (OCH₃), 58.6 (C-5), 69.2, 69.4, 69.7, 69.8 (C-6, C-6', -CH₂Ph), 73.4, 73.6 (-CH₂Ph), 74.0 (C-4), 74.7 (C-4'), 77.0 (C-5'), 77.4 (C-3'), 78.9 (C-2), 96.2 (C-2'), 99.3 (C-1), 101.5 (C-8), 126.2, 127.3, 127.4, 127.5, 127.6, 127.7, 127.8, 128.0, 128.1, 128.3, 128.4, 128.9 (C-Ph), 137.6, 137.7, 138.3, 138.5, 138.7 (C-Ph$_q$), 156.2 (C-1').

**IR** (ATR): $\tilde{v}$ (cm⁻¹) = 3086, 3062, 3029, 1951, 1880, 1811.

**MS** (ESI): *m/z* (%) = 807.3 (100). **HRMS** (ESI): *m/z* berechnet für C₄₉H₅₂O₉: [M+Na]⁺: 807.3504, gefunden: 807.3520.

**Methyl-(3,4,6-tri-*O*-benzylglucalyl)-(1→7*C*)-2-*O*-benzyl-4,6-*O*-benzyliden-**

**3-methyl-α-D-allopyranosid (48l)**

$C_{56}H_{60}O_9$ (877.07)

Eine Lösung von Dien **65l** (12.2 mg, 13.9 µmol, 1.00 Äq.) in THF und MeOH (2:1, 3 mL) wurde mit RANEY-Nickel und Wasserstoff (1 bar) nach AAV13 bei Umgebungstemperatur für 3 h zur Reaktion gebracht. Die Reinigung erfolgte durch Säulenchromatographie an Kieselgel (Pentan:EtOAc, 5:1 ⟶ 3:1) und ergab 8.7 mg (10.0 µmol, 71%) des gewünschten Enolether-*C*-glycosids **48l** als klares Öl.

Analytische Daten von Verbindung **48l**:

$[\alpha]_D^{20}$ = +42.6° (c = 0.34, CHCl$_3$). **R$_f$:** 0.48 (Hexan:EtOAc = 2:1).

**$^1$H-NMR** (600 MHz, CDCl$_3$): δ = 2.04–2.09 (m, 1 H, 4'-H), 2.11–2.15 (m, 1 H, 7-H), 2.43–2.47 (m, 1 H, 7'-H), 3.27 (s, 3 H, OCH$_3$), 3.57 (dd, *J* = 3.5, 9.1 Hz, 1 H, 2'-H), 3.61–3.69 (m, 4 H, 6-H, 6'-H), 3.76 (dd, *J* = 6.0, 8.7 Hz, 1 H, 4-H), 3.80–3.87 (m, 2 H, 3'-H, 5'-H), 3.94–3.97 (m, 1 H, 5-H), 4.08 (dd, *J* = 2.8, 6.0 Hz, 1 H, 3-H), 4.40–4.78 (m, 13 H, 1'-H, 2-H, CH$_2$Ph), 5.03 (d, *J* = 12.5 Hz, 1 H, CH$_2$Ph), 7.22–7.35 (m, 30 H, Ph-H).

**$^{13}$C-NMR** (125 MHz, CDCl$_3$): δ = 30.5 (C-7), 40.7 (C-4'), 55.0 (OCH$_3$), 68.7 (C-6), 69.9 (C-5'), 70.0 (C-6'), 70.3 (CH$_2$Ph), 72.7, 73.2, 73.4 (CH$_2$Ph), 74.3 (C-4), 74.9 (CH$_2$Ph), 76.5 (C-3), 76.6 (C-5), 77.5 (C-3'), 82.1 (C-2'), 98.2 (C-1'), 98.2 (C-2), 127.2, 127.4, 127.5, 127.6, 127.7, 128.0, 128.1, 128.2, 128.3 (C-Ph), 138.0, 138.1, 138.2, 138.2, 138.3, 139.1 (C-Ph$_q$), 159.8 (C-1).

**IR** (ATR): ṽ (cm$^{-1}$) = 2304, 1954, 1878, 1812, 1550.

**MS** (ESI): *m/z* (%) = 899.4 (100) [M+Na]$^+$. **HRMS** (ESI) : *m/z* berechnet für $C_{56}H_{60}O_9$: [M+Na]$^+$: 899.4130, gefunden: 899.4130.

**Methyl-1-desoxy-3,4,6-tri-*O*-benzyl-D-glucosyl-β-(1→7*C*)-2,3,4-tri-*O*-benzyl-7*C*-α-D-mannopyranosid (49bβ)**

$C_{56}H_{62}O_{10}$ (895.09)

Eine Lösung des Enolethers **59b** (87 mg, 99 µmol, 1.00 Äq.) in $CH_2Cl_2$ (4.0 mL) wurde mit einer Lösung von DMDO in Aceton (0.07 M, 3.5 mL, 2.50 Äq.) nach AAV14.2 zur Reaktion gebracht und der Rückstand in $CH_2Cl_2$ (5.0 mL) aufgenommen. Die Lösung wurde mit DIBAL in THF (1 M, 992 µL, 10.0 Äq.) behandelt. Die Reinigung erfolgte durch Säulenchromatographie an Kieselgel (Pentan:EtOAc, 3:1 → 2:1) und ergab 59 mg (65.9 µmol, 67%) des gewünschten *C*-Glycosids **49bβ** als farbloses Öl.

Analytische Daten von Verbindung **49bβ**:

$[\alpha]_D^{20}$ = +22.1° (c = 0.34, CHCl₃). **R_f**: 0.21 (Pentan:EtOAc = 2:1).

**¹H-NMR** (600 MHz, CDCl₃): δ = 1.48–1.61 (m, 2 H, 6'-H, 7'-H), 2.06–2.22 (m, 2 H, 6'-H, 7'-H), 3.12–3.17 (m, 1 H, 1-H), 3.25 (s, 3 H, OCH₃), 3.30 (dd, *J* = 10.5, 10.5 Hz, 1 H, 2-H), 3.37–3.40 (m, 1 H, 4-H), 3.45 (dd, *J* = 9.9, 9.9 Hz, 1 H, 4'-H*), 3.51 (dt, *J* = 3.6, 9.3 Hz, 1 H, 5-H*), 3.54–3.72 (m, 4 H, 6-H*, 2'-H*, 5'-H*), 3.74–3.76 (m, 1 H, 3-H*), 3.81 (dd, *J* = 4.6, 9.0 Hz, 1 H, 3'-H*), 4.48–4.62 (m, 6 H, -CH₂Ph), 4.64 (d, *J* = 2.1 Hz, 1 H, 1'-H), 4.68–4.95 (m, 6 H, -CH₂Ph), 7.14–7.39 (m, 30 H, Ph-H).

**¹³C-NMR** (125 MHz, CDCl₃): δ = 27.5 (C-7'*), 28.1 (C-6'*), 54.6 (OCH₃), 69.1 (C-6), 71.7 (CH₂Ph), 72.1 (CH₂Ph), 72.7 (CH₂Ph), 73.6 (C-5'*), 73.6 (CH₂Ph), 74.1 (C-2*), 74.7 (CH₂Ph), 74.7 (CH₂Ph), 75.1 (C-3*), 78.5 (C-5*), 79.0 (C-1*), 79.1 (C-4*), 79.6 (C-2'*), 80.3 (C-3'*), 86.9 (C-4'*), 98.8 (C-1'), 127.4, 127.5, 127.7, 127.8, 127.9, 128.2, 128.5 (C-Ph), 138.1, 138.3, 138.5, 138.6 (C-Ph_q).

**IR** (Film): ṽ (cm⁻¹) = 3455, 3062, 3030, 1949, 1604.

**UV** (CH₃CN): λ_max (lg ε) [nm] = 252.5 (3.14), 257.0 (3.16), 263.0 (2.97).

**MS** (ESI): *m/z* (%) = 917.5 (100) [M+Na]⁺. **HRMS** (ESI): *m/z* berechnet für $C_{56}H_{62}O_{10}$: [M+Na]⁺: 917.4235, gefunden: 917.4247.

**Methyl-1-desoxy-D-glucosyl-β-(1→7C)-7C-α-D-mannopyranosid (58bβ)**

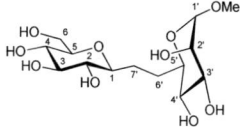

$C_{14}H_{26}O_{10}$ (354.35)

Eine Lösung des C-Disaccharids **49bβ** (15.6 mg, 17.4 μmol, 1.0 Äq.) in MeOH:CH₂Cl₂:EtOAc (3:1:1, 5 mL) wurde nach AAV8 mit PEARLMAN-Katalysator (Pd(OH)₂/C, 39 mg) und Wasserstoff (2 bar) behandelt. Die Reaktion wurde über Nacht bei Umgebungstemperatur gerührt. Die Reinigung erfolgte durch Säulenchromatographie an Kieselgel (CH₂Cl₂:MeOH, 8:1 → 5:1) und ergab 6.1 mg (17.2 μmol, 99%) des entschützten C-Glycosids **58bβ** als gelbliches Öl.

Analytische Daten von Verbindung **58bβ**:

[α]$_D^{20}$ = +33.1° (c = 0.61, MeOH). $R_f$: 0.18 (CH₂Cl₂:MeOH = 2:1).

**¹H-NMR** (300 MHz, CD₃OD): δ =1.23–1.53 (m, 2 H, 6'*-H), 2.15–2.24 (m, 2 H, 7'*-H), 3.01–3.52 (m, 10 H, OCH₃, 1-H*, 2-H*, 3-H*, 4-H*, 5-H*, 4'-H*, 5'-H*), 3.57–3.64 (m, 2 H, 6-H*, 3'-H*), 3.75–3.88 (m, 2 H, 6-H, 2'-H*), 4.57 (d, J = 1.8 Hz, 1 H, 1'-H).

**¹³C-NMR** (125 MHz, CD₃OD): δ = 28.6 (C-7'*), 29.3 (C-6'*), 55.1 (OCH₃), 63.2 (C-6), 72.0, 72.1, 72.4, 72.5, 73.7, 75.5, 79.8, 81.1, 81.5 (C-1, C-2, C-3, C-4, C-5, C-2', C-3', C-4', C-5'*), 102.6 (C-1').

**IR** (Film): $\tilde{v}$ (cm⁻¹) = 3392, 2922, 1714, 1646, 1418, 1362.

**UV** (MeOH): λ_max (lg ε) [nm] =keine Absorption zwischen 190 und 350 nm.

**MS** (ESI): m/z (%) = 377.2 (100) [M+Na]⁺. **HRMS** (ESI): m/z berechnet für $C_{14}H_{26}O_{10}$: [M+Na]⁺: 377.1418, gefunden: 377.1419.


**Methyl-1-desoxy-3,4,6-tri-O-benzyl-D-glucosyl-β-(1→7C)-2,3,4-tri-O-benzyl-7C-α-D-galactopyranosid (49cβ)**

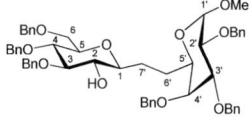

$C_{56}H_{62}O_{10}$ (895.06)

Eine Lösung des Kohlenhydratderivates **59c** (55 mg, 62.7 μmol, 1.0 Äq.) in Toluol (5.4 mL) wurde mit BII₃·THF (1 M in THF, 627 μL, 627 μmol, 10.0 Äq.), wässriger NaOH-Lösung (1 M,

14 mL) und $H_2O_2$ (30%, 14 mL) nach AAV15 zur Reaktion gebracht. Säulenchromatographische Reinigung an Kieselgel (Pentan:EtOAc, 2:1) ergab 29 mg (32.4 µmol, 52%) des gewünschten *C*-Glycosids **49cβ** als farbloses Öl.

Analytische Daten von Verbindung **49cβ**:

$[\alpha]_D^{20}$ = +28.5° (c = 1.41, CHCl₃). **R$_f$**: 0.18 (Pentan:EtOAc = 2:1).

**¹H-NMR** (300 MHz, CDCl₃): δ = 1.19–1.97 (m, 4 H, 6'-H, 7'-H), 3.02–3.11 (m, 1 H, 1-H), 3.16–3.24 (m, 1 H, 3-H), 3.29–3.45 (m, 5 H, OCH₃, 5-H, 2'-H), 3.56–3.69 (m, 4 H, 4-H, 6-H, 5'-H), 3.87 (dd, *J* = 3.0, 10.1 Hz, 1 H, 4'-H), 4.01 (dd, *J* = 3.7, 10.1 Hz, 1 H, 3'-H), 4.45–4.96 (m, 14 H, CH₂Ph, 1'-H, 3'-H), 7.11–7.45 (m, 30 H, Ph-H).

**¹³C-NMR** (125 MHz, CDCl₃): δ = 26.8 (C-6'*), 28.4 (C-7'*), 55.2 (OCH₃), 69.0 (C-6), 70.5 (C-5'*), 73.3, 73.4 (-CH₂Ph), 73.5 (C-2*), 73.9, 74.6, 74.7 (-CH₂Ph), 75.1 (C-3*), 76.5 (C-5*), 78.4 (C-1*), 78.9 (C-4*), 79.3 (C-3'*), 79.5 (C-4'*), 86.8 (C-2'*), 98.6 (C-1'), 127.3, 127.5, 127.7, 127.8, 128.0, 128.2, 128.3, 128.6 (C-Ph), 138.0, 138.5, 138.6, 138.8 (C-Ph$_q$).

**IR** (Film): $\tilde{\nu}$ (cm⁻¹) = 3465, 3062, 3030, 2904, 1725.

**UV** (CH₃CN): $\lambda_{max}$ (lg ε) [nm] = 252.0 (3.01), 257.5 (3.08), 263.5 (3.11).

**MS** (ESI): *m/z* (%) = 914.42 (100) [M+Na]⁺. **HRMS** (ESI): *m/z* berechnet für C₅₆H₆₂O₁₀: [M+Na]⁺: 917.4235, gefunden: 917.4234.

**Methyl-1-desoxy-D-glucosyl-β-(1→7*C*)-7*C*-α-D-galactopyranosid (58cβ)**

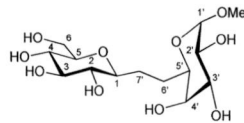

$C_{14}H_{26}O_{10}$ (354.35)

Eine Lösung des *C*-Disaccharids **49cβ** (12.5 mg, 13.4 µmol, 1.00 Äq.) in MeOH:CH₂Cl₂:EtOAc (3:1:1, 5 mL) wurde nach AAV8 mit Pearlman-Katalysator (Pd(OH)₂/C, 52 mg) und Wasserstoff (2 bar) behandelt. Die Reaktion wurde über Nacht bei Umgebungstemperatur gerührt. Die Reinigung erfolgte durch Säulenchromatographie an Kieselgel (CH₂Cl₂:MeOH, 7:1 → 3:1) und ergab 4.7 mg (13.3 µmol, 99%) des entschützten *C*-Glycosids **58cβ** als gelbliches Öl.

Analytische Daten von Verbindung **58cβ**:

$[\alpha]_D^{20}$ = +86.8° (c = 0.40, MeOH). **R$_f$**: 0.15 (CH₂Cl₂:MeOH = 2:1).

**¹H-NMR** (300 MHz, CD₃OD): δ =1.36–1.50 (m, 2 H, 6'-H*), 1.65–1.84 (m, 2 H, 7'-H*), 3.03–3.35 (m, 5 H, 2-H*, 3-H*, 4-H*, 5-H*, 4'-H*), 3.38 (s, 3 H, OCH₃), 3.58–3.87 (m, 6 H, 1-H*, 6-H, 2'-H*, 3'-H*, 5'-H*), 4.66 (d, $J$ = 3.2 Hz, 1 H, 1'-H).

**¹³C-NMR** (125 MHz, CD₃OD): δ = 27.6 (C-7'*), 29.5 (C-6'*), 55.5 (OCH₃), 63.1 (C-6), 70.1, 71.6, 71.7, 72.0, 72.5, 75.4, 79.7, 80.9, 81.5 (C-1, C-2, C-3, C-4, C-5, C-2', C-3', C-4', C-5'), 101.3 (C-1').

**IR** (Film): $\tilde{v}$ (cm⁻¹) = 3392, 2922, 1645.

**UV** (MeOH): λ_max (lg ε) [nm] = keine Absorption zwischen 190 und 350 nm.

**MS** (ESI): $m/z$ (%) = 377.2 (100) [M+Na]⁺. **HRMS** (ESI): $m/z$ berechnet für C₁₄H₂₆O₁₀: [M+Na]⁺: 377.1418, gefunden: 377.1417.

**Methyl-1-desoxy-3,4,6-tri-*O*-benzyl-D-glucosyl-α-(1→7C)-2,3,4-tri-*O*-benzyl-7C-α-D-mannopyranosid (49aα)**

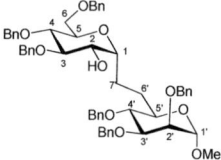

**C₅₆H₆₂O₁₀ (895.08)**

Eine Lösung des Enolethers **59a** (35 mg, 39.9 μmol, 1.00 Äq.) in CH₂Cl₂ (1.0 mL) wurde mit einer Lösung von DMDO in Aceton (0.07 M, 1.14 mL, 2.00 Äq.) nach AAV14.1 zur Reaktion gebracht und der Rückstand in THF (2.0 mL) aufgenommen. Die Lösung wurde mit LiBHEt₃ in THF (1 M, 1.6 mL, 1.60 mmol, 40.0 Äq.) für 3 h bei 0 °C behandelt. Die Reinigung erfolgte durch Säulen-chromatographie an Kieselgel (Pentan:EtOAc, 2:1) und ergab 19 mg (21.2 μmol, 56%) des *C*-glycosidischen Disaccharids **49aα** als farbloses Öl.

Analytische Daten von Verbindung **49aα**:

[α]²⁰_D = +34.7° (c = 1.50, CHCl₃). R_f: 0.23 (Pentan:EtOAc = 2:1).

**¹H-NMR** (300 MHz, CDCl₃): δ = 1.62–1.75 (m, 2 H, 6'-H, 7'-H), 1.87–2.02 (m, 2 H, 6'-H, 7'-H), 3.25 (s, 3 H, OCH₃), 3.49–3.59 (m, 1 H, 5'-H*), 3.61–3.98 (m, 10 H, 1-H, 2-H, 3-H, 4-H, 5-H*, 6-H, 2'-H, 3'-H, 4'-H), 4.43–4.97 (m, 13 H, CH₂Ph, 1'-H), 7.16–7.38 (m, 30 H, Ph-H).

**¹³C-NMR** (125 MHz, CDCl₃): δ = 23.8 (C-7'*), 27.6 (C-6'*), 54.6 (OCH₃), 68.3 (C-6), 69.7 (C-5'), 71.2 (C-5'*), 72.0 (-CH₂Ph), 72.6 (C-1*), 72.8 (C-3*), 73.1, 73.3, 73.5, 74.7 (-CH₂Ph), 75.1 (C-2*), 75.5 (-CH₂Ph), 78.6 (C-4*), 78.9 (C-2'*), 78.9 (C-4'*), 80.2 (C-3'*), 98.7 (C-1'), 127.3, 127.4, 127.5,

127.6, 127.7, 127.8 128.0, 128.1, 128.2, 128.3, 128.4 (C-Ph), 137.5, 138.0, 138.2, 138.4, 138.5 (C-Ph$_q$).

**IR** (Film): $\tilde{v}$ (cm$^{-1}$) = 3030, 2918, 1605, 1454.

**UV** (CH$_3$CN): $\lambda_{max}$ (lg $\varepsilon$) [nm] = 257.5 (3.04), 225.0 (2.96), 263.0 (2.96).

**MS** (ESI): $m/z$ (%) = 917.43 (100) [M+Na]$^+$. **HRMS** (ESI): $m/z$ berechnet für C$_{56}$H$_{62}$O$_{10}$: [M+Na]$^+$: 917.42352, gefunden: 917.42340.


**Methyl-1-desoxy-D-glucosyl-α-(1→7C)-7C-α-D-mannopyranosid (58aα)**

**C$_{14}$H$_{26}$O$_{10}$ (354.59)**

Eine Lösung des C-Disaccharids **49aα** (12.5 mg, 14.0 µmol, 1.00 Äq.) in MeOH:CH$_2$Cl$_2$ (3:1, 4 mL) wurde nach AAV8 mit PEARLMAN-Katalysator (Pd(OH)$_2$/C, 10 mg) und Wasserstoff (2 bar) behandelt. Die Reaktion wurde über Nacht bei Umgebungstemperatur gerührt. Die Reinigung erfolgte durch Säulenchromatographie an Kieselgel (CH$_2$Cl$_2$:MeOH, 7:1 → 3:1) und ergab 4.0 mg (11.3 µmol, 81%) des entschützten C-Glycosids **58aα** als gelbliches Öl.

Analytische Daten von Verbindung **58aα**:

$[\alpha]_D^{20}$ = +100.5° (c = 0.4, MeOH). **R$_f$**: 0.14 (CH$_2$Cl$_2$:MeOH = 2:1).

**$^1$H-NMR** (300 MHz, CD$_3$OD): δ =1.66–2.14 (m, 4 H, 6'-H, 7'-H), 3.22–3.37 (m, 4 H, OCH$_3$, 4'-H*), 3.39–3.44–3.80 (m, 9 H, 1-H, 2-H, 3-H, 4-H, 5-H, 6-H, 2'-H, 5'-H), 3.88–3.94 (m, 1 H, 3'-H*), 4.58 (d, $J$ = 1.7 Hz, 1 H, 1'-H).

**$^{13}$C-NMR** (125 MHz, CD$_3$OD): δ = 21.6 (C-6'*), 28.4 (C-7'*), 55.2 (OCH$_3$), 63.1 (C-6), 72.0, 72.4, 72.6, 72.8, 72.8, 73.1, 74.1, 75.3, 76.9 (C-1, C-2, C-3, C-4, C-5, C-2', C-3', C-4', C-5'), 102.6 (C-1').

**IR** (Film): $\tilde{v}$ (cm$^{-1}$) = 3392, 2922, 1645.

**UV** (MeOH): $\lambda_{max}$ (lg $\varepsilon$) [nm] = keine Absorption zwischen 190 und 350 nm.

**MS** (ESI): $m/z$ (%) = 377.1 (100) [M+Na]$^+$. **HRMS** (ESI): $m/z$ berechnet für C$_{14}$H$_{26}$O$_{10}$: [M+Na]$^+$: 377.1418, gefunden: 377.1416.

**Methyl-1-desoxy-3,4,6-tri-*O*-benzyl-D-galactosyl-β-(1→7*C*)-2,3,4-tri-*O*-benzyl-7*C*-α-D-mannopyranosid (49eβ)**

C$_{56}$H$_{62}$O$_{10}$ (895.09)

Eine Lösung des Kohlenhydratderivates **59e** (19 mg, 21.6 µmol, 1.00 Äq.) in Toluol und THF (1:1, 4 mL) wurde mit BH$_3$·THF (1 M in THF, 325 µL, 325 µmol, 15.0 Äq.), wässriger NaOH-Lösung (1 M, 4.8 mL) und H$_2$O$_2$ (30%, 4.8 mL) nach AAV15 zur Reaktion gebracht. Säulenchromatographische Reinigung an Kieselgel (Pentan:EtOAc, 2:1) ergab 13 mg (14.5 µmol, 69%) des gewünschten *C*-Glycosids **49eβ** als farbloses Öl.

Analytische Daten von Verbindung **49eβ**:

[α]$_D^{20}$ = +4.7° (c = 0.17, CHCl$_3$). **R$_f$:** 0.50 (Pentan:EtOAc = 1:1).

**$^1$H-NMR** (600 MHz, CDCl$_3$): δ = 1.50–1.61 (m, 2 H, 7'-H*), 2.16–2.25 (m, 2 H, 6'-H*), 3.16 (dt, *J* = 2.5, 9.1 Hz, 1 H, 1-H*), 3.24 (s, 3 H, OCH$_3$), 3.36 (dd, *J* = 2.8, 9.6 Hz, 1 H, 3-H*), 3.49 (dt, *J* = 1.3, 9.7 Hz, 1 H, 5-H*), 3.54–3.65 (m, 4 H, 6-H, 2'-H, 4'-H), 3.73–3.82 (m, 3 H, 2-H, 3'-H, 5'-H), 4.02 (d, *J* = 2.9 Hz, 1 H, 4-H), 4.39–4.95 (m, 13 H, -CH$_2$Ph, 1'-H), 7.19–7.37 (m, 30 H, Ph-H).

**$^{13}$C-NMR** (125 MHz, CDCl$_3$): δ = 27.8 (C-7'*), 28.4 (C-6'*), 54.5 (OCH$_3$), 68.7 (C-6), 70.8 (C-2), 71.6, 71.7, 72.1 (-CH$_2$Ph), 72.6 (C-5), 72.7 (-CH$_2$Ph), 73.5 (C-4), 74.3 (-CH$_2$Ph), 74.7 (C-5'), 75.1 (-CH$_2$Ph), 76.9 (C-2'), 79.1 (C-4'), 80.2 (C-1), 80.3 (C-3'), 84.3 (C-3), 98.7 (C-1'), 127.3, 127.4, 127.5, 127.6, 127.7, 127.8, 127.9, 128.0, 128.1, 128.2, 128.3, 128.4 (C-Ph), 137.8, 138.2, 138.2, 138.5, 138.6 (C-Ph$_q$).

**IR** (Film) $\tilde{v}$ (cm$^{-1}$) = 3033, 2989, 2045, 1951, 1730, 1454, 1375, 1103.

**UV** (CH$_3$CN): λ$_{max}$ (lg ε) [nm] = 252.0(3.00), 257.5 (3.04), 263.0 (3.02).

**MS** (ESI): *m/z* (%) = 917.5 (90) [M+Na]$^+$. **HRMS** (ESI): *m/z* berechnet für C$_{56}$H$_{62}$O$_{10}$: [M+Na]$^+$: 917.4235, gefunden: 917.4205.

**Methyl-1-desoxy-D-galactosyl-β-(1→7C)-7C-α-D-mannopyranosid (58eβ)**

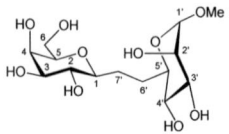

$C_{14}H_{26}O_{10}$ (354.35)

Eine Lösung des C-Disaccharids **49eβ** (7.4 mg, 8.3 µmol, 1.00 Äq.) in MeOH:CH₂Cl₂:EtOAc (3:1:1, 5 mL) wurde nach AAV8 mit PEARLMAN-Katalysator (Pd(OH)₂/C, 30 mg) und Wasserstoff (2 bar) behandelt. Die Reaktion wurde über Nacht bei Umgebungstemperatur gerührt. Die Reinigung erfolgte durch Säulenchromatographie an Kieselgel (CH₂Cl₂:MeOH, 7:1 ⟶ 3:1) und ergab 2.9 mg (8.2 µmol, 99%) des entschützten C-Glycosids **58eβ** als gelbliches Öl.

Analytische Daten von Verbindung **58eβ**:

$[\alpha]_D^{20}$ = +21.3° (c = 0.45, MeOH). **R$_f$**: 0.16 (CH₂Cl₂:MeOH = 2:1).

**¹H-NMR** (300 MHz, CD₃OD): δ =1.38–1.50 (m, 2 H, 6'-H, 7'-H), 2.12–2.27 (m, 2 H, 6'-H, 7'-H), 3.06–3.89 (m, 14 H, OCH₃, 1-H, 2-H, 3-H, 4-H, 5-H, 6-H, 2'-H, 3'-H, 4'-H, 5'-H), 4.58 (d, J = 1.7 Hz, 1 H, 1'-H).

**¹³C-NMR** (125 MHz, CD₃OD): δ =28.9 (C-6'*), 29.3 (C-7'*), 55.1 (OCH₃), 62.8 (C-6), 70.9, 72.0, 72.4, 72.5, 72.7, 73.7, 76.4, 80.0, 81.8 (C-1, C-2, C-3, C-4, C-5, C-2', C-3', C-4', C-5'), 102.5 (C-1').

**IR** (Film): $\tilde{\nu}$ (cm⁻¹) = 3392, 2922, 1646.

**UV** (MeOH): $\lambda_{max}$ (lg ε) [nm] = keine Absorption zwischen 190 und 350 nm.

**MS** (ESI): m/z (%) = 377.1 (100) [M+Na]⁺. **HRMS** (ESI): m/z berechnet für C₁₄H₂₆O₁₀: [M+Na]⁺: 377.1418, gefunden: 377.1422.

**Methyl-1-desoxy-3,4,6-tri-*O*-benzyl-D-galactosyl-β-(1→7*C*)-2,3,4-tri-*O*-benzyl-7*C*-α-D-galactopyranosid (49fβ)**

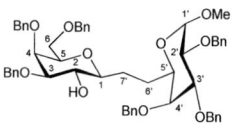

$C_{56}H_{62}O_{10}$ (895.09)

Eine Lösung des Kohlenhydratderivates **59f** (47 mg, 53.6 μmol, 1.00 Äq.) in THF (5 mL) wurde mit $BH_3$·THF (1 M in THF, 805 μL, 805 μmol, 15.0 Äq.), wässriger NaOH-Lösung (1 M, 12 mL) und $H_2O_2$ (30%, 12 mL) nach AAV15 zur Reaktion gebracht. Säulenchromatographische Reinigung an Kieselgel (Pentan:EtOAc, 2:1) ergab 30 mg (33.5 μmol, 63%) des gewünschten *C*-Glycosids **49fβ** als farbloses Öl.

Analytische Daten von Verbindung **49fβ**:

$[\alpha]_D^{20}$ = +23.8° (c = 1.43, $CHCl_3$). **R$_f$:** 0.44 (Pentan:EtOAc = 1:1).

**$^1$H-NMR** (600 MHz, $CDCl_3$): δ = 1.22–1.36 (m, 1 H, 6'-H*), 1.51–1.58 (m, 1 H, 7'-H*), 1.63–1.71 (m, 1 H, 7' H*), 1.89–1.95 (m, 1 H, 6'-H*), 3.07 (dt, *J* = 2.7, 8.9 Hz, 1 H, 5'-H*), 3.28 (s, 3 H, $OCH_3$), 3.33 (dd, *J* = 2.9, 8.8 Hz, 1 H, 3'-H*), 3.50–3.54 (m, 2 H, 6-H, 1-H*), 3.56–3.61 (m, 2 H, 6-H, 5-H*), 3.64–3.69 (m, 2 H, 4'-H*, 4-H*), 3.86 (dd, *J* = 2.5, 10.7 Hz, 1 H, 3-H*), 3.98–4.02 (m, 2 H, 2'-H*, 2-H*), 4.41–4.94 (m, 13 H, $CH_2Ph$, 1'-H), 7.11–7.38 (m, 30 H, Ph-H).

**$^{13}$C-NMR** (125 MHz, $CDCl_3$): δ = 26.9 (C-7'*), 28.4 (C-6'*), 55.1 ($OCH_3$), 68.6 (C-6), 70.4 (C-5*), 70.6 (C-4'*), 71.5 (-$CH_2Ph$), 72.6 (C-2'*), 73.3, 73.4, 73.5, 74.4, 74.5 (-$CH_2Ph$), 76.5 (C-2*), 76.8 (C-4*), 79.6 (C-3*), 79.9 (C-5'*), 84.2 (C-3'*), 98.5 (C-1'), 127.3, 127.4, 127.5, 127.6, 127.7, 127.8, 127.9, 128.0, 128.1, 128.2, 128.3, 128.5 (C-Ph), 136.8, 137.7, 137.8, 138.5, 138.8 (C-Ph$_q$).

**IR** (Film): $\tilde{\nu}$ (cm$^{-1}$) = 3460, 3062, 3030, 2908, 1722, 1604.

**UV** ($CH_3CN$): $\lambda_{max}$ (lg ε) [nm] = 252.5 (2.99), 257.5 (3.05), 263.0 (3.11).

**MS** (ESI): *m/z* (%) = 917.5 (100) [M+Na]$^+$. **HRMS** (ESI): *m/z* berechnet für $C_{56}H_{62}O_{10}$: [M+Na]$^+$: 917.4235, gefunden: 917.4239.

**Methyl-1-desoxy-D-galactosyl-β-(1→7C)-7C-α-D-galactopyranosid (58fβ)**

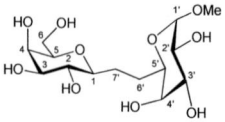

$C_{14}H_{26}O_{10}$ (354.35)

Eine Lösung des C-Disaccharids **49fβ** (12.9 mg, 14.4 μmol, 1.00 Äq.) in MeOH:$CH_2Cl_2$:EtOAc (3:1:1, 5 mL) wurde nach AAV8 mit PEARLMAN-Katalysator (Pd(OH)$_2$/C, 42 mg) und Wasserstoff (2 bar) behandelt. Die Reaktion wurde über Nacht bei Umgebungstemperatur gerührt. Die Reinigung erfolgte durch Säulenchromatographie an Kieselgel ($CH_2Cl_2$:MeOH, 10:1 → 5:1) und ergab 5.1 mg (99%) des entschützten C-Glycosids **58fβ** als gelbliches Öl.

Analytische Daten von Verbindung **58fβ**:

$[\alpha]_D^{20}$ = +113.3° (c = 0.4, MeOH). **R$_f$**: 0.23 ($CH_2Cl_2$:MeOH = 2:1).

**$^1$H-NMR** (300 MHz, CD$_3$OD): δ =1.36–1.53 (m, 1 H, 6'-H\*), 1.67–1.85 (m, 2 H, 7'-H\*), 2.01–2.16 (m, 1 H, 6'-H\*), 3.06–3.15 (m, 1 H, 5'-H\*), 3.28–3.46 (m, 7 H, OCH$_3$, 4'-H\*, 3-H\*, 4-H\*, 5-H\*), 3.63–3.78 (m, 5 H, 6-H, 2'-H, 1-H\*, 2-H\*), 3.88 (d, J = 2.4 Hz, 1 H, 3'-H\*), 4.66 (d, J = 3.7 Hz, 1 H, 1'-H).

**$^{13}$C-NMR** (125 MHz, CD$_3$OD): δ =27.9 (C-7'\*), 29.5 (C-6'\*), 55.5 (OCH$_3$), 62.8 (C-6), 70.1, 70.8, 71.6, 71.6, 72.5, 76.3, 79.9, 81.5 (C-1, C-2, C-3, C-4, C-5, C-2', C-3', C-4', C-5'), 101.2 (C-1').

**IR** (Film): $\tilde{\nu}$ (cm$^{-1}$) = 3391, 2922, 1417.

**UV** (MeOH): $\lambda_{max}$ (lg ε) [nm] = keine Absorption zwischen 190 und 350 nm.

**MS** (ESI): m/z (%) = 377.1 (45) [M+Na]$^+$. **HRMS** (ESI): m/z berechnet für $C_{14}H_{26}O_{10}$: [M+Na]$^+$: 377.1418, gefunden: 377.1419.

**Methyl-(3,4,6-tri-O-benzyl-1-desoxy-β-D-glucopyranosyl)-(1→7C)-2-O-benzyl-4,6-O-benzyliden-3-methyl-α-D-allopyranosid (68gβ)**

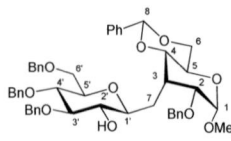

$C_{49}H_{54}O_{10}$ (802.95)

Eine Lösung des Kohlenhydratderivates **48g** (9.8 mg, 12.4 µmol, 1.00 Äq.) in THF (1.0 mL) wurde mit BH$_3$·THF (1 M in THF, 124 µL, 124 µmol, 10.0 Äq.), NaOH-Lösung (1 M, 2.8 mL) und H$_2$O$_2$ (30%, 2.8 mL) nach AAV15 zur Reaktion gebracht. Säulenchromatographische Reinigung an Kieselgel (Pentan:EtOAc, 3:1) ergab 6.0 mg (7.5 µmol, 60%) des gewünschten *C*-Glycosids **68gβ** als weißen Feststoff.

Analytische Daten von Verbindung **68gβ**:

$[\alpha]_D^{20}$ = –10.0° (c = 0.23, CHCl$_3$). R$_f$: 0.10 (Hexan:EtOAc = 3:1).

**¹H-NMR** (600 MHz, CDCl$_3$): δ = 2.03 (dd, *J* = 14.7, 8.4 Hz, 1 H, 7-H), 2.22–2.31 (m, 1 H, 7-H), 2.97–3.03 (m, 1 H, 3-H), 3.30–3.41 (m, 7 H, 1'-H, 2'-H, 3'-H, 5'-H, OCH$_3$), 3.53–3.74 (m, 4 H, 2-H, 4-H, 6*-H, 4'-H), 3.91–4.02 (m, 1 H, 5-H), 4.23 (dd, *J* = 4.7, 10.0 Hz, 1 H, 6-H), 4.42 (d, *J* = 12.0 Hz, 1 H, -CH$_2$Ph), 4.48–4.56 (m, 5 H, 6-H*, -CH$_2$Ph), 4.58 (d, *J* = 3.2 Hz, 1 H, 1-H), 4.74–4.86 (m, 6 H, 6'-H*, -CH$_2$Ph), 5.43 (s, 1 H, 8-H), 7.14–7.37 (m, 21 H, Ph-H), 7.42–7.48 (m, 4 H, Ph-H).

**¹³C-NMR** (125 MHz, CDCl$_3$): δ = 26.6 (C-7), 34.0 (C-3), 55.4 (OCH$_3$), 58.5 (C-5), 69.4 (C-6*), 69.5 (C-6'*), 69.8, 73.3, 73.9, 74.9, 75.1, 75.2 (C-4, C-2', -CH$_2$Ph), 78.5 (C-2), 78.7 (C-1'), 79.3 (C-4'), 79.5 (C-5'), 87.0 (C-3'), 99.2 (C-1), 101.7 (C-8), 126.2, 127.4, 127.6, 127.7, 127.8, 127.9, 128.0, 128.3, 128.4, 128.5, 129.0 (C-Ph), 138.5, 137.6, 138.2, 138.3, 138.9 (C-Ph$_q$).

**IR** (ATR): ṽ (cm$^{-1}$) = 3524, 3061, 3030, 1743, 1496.

**MS** (ESI): *m/z* (%) = 825.4 (100) [M+Na]$^+$. **HRMS** (ESI): *m/z* berechnet für **C$_{49}$H$_{54}$O$_{10}$**: [M+Na]$^+$: 825.3609, gefunden: 825.3634.

## Methyl-(1-desoxy-β-D-glucopyranosyl)-(1→7*C*)-3-methyl-α-D-allopyranosid (69gβ)

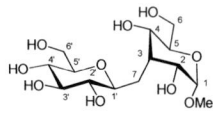

C$_{14}$H$_{26}$O$_{10}$ (354.35)

Eine Lösung des *C*-Glycosids **68gβ** (6.0 mg, 7.5 µmol, 1.00 Äq.) in MeOH:CH$_2$Cl$_2$:EtOAc (3:1:1, 5 mL) wurde auf -5 °C gekühlt und nach AAV8 mit PEARLMAN-Katalysator (Pd(OH)$_2$/C, 10 mg) und Wasserstoff (2 bar) behandelt. Die Lösung wurde über Nacht bei dieser Temperatur gerührt. Die Reinigung erfolgte durch Säulenchromatographie an Kieselgel (CH$_2$Cl$_2$:MeOH, 7:1 → 3:1) und ergab 2.5 mg (7.1 µmol, 99%) des entschützten *C*-Glycosids **69gβ** als gelbliches Öl.

Analytische Daten von Verbindung **69gβ**:

[α]$_D^{20}$ = +25.9° (c = 0.46, MeOH). **R$_f$:** 0.15 (CH$_2$Cl$_2$:MeOH = 3:1).

**¹H-NMR** (300 MHz, CD$_3$OD): δ =1.77–1.85 (m, 1 H, 7-H), 2.20–2.45 (m, 2 H, 3-H, 7-H), 3.08 (dd, J = 9.1, 9.1 Hz, 1 H, 2'-H), 3.19–3.36 (m, 5 H, 4-H, 5-H, 1'-H, 3'-H, 4'-H), 3.40 (s, 3 H, OCH$_3$), 3.51–3.89 (m, 6 H, 2-H, 6-H, 5'-H, 6'-H), 4.56 (d, J = 3.1 Hz, 1 H, 1-H).

**¹³C-NMR** (125 MHz, CD$_3$OD): δ =23.9 (C-7), 30.7 (C-3), 55.9 (OCH$_3$), 62.6, 62.9 (C-6, C-6'), 68.7, 70.8, 72.1, 75.9, 79.7, 80.5, 80.5, 81.6 (C-2, C-4, C-5, C-1', C-2', C-3', C-4', C-5'), 100.8 (C-1).

**IR** (ATR): ṽ (cm$^{-1}$) = 3392, 1644, 1577.

**MS** (ESI): m/z (%) = 377.1 (100) [M+Na]$^+$. **HRMS** (ESI): m/z berechnet für C$_{14}$H$_{26}$O$_{10}$: [M+Na]$^+$: 377.1418, gefunden: 377.1421.

**Methyl-1-desoxy-3,4,6-tri-O-benzyl-2-oxo-D-glucosyl-β-(1→7C)-2,3,4-tri-O-benzyl-7C-α-D-glucopyranosid (49aβa)**

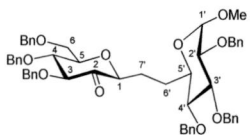

**C$_{56}$H$_{60}$O$_{10}$** (893.07)

Eine Lösung des Kohlenhydratderivates **49aβ** (32.0 mg, 35.8 µmol, 1.00 Äq.) in CH$_2$Cl$_2$ (1.0 mL) wurde nach AAV6 mit DMP (75.4 mg, 178 µmol, 5.00 Äq.) zur Reaktion gebracht. Die Reinigung erfolgte durch Säulenchromatographie an Kieselgel (Pentan:EtOAc, 2:1) und ergab 23 mg (25.8 µmol, 72%) des gewünschten C-glycosidischen Ketons **49aβa** als farbloses Öl.

Analytische Daten von Verbindung **49aβa:**

[α]$_D^{20}$ = -3.6° (c = 0.90, CHCl$_3$). **R$_f$:** 0.50 (Pentan:EtOAc = 3:1).

**¹H-NMR** (300 MHz, CDCl$_3$): δ = 1.34–1.51 (m, 1 H, 6'-H), 1.53–1.67 (m, 2 H, 6'-H, 7'-H), 1.93–2.11 (m, 1 H, 7'-H), 3.19 (dd, J = 9.2, 9.2 Hz, 1 H, 4'-H), 3.34 (s, 3 H, OCH$_3$), 3.52 (dd, J = 3.7, 9.7 Hz, 1 H, 2'-H*), 3.56–3.78 (m, 5 H, 1-H, 4-H, 5-H, 6-H), 3.81–3.90 (m, 1 H, 5'-H*), 3.95 (dd, J = 8.9, 8.9 Hz, 1 H, 3'-H*), 4.14 (d, J = 8.8 Hz, 1 H, 3-H*), 4.45–5.05 (m, 13 H, 1'-H, -CH$_2$Ph), 7.12–7.55 (m, 30 H, Ph-H).

**¹³C-NMR** (125 MHz, CDCl$_3$): δ = 24.7 (C-7'*), 27.4 (C-6'*), 55.1 (OCH$_3$), 69.0 (C-4*), 70.0 (C-5'*), 73.3, 73.5, 73.7, 74.9, 75.1, 75.7 (-CH$_2$Ph), 79.2 (C-6*), 80.1 (C-2'*), 80.2 (C-5*), 80.9 (C-1*), 81.8

(C-4'*), 82.0 (C-3'*), 86.6 (C-3*), 97.7 (C-1'), 127.5, 127.6, 127.7, 127.8, 127.9, 128.0, 128.1, 128.2, 128.3 (C-Ph), 137.5, 137.7, 137.9, 138.1, 138.3, 138.7 (C-Ph$_q$), 201.9 (C-2).

**IR** (KBr): $\tilde{\nu}$ (cm$^{-1}$) = 3028, 2923, 1730, 1452.

**UV** (CH$_3$CN): $\lambda_{max}$ (lg $\varepsilon$) [nm] = 251.5 (4.19), 257.0 (3.29), 263.0 (2.25).

**MS** (ESI): $m/z$ (%) = 915.41 (100) [M+Na]$^+$. **HRMS** (ESI): $m/z$ berechnet für C$_{56}$H$_{60}$O$_{10}$: [M+Na]$^+$: 915.4078, gefunden: 915.4079.

**Methyl-1-desoxy-3,4,6-tri-$O$-benzyl-2-oxo-D-glucosyl-α-(1→7$C$)-2,3,4-tri-$O$-benzyl-7$C$-α-D-glucopyranosid (49aαa)**

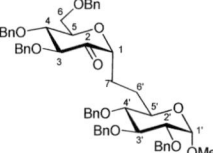

**C$_{56}$H$_{60}$O$_{10}$ (893.07)**

Eine Lösung des Kohlenhydratderivates **49aα** (32.0 mg, 35.8 µmol, 1.00 Äq.) in CH$_2$Cl$_2$ (1.0 mL) wurde nach AAV6 mit DMP (75.4 mg, 178 µmol, 5.00 Äq.) zur Reaktion gebracht. Die Reinigung erfolgte durch Säulenchromatographie an Kieselgel (Pentan:EtOAc, 2:1) und ergab 23 mg (25.8 µmol, 72%) des gewünschten $C$-glycosidischen Ketons **49aαa** als farbloses Öl.

Analytische Daten von Verbindung **49aαa**:

[α]$_D^{20}$ = +27.5° (c = 0.20, CHCl$_3$). R$_f$: 0.34 (Hexan:EtOAc = 2:1).

**$^1$H-NMR** (600 MHz, CDCl$_3$): δ = 1.45–1.50 (m, 1 H, 6'-H), 1.60–1.66 (m, 2 H, 6'-H, 7'-H), 1.82–1.92 (m, 1 H, 7'-H), 3.12 (dd, $J$ = 9.2, 9.2 Hz, 1 H, 4'-H*), 3.29 (s, 3 H, OCH$_3$), 3.45 (dd, $J$ = 3.7, 9.7 Hz, 1 H, 2'-H*), 3.55 (dt, $J$ = 2.0, 9.7 Hz, 1 H, 5'-H*), 3.57–3.59 (m, 2 H, 6-H), 3.89–3.96 (m, 3 H, 2-H, 4-H 3'-H), 4.12–4.15 (m, 1 H, 1-H*), 4.31–4.96 (m, 14 H, 3-H, 1'-H, -CH$_2$Ph), 7.12–7.55 (m, 30 H, Ph-H).

**$^{13}$C-NMR** (125 MHz, CDCl$_3$): δ = 25.9 (C-6'*), 26.9 (C-7'*), 55.1 (OCH$_3$), 69.2 (C-5'*), 69.4 (C-6), 73.2, 73.3, 73.9 (-CH$_2$Ph), 74.4 (C-2'*), 74.4 , 75.2, 75.6 (-CH$_2$Ph), 78.3 (C-4), 80.0 (C-5*), 80.2 (C-1*), 81.8 (C-3'*), 81.9 (C-4'*), 84.2 (C-3*), 97.7 (C-1'), 127.4, 127.5, 127.6, 127.7, 127.8, 127.9, 128.2, 128.3 (C-Ph), 137.4, 137.6, 137.7, 138.0, 138.6 (C-Ph$_q$), 207.8 (C-2).

**IR** (Film): $\tilde{\nu}$ (cm$^{-1}$) = 2925, 1724, 1453, 1272.

**UV** (CH$_3$CN): $\lambda_{max}$ (lg $\varepsilon$) [nm] = 227.5 nm (4.15), 257.0 (3.34).

**MS** (ESI): $m/z$ (%) = 915.41 (100) [M+Na]$^+$. **HRMS** (ESI): $m/z$ berechnet für $C_{56}H_{60}O_{10}$: [M+Na]$^+$: 915.4078, gefunden: 915.4079.

**Methyl-1-desoxy-3,4,6-tri-$O$-benzyl-2-oxo-D-glucosyl-β-(1→7$C$)-2,3,4-tri-$O$-benzyl-7$C$-α-D-mannopyranosid (49bβa)**

$C_{56}H_{60}O_{10}$ (893.07)

Eine Lösung des Kohlenhydratderivates **49bβ** (10.3 mg, 11.5 μmol, 1.00 Äq.) in $CH_2Cl_2$ (1.0 mL) wurde nach AAV6 mit DMP (24.4 mg, 57.6 μmol, 5.00 Äq.) zur Reaktion gebracht. Die Reinigung erfolgte durch Säulenchromatographie an Kieselgel (Pentan:EtOAc, 2:1) und ergab 6.9 mg (7.7 μmol, 68%) des gewünschten $C$-glycosidischen Ketons **49bβa** als farbloses Öl.

Analytische Daten von Verbindung **49bβa**:

$[\alpha]_D^{20}$ = −7.7° (c = 0.13, CHCl$_3$). **R$_f$**: 0.43 (Pentan:EtOAc = 2:1).

**¹H-NMR** (300 MHz, CDCl$_3$): δ = 1.55–1.70 (m, 2 H, 6'-H, 7'-H), 2.05–2.15 (m, 2 H, 6'-H, 7'-H), 3.26 (s, 3 H, OCH$_3$), 3.53–3.87 (m, 9 H, 1-H, 2-H, 4-H, 5-H, 6-H, 2'-H, 4'-H, 5'-H), 4.13–4.16 (m, 1 H, 3-H), 4.46–4.72 (m, 12 H, CH$_2$Ph), 4.82–4.99 (m, 1 H, 1'-H), 7.15–7.40 (m, 30 H, Ph-H).

**¹³C-NMR** (125 MHz, CDCl$_3$): δ = 24.8 (C-7'*), 27.5 (C-6'*), 54.6 (OCH$_3$), 69.0 (C-6), 71.4 (C-5'*), 72.1, 72.7, 73.5 (-CH$_2$Ph), 73.5 (C-2'*), 73.6, 74.6, 74.9 (-CH$_2$Ph), 75.1 (C-4*), 78.6 (C-5*), 79.2 (C-1*), 80.2 (C-3'*), 81.0 (C-4'*), 86.6 (C-3*), 98.9 (C-1'), 127.4, 127.5, 127.6, 127.8, 127.9, 128.0, 128.2, 128.3 (C-Ph), 137.5, 137.8, 137.9, 138.2, 138.4, 138.5 (C-Ph$_q$), 201.9 (C-2).

**IR** (Film): $\tilde{\nu}$ (cm$^{-1}$) = 1724, 1602, 1453, 1271.

**UV** (CH$_3$CN): $\lambda_{max}$ (lg ε) [nm] = 228.5 (4.31), 272.0 (3.33), 279.5 (3.25).

**MS** (ESI): $m/z$ (%) = 915.4 (100) [M+Na]$^+$. **HRMS** (ESI): $m/z$ berechnet für $C_{56}H_{60}O_{10}$: [M+Na]$^+$: 915.4079, gefunden: 915.4086.

**Methyl-1-desoxy-3,4,6-tri-*O*-benzyl-D-mannosyl-β-(1→7*C*)-2,3,4-tri-*O*-benzyl-7*C*-α-D-glucoopyranosid (49aβb)**

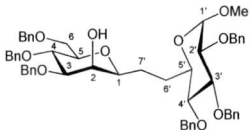

$C_{56}H_{62}O_{10}$ (894.43)

Eine Lösung des Kohlenhydratderivates **49aβa** (6.0 mg, 6.7 μmol, 1.00 Äq.) in $CH_2Cl_2$ und MeOH (1:1, 3 mL) wurde nach AAV16 mit $NaBH_4$ (3.3 mg, 87 μmol, 13.0 Äq.) behandelt. Die Reinigung erfolgte durch Säulenchromatographie an Kieselgel (Pentan:EtOAc, 3:1) und ergab 4.9 mg (5.5 μmol, 83%) des gewünschen *C*-Glycosids **49aβb** als farbloses Öl.

Analytische Daten von Verbindung **49aβb**:

$[α]_D^{20}$ = +12.7° (c = 0.45, $CHCl_3$). $R_f$: 0.12 (Pentan:EtOAc = 3:1).

**¹H-NMR** (300 MHz, $CDCl_3$): δ = 1.23–1.30 (m, 1 H, 6'-H), 1.67–1.75 (m, 2 H, 6'-H, 7'-H), 1.89–1.99 (m, 1 H, 7'-H), 3.16 (dd, *J* = 8.9, 8.9 Hz, 1 H, 4'-H*), 3.20 (t, *J* = 8.5 Hz, 1 H, 1-H*), 3.33 (s, 3 H, $OCH_3$), 3.34–3.36 (m, 1 H, 5-H*), 3.48 (dd, *J* = 3.6, 9.7 Hz, 1 H, 2'-H*), 3.54 (dd, *J* = 3.3, 9.1 Hz, 1 H, 4-H*), 3.55–3.60 (m, 1 H, 5'-H*), 3.64–3.71 (m, 2 H, 6-H), 3.74 (dd, *J* = 9.1, 9.1 Hz, 1 H, 3-H*), 3.81–3.83 (m, 1 H, 2-H*), 3.94 (dd, *J* = 8.9, 8.9 Hz, 1 H, 3'-H*), 4.46–4.99 (m, 13 H, 1'-H, -$CH_2$Ph), 7.17–7.48 (m, 30 H, Ph-H).

**¹³C-NMR** (125 MHz, $CDCl_3$): δ = 29.6 (C-7'), 28.0 (C-6'), 55.1 ($OCH_3$), 67.8 (C-2), 69.4 (C-6), 70.0 (C-5'), 71.6, 73.3, 73.5 (-$CH_2$Ph), 74.7 (C-3), 75.1, 75.2, 75.8 (-$CH_2$Ph), 78.0 (C-1), 79.2 (C-5), 80.1 (C-2'), 81.9 (C-4'), 82.1 (C-3'), 83.5 (C-4), 97.8 (C-1'), 127.4, 127.5, 127.6, 127.8, 127.9, 128.0, 128.2, 128.3, 128.4, 128.5 (C-Ph), 138.1, 138.2, 138.3, 138.7 (C-Ph$_q$).

**IR** (KBr): $\tilde{v}$ (cm⁻¹) = 3449, 3030, 2924, 1454, 1371.

**UV** ($CH_3CN$): λ$_{max}$ (lg ε) [nm] = 191.0 (4.15), 205.0 (3.52), 251.5 (2.99), 257.1 (3.15), 263.0 (3.12).

**MS** (ESI): *m/z* (%) = 917.42 (100) [M+Na]⁺. HRMS (ESI): *m/z* berechnet für $C_{56}H_{62}O_{10}$: [M+Na]⁺: 917.4235, gefunden: 917.4230.

**Methyl-1-desoxy-3,4,6-tri-*O*-benzyl-D-mannosyl-β-(1→7*C*)-2,3,4-tri-*O*-benzyl-7*C*-α-D-mannopyranosid (49bβb)**

$C_{56}H_{62}O_{10}$ (895.08)

Eine Lösung des Kohlenhydratderivates **49bβa** (4.3 mg, 4.8 µmol, 1.00 Äq.) in $CH_2Cl_2$ und MeOH (1:1, 2 mL) wurde nach AAV16 mit $NaBH_4$ (2.4 mg, 63 µmol, 13.0 Äq.) behandelt. Die Reinigung erfolgte durch Säulenchromatographie an Kieselgel (Pentan:EtOAc, 2:1) und ergab 3.9 mg (4.4 µmol, 91%) des gewünschten *C*-Glycosids **49bβb** als farbloses Öl.

Analytische Daten von Verbindung **49bβb**:

$[\alpha]_D^{20}$ = +5.5° (c = 0.11, $CHCl_3$). **R$_f$:** 0.22 (Pentan:EtOAc = 2:1).

**¹H-NMR** (600 MHz, $CDCl_3$): δ = 1.48–1.50 (m, 1 H, 6'-H), 1.82–1.90 (m, 2 H, 7'-H), 2.03–2.06 (m, 1 H, 6'-H), 2.30–2.31 (m, 1 H, OH), 3.21–3.25 (m, 4 H, $OCH_3$, 1-H*), 3.34–3.36 (m, 1 H, 4-H*) 3.49–3.56 (m, 2 H, 2-H, 4'-H*), 3.62–3.70 (m, 3 H, 6-H*, 2'-H*), 3.75–3.87 (m, 4 H, 3-H*, 5-H*, 3'-H*, 5'-H*), 4.49–4.92 (m, 13 H, $CH_2Ph$, 1'-H), 7.16–7.35 (m, 30 H, Ph-H).

**¹³C-NMR** (125 MHz, $CDCl_3$): δ = 27.1 (C-6'), 28.3 (C-7'), 54.6 ($OCH_3$), 68.1 (C-5'), 69.5 (C-6), 71.4 (C-2), 71.5, 72.1, 72.8, 73.5, 74.6 (-$CH_2Ph$), 74.7 (C-3), 75.1 (-$CH_2Ph$), 75.1 (C-5), 78.3 (C-1), 78.8 (C-2'), 79.3 (C-4), 80.3 (C-3'), 83.5 (C-4'), 98.9 (C-1'), 127.4, 127.5, 127.8, 128.2, 128.4 (C-Ph), 137.7, 138.2, 138.4, 138.6 (C-Ph$_q$).

**IR** (Film): $\tilde{\nu}$ (cm$^{-1}$) = 3467, 3085, 2902, 1739, 1612, 1104.

**UV** ($CH_3CN$): $\lambda_{max}$ (lg ε) [nm] = 252.0 (2.96), 257.0 (3.07), 263.0 (3.01).

**MS** (ESI): *m/z* (%) = 917.4 (100) [M+Na]$^+$. **HRMS** (ESI): *m/z* berechnet für $C_{56}H_{62}O_{10}$: [M+Na]$^+$: 917.4235, gefunden: 917.4222.

**Methyl-1-desoxy-D-mannosyl-β-(1→7*C*)-7*C*-α-D-mannopyranosid (58bβa)**

$C_{14}H_{26}O_{10}$ (354.35)

Eine Lösung des C-Disaccharids **49bβb** (3.2 mg, 3.6 μmol, 1.00 Äq.) in MeOH:CH₂Cl₂:EtOAc (3:1:1, 5 mL) wurde nach AAV8 mit PEARLMAN-Katalysator (Pd(OH)₂/C, 10 mg) und Wasserstoff (2 bar) behandelt. Die Reaktion wurde über Nacht bei Umgebungstemperatur gerührt. Die Reinigung erfolgte durch Säulenchromatographie an Kieselgel (CH₂Cl₂:MeOH, 5:1 → 3:1) und ergab 1.3 mg (3.6 μmol, 99%) des entschützten C-Glycosids **58bβa** als gelbliches Öl.

Analytische Daten von Verbindung **58bβa**:

$[\alpha]_D^{20}$ = +4.3° (c = 0.14, MeOH). **R**f: 0.15 (CH₂Cl₂:MeOH = 2:1).

**¹H-NMR** (300 MHz, CD₃OD): δ = 1.05–2.31 (m, 4 H, 6'-H, 7'-H), 3.12–3.21 (m, 1 H, 4'*-H), 3.24–3.86 (m, 13 H, 1-H, 2-H, 3-H, 4-H, 5-H, 6-H, 2'-H, 3'-H, 5'-H, OCH₃), 4.57 (d, J = 1.5 Hz, 1 H, 1'-H).

**¹³C-NMR** (125 MHz, CD₃OD): δ =28.5 (C-6'*), 29.0 (C-7'*), 55.2 (OCH₃), 63.0 (C-6), 68.9, 72.0, 72.3, 72.4, 72.5, 72.5, 76.6, 79.9, 81.9 (C-1, C-2, C-3, C-4, C-5, C-2', C-3', C-4', C-5'), 102.6 (C-1').

**IR** (Film): $\tilde{\nu}$ (cm⁻¹) = 3392, 2922, 1645.

**UV** (MeOH): λmax (lg ε) [nm] = keine Absorption zwischen 190 und 350 nm.

**MS** (ESI): m/z (%) = 353.2 (14) [M-H]⁻. **HRMS** (ESI): m/z berechnet für C₁₄H₂₆O₁₀: [M-H]⁻: 353.1453, gefunden: 353.1452.

## (2E)-Methyl-(3,4,6-tri-O-benzyl-1-desoxy-α-D-glucopyranosyl)-(1→7C)-3,4,6-tri-O-benzyl-2-methylen-β-D-glucopyranosid (68bα)

**C₅₆H₆₀O₁₀** (893.07)

Eine Lösung des Diens **65b** (45.0 mg, 51.4 μmol, 1.00 Äq.) CH₂Cl₂ (5.0 mL) wurde mit einer Lösung von DMDO in Aceton (0.07 M, 735 μL, 51.4 μmol, 1.00 Äq.) nach AAV14.1 zur Reaktion gebracht und der Rückstand in CH₂Cl₂ (5.0 mL) aufgenommen. Die Lösung wurde mit LiHBEt₃ in THF (1.0 M, 771 μL, 771 μmol, 15.0 Äq.) behandelt und für 1.5 h bei 0 °C gerührt. Die Reinigung erfolgte durch Säulenchromatographie an Kieselgel (Pentan:EtOAc, 5:1 → 2:1) und ergab 28.0 mg (31.4 μmol, 61%) des gewünschten C-glycosidischen Olefins **68bα** als weißen Feststoff.

Analytische Daten von Verbindung **68bα**:

$[\alpha]_D^{20}$ = +40.0° (c = 0.19, CHCl₃). **R_f**: 0.31 (Hexan:EtOAc, 2:1).

**¹H-NMR** (600 MHz, C₆D₆): δ = 2.83 (d, J = 6.2 Hz, 1 H, OH), 3.34 (s, 3 H, OCH₃), 3.67–3.72 (m, 2 H, 6'-H), 3.75 (dd, J = 6.6, 6.6 Hz, 1 H, 4'-H), 3.79 (dd, J = 7.0, 7.0 Hz, 1 H, 3'-H), 3.83–3.84 (m, 1 H, 2'-H), 3.89–3.95 (m, 3 H, 5-H, 6-H), 4.15–4.16 (m, 1 H, 5'-H), 4.29 (d, J = 12.1 Hz, 1 H, -CH₂Ph), 4.32 (dd, J = 6.4, 6.4 Hz, 1 H, 4-H), 4.35–4.51 (m, 5 H, -CH₂Ph), 4.56 (d, J = 12.2 Hz, 2 H, -CH₂Ph), 4.60–4.64 (m, 2 H, -CH₂Ph), 4.68 (d, J = 11.7 Hz, 1 H, -CH₂Ph), 4.83 (d, J = 11.4 Hz, 1 H, -CH₂Ph), 4.87 (d, J = 6.0 Hz, 1 H, 3-H), 4.93 (s, 1 H, 1-H), 5.16 (dd, J = 4.5, 7.5 Hz, 1 H, 1'-H), 6.51 (d, J = 7.5 Hz, 1 H, 7-H), 7.05–7.39 (m, 30 H, Ph-H).

**¹³C-NMR** (125 MHz, C₆D₆): δ = 55.2 (OCH₃), 69.3 (C-6'), 69.7 (C-1'), 70.8 (C-2'), 71.0 (C-6), 71.4, 72.9, 73.4, 73.7, 73.9, 73.9, 74.0 (C-5', -CH₂Ph), 75.3 (C-5), 76.7 (C-4'), 77.2 (C-3), 77.4 (C-4), 80.6 (C-3'), 102.5 (C-1), 127.6, 127.7, 127.8, 127.9, 128.0, 128.1, 128.2, 128.3, 128.5 (C-Ph), 129.3 (C-7), 137.4 (C-2), 138.7, 139.0, 139.1, 139.1, 139.1, 139.2 (C-Ph_q).

**IR** (ATR): ṽ (cm⁻¹) = 3438, 3087, 3062, 1950, 1810, 1721, 1666.

**MS** (ESI): m/z (%) = 915.4 (100) [M+Na]⁺. **HRMS** (ESI): m/z berechnet für C₅₆H₆₀O₁₀: [M+Na]⁺: 915.4079, gefunden: 915.4082.

**(2E)-Methyl-(3,4,6-tri-O-benzyl-1-desoxy-β-D-glucopyranosyl)-(1→7C)-3,4,6-tri-O-benzyl-2-methylen-β-D-glucopyranosid (68bβ)**

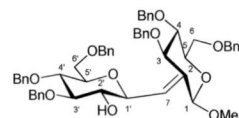

**C₅₆H₆₀O₁₀ (893.07)**

Eine Lösung des Diens **65b** (56.0 mg, 64.1 μmol, 1.00 Äq.) in CH₂Cl₂ (5.8 mL) wurde mit einer Lösung von DMDO in Aceton (0.07 M, 961 μL, 67.3 μmol, 1.05 Äq.) nach AAV14.2 zur Reaktion gebracht und der Rückstand in Toluol (5.8 mL) aufgenommen. Die Lösung wurde nun mit DIBAL in Hexan (1.0 M, 321 μL, 321 μmol, 5.00 Äq.) behandelt. Die Reinigung erfolgte durch Säulenchromatographie an Kieselgel (Pentan:EtOAc, 5:1 → 3:1) und ergab 28.5 mg (31.9 μmol, 50%) des gewünschten C-glycosidischen Olefins **68bβ** als weißen Feststoff.

Analytische Daten von Verbindung **68bβ**:

$[\alpha]_D^{20}$ = +8.9° (c = 0.72, CHCl₃). **R_f**: 0.29 (Hexan:EtOAc = 2:1).

**¹H-NMR** (300 MHz, C₆D₆): δ = 3.05 (d, *J* = 2.1 Hz, 1 H, OH), 3.31 (s, 3 H, OCH₃), 3.35–3.43 (m, 2 H, 5-H, 3'-H), 3.58 (dd, *J* = 8.6, 8.6 Hz, 1 H, 4-H), 3.69–3.75 (m, 3 H, 6-H, 1'-H), 3.85 (d, *J* = 9.0 Hz, 1 H, 3-H), 4.00–4.11 (m, 4 H, 3-H, 4'-H, -CH₂Ph), 4.22–4.25 (m, 1 H, 5'-H), 4.35–4.48 (m, 2 H, -CH₂Ph), 4.62 (d, *J* = 12.0 Hz, 2 H, -CH₂Ph), 4.72–4.84 (m, 5 H, 2'-H, 6-H', -CH₂Ph), 4.89 (s, 1 H, 1-H), 4.98 (d, *J* = 11.2 Hz, 2 H, -CH₂Ph), 5.09 (d, *J* = 11.2 Hz, 2 H, -CH₂Ph), 5.80 (d, *J* = 8.5 Hz, 1 H, 7-H), 7.07–7.45 (m, 30 H, Ph-H).

**¹³C-NMR** (125 MHz, C₆D₆): δ = 55.6 (OCH₃), 69.5 (C-6'), 70.0 (C-6), 71.7, 72.2, 72.3 (C-2', -CH₂Ph), 73.4, 73.8, 74.0 (C-5', -CH₂Ph), 75.0 (C-5), 75.2, 75.2 (-CH₂Ph), 76.4, 76.4 (C-3, C-4'), 77.8 (C-1'), 79.2 (C-3'), 86.6 (C-4), 103.2 (C-1), 127.5, 127.6, 127.7, 127.8, 127.9, 128.0, 128.2, 128.5, 128.6, 128.8 (C-Ph), 133.8 (C-2), 134.3 (C-7), 137.7, 138.9, 139.0, 139.2, 139.5, 140.0 (C-Ph_q).

**IR** (ATR): ṽ (cm⁻¹) = 3452, 3087, 3062, 3028, 1954, 1875, 1807.

**MS** (ESI): *m/z* (%) = 915.4 (100) [M+Na]⁺. **HRMS** (ESI): *m/z* berechnet für C₅₆H₆₀O₁₀: [M+Na]⁺: 915.4079, gefunden: 915.4086.

**(2*E*)-Methyl-(3,4,6-tri-*O*-benzyl-1-desoxy-β-D-glucopyranosyl)-(1→7*C*)-3-*O*-benzyl-4,6-*O*-benzyliden-2-methylen-α-D-glucopyranosid (68cβ)**

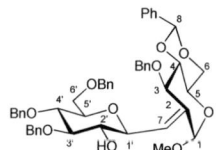

C₄₉H₅₂O₁₀ (800.93)

Eine Lösung des Diens **65c** (35.0 mg, 44.7 µmol, 1.00 Äq.) in CH₂Cl₂ (4.0 mL) wurde mit einer Lösung von DMDO in Aceton (0.08 M, 587 µL, 46.9 µmol, 1.05 Äq.) nach AAV14.2 zur Reaktion gebracht und der Rückstand in CH₂Cl₂ (4.0 mL) aufgenommen. Die Lösung wurde nun mit DIBAL in Hexan (1.0 M, 224 µL, 224 µmol, 5.00 Äq.) behandelt. Die Reinigung erfolgte durch Säulenchromatographie an Kieselgel (Pentan:EtOAc, 5:1 → 3:1) und ergab 9.4 mg (11.7 µmol, 26%) des gewünschten *C*-glycosidischen Olefins **68cβ** als weißen Schaum.

Analytische Daten von Verbindung **68cβ**:

[α]²⁰_D = –5.3° (c = 0.34, CHCl₃). **R_f**: 0.29 (Hexan:EtOAc = 2:1).

**¹H-NMR** (300 MHz, CDCl₃): δ = 3.37 (s, 3 H, OCH₃), 3.41–3.81 (m, 7 H, 4-H, 6-H, 2'-H, 3'-H, 4'-H, 5'-H), 3.94–4.08 (m, 2 H, 5-H, 1'-H), 4.28 (dd, *J* = 4.8, 10.1 Hz, 2 H, 6'-H*), 4.41–4.71 (m, 5 H, 3-H, -CH₂Ph), 4.70–5.02 (m, 4 H, -CH₂Ph), 5.55 (s, 1 H, 1-H), 5.58 (s, 1 H, 8-H), 5.94 (dd, *J* = 2.1, 7.4 Hz, 1 H, 7-H), 7.04–7.65 (m, 25 H, Ph-H).

$^{13}$**C-NMR** (125 MHz, CDCl$_3$): δ = 54.7 (OCH$_3$), 63.3 (C-5), 69.0, 69.1 (C-6, C-6'), 73.5, 73.9, 74.2 (C-2'*, -CH$_2$Ph), 74.9, 75.4, 76.1, 76.5 (C-3, C-1', -CH$_2$Ph), 77.9 (C-4*), 79.1 (C-4'*), 84.5 (C-5'), 86.4 (C-3'), 97.9 (C-1), 101.2 (C-8), 123.4 (C-7), 126.0, 127.5, 127.6, 127.8, 127.9, 128.2, 128.3, 128.4, 128.5, 128.8 (C-Ph), 137.5, 137.7, 138.0, 138.1, 138.3, 138.6 (C-2, C-Ph$_q$).

**IR** (ATR): $\tilde{v}$ (cm$^{-1}$) = 3579, 3086, 3062, 1496.

**MS** (ESI): $m/z$ (%) = 823.4 (100) [M+Na]$^+$. **HRMS** (ESI) : $m/z$ berechnet für C$_{49}$H$_{52}$O$_{10}$: [M+Na]$^+$: 823.3453, gefunden: 823.3450.

**(2$Z$)-Methyl-(3,4,6-tri-$O$-benzyl-1-desoxy-β-D-glucopyranosyl)-(1→7$C$)-3-$O$-benzyl-4,6-$O$-benzyliden-2-methylen-α-D-glucopyranosid (68dβ)**

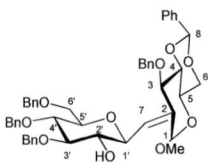

**C$_{49}$H$_{52}$O$_{10}$** (800.93)

Eine Lösung des Diens **65d** (28.9 mg, 36.9 μmol, 1.00 Äq.) in CH$_2$Cl$_2$ (3.0 mL) wurde mit einer Lösung von DMDO in Aceton (0.08 M, 485 μL, 38.8 μmol, 1.05 Äq.) nach AAV14.2 zur Reaktion gebracht und der Rückstand in CH$_2$Cl$_2$ (3.0 mL) aufgenommen. Die Lösung wurde nun mit DIBAL in Hexan (1.0 M, 185 μL, 185 μmol, 5.00 Äq.) behandelt. Die Reinigung erfolgte durch Säulenchromatographie an Kieselgel (Pentan:EtOAc, 3:1 → 2:1) und ergab 17.0 mg (21.2 μmol, 58%) des gewünschten $C$-glycosidischen Olefins **68dβ** als weißen Schaum.

Analytische Daten von Verbindung **68dβ**:

[α]$_D^{20}$ = +42.8° (c = 0.60, CHCl$_3$). R$_f$: 0.15 (Hexan:EtOAc = 2:1).

$^1$**H-NMR** (300 MHz, CDCl$_3$): δ = 3.14 (dd, $J$ = 8.9, 8.9 Hz, 1 H, 3'-H), 3.21–3.33 (m, 2 H, 3-H, 4'-H), 3.37 (s, 3 H, OCH$_3$), 3.51 (dd, $J$ = 9.4, 9.4 Hz, 1 H, 2'-H), 3.57–3.68 (m, 2 H, 6'-H), 3.75 (d, $J$ = 10.5 Hz, 1 H, 6-H), 3.84 (dd, $J$ = 9.5, 9.5 Hz, 1 H, 5'-H), 3.97 (dd, $J$ = 4.6, 9.8 Hz, 1 H, 5-H), 4.31 (dd, $J$ = 4.6, 10.2 Hz, 1 H, 6-H), 4.43–4.83 (m, 9 H, 4-H, 1'-H, -CH$_2$Ph), 4.88 (s, 1 H, 1-H), 4.98 (d, $J$ = 10.5 Hz, 1 H, -CH$_2$Ph), 5.54 (dd, $J$ = 1.7, 8.4 Hz, 1 H, 7-H), 5.60 (s, 1 H, 8-H), 7.10–7.5 (m, 25 H, Ph-H).

$^{13}$**C-NMR** (125 MHz, CDCl$_3$): δ = 54.6 (OCH$_3$), 63.8 (C-5), 69.0, 69.1 (C-6, C-6'), 73.5, 74.5, 74.7, 74.7, 75.1, 75.2 (C-1', C-4', -CH$_2$Ph), 77.8 (C-2'), 78.3, 78.4 (C-3, C-4), 84.6 (C-5'), 86.8 (C-3'),

101.3 (C-1), 105.2 (C-8), 125.9, 127.5, 127.6, 127.8, 128.0, 128.2, 128.3, 128.4, 128.5, 128.7, 128.9 (C-7, C-Ph), 136.3 (C-2), 137.3, 137.9, 138.1, 138.3, 138.8 (C-Ph$_q$).

**IR** (ATR): $\tilde{v}$ (cm$^{-1}$) = 3455, 3086, 3062, 1605.

**MS** (ESI): $m/z$ (%) = 823.4 (100) [M+Na]$^+$. **HRMS** (ESI) : $m/z$ berechnet für C$_{49}$H$_{52}$O$_{10}$: [M+Na]$^+$: 823.3453, gefunden: 823.3462.

**(2$E$)-Methyl-(3,4,6-tri-$O$-benzyl-1-desoxy-$D$-galactopyranosyl)-(1→7$C$)-3,4,6-tri-$O$-benzyl-2-methylen-α-$D$-glucopyranosid (68fα)**

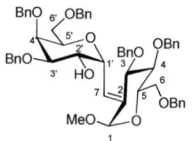

**C$_{56}$H$_{60}$O$_{10}$** (893.07)

Eine Lösung des Diens **65f** (49.0 mg, 56.1 µmol, 1.00 Äq.) CH$_2$Cl$_2$ (5.6 mL) wurde mit einer Lösung von DMDO in Aceton (0.06 M, 981 µL, 58.8 µmol, 1.05 Äq.) nach AAV14.1 zur Reaktion gebracht und der Rückstand in Toluol (5.6 mL) aufgenommen. Die Lösung wurde mit LiHBEt$_3$ in THF (1.0 M, 1.68 mL, 1.68 mmol, 30.0 Äq.) behandelt und für 1.5 h bei 0 °C gerührt. Die Reinigung erfolgte durch Säulenchromatographie an Kieselgel (Pentan:EtOAc, 5:1 → 2:1) und ergab 20.0 mg (22.4 µmol, 40%) des gewünschten $C$-glycosidischen Olefins **68fα** als klares Öl.

Analytische Daten von Verbindung **68fα**:

[α]$_D^{20}$ = −10.8° (c = 0.12, CHCl$_3$). **R$_f$**: 0.17 (Hexan:EtOAc = 2:1).

**$^1$H-NMR** (300 MHz, C$_6$D$_6$): δ = 3.12 (s, 3 H, OCH$_3$), 3.54 (dd, $J$ = 3.1, 6.6 Hz, 2 H, 6-H), 3.58–3.78 (m, 2 H, 6'-H), 3.88 (d, $J$ = 9.1 Hz, 1 H, 3-H), 3.97–4.11 (m, 2 H, 4'*-H, 5'*-H), 4.12–4.35 (m, 5 H, 5-H, 3'-H, -CH$_2$Ph), 4.35–4.60 (m, 4 H, -CH$_2$Ph), 4.60–4.66 (m, 1 H, 4-H), 4.74 (dd, $J$ = 1.6, 8.0 Hz, 1 H, 2'-H), 4.86 (d, $J$ = 11.9 Hz, 1 H, -CH$_2$Ph), 4.91–5.15 (m, 5 H, 1'-H, -CH$_2$Ph), 5.19 (s, 1 H, 1-H), 6.26 (dd, $J$ = 1.8, 7.3 Hz, 1 H, 7-H), 6.76–7.62 (m, 30 H, Ph-H).

**$^{13}$C-NMR** (150 MHz, C$_6$D$_6$): δ = 54.5 (OCH$_3$), 69.2 (C-6'), 70.2 (C-5), 71.7, 71.8 (C-6, C-5'), 73.1, 73.4, 73.5, 73.6, 74.3, 75.0 (-CH$_2$Ph), 76.4 (C-1'), 77.2 (C-3'*), 79.0 (C-4'*), 80.3 (C-2'), 80.5 (C-3), 81.3 (C-4), 97.3 (C-1), 123.6 (C-7), 127.5, 127.6, 127.7, 127.8, 128.0, 128.2, 128.4, 128.6 (C-Ph), 136.0 (C-2), 138.5, 138.7, 138.7, 139.1, 139.2, 139.3 (C-Ph$_q$).

**IR** (ATR): $\tilde{v}$ (cm$^{-1}$) = 3462, 3087, 3062, 3029, 1723, 1702, 1668, 1604, 1585.

**MS** (ESI): $m/z$ (%) = 915.4 (10) [M+Na]$^+$. **HRMS** (ESI) : $m/z$ berechnet für C$_{56}$H$_{60}$O$_{10}$: [M+Na]$^+$: 915.4079 gefunden: 915.4075.

**(3$E$)-Methyl-(3,4,6-tri-$O$-benzyl-1-desoxy-β-$D$-glucopyranosyl)-(1→7$C$)-2-$O$-benzyl-4,6-$O$-benzyliden-3-methylen-α-$D$-mannopyranosid (68hβ)**

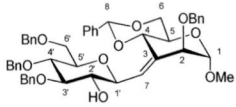

**C$_{49}$H$_{52}$O$_{10}$** (800.93)

Eine Lösung des Diens **65h** (42.0 mg, 53.7 μmol, 1.00 Äq.) in CH$_2$Cl$_2$ (5.3 mL) wurde mit einer Lösung von DMDO in Aceton (0.07 M, 806 μL, 56.4 μmol, 1.05 Äq.) nach AAV14.2 zur Reaktion gebracht und der Rückstand in Toluol (5.3 mL) aufgenommen. Die Lösung wurde nun mit DIBAL in Hexan (1.0 M, 269 μL, 269 μmol, 5.00 Äq.) behandelt. Die Reinigung erfolgte durch Säulenchromatographie an Kieselgel (Pentan:EtOAc, 5:1 ⟶ 3:1) und ergab 34.0 mg (42.5 μmol, 79%) des gewünschten $C$-glycosidischen Olefins **68hβ** als weißen Feststoff.

Analytische Daten von Verbindung **68hβ**:

[α]$_D^{20}$ = +41.4° (c = 0.22, CHCl$_3$). **R$_f$**: 0.38 (Hexan:EtOAc = 2:1).

**$^1$H-NMR** (300 MHz, CDCl$_3$): δ = 3.32 (s, 3 H, OCH$_3$), 3.38 (dt, $J$ = 2.9, 9.8 Hz, 1 H, 5'-H), 3.45–3.56 (m, 2 H, 3'-H, 4'-H), 3.61–3.64 (m, 1 H, 4-H), 3.67 (d, $J$ = 3.6 Hz, 2 H, 6-H*), 3.82–3.91 (m, 3 H, 5-H, 1'-H, 6'-H*), 4.20–4.26 (m, 1 H, 6'-H*), 4.49–4.70 (m, 7 H, 2-H, 2'-H -CH$_2$Ph), 4.78–4.94 (m, 4 H, 1-H, -CH$_2$Ph), 5.63 (s, 1 H, 8-H), 5.92 (dd, $J$ = 2.0, 8.2 Hz, 1 H, 7-H), 7.17–7.53 (m, 25 H, Ph-H).

**$^{13}$C-NMR** (125 MHz, CDCl$_3$): δ = 54.7 (OCH$_3$), 64.3 (C-5), 66.1 (C-6'), 68.9 (C-6), 69.4 (-CH$_2$Ph), 70.1, 73.4, 74.4, 74.5, 74.8, 75.8 (C-4, C-2', C-4', -CH$_2$Ph), 76.4 (C-1'), 76.7 (C-2), 77.8 (C-5'), 78.9 (C-3'), 100.2 (C-1), 101.8 (C-8), 123.8 (C-7), 126.3, 127.5, 127.7, 127.8, 127.9, 128.1, 128.2, 128.3, 128.5, 128.9 (C-Ph), 135.7, 137.5, 138.0, 138.1, 138.7 (C-3, C-Ph$_q$).

**IR** (ATR): $\tilde{\nu}$ (cm$^{-1}$) = 3479, 3062, 3030, 1738, 1682, 1605.

**MS (ESI)**: $m/z$ (%) = 823.4 (100) [M+Na]$^+$. **HRMS (ESI)**: $m/z$ berechnet für C$_{49}$H$_{52}$O$_{10}$: [M+Na]$^+$ 823.3453, gefunden: 823.3462.

**(3*E*)-Methyl-(3,4,6-tri-*O*-benzyl-1-desoxy-α-D-glucopyranosyl)-(1→7*C*)-2-*O*-benzyl-4,6-*O*-benzyliden-3-methylen-α-D-galactopyranosid (68lα)**

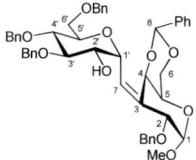

**C₄₉H₅₂O₁₀ (800.93)**

Eine Lösung des Diens **65l** (43.0 mg, 54.9 μmol, 1.00 Äq.) in CH₂Cl₂ (5.0 mL) wurde mit einer Lösung von DMDO in Aceton (0.06 M, 916 μL, 54.9 μmol, 1.00 Äq.) nach AAV14.1 zur Reaktion gebracht und der Rückstand in CH₂Cl₂ (5.0 mL) aufgenommen. Die Lösung wurde nun mit LiHBEt₃ in THF (1.0 M, 2.19 mL, 2.19 mmol, 40.0 Äq.) behandelt und für 2 h bei 0 °C gerührt. Die Reinigung erfolgte durch Säulenchromatographie an Kieselgel (Pentan:EtOAc, 5:1 → 2:1) und ergab 26.0 mg (58%) des gewünschten *C*-glycosidischen Olefins **68lα** als weißen Feststoff.

Analytische Daten von Verbindung **68lα**:

[α]$_D^{20}$ = +109.2° (c = 0.77, CHCl₃). **R**f: 0.50 (Hexan:EtOAc = 1:1).

**¹H-NMR** (600 MHz, CDCl₃): δ = 3.34 (s, 3 H, OCH₃), 3.47 (t, *J* = 9.7 Hz, 1 H, 5'-H), 3.55–3.63 (m, 3 H, 5-H, 6*-H), 3.75–3.89 (m, 5 H, 2'-H, 3'-H, 4'-H, 6'*-H), 4.42 (d, *J* = 11.7 Hz, 1 H, -CH₂Ph), 4.47–4.56 (m, 4 H, 2-H, -CH₂Ph), 4.68–4.91 (m, 6 H, 1-H, 1'-H, -CH₂Ph), 5.13 (s_br, 1 H, 4-H), 5.51 (s, 1 H, 8-H), 6.13 (dd, *J* = 2.0, 6.2 Hz, 1 H, 7-H), 7.17–7.42 (m, 25 H, Ph-H).

**¹³C-NMR** (125 MHz, CDCl₃): δ = 55.1 (OCH₃), 63.7 (C-5), 69.3, 69.8 (C-6, C-6'), 70.3 (C-1'), 71.3 (C-4'*), 72.4 (-CH₂Ph), 72.4, 72.4 (C-2'*), 72.7 (C-4), 73.5, 74.4 (-CH₂Ph), 74.8 (C-2), 75.2 (-CH₂Ph), 78.7 (C-5), 82.5 (C-3'), 99.8 (C-1), 100.7 (C-8), 120.7 (C-7), 126.2, 127.4, 127.6, 127.8, 127.9, 128.1, 128.3, 128.4, 128.6, 128.9 (C-Ph), 137.8, 137.9, 138.1, 138.4, 138.4, 138.9 (C-3, C-Ph_q).

**IR** (ATR): $\tilde{\nu}$ (cm⁻¹) = 3458, 3087, 3062, 3030, 1731, 1677, 1605, 1586.

**MS (ESI):** *m/z* (%) = 823.4 (100) [M+Na]⁺. **HRMS (ESI):** *m/z* berechnet für C₄₉H₅₂O₁₀: [M+Na]⁺: 823.3453, gefunden: 823.3455.

(3*E*)-Methyl-[3,4,6-tri-*O*-benzyl-1-desoxy-β-D-mannopyranosyl]-(1→7*C*)-
2-*O*-benzyl-4,6-*O*-benzyliden-3-methylen-α-D-mannopyranosid (68h'β)

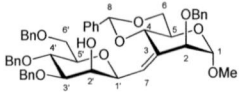

C$_{49}$H$_{52}$O$_{10}$ (800.93)

Eine Lösung des Kohlenhydratderivates **65h** (35.0 mg, 43.7 μmol, 1.00 Äq.) in CH$_2$Cl$_2$ (2.0 mL) wurde nach AAV6 mit DMP (92.1 mg, 219 μmol, 5.00 Äq.) zur Reaktion gebracht. Das Rohprodukt wurde in einer Mischung aus CH$_2$Cl$_2$ und MeOH (1:1, 4 mL) gelöst. Die erhaltene Lösung wurde schließlich nach AAV16 mit NaBH$_4$ (21.5 mg, 568 μmol, 13.0 Äq.) behandelt. Die Reinigung erfolgte durch Säulenchromatographie an Kieselgel (Pentan:EtOAc, 3:1) und ergab 22.1 mg (27.6 μmol, 63%) des gewünschten *C*-glycosidischen Olefins **68h'β** als gelbliches Öl.

Analytische Daten von Verbindung **68h'β**:

[α]$_D^{20}$ = +1.9° (c = 0.16, CHCl$_3$). **R$_f$**: 0.35 (Hexan:EtOAc = 2:1).

**¹H-NMR** (300 MHz, C$_6$D$_6$): δ = 3.00 (s, 3 H, OCH$_3$), 3.34–3.47 (m, 2 H, 4-H, 2'-H), 3.58–3.81 (m, 5 H, 5-H, 6-H, 1'-H, 6'-H), 3.88–3.98 (m, 1 H, 6-H*), 4.08–4.27 (m, 4 H, 3'-H, 5'-H, -CH$_2$Ph), 4.39–4.68 (m, 4 H, 4'-H, -CH$_2$Ph), 4.72–4.95 (m, 3 H, 1-H, -CH$_2$Ph), 5.05 (d, *J* = 11.3 Hz, 1 H, -CH$_2$Ph), 5.38 (s, 1 H, 8-H), 5.53 (s$_{br}$, 1 H, 2-H), 5.97 (d, *J* = 4.3 Hz, 1 H, 7-H), 7.01–7.70 (m, 25 H, Ph-H).

**¹³C-NMR** (125 MHz, C$_6$D$_6$): δ = 54.3 (OCH$_3$), 66.8 (C-5), 68.0, 69.4, 70.1, 70.9, 73.2 (C-6, C-6', -CH$_2$Ph), 74.2 (C-3'), 75.2 (-CH$_2$Ph), 75.9 (C-2), 76.4 (C-4'), 78.0 (C-1'), 79.6 (C-2'), 83.8 (C-4), 101.2 (C-1), 101.9 (C-8), 122.5 (C-7), 126.8, 127.6, 127.8, 127.9, 128.0, 128.2, 128.3, 128.4, 128.5, 128.6, 129.0 (C-Ph), 135.8 (C-3), 138.7, 138.8, 139.3, 139.5, 139.6 (C-Ph$_q$).

**IR** (ATR): ṽ (cm⁻¹) = 3500, 3086, 3062, 3029, 1731, 1605.

**MS (ESI)**: *m/z* (%) = 823.4 (100) [M+Na]⁺. **HRMS (ESI)**: *m/z* berechnet für C$_{49}$H$_{52}$O$_{10}$: [M+Na]⁺ 823.3453, gefunden: 823.3456.

(3*E*)-Methyl-(3,4,6-tri-*O*-benzyl-1-desoxy-β-D-mannopyranosyl)-(1→7*C*)-2-*O*-benzyl-4,6-*O*-benzyliden-3-methylen-α-D-mannopyranosid (68i'β)

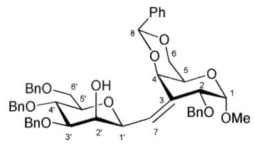

$C_{49}H_{52}O_{10}$ (800.93)

Eine Lösung des Kohlenhydratderivates **65i** (25.0 mg, 31.2 µmol, 1.00 Äq.) in $CH_2Cl_2$ (2.0 mL) wurde nach AAV6 mit DMP (132 mg, 312 µmol, 10.0 Äq.) zur Reaktion gebracht. Das Rohprodukt wurde in einer Mischung aus $CH_2Cl_2$ und MeOH (1:1, 3 mL) gelöst. Die erhaltene Lösung wurde schließlich nach AAV16 mit $NaBH_4$ (23.6 mg, 627 µmol, 20.0 Äq.) behandelt. Die Reinigung erfolgte durch Säulenchromatographie an Kieselgel (Pentan:EtOAc, 3:1) und ergab 11.1 mg (13.9 µmol, 45%) des gewünschten *C*-glycosidischen Olefins **68i'β** als klares Öl.

Analytische Daten von Verbindung **68i'β**:

$[\alpha]_D^{20}$ = +73.4° (c = 0.44, $CHCl_3$). $R_f$: 0.22 (Hexan:EtOAc = 1:1).

**¹H-NMR** (300 MHz, $C_6D_6$): δ = 2.50 ($s_{br}$, 1 H, OH), 3.16 (s, 3 H, $OCH_3$), 3.31–3.45 (m, 2 H, 3'-H, 5'-H), 3.54–3.79 (m, 5 H, 5-H, 6-H, 2'-H, 6'-H), 3.94 (d, *J* = 5.4 Hz, 1 H, 1'-H), 4.08 (dd, *J* = 9.5, 9.5 Hz, 1 H, 4'-H), 4.13–4.59 (m, 8 H, 6-H, -$CH_2$Ph), 4.65 ($s_{br}$, 1 H, 2-H), 4.86 (d, *J* = 3.3 Hz, 1 H, 1-H), 4.96 (d, *J* = 11.3 Hz, 1 H, -$CH_2$Ph), 5.47 ($s_{br}$, 1 H, 4-H), 5.70 (s, 1 H, 8-H), 6.25 (dd, *J* = 2.7, 5.1 Hz, 1 H, 7-H), 6.97–7.84 (m, 25 H, Ph-H).

**¹³C-NMR** (125 MHz, $C_6D_6$): δ = 55.2 ($OCH_3$), 64.4 (C-5), 68.8 (C-2'), 69.6, 70.2, 70.8, 72.2, 73.6 (C-6, C-6', -$CH_2$Ph), 74.1 (C-4), 74.6 (C-4'), 75.2 (-$CH_2$Ph), 76.1, 76.1 (C-2, C-1'), 79.7 (C-5'), 83.6 (C-3'), 100.1 (C-1), 101.0 (C-8), 123.3 (C-7), 126.8, 127.5, 127.6, 127.7, 127.8, 127.9, 128.0, 128.2, 128.3, 128.4, 128.5, 128.6, 128.8 (C-Ph), 135.9 (C-3), 139.0, 139.0, 139.0, 139.3, 139.5 (C-$Ph_q$).

**IR** (ATR): $\tilde{v}$ (cm⁻¹) = 3457, 3086, 3062, 1718, 1604.

**MS (ESI)**: *m/z* (%) = 823.4 (68) [M+Na]⁺. **HRMS (ESI)**: *m/z* berechnet für $C_{49}H_{52}O_{10}$: [M+Na]⁺: 823.3453, gefunden: 823.3451.

**(3*E*)-Methyl-[3,4,6-tri-*O*-benzyl-1-desoxy-β-D-galactopyranosyl)-(1→7*C*)-**
**2-*O*-benzyl-4,6-*O*-benzyliden-3-methylen-α-D-mannopyranosid (68jβ)**

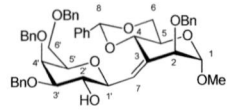

C$_{49}$H$_{52}$O$_{10}$ (800.93)

Eine Lösung des Diens **65j** (23.2 mg, 30.4 µmol, 1.00 Äq.) in CH$_2$Cl$_2$ (6.0 mL) wurde mit einer Lösung von DMDO in Aceton (0.055 M, 553 µL, 30.4 µmol, 1.00 Äq.) nach AAV14.2 zur Reaktion gebracht und der Rückstand in Trifluortoloul (PhCF$_3$) (6.0 mL) aufgenommen. Die Lösung wurde nun mit DIBAL in Hexan (1.0 M, 152 µL, 152 µmol, 5.00 Äq.) behandelt. Die Reinigung erfolgte durch Säulenchromatographie an Kieselgel (Pentan:EtOAc, 5:1 → 3:1) und ergab 12.1 mg (15.1 µmol, 50%) des gewünschten *C*-glycosidischen Olefins **68jβ** als gelbes Öl.

Analytische Daten von Verbindung **68jβ**:

[α]$_D^{20}$ = +37.9° (c = 0.14, CHCl$_3$). **R**$_f$: 0.58 (Hexan:EtOAc = 2:1).

**¹H-NMR** (600 MHz, C$_6$D$_6$): δ = 2.07 (s$_{br}$, 1 H, O-H), 3.01 (s, 3 H, OCH$_3$), 3.24 (dd, *J* = 2.8, 9.2 Hz, 1 H, 3'-H), 3.48 (dd, *J* = 5.8, 7.4 Hz, 1 H, 5'-H), 3.55 (dd, *J* = 5.3, 9.0 Hz, 1 H, 6-H\*), 3.66–3.74 (m, 2 H, 6-H, 6'-H), 3.86–3.91 (m, 1 H, 4'-H), 4.00–4.03 (m, 2 H, 1'-H, 5-H), 4.08 (dd, *J* = 9.2, 9.2 Hz, 1 H, 2'-H), 4.13–4.19 (m, 2 H, 6'-H\*, -CH$_2$Ph), 4.25 (d, *J* = 11.7 Hz, 1 H, -CH$_2$Ph), 4.36 (d, *J* = 12.1 Hz, 1 H, -CH$_2$Ph), 4.45 (d, *J* = 12.1 Hz, 1 H, -CH$_2$Ph), 4.56 (d, *J* = 11.5 Hz, 1 H, -CH$_2$Ph), 4.62 (dd, *J* = 1.9, 9.3 Hz, 1 H, 4-H), 4.67 (d, *J* = 12.2 Hz, 1 H, -CH$_2$Ph), 4.78 (s, 1 H, 2-H), 4.81 (d, *J* = 12.2 Hz, 1 H, -CH$_2$Ph), 4.88 (s, 1 H, 1-H), 4.91 (d, *J* = 11.5 Hz, 1 H, -CH$_2$Ph), 5.83 (s, 1 H, 8-H), 6.39 (dd, *J* = 1.9, 8.2 Hz, 1 H, 7-H), 6.83–7.85 (m, 25 H, Ph-H).

**¹³C-NMR** (125 MHz, C$_6$D$_6$): δ = 54.4 (OCH$_3$), 67.0 (C-5), 69.1, 69.6 (C-6, C-6'), 70.4 (-CH$_2$Ph), 71.9, 71.9 (C-2', -CH$_2$Ph), 73.5 (-CH$_2$Ph), 74.2 (C-4'), 74.9 (-CH$_2$Ph), 75.4 (C-2), 76.7 (C-1'), 77.1 (C-4), 77.4 (C-5'), 84.0 (C-3'), 101.1 (C-1), 102.2 (C-8), 125.0 (C-7), 126.9, 127.5, 127.6, 127.8, 128.0, 128.2, 128.4, 128.5, 128.6, 128.9 (C-Ph), 137.0 (C-3), 138.5, 138.8, 139.2, 139.3, 139.6 (C-Ph$_q$).

**IR** (ATR): ṽ (cm⁻¹) = 3478, 3062, 3029, 1718, 1605.

**MS** (ESI): *m/z* (%) = 823.4 (100) [M+Na]⁺. **HRMS** (ESI): *m/z* berechnet für C$_{49}$H$_{52}$O$_{10}$: [M+Na]⁺ 823.3453, gefunden: 823.3530.

**(3E)-Methyl-(3,4,6-tri-O-benzyl-1-desoxy-β-D-galactopyranosyl)-(1→7C)-2-O-benzyl-4,6-O-benzyliden-3-methylen-α-D-galactopyranosid (68kβ)**

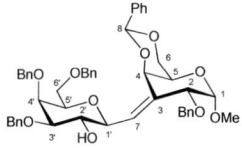

$C_{49}H_{52}O_{10}$ (800.93)

Lösung des Diens **65k** (48.5 mg, 62.0 µmol, 1.00 Äq.) in $CH_2Cl_2$ (6.2 mL) wurde mit einer Lösung von DMDO in Aceton (0.055 M, 1.24 mL, 62.0 µmol, 1.00 Äq.) nach AAV14.2 zur Reaktion gebracht und der Rückstand in $CH_2Cl_2$ (6.2 mL) aufgenommen. Die Lösung wurde nun mit DIBAL in Hexan (1.0 M, 310 µL, 310 µmol, 5.00 Äq.) behandelt. Die Reinigung erfolgte durch Säulenchromatographie an Kieselgel (Pentane:EtOAc, 3:1 → 1:1) und ergab 9.0 mg (11.2 µmol, 18%) des gewünschten C-glycosidischen Olefins **68kβ** als weißen Feststoff.

Analytische Daten von Verbindung **68kβ**:

$[\alpha]_D^{20}$ = +163.9° (c = 0.23, CHCl₃). $R_f$: 0.26 (Hexan:EtOAc = 2:1).

**¹H-NMR** (300 MHz, CDCl₃): δ = 3.39 (s, 3 H, OCH₃), 3.52 (dd, J = 2.8, 9.4 Hz, 1 H, 3'-H), 3.58–3.67 (m, 5 H, 5-H, 6-H, 6'-H), 3.93 (dd, J = 9.3, 9.3 Hz, 1 H, 2'-H), 3.98–4.27 (m, 4 H, 1'-H, 5'-H*, -CH₂Ph), 4.39–4.63 (m, 5 H, -CH₂Ph, 4'-H*), 4.71–4.81 (m, 3 H, 1-H, 4-H,* -CH₂Ph), 4.86–4.99 (m, 2 H, 2-H*, -CH₂Ph), 5.53 (s, 1 H, 8-H), 5.90 (dd, J = 1.7, 8.8 Hz, 1 H, 7-H), 7.14–7.68 (m, 25 H, Ph-H).

**¹³C-NMR** (125 MHz, CDCl₃): δ = 55.6 (OCH₃), 68.7 (C-5), 69.5 (C-6), 70.9 (C-6'), 72.1 (C-2'*), 72.4 (-CH₂Ph), 73.0 (C-4'*), 73.5 (-CH₂Ph), 73.9 (C-2*), 74.5, 74.5, 74.7 (-CH₂Ph, C-1'*), 77.2, 77.2 (C-4*, C-5'*), 83.2 (C-3'*), 99.8 (C-1), 100.6 (C-8), 123.8 (C-7), 126.2, 127.4, 127.5, 127.6, 127.7, 127.8, 127.9, 128.0, 128.1, 128.4, 128.8 (C-Ph), 134.5 (C-3), 137.8, 137.8, 137.8, 138.4, 138.7 (C-Ph_q).

**IR** (ATR): ṽ (cm⁻¹) = 3431, 3062, 3030, 1721, 1605.

**MS** (ESI): m/z (%) = 823.4 (100) [M+Na]⁺. **HRMS** (ESI) : m/z berechnet für $C_{49}H_{52}O_{10}$: [M+Na]⁺: 823.3453, gefunden: 823.3455.

**(4*E*)-Methyl-[3,4,6-tri-*O*-benzyl-1-desoxy-α-D-glucopyranosyl)-(1→7*C*)-2,3,6-tri-*O*-benzyl-4-methylen-α-D-allopyranosid (68lα)**

$C_{56}H_{60}O_{10}$ (893.07)

Eine Lösung des Diens **65l** (88 mg, 100 µmol, 1.00 Äq.) in $CH_2Cl_2$ (10 mL) wurde mit einer Lösung von DMDO in Aceton (0.06 M, 1.68 µL, 100 µmol, 1.00 Äq.) nach AAV14.1 zur Reaktion gebracht und der Rückstand in $CH_2Cl_2$ (10 mL) aufgenommen. Die Lösung wurde anschließend mit LiHBEt$_3$ in THF (1.0 M, 4.03 mL, 4.03 mmol, 40.0 Äq.) für 2 h bei 0 °C behandelt. Die Reinigung erfolgte durch Säulenchromatographie an Kieselgel (Pentan:EtOAc, 5:1 → 2:1) und ergab 58 mg (65.0 µmol, 65%) des gewünschten *C*-glycosidischen Olefins **68lα** als klares Öl.

Analytische Daten von Verbindung **68lα**:

$[\alpha]_D^{20}$ = +62.6° (c = 0.58, CHCl$_3$). **R$_f$**: 0.24 (Hexan:EtOAc = 2:1).

**$^1$H-NMR** (300 MHz, CDCl$_3$): δ = 2.76 (d, *J* = 2.6 Hz, 1 H, OH), 3.39 (s, 3 H, OCH$_3$), 3.57–3.85 (m, 9 H, 2-H, 6-H, 2'-H, 3'-H, 4'-H, 5'-H, 6'-H), 3.91 (d, *J* = 3.0 Hz, 1 H, 3-H), 4.22 (d, *J* = 11.3 Hz, 1 H, -CH$_2$Ph), 4.43–4.74 (m, 11 H, -CH$_2$Ph), 4.78–4.82 (m, 2 H, 1-H, 1'-H), 5.00 (t, *J* = 7.1 Hz, 1 H, 5-H), 5.75 (d, *J* = 8.1 Hz, 1 H, 7-H), 7.16–7.32 (m, 30 H, Ph-H).

**$^{13}$C-NMR** (125 MHz, CDCl$_3$): δ = 56.3 (OCH$_3$), 68.5 (C-6'), 69.0 (C-6), 69.7, 69.8, 71.1 (C-5, C-1', C-2'), 71.5 (-CH$_2$Ph), 72.2, 73.0, 73.2, 73.5, 74.0, 74.3 (-CH$_2$Ph, C-5'), 76.5, 78.6, 80.9, 80.9 (C-2, C-3, C-3', C-4'), 98.7 (C-1), 127.6, 127.7, 127.8, 127.9, 128.3, 128.4, 128.5 (C-Ph, C-7), 134.9 (C-4), 137.7, 137.8, 138.0, 138.0, 138.1, 138.4 (C$_q$).

**IR** (ATR): $\tilde{\nu}$ (cm$^{-1}$) = 3445, 3234, 3086, 3062, 1953, 1876, 1810.

**MS** (ESI): *m/z* (%) = 915.4 (100) [M+Na]$^+$. **HRMS** (ESI): *m/z* berechnet für $C_{56}H_{60}O_{10}$: [M+Na]$^+$ 915.4079, gefunden: 915.4090.

## (4*E*)-Methyl-(3,4,6-tri-*O*-benzyl-1-desoxy-β-D-glucopyranosyl)-(1→7*C*)-2,3,6-tri-*O*-benzyl-4-methylen-α-D-allopyranosid (68lβ)

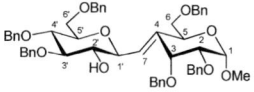

**C₅₆H₆₀O₁₀** (893.07)

Eine Lösung des Diens **65l** (94.2 mg, 107 µmol, 1.00 Äq.) in CH₂Cl₂ (10 mL) wurde mit einer Lösung von DMDO in Aceton (0.06 M, 1.79 mL, 107 µmol, 1.00 Äq.) nach AAV14.2 zur Reaktion gebracht und der Rückstand in CH₂Cl₂ (10 mL) aufgenommen. Die Lösung wurde nun mit DIBAL in Hexan (1.0 M, 539 µL, 539 µmol, 5.00 Äq.) behandelt. Die Reinigung erfolgte durch Säulenchromatographie an Kieselgel (Pentan:EtOAc, 5:1 → 3:1) und ergab 57.4 mg (64.3 µmol, 60%) des gewünschten *C*-glycosidischen Olefins **68lβ** als weißen Schaum.

Analytische Daten von Verbindung **68lβ**:

$[\alpha]_D^{20}$ = +37.4° (c = 0.19, CHCl₃). **R_f**: 0.20 (Hexan:EtOAc = 2:1).

**¹H-NMR** (300 MHz, CDCl₃): δ = 2.84–2.85 (m, 1 H, OH), 3.26–3.48 (m, 5 H, 4'-H, 5'-H, OCH₃), 3.54 (dd, *J* = 5.4, 10.0 Hz, 1 H, 6-H), 3.56–3.71 (m, 6 H, 2-H, 6-H, 3'-H, 6'-H, -CH₂Ph), 3.76–3.84 (m, 2 H, 4'-H, -CH₂Ph), 3.89 (d, *J* = 2.2 Hz, 1 H, 3-H), 4.01 (dd, *J* = 8.9, 8.9 Hz, 1 H, 1'-H), 4.19 (d, *J* = 11.9 Hz, 1 H, -CH₂Ph), 4.43–4.63 (m, 6 H, -CH₂Ph), 4.75–4.87 (m, 3 H, 1-H, -CH₂Ph), 4.95–5.02 (m, 2 H, 5-H, -CH₂Ph), 5.54 (d, *J* = 8.9 Hz, 1 H, 7-H), 7.05–7.51 (m, 30 H, Ph-H).

**¹³C-NMR** (125 MHz, CDCl₃): δ = 57.1 (OCH₃), 67.1, 68.9, 69.5, 70.4, 72.0, 72.1, 73.2, 73.4, 74.9, 75.1, 75.3 (C-5, C-6, C-2', C-4', C-6', -CH₂Ph), 76.7 (C-1'), 78.7 (C-5'*), 79.2 (C-3), 81.3 (C-3'), 85.7 (C-2), 97.4 (C-1), 127.5, 127.6, 127.7, 127.8, 127.9, 128.0, 128.3, 128.4, 128.5 (C-Ph), 131.2 (C-7), 134.6 (C-4), 137.7, 137.7, 138.1, 138.2, 138.5, 139.0 (C-Ph_q).

**IR** (ATR): ṽ (cm⁻¹) = 3482, 3086, 3062, 1952, 1877, 1810, 1605, 1586.

**MS** (ESI): *m/z* (%) = 915.4 (100) [M+Na]⁺. **HRMS** (ESI): *m/z* berechnet für C₅₆H₆₀O₁₀: [M+Na]⁺: 915.4079, gefunden: 915.4086.

**(4*E*)-Methyl-(3,4,6-tri-*O*-benzyl-1-desoxy-β-D-galactopyranosyl)-(1→7*C*)-2,3,6-tri-*O*-benzyl-4-methylen-α-D-allopyranosid (68mβ)**

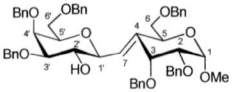

**C₅₆H₆₀O₁₀** (893.07)

Eine Lösung des Diens **65m** (26.6 mg, 33.8 μmol, 1.00 Äq.) in CH₂Cl₂ (1.0 mL) wurde mit einer Lösung von DMDO in Aceton (0.08 M, 445 μL, 35.5 μmol, 1.05 Äq.) nach AAV14.2 zur Reaktion gebracht und der Rückstand in CH₂Cl₂ (1.0 mL) aufgenommen. Die Lösung wurde nun mit DIBAL in Hexan (1.0 M, 169 μL, 169 μmol, 5.00 Äq.) behandelt. Die Reinigung erfolgte durch Säulenchromatographie an Kieselgel (Pentan:EtOAc, 4:1 ⟶ 1:1) und ergab 5.3 mg (5.9 μmol, 60%) des gewünschten *C*-glycosidischen Olefins **68mβ** als weißer Schaum.

Analytische Daten von Verbindung **68mβ**:

$[\alpha]_D^{20}$ = +15.6° (c = 0.12, CHCl₃). **R_f:** 0.18 (Hexan:EtOAc = 2:1).

**¹H-NMR** (300 MHz, CDCl₃): δ = 3.34–3.40 (m, 2 H, 5'*-H, 6*-H), 3.44 (s, 3 H, OCH₃), 3.47–3.57 (m, 4 H, 6-H, 2'-H, 6'-H), 3.74–3.82 (m, 1 H, 2-H), 3.86 (d, *J* = 2.7 Hz, 1 H, 3'-H), 3.95 (dd, *J* = 7.2, 10.3 Hz, 1 H, 1'-H), 4.09–4.14 (m, 1 H, 5*-H), 4.37–4.78 (m, 12 H, 4'-H, -CH₂Ph), 4.81 (d, *J* = 3.7 Hz, 1 H, 1-H), 4.90 (d, *J* = 11.5 Hz, 1 H, -CH₂Ph), 4.94–5.01 (m, 1 H, 3-H), 5.57 (d, *J* = 7.2 Hz, 1 H, 7-H), 6.99–7.65 (m, 30 H, Ph-H).

**¹³C-NMR** (125 MHz, CDCl₃): δ = 56.9 (OCH₃), 68.5, 69.4, 70.6, 71.7 (C-5, C-6, C-2', C-6'), 72.0, 72.1, 72.8, 73.1, 73.5 (-CH₂Ph), 74.1 (C-1'), 74.7 (-CH₂Ph), 77.1 (C-4'*), 79.1 (C-2), 81.3 (C-3'), 82.7 (C-3), 97.2 (C-1), 127.5, 127.6, 127.7, 127.9, 128.2, 128.3, 128.4 (C-Ph), 131.1 (C-7), 134.5 (C-4), 137.7, 137.9, 137.9, 138.3, 138.7, 138.7 (C-Ph_q).

**IR** (ATR): ṽ (cm⁻¹) = 3447, 3086, 3061, 1604, 1585.

**MS** (ESI): *m/z* (%) = 915.4 (100) [M+Na]⁺. **HRMS** (ESI): *m/z* berechnet für C₅₆H₆₀O₁₀: [M+Na]⁺: 915.4079, gefunden: 915.4091.

## Methyl-(1-desoxy-α-D-glucopyranosyl)-(1→7C)-2-methyl-β-D-glucopyranosid (69bα)

**C₁₄H₂₆O₁₀** (354.35)

Eine Lösung des *C*-glycosidischen Olefins **68bα** (16.0 mg, 17.9 µmol, 1.00 Äq.) in THF und MeOH (1:1, 2 mL) wurde mit HCOONH₄ (11.3 mg, 179 µmol, 10.0 Äq.) und Pd/C (10% Pd, 10 mg) bei 80 °C für 3 h nach AAV12 zur Reaktion gebracht. Die Reinigung erfolgte durch Säulenchromatographie an Kieselgel (CH₂Cl₂:MeOH, 10:1 → 3:1) und ergab 6.4 mg (17.9 µmol, 99%) des entschützten *C*-Glycosids **69bα** als gelbliches Öl und als 3:1-Mischung zweier Epimere.

Analytische Daten des Hauptepimers **69bα** (*gluco*-Konfiguration):

**R_f:** 0.13 (CH₂Cl₂:MeOH = 3:1).

**¹H-NMR** (600 MHz, CD₃OD): δ = 1.64–1.74 (m, 2 H, 2-H, 7-H), 2.09 (dd, *J* = 12.9, 12.9 Hz, 1 H, 7-H), 3.19–3.32 (m, 4 H, 3*-H, 4*-H, 5*-H, 4'*-H), 3.34 (s, 3 H, OCH₃), 3.51–3.70 (m, 6 H, 6*-H, 2'*-H, 1'*-H 3'*-H, 5'*-H, 6'*-H), 3.78 (dd, *J* = 2.3, 11.6 Hz, 1 H, 6*-H), 3.87 (d, *J* = 11.0 Hz, 1 H, 6'*-H), 4.26 (d, *J* = 8.3 Hz, 1 H, 1-H).

**¹³C-NMR** (125 MHz, CD₃OD): δ = 23.5 (C-7), 44.9 (C-2), 56.9 (OCH₃), 63.0, 63.2 (C-6, C-6'), 72.4, 72.9, 73.1, 74.1, 74.9, 76.4, 77.8 (C-3, C-4, C-5, C-1', C-2', C-3', C-4', C-5'), 107.0 (C-1).

**IR** (ATR): ṽ (cm⁻¹) = 3310, 2922, 2359 2341.

**MS** (ESI): *m/z* (%) = 377.1 (69) [M+Na]⁺. **HRMS** (ESI): *m/z* berechnet für C₁₄H₂₆O₁₀: [M+Na]⁺: 377.1418, gefunden: 377.1418.


## Methyl-(1-desoxy-β-D-glucopyranosyl)-(1→7C)-2-methyl-β-D-mannopyranosid (69bβ)

**C₁₄H₂₆O₁₀** (354.35)

Eine Lösung des *C*-glycosidischen Olefins **68bβ** (17.2 mg, 19.0 µmol, 1.00 Äq.) in THF und MeOH (1:1, 2 mL) wurde mit HCOONH$_4$ (12.0 mg, 190 µmol, 10.0 Äq.) und Pd/C (10% Pd, 10 mg) bei 80 °C für 1.5 h nach AAV12 zur Reaktion gebracht. Die Reinigung erfolgte durch Säulen-chromatographie an Kieselgel (CH$_2$Cl$_2$:MeOH, 10:1 $\rightarrow$ 3:1) und ergab 6.7 mg (18.9 µmol, 99%) des entschützten *C*-Glycosids **69bβ** als gelbliches Öl und als 5:2-Mischung zweier Epimere.

Analytische Daten des Hauptepimers **69bβ** (*manno*-Konfiguration):

**R$_f$:** 0.10 (CH$_2$Cl$_2$:MeOH = 3:1).

**$^1$H-NMR** (600 MHz, CD$_3$OD): δ = 1.40–1.51 (m, 1 H, 7-H), 2.24 (ddd, *J* = 5.8, 11.6, 22.6 Hz, 1 H, 7-H), 2.41–2.46 (m, 1 H, 2-H), 2.98 (dd, *J* = 9.1, 9.1 Hz, 1 H, 2'-H), 3.13–3.35 (m, 6 H, 4-H, 5-H, 1'-H, 3'-H, 4'-H, 5'-H), 3.45 (s, 3 H, OCH$_3$), 3.56–3.70 (m, 3 H, 3-H, 6'-H), 3.82–3.89 (m, 2 H, 6-H), 4.49 (d, *J* = 1.6 Hz, 1 H, 1-H).

**$^{13}$C-NMR** (125 MHz, CD$_3$OD): δ = 25.9 (C-7), 42.9 (C-2), 57.1 (OCH$_3$), 62.9, 63.0 (C-6, C-6'), 69.1, 72.1, 75.2 (C-3, C-4, C-4'), 76.5 (C-2'), 78.7, 79.6, 80.6, 81.3 (C-5, C-3', C-1', C-5'), 104.9 (C-1).

**IR** (ATR): $\tilde{\nu}$ (cm$^{-1}$) = 3351, 2952, 1738, 1666, 1601.

**MS** (ESI): *m/z* (%) = 377.1 (100) [M+Na]$^+$. **HRMS** (ESI): *m/z* berechnet für C$_{14}$H$_{26}$O$_{10}$: [M+Na]$^+$: 377.1418, gefunden: 377.1424.

### Methyl-(1-desoxy-β-D-glucopyranosyl)-(1→7*C*)-3-methyl-α-D-mannopyranosid (69hβ)

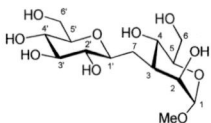

**C$_{14}$H$_{26}$O$_{10}$** (354.35)

Eine Lösung des *C*-glycosidischen Olefins **68hβ** (36.0 mg, 45.0 µmol, 1.00 Äq.) in MeOH:CH$_2$Cl$_2$:EtOAc (3:1:1, 5 mL) wurde auf -5 °C gekühlt und nach AAV8 mit PEARLMAN-Katalysator (Pd(OH)$_2$/C, 30 mg) und Wasserstoff (2 bar) behandelt. Die Lösung wurde über Nacht bei dieser Temperatur gerührt. Die Reinigung erfolgte durch Säulenchromatographie an Kieselgel (CH$_2$Cl$_2$:MeOH, 7:1 → 3:1) und ergab 15.9 mg (44.9 µmol, 99%) des entschützten *C*-Glycosids **69hβ** als gelbliches Öl.

Analytische Daten von Verbindung **69hβ**:

**$[\alpha]_D^{20}$** = −1.4° (c = 0.36, MeOH). **R$_f$:** 0.09 (CH$_2$Cl$_2$:MeOH = 10:1).

**¹H-NMR** (600 MHz, CD₃OD/CDCl₃): $\delta$ = 1.72–1.82 (m, 1 H, 7-H), 2.03–2.15 (m, 2 H, 3-H, 7-H), 3.08 (dd, $J$ = 9.1, 9.1 Hz, 1 H, 2'-H), 3.17–3.46 (m, 8 H, 4-H, 1'-H, 4'-H, 3'-H, 5'-H, OCH₃), 3.47–3.52 (m, 1 H, 5-H), 3.57–3.64 (m, 2 H, 6-H*, 6'-H*), 3.66–3.72 (m, 2 H, 2-H, 6-H*), 3.79–3.84 (m, 1 H, 6'-H*), 4.55 (d, $J$ = 1.5 Hz, 1 H, 1-H).

**¹³C-NMR** (125 MHz, CD₃OD/CDCl₃): $\delta$ = 30.0 (C-7), 39.3 (C-3), 55.0 (OCH₃), 63.1, 63.2 (C-6, C-6'), 67.0 (C-4'*), 69.5 (C-2*), 72.0 (C-1'*), 75.3 (C-5*), 75.7 (C-2'*), 77.9 (C-5'*), 79.7 (C-4*), 81.5 (C-3'*), 102.1 (C-1).

**IR** (ATR): $\tilde{\nu}$ (cm⁻¹) = 3291, 2922, 1644, 1562, 1409.

**MS** (ESI): $m/z$ (%) = 377.2 (100) [M+Na]⁺. **HRMS** (ESI): $m/z$ berechnet für C₁₄H₂₆O₁₀: [M+Na]⁺: 377.1418, gefunden: 377.1414.


**Methyl-(1-desoxy-β-D-mannopyranosyl)-(1→7C)-3-methyl-α-D-mannopyranosid (69h'β)**

**C₁₄H₂₆O₁₀** (354.35)

Eine Lösung des *C*-glycosidischen Olefins **68h'β** (8.0 mg, 10.0 µmol, 1.00 Äq.) in MeOH:CH₂Cl₂:EtOAc (3:1:1, 2 mL) wurde auf -5 °C gekühlt und nach AAV8 mit PEARLMAN-Katalysator (Pd(OH)₂/C, 10 mg) und Wasserstoff (2 bar) behandelt. Die Lösung wurde über Nacht bei dieser Temperatur gerührt. Die Reinigung erfolgte durch Säulenchromatographie an Kieselgel (CH₂Cl₂:MeOH, 7:1 → 3:1) und ergab 3.0 mg (8.5 µmol, 79%) des entschützten *C*-Glycosids **69h'β** als gelbliches Öl und als 4:1-Mischung zweier Epimere.

Analytische Daten des Hauptepimers **69h'β** (*manno*-Konfiguration):

**R_f:** 0.06 (CH₂Cl₂:MeOH = 10:1).

**¹H-NMR** (300 MHz, CD₃OD): $\delta$ = 1.08–1.20 (m, 1 H, 7-H), 1.98–2.19 (m, 2 H, 3-H, 7-H), 3.12–3.99 (m, 15 H, 2-H, 4-H, 5-H, 6-H, 1'-H, 2'-H, 3'-H, 4'-H, 5'-H, 6'-H, OCH₃), 4.45 (d, $J$ = 3.1 Hz, 1 H, 1-H).

**¹³C-NMR** (125 MHz, CD₃OD): $\delta$ = 28.3 (C-7), 40.6 (C-3), 55.7 (OCH₃), 63.2, 63.2 (C-6, C-6'), 66.6 (C-4'*), 69.0 (C-2*), 72.1 (C-1'*), 73.0 (C-5*), 74.7 (C-2'*), 76.7 (C-5'*), 78.4 (C-4*), 82.0 (C-3'*), 104.3 (C-1).

**IR** (ATR): $\tilde{\nu}$ (cm⁻¹) = 3388, 2918, 1645, 1565.

**MS** (ESI): $m/z$ (%) = 377.2 (98) [M+Na]$^+$. **HRMS** (ESI): $m/z$ berechnet für $C_{14}H_{26}O_{10}$: [M+Na]$^+$: 377.1418, gefunden: 377.1403.

## Methyl-(1-desoxy-β-D-galactopyranosyl)-(1→7C)-3-methyl-α-D-mannopyranosid (69jβ)

$C_{14}H_{26}O_{10}$ (354.35)

Eine Lösung des C-glycosidischen Olefins **68jβ** (9.9 mg, 12.4 µmol, 1.00 Äq.) in MeOH:CH$_2$Cl$_2$:EtOAc (3:1:1, 5 mL) wurde auf -5 °C gekühlt und nach AAV8 mit PEARLMAN-Katalysator (Pd(OH)$_2$/C, 10 mg) und Wasserstoff (2 bar) behandelt. Die Lösung wurde über Nacht bei dieser Temperatur gerührt. Die Reinigung erfolgte durch Säulenchromatographie an Kieselgel (CH$_2$Cl$_2$:MeOH, 5:1 → 3:1) und ergab 4.4 mg (12.4 µmol, 99%) des entschützten C-Glycosids **68jβ** als gelbliches Öl und als 5:2-Mischung zweier Epimere.

Analytische Daten des Hauptepimers **69jβ** (*manno*-Konfiguration):

**R$_f$:** 0.07 (CH$_2$Cl$_2$:MeOH = 3:1).

**$^1$H-NMR** (600 MHz, CD$_3$OD): δ = 1.72–2.24 (m, 3 H, 3-H, 7-H), 3.08 (dd, $J$ = 9.6, 9.6 Hz, 1 H, 4'-H), 3.17–3.27 (m, 2 H, 1'-H*, 5-H*), 3.34 (s, 3 H, OCH$_3$), 3.36–3.92 (m, 9 H, 2-H, 4-H, 6-H, 2'-H, 3'-H, 5'-H, 6'-H), 4.43 (d, $J$ = 3.9 Hz, 1 H, 1-H).

**$^{13}$C-NMR** (125 MHz, CD$_3$OD): δ = 30.3 (C-7), 40.3 (C-3), 55.0 (OCH$_3$), 63.2, 63.4 (C-6, C-6'), 67.2, 69.7, 71.0, 72.3, 73.1, 75.3, 76.4, 77.9 (C-2, C-4, C-5, C-1', C-2', C-3', C-4', C-5'), 102.1 (C-1).

**IR** (ATR): $\tilde{v}$ (cm$^{-1}$) = 3565, 3392, 3087, 3063, 3030, 1957, 1808, 1740.

**MS** (ESI): $m/z$ (%) = 377.1 (35) [M+Na]$^+$. **HRMS** (ESI): $m/z$ berechnet für $C_{14}H_{26}O_{10}$: [M+Na]$^+$: 377.1418, gefunden: 377.1421.

**Methyl-(1-desoxy-β-D-mannopyranosyl)-(1→7C)-3-methyl-α-D-galactopyranosid (69i'β)**

$C_{14}H_{26}O_{10}$ (354.35)

Eine Lösung des C-glycosidischen Olefins **68h'β** (10.0 mg, 12.5 μmol, 1.00 Äq.) in MeOH:CH$_2$Cl$_2$:EtOAc (3:1:1, 5 mL) wurde auf -5 °C gekühlt und nach AAV8 mit PEARLMAN-Katalysator (Pd(OH)$_2$/C, 10 mg) und Wasserstoff (2 bar) behandelt. Die Lösung wurde über Nacht bei dieser Temperatur gerührt. Die Reinigung erfolgte durch Säulenchromatographie an Kieselgel (CH$_2$Cl$_2$:MeOH, 7:1 → 3:1) und ergab 4.5 mg (12.5 μmol, 99%) des entschützten C-Glycosids **69h'β** als gelbliches Öl und als 5:3-Mischung zweier Epimere.

Analytische Daten des Hauptepimers **69h'β** (*galacto*-Konfiguration):

**R$_f$** 0.03 (CH$_2$Cl$_2$:MeOH = 3:1).

**$^1$H-NMR** (300 MHz, CD$_3$OD): δ = 1.09–1.47 (m, 1 H, 7-H), 1.74–2.08 (m, 2 H, 3-H, 7-H), 3.11–3.88 (m, 15 H, 2-H, 4-H, 5-H, 6-H, 1'-H, 2'-H, 3'-H, 4'-H, 5'-H, 6'-H, OCH$_3$), 4.51–4.64 (m, 1 H, 1-H).

**$^{13}$C-NMR** (125 MHz, CD$_3$OD): δ = 27.9 (C-7), 34.6 (C-3), 55.4 (OCH$_3$), 62.9, 65.8, 68.9, 70.5, 72.8, 74.3, 76.6, 78.5, 81.7, 81.9 (C-2, C-4, C-5, C-6, C-1', C-2', C-3', C-4', C-5', C-6'), 101.2 (C-1).

**IR** (ATR): ṽ (cm$^{-1}$) = 3349, 2955, 2854, 2341.

**MS** (ESI): m/z (%) = 377.1 [M+Na]$^+$. **HRMS** (ESI): m/z berechnet für C$_{14}$H$_{26}$O$_{10}$: [M+Na]$^+$: 377.1418, gefunden: 377.1418.

**Methyl-(1-desoxy-α-D-glucopyranosyl)-(1→7C)-3-methyl-α-D-galactopyranosid (68iα)**

$C_{14}H_{26}O_{10}$ (354.35)

Eine Lösung des C-glycosidischen Olefins **68iα** (19.7 mg, 24.6 μmol, 1.00 Äq.) in MeOH:CH$_2$Cl$_2$:EtOAc (3:1:1, 5 mL) wurde auf -5 °C gekühlt und nach AAV8 mit PEARLMAN-Katalysator (Pd(OH)$_2$/C, 30 mg) und Wasserstoff (2 bar) behandelt. Die Lösung wurde über

Nacht bei dieser Temperatur gerührt. Die Reinigung erfolgte durch Säulenchromatographie an Kieselgel ($CH_2Cl_2$:MeOH, 5:1 → 3:1) und ergab 8.7 mg (24.6 µmol, 99%) des entschützten *C*-Glycosids **69iα** als gelbliches Öl.

Analytische Daten von Verbindung **69iα**:

$[\alpha]_D^{20}$ = +24.5° (c = 0.51, MeOH). **R$_f$:** 0.05 ($CH_2Cl_2$:MeOH = 3:1).

**$^1$H-NMR** (600 MHz, CD$_3$OD): δ = 1.44–1.61 (m, 2 H, 7-H), 1.84–1.89 (m, 2 H, 3-H, 5*-H), 3.38 (s, 3 H, OCH$_3$), 3.58 (dd, *J* = 1.6, 8.0 Hz, 1 H, 2'*-H), 3.61 (dd, *J* = 5.8, 11.2 Hz, 1 H, 6*-H), 3.64–3.73 (m, 5 H, 6'*-H, 1'*-H, 3'*-H, 5'*-H), 3.77 (dd, *J* = 3.5, 11.2 Hz, 1 H, 6*-H), 3.80 (s$_{br}$, 1 H, 4-H), 3.88 (dd, *J* = 5.9, 5.9 Hz, 1 H, 4'-H), 4.06–4.12 (m, 1 H, 2*-H), 6.61 (d, *J* = 3.8 Hz, 1 H, 1-H).

**$^{13}$C-NMR** (125 MHz, CD$_3$OD): δ = 23.4 (C-3), 33.8 (C-7), 46.7 (C-5*), 55.7 (OCH$_3$), 63.2 (C-6*), 64.8 (C-6'*), 67.0 (C-2*), 68.7 (C-4*), 70.1 (C-4'*), 72.9 (C-2'*), 73.3 (C-1'), 73.7 (C-5'*), 74.5 (C-3'*), 101.7 (C-1).

**IR** (ATR): $\tilde{v}$ (cm$^{-1}$) = 2930, 2838, 1570, 1249.

**MS** (ESI): *m/z* (%) = 377.2 (44) [M+Na]$^+$. **HRMS** (ESI): *m/z* berechnet für $C_{14}H_{26}O_{10}$: [M+Na]$^+$: 377.1418, gefunden: 377.1414.

## Methyl-(1-desoxy-β-D-glucopyranosyl)-(1→7*C*)-3-methyl-α-D-galactopyranosid (69iβ)

$C_{14}H_{26}O_{10}$ (354.35)

Eine Lösung des *C*-glycosidischen Olefins **68iβ** (21.0 mg, 26.3 µmol, 1.00 Äq.) in MeOH:$CH_2Cl_2$:EtOAc (3:1:1, 5 mL) wurde nach AAV8 mit PEARLMAN-Katalysator (Pd(OH)$_2$/C, 10 mg) und Wasserstoff (2 bar) behandelt. Die Reaktion wurde für 72 h bei Umgebungstemperatur gerührt. Die Reinigung erfolgte durch Säulenchromatographie an Kieselgel ($CH_2Cl_2$:MeOH, 5:1 → 3:1) und ergab 7.0 mg (19.7 µmol, 75%) des entschützten *C*-Glycosids **69iβ** als gelbliches Öl und als 7:1-Mischung zweier Epimere.

Analytische Daten des Hauptepimers **69iβ** (*galacto*-Konfiguration):

**R$_f$:** 0.05 ($CH_2Cl_2$:MeOH = 3:1).

**$^1$H-NMR** (600 MHz, CD$_3$OD): δ = 1.23–1.39 (m, 1 H, 7-H), 1.82–1.95 (m, 1 H, 7-H), 2.27–2.34 (m, 1 H, 3-H), 3.05 (dd, *J* = 9.0, 9.0 Hz, 1 H, 2'-H), 3.14 (dt, *J* = 2.6, 9.6 Hz, 1 H, 1'-H), 3.17–3.21 (m, 2 H,

5-H, 4'-H), 3.23 (dd, $J$ = 8.9, 8.9 Hz, 1 H, 3'-H), 3.38 (s, 3 H, OCH$_3$), 3.59–3.73 (m, 3 H, 6-H, 6'-H), 3.80 (d, $J$ = 2.1 Hz, 1 H, 5'-H), 3.82–3.86 (m, 1 H, 6'-H), 3.87–3.90 (m, 1 H, 4-H), 4.12 (dd, $J$ = 3.8, 5.8 Hz, 1 H, 2-H), 4.62 (d, $J$ = 3.8 Hz, 1 H, 1-H).

**$^{13}$C-NMR** (125 MHz, CD$_3$OD): δ = 29.6 (C-7), 42.2 (C-3), 55.7 (OCH$_3$), 63.1, 63.3 (C-6, C-6'), 66.7 (C-2), 68.3 (C-4), 70.3 (C-5'), 72.0 (C-4'), 75.6 (C-2'), 79.3 (C-1'), 79.8 (C-3'), 81.5 (C-5), 101.7 (C-1).

**IR (ATR):** $\tilde{\nu}$ (cm$^{-1}$) = 3392, 3190, 2363, 1734, 1420, 1375.

**MS (ESI):** $m/z$ (%) = 377.2 (100). **HRMS (ESI):** $m/z$ berechnet für C$_{14}$H$_{26}$O$_{10}$: [M+Na]$^+$: 377.1418, gefunden: 377.1418.

## Methyl-(1-desoxy-α-D-glucopyranosyl)-(1→7*C*)-4-methyl-α-D-allopyranosid (69lα)

**C$_{14}$H$_{26}$O$_{10}$** (354.35)

Eine Lösung des *C*-glycosidischen Olefins **68lα** (11.1 mg, 12.4 µmol, 1.00 Äq.) in MeOH:CH$_2$Cl$_2$:EtOAc (3:1:1, 5 mL) wurde nach AAV8 mit Pearlman-Katalysator (Pd(OH)$_2$/C, 20 mg) und Wasserstoff (2 bar) behandelt. Die Reaktion wurde über Nacht bei Umgebungstemperatur gerührt. Die Reinigung erfolgte durch Säulenchromatographie an Kieselgel (CH$_2$Cl$_2$:MeOH, 5:1 → 3:1) und ergab 4.0 mg (11.3 µmol, 91%) des entschützten *C*-Glycosids **69lα** als gelbliches Öl.

Analytische Daten von Verbindung **69lα**:

$[\alpha]_D^{20}$ = +55.7° (c = 0.07, MeOH). **R$_f$:** 0.16 (CH$_2$Cl$_2$:MeOH = 2:1).

**$^1$H-NMR** (300 MHz, CD$_3$OD): δ = 1.18–1.46 (m, 2 H, 7-H), 1.70–1.84 (m, 1 H, 4-H), 3.15–3.24 (m, 1 H, 2'-H), 3.37 (s, 3 H, OCH$_3$), 3.44–3.85 (m, 10 H, 2-H, 3-H, 6-H, 1'-H, 3'-H, 4'-H, 5'-H, 6'-H), 4.19–4.29 (m, 1 H, 5-H), 4.70 (d, $J$ = 3.7 Hz, 1 H, 1-H).

**$^{13}$C-NMR** (125 MHz, CD$_3$OD): δ = 24.4 (C-4), 40.8 (C-7), 55.5 (OCH$_3$), 63.0 (C-5*), 63.2 (C-6*), 72.3 (C-6'*), 73.0 (C-2*), 73.1 (C-3*), 73.6 (C-4'*), 74.7 (C-2'*), 74.8 (C-1'*), 74.9 (C-5'*), 75.2 (C-3'*), 101.5 (C-1).

**IR (ATR):** $\tilde{\nu}$ (cm$^{-1}$) = 3853, 3734 3709, 3675, 3647, 3586.

**MS (ESI):** $m/z$ (%) = 377.2 (21) [M+Na]$^+$. **HRMS (ESI):** $m/z$ berechnet für $C_{14}H_{26}O_{10}$: [M+Na]$^+$: 377.1418, gefunden: 377.1414.

### Methyl-(1-desoxy-β-D-glucopyranosyl)-(1→7C)-4-methyl-α-D-allopyranosid (691β)

$C_{14}H_{26}O_{10}$ (354.35)

Eine Lösung des *C*-glycosidischen Olefins **681β** (20.0 mg, 22.4 µmol, 1.00 Äq.) in MeOH:CH$_2$Cl$_2$:EtOAc (3:1:1, 5 mL) wurde nach AAV8 mit PEARLMAN-Katalysator (Pd(OH)$_2$/C, 20 mg) und Wasserstoff (2 bar) behandelt. Die Reaktion wurde über Nacht bei Umgebungs-temperatur gerührt. Die Reinigung erfolgte durch Säulenchromatographie an Kieselgel (CH$_2$Cl$_2$:MeOH, 5:1 → 3:1) und ergab 7.9 mg (22.3 µmol, 99%) des entschützten *C*-Glycosids **691β** als gelbliches Öl und als 6:1-Mischung zweier Epimere.

Analytische Daten des Hauptepimers **691β** (*allo*-Konfiguration):

$[\alpha]_D^{20}$ = -94.3° (c = 0.30, MeOH). **R$_f$:** 0.17 (CH$_2$Cl$_2$:MeOH = 2:1).

**¹H-NMR** (300 MHz, CD$_3$OD): δ =1.58 (ddd, *J* = 3.5, 9.3, 14.9 Hz, 1 H, 7-H), 1.78 (ddd, *J* = 4.1, 10.7, 14.8 Hz, 1 H, 4-H), 2.07 (dd, *J* = 4.1, 14.6 Hz, 1 H, 7-H), 3.05 (dd, *J* = 9.1, 9.1 Hz, 1 H, 2'-H), 3.18–3.23 (m, 2 H, 3'-H, 5'-H), 3.27–3.32 (m, 3 H, 2-H, 1'-H, 4'-H), 3.38 (s, 3 H, OCH$_3$), 3.50–3.74 (m, 5 H, 3-H, 5-H, 6-H, 6'-H), 3.83 (d, *J* = 11.7 Hz, 1 H, 6*-H), 4.70 (d, *J* = 3.6 Hz, 1 H, 1-H).

**¹³C-NMR** (125 MHz, CD$_3$OD): δ =30.2 (C-7), 41.3 (C-4), 55.3 (OCH$_3$), 63.1, 63.6 (C-6, C-6'), 72.0 (C-5'), 72.4 (C-3), 74.2 (C-5), 74.8 (C-2), 75.3 (C-2'), 78.9 (C-1'), 79.5 (C-4'), 81.7 (C-3'), 101.3 (C-1).

**IR (ATR):** $\tilde{\nu}$ (cm$^{-1}$) = 3321, 2920, 2482, 1638, 1566.

**MS (ESI):** $m/z$ (%) = 377.2 (100). **HRMS (ESI):** $m/z$ berechnet für $C_{14}H_{26}O_{10}$: [M+Na]$^+$: 377.1424, gefunden: 377.1418.

## 1'-Desoxy-(1-desoxy-α-D-glucopyranosyl)-(1→7C)-2-methyl-D-glucopyranosid (132α)

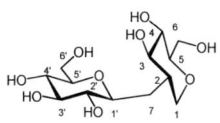

**C₁₃H₂₄O₉** (324.32)

Eine Lösung des *C*-glycosidischen Olefins **68bα** (15.0 mg, 16.8 µmol, 1.00 Äq.) in MeOH:CH₂Cl₂:EtOAc (3:1:1, 5 mL) wurde auf -5 °C gekühlt und nach AAV8 mit PEARLMAN-Katalysator (Pd(OH)₂/C, 10 mg) und Wasserstoff (2 bar) behandelt. Die Lösung wurde über Nacht bei dieser Temperatur gerührt. Die Reinigung erfolgte durch Säulenchromatographie an Kieselgel (CH₂Cl₂:MeOH, 6:1 → 5:1) und ergab 5.2 mg (16.0 µmol, 96%) des entschützten *C*-Glycosids **132α** als gelbliches Öl.

Analytische Daten von Verbindung **132α**:

$[\alpha]_D^{20}$ = +10.9° (c = 0.41, MeOH). **R**f: 0.06 (CH₂Cl₂:MeOH = 10:1).

**¹H-NMR** (300 MHz, ): δ = 1.18–1.37 (m, 2 H, 7-H), 1.92–2.12 (m, 1 H, 2-H), 3.06–3.15 (m, 1 H, 5-H), 3.16–3.27 (m, 1 H, 2'-H), 3.35–3.96 (m, 10 H, 1-H, 3-H, 6-H, 1'-H, 3'-H, 4'-H, 5'-H, 6'-H), 3.96–4.06 (m, 1 H, 4-H), 4.14 (d, *J* = 10.0 Hz, 1 H, 1-H).

**¹³C-NMR** (125 MHz, ): δ = 30.8 (C-7), 42.4 (C-2), 63.2, 63.3 (C-6, C-6'), 69.4 (C-4'), 70.4 (C-1), 72.5 (C-2'), 73.3 (C-5'), 74.5, 75.0 (C-3, C-3'), 76.4 (C-1'), 79.1 (C-4), 83.0 (C-5).

**IR** (ATR): ṽ (cm⁻¹) = 3293, 2917, 1566, 1406, 1258.

**MS** (ESI): *m/z* (%) = 347.1 (100) [M+Na]⁺. **HRMS** (ESI): *m/z* berechnet für C₁₃H₂₄O₉: [M+Na]⁺: 347.1313, gefunden: 377.1310.

## 1'-Desoxy-(1-desoxy-β-D-glucopyranosyl)-(1→7C)-2-methyl-D-glucopyranosid (132β)

**C₁₃H₂₄O₉** (324.32)

Eine Lösung des *C*-glycosidischen Olefins **68bβ** (21.0 mg, 23.5 μmol, 1.00 Äq.) in MeOH:CH$_2$Cl$_2$:EtOAc (3:1:1, 5 mL) wurde auf -5 °C gekühlt und nach AAV8 mit PEARLMAN-Katalysator (Pd(OH)$_2$/C, 10 mg) und Wasserstoff (2 bar) behandelt. Die Lösung wurde über Nacht bei dieser Temperatur gerührt. Die Reinigung erfolgte durch Säulenchromatographie an Kieselgel (CH$_2$Cl$_2$:MeOH, 6:1 → 5:1) und ergab 7.5 mg (23.2 μmol, 99%) des entschützten *C*-Glycosids **132β** als gelbliches Öl.

Analytische Daten von Verbindung **132β**:

[α]$_D^{20}$ = -11.1° (c = 0.69, MeOH). **R$_f$**: 0.06 (CH$_2$Cl$_2$:MeOH, 10:1).

**$^1$H-NMR** (300 MHz, ): δ = 1.60–1.73 (m, 1 H, 7-H), 1.94–2.07 (m, 1 H, 7-H), 2.14–2.27 (m, 1 H, 2-H), 2.98–3.96 (m, 14 H, 1-H, 3-H, 4-H, 5-H, 6-H, 1'-H, 2'-H, 3'-H, 4'-H, 5'-H, 6'-H).

**$^{13}$C-NMR** (125 MHz, ): δ = 27.6 (C-7), 38.8 (C-2), 63.1, 63.1 (C-6, C-6'), 69.1 (C-4'*), 69.4 (C-1*), 72.0 (C-2'*), 75.7 (C-5'*), 75.9 (C-3*), 78.6 (C-3'*), 79.6 (C-1'*), 81.4 (C-4*), 82.8 (C-5*).

**IR** (ATR): $\tilde{v}$ (cm$^{-1}$) = 3304, 2924, 2871, 2492, 1644, 1566.

**MS** (ESI): *m/z* (%) = 347.1 (100) [M+Na]$^+$. **HRMS** (ESI): *m/z* berechnet für C$_{13}$H$_{24}$O$_9$: [M+Na]$^+$: 347.1313, gefunden: 377.1311.

**Methyl-4-Desoxymethyl-D-glucopyranosid (132b)**

**C$_8$H$_{16}$O$_5$** (192.21)

Eine Lösung des *exo*-Methylenolefins **133b** (17.5 mg, 38.0 μmol, 1.00 Äq.) in MeOH:CH$_2$Cl$_2$:EtOAc (3:1:1, 5 mL) wurde auf -5 °C gekühlt und nach AAV8 mit PEARLMAN- Katalysator (Pd(OH)$_2$/C, 17 mg) und Wasserstoff (2 bar) behandelt. Die Lösung wurde über Nacht bei dieser Temperatur gerührt. Die Reinigung erfolgte durch Säulenchromatographie an Kieselgel (CH$_2$Cl$_2$:MeOH, 6:1 → 5:1) und ergab 7.0 mg (36.4 μmol, 99%) des entschützten *C*-Glycosids **132b** als weißen Feststoff.

Analytische Daten von Verbindung **132b**:

[α]$_D^{20}$ = +71.3° (c = 0.32, MeOH). **R$_f$**: 0.34 (CH$_2$Cl$_2$:MeOH = 10:1).

**$^1$H-NMR** (300 MHz, CD$_3$OD): δ = 0.88 (d, *J* = 6.9 Hz, 3 H, 7-H), 2.03–2.10 (m, 4 H, 4-H), 3.34–3.43 (m, 3 H, OCH$_3$), 3.45–3.66 (m, 3 H, 2-H, 6-H), 3.82–3.93 (m, 1 H, 3-H), 4.68 (d, *J* = 3.7 Hz, 1 H, 1-H).

$^{13}$**C-NMR** (125 MHz, CD$_3$OD): δ = 5.7 (C-7), 38.2 (C-4), 55.4 (OCH$_3$), 63.5 (C-6), 70.3 (C-2), 71.5 (C-3), 72.2 (C-5), 101.3 (C-1).

**IR** (ATR): $\tilde{v}$ (cm$^{-1}$) = 3389, 1725, 1645.

**MS** (ESI): $m/z$ (%) = 215.2 (100) [M+Na]$^+$. **HRMS** (ESI): $m/z$ berechnet für C$_8$H$_{16}$O$_5$: [M-H]$^-$: 191.0925, gefunden: 191.0920.

## 1-Desoxy-2-desoxymethyl-D-glucopyranosid (132c)

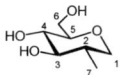

C$_7$H$_{14}$O$_4$ (162.18)

Eine Lösung des *exo*-Methylenolefins **133c** (21.0 mg, 45.6 µmol, 1.0 Äq.) in MeOH:CH$_2$Cl$_2$:EtOAc (3:1:1, 5 mL) wurde auf -5 °C gekühlt und nach AAV8 mit PEARLMAN-Katalysator (Pd(OH)$_2$/C, 15 mg) und Wasserstoff (2 bar) behandelt. Die Lösung wurde über Nacht bei dieser Temperatur gerührt. Die Reinigung erfolgte durch Säulenchromatographie an Kieselgel (CH$_2$Cl$_2$:MeOH, 6:1 → 5:1) und ergab 7.0 mg (43.2 µmol, 95%) des entschützten C-Glycosids **132c** als weißen Feststoff.

Analytische Daten von Verbindung **132c**:

[α]$_D^{20}$ = –13.8° (c = 0.13, MeOH). **R$_f$**: 0.46 (CH$_2$Cl$_2$:MeOH, 10:1).

$^1$**H-NMR** (600 MHz, CD$_3$OD): δ = 1.03 (d, $J$ = 7.3 Hz, 3 H, 7-H), 1.98–2.01 (m, 1 H, 2-H), 3.07–3.12 (m, 1 H, 5-H), 3.39 (dd, $J$ = 9.3, 9.3 Hz, 1 H, 4-H), 3.56–3.65 (m, 3 H, 1-H, 3-H, 6-H), 3.71 (dd, $J$ = 1.6, 11.5 Hz, 1 H, 1-H), 3.81 (dd, $J$ = 2.3, 11.7 Hz, 1 H, 6-H).

$^{13}$**C-NMR** (125 MHz, CD$_3$OD): δ = 11.4 (C-7), 37.5 (C-2), 63.2 (C-6), 69.0 (C-4), 72.1 (C-1), 76.0 (C-3), 83.1 (C-5).

**IR** (ATR): $\tilde{v}$ (cm$^{-1}$) = 3347, 2922, 1714.

**MS** (ESI): $m/z$ (%) = 185.1 (100) [M+Na]$^+$. **HRMS** (ESI): $m/z$ berechnet für C$_7$H$_{14}$O$_4$: [M+Na]$^+$: 185.0784, gefunden: 185.0790.

# 7 ANHANG

## 7.1 *Abkürzungsverzeichnis*

| | |
|---|---|
| $[\alpha]_D^{20}$ | Drehwert (20 °C Messtemperatur, Natrium-D-Linie) |
| Ac | Acetyl |
| All | Allose |
| Ar | Aryl |
| ATR | *attenuated total reflection* |
| Äq. | Äquivalente |
| BAIB | Bisacetoxyiodbenzol |
| BBN | Borabicyclo[3.3.1]nonan |
| Bn | Benzyl |
| BOM | Benzyloxymethyl |
| Bpy | 2,2'-Bipyridin |
| brsm | *based on recovered starting material* |
| Bu | Butyl |
| Bz | Benzoyl |
| CAM | Cer(IV)ammoniummolybdat-Lösung |
| CAN | Cer(IV)ammoniumnitrat |
| CCD | *charge-coupled device* |
| cod | Cyclooctadien |
| COSY | *correlation spectroscopy* |
| cy | Cyclohexyl |
| d | Tag |
| δ | chemische Verschiebung [ppm] |
| dba | Dibenzylidenaceton |
| DBU | 1,8-Diazabicyclo[5.4.0]undec-7-en |
| DC | Dünnschichtchromatographie |
| DCC | Dicyclohexylcarbodiimid |
| DDQ | 2,3-Dichlor-5,6-dicyano-*p*-benzochinon |
| DEAD | Diethylazodicarboxylat |
| DIAD | Diisopropylazodicarboxylat |
| DIBAL | Diisobutylaluminiumhydrid |
| DMA | *N,N*-Dimethylacetamid |
| DMAP | 4-Dimethylaminopyridin |
| DMDO | Dimethyldioxiran |
| DME | 1,2-Dimethoxyethan |
| DMF | *N,N*-Dimethylformamid |
| DMOPP | Dimethyl-2-oxopropylphosphonat |
| DMP | DESS-MARTIN-Periodinan |
| DMS | Dimethylsulfid |
| DMSO | Dimethylsulfoxid |
| DPE | Diphenylether |

| | |
|---|---|
| dppf | 1,1'-Bis(diphenylphosphino)ferrocen |
| dppp | 1,3-Bis(diphenylphosphino)propan |
| ε | Extinktionskoeffizient [1000 cm²/mol] |
| ELISA | *enzyme-linked immunosorbent assay* |
| ESI | *electron spray ionization* |
| Et | Ethyl |
| Fmoc | Fluorenylmethoxycarbonyl |
| FOXAP | Ferrocenyloxazolinylphosphin |
| Gal | Galactose |
| GC | Gaschromatographie |
| GC-MS | Gaschromatographie-Massenspektrometrie-Kopplung |
| Glc | Glucose |
| Gul | Gulose |
| h | Stunde |
| hfacac | Hexafluoracetoacetonat |
| HMPA | Hexamethylphosphorsäuretriamid |
| HOMO | *highest occupied molecular orbital* |
| HPLC | *high performance liquid chromatography* |
| HPTLC | *high performance thin layer chromatography* |
| HRMS | *high resolution mass spectrometry* |
| Hz | Hertz |
| IR | Infrarot |
| *J* | Kopplungskonstante |
| kat. | katalytisch |
| KHMDS | Kaliumbis(trimethylsilyl)amid (Kaliumhexamethyldisilazid) |
| L | Ligand |
| LDA | Lithiumdiisopropylamid |
| LG | Abgangsgruppe (*leaving group*) |
| LiHMDS | Lithiumbis(trimethylsilyl)amid (Lithiumhexamethyldisilazid) |
| LSM | Lösungsmittel |
| LUMO | *lowest unoccupied molecular orbital* |
| m | Multiplett |
| M | molar |
| Man | Mannose |
| *m*CPBA | *meta*-Chorperbenzoesäure |
| MPLC | *medium pressure liquid chromatography* |
| Me | Methyl |
| min | Minute |
| mL | Milliliter |
| MS | Molsieb |
| Ms | Mesyl |
| *mw* | Mikrowelle |
| *n*BuLi | *n*-Butyllithium |
| NMP | *N*-Methyl-2-pyrrolidon |

| | |
|---|---|
| NMR | *nuclear magnetic resonance* |
| PDC | Pyridiniumdichromat |
| NOESY | *nuclear Overhauser effect spectroscopy* |
| PG | Schutzgruppe (*protecting group*) |
| Ph | Phenyl |
| Piv | Pivaloyl |
| PMB | *para*-Methoxybenzyl |
| pH | negativer dekadischer Logarithmus der Hydroniumionen-Konzentration |
| PhLi | Phenyllithium |
| Py | Pyridin |
| *p*-TsN$_3$ | *para*-Tosylazid |
| *p*-TsOH | *para*-Toluolsulfonsäure |
| q | quartär |
| quant. | quantitativ |
| R$_f$ | Retentionsfaktor (*ratio of front*) |
| s | Singulett |
| SPR | *surface plasmon resonance spetroscopy* |
| t | Triplett |
| Tal | Talose |
| tar-MD | *time averaged restrained molecular dynamics* |
| *t*Bu | *tert*-Butyl |
| TBAI | Tetrabutylammoniumiodid |
| TBAF | Tetrabutylammoniumfluorid |
| TEMPO | 2,2,6,6-Tetramethylpiperidin-1-oxyl |
| terpy | Terpyridin (2,6-Bis(2-pyridyl)pyridine) |
| TFA | Trifluoressigsäure |
| TFAA | Trifluoressigsäureanhydrid |
| THF | Tetrahydrofuran |
| TIPS | Tri*iso*propylsilyl |
| TMS | Trimethylsilyl |
| TMSOTf | Trifluormethansulfonsäuretrimethylsilylester |
| UHP | Wasserstoffperoxid-Harnstoff-Komplex |
| UV | Ultraviolett |
| $\tilde{v}$ | Wellenzahl |

## 7.2 Literaturverzeichnis

[1]    T. V. Rajanbabu, *Org. React.* **2011**, *75*, 1-73.

[2]    Y. Nakao, *Bull. Chem. Soc. Jpn.* **2012**, *85*, 731–745.

[3]    N. Chatani, T. Takeyasu, N. Horiuchi, T. Hanafusa, *J. Org. Chem.* **1988**, *53*, 3539-3548.

[4]    Y. Obora, A. S. Baleta, M. Tokunaga, Y. Tsuji, *J. Organomet. Chem.* **2002**, *660*, 173-177.

[5]    M. Suginome, A. Yamamoto, M. Murakami, *J. Am. Chem. Soc.* **2003**, *125*, 6358-6359.

[6]    I. Kamiya, J.-i. Kawakami, S. Yano, A. Nomoto, A. Ogawa, *Organometallics* **2006**, *25*, 3562–3564.

[7]    M. Murai, R. Hatano, S. Kitabata, K. Ohe, *Chem. Commun.* **2011**, *47*, 2375.

[8]    a) M. E. van der Boom, D. Milstein, *Chem. Rev.* **2003**, *103*, 1759-1792. b) G. Song, F. Wang, X. Li, *Chem. Soc. Rev.* **2012**, *41*, 3651. c) Y. J. Park, J.-W. Park, C.-H. Jun, *Acc. Chem. Res.* **2008**, *41*, 222-234.

[9]    Y. Nakao, S. Oda, T. Hiyama, *J. Am. Chem. Soc.* **2004**, *126*, 13904-13905.

[10]   Y. Nakao, A. Yada, S. Ebata, T. Hiyama, *J. Am. Chem. Soc.* **2007**, *129*, 2428-2429.

[11]   J. J. Garcia, N. M. Brunkan, W. D. Jones, *J. Am. Chem. Soc.* **2002**, *124*, 9547-9555.

[12]   Y. Hirata, T. Yukawa, N. Kashihara, Y. Nakao, T. Hiyama, *J. Am. Chem. Soc.* **2009**, *131*, 10964-10973.

[13]   Y. Nakao, S. Ebata, A. Yada, T. Hiyama, M. Ikawa, S. Ogoshi, *J. Am. Chem. Soc.* **2008**, *130*, 12874-12875.

[14]   G. T. Hoang, V. J. Reddy, H. H. K. Nguyen, C. J. Douglas, *Angew. Chem.* **2011**, *123*, 1922–1924; *Angew. Chem. Int. Ed.* **2011**, *50*, 1882–1884.

[15]   a) J. P. Wolfe, M. A. Rossi, *J. Am. Chem. Soc.* **2004**, *126*, 1620-1621. b) M. B. Hay, J. P. Wolfe, *J. Am. Chem. Soc.* **2005**, *127*, 16468-16476.

[16]   M. B. Hay, A. R. Hardin, J. P. Wolfe, *J. Org. Chem.* **2005**, *70*, 3099-3107.

[17]   S. Nicolai, S. Erard, D. F. González, J. Waser, *Org. Lett.* **2010**, *12*, 384-387.

[18]   S. Nicolai, J. Waser, *Org. Lett.* **2011**, *13*, 6324-6327.

[19]   a) P. C. J. Kamer, P. W. N. M. van Leeuwen, J. N. H. Reek, *Acc. Chem. Res.* **2001**, *34*, 895-904. b) S. Hillebrand, J. Bruckmann, C. Krüger, M. W. Haenel, *Tetrahedron Lett.* **1995**, *36*, 75-78.

[20]   a) G. Dube, D. Selent, R. Taube, *Z. Chem.* **1985**, *25*, 154-155. b) M. Kranenburg, Y. E. M. van der Burgt, P. C. J. Kamer, P. W. N. M. van Leeuwen, K. Goubitz, J. Fraanje, *Organometallics* **1995**, *14*, 3081-3089.

[21]   L. A. van der Veen, P. H. Keeven, G. C. Schoemaker, J. N. H. Reek, P. C. J. Kamer, P. W. N. M. van Leeuwen, M. Lutz, A. L. Spek, *Organometallics* **2000**, *19*, 872-883.

[22]   Y. Hamada, F. Matsuura, M. Oku, K. Hatano, T. Shioiri, *Tetrahedron Lett.* **1997**, *38*, 8961-8964.

[23]   L. Mole, J. L. Spencer, N. Carr, A. G. Orpen, *Organometallics* **1991**, *10*, 49-52.

[24]   J. E. Marcone, K. G. Moloy, *J. Am. Chem. Soc.* **1998**, *120*, 8527-8528.

[25]   P. H. Seeberger, D. B. Werz, *Nature* **2007**, *446*, 1046-1051.

[26]   P. H. Seeberger, S. J. Danishefsky, *Acc. Chem. Res.* **1998**, *31*, 685-695.

[27]   D. B. Werz, P. H. Seeberger, *Angew. Chem.* **2005**, *117*, 6474-6476; *Angew. Chem. Int. Ed.* **2005**, *44*, 6315-6318.

[28]   D. C. Koester, A. Holkenbrink, D. B. Werz, *Synthesis* **2010**, 3217-3242.

[29]  G. Yang, J. Schmieg, M. Tsuji, R. W. Franck, *Angew. Chem.* **2004**, *116*, 3906–3910; *Angew. Chem. Int. Ed.* **2004**, *43*, 3818–3822.

[30]  M. R. Chaulagain, M. H. Postema, F. Valeriote, H. Pietraszkewicz, *Tetrahedron Lett.* **2004**, *45*, 7791–7794.

[31]  A. G. Dalgleish, P. C. L. Beverley, P. R. Clapham, D. H. Crawford, M. F. Greaves, R. A. Weiss, *Nature* **1984**, *312*, 763–767.

[32]  J. E. Hansen, H. Clausen, C. Nielsen, L. S. Teglbjaerg, L. L. Hansen, C. M. Nielsen, E. Dabelsteen, L. Mathiesen, S. I. Hakomori, J. O. Nielsen, *J. Virol.* **1990**, *64*, 2833–2840.

[33]  P. R. Clapham, J. N. Weber, D. Whitby, K. McIntosh, A. G. Dalgleish, P. J. Maddon, K. C. Deen, R. W. Sweet, R. A. Weiss, *Nature* **1989**, *337*, 368–370.

[34]  J. Harouse, S. Bhat, S. Spitalnik, M. Laughlin, K. Stefano, D. Silberberg, F. Gonzalez-Scarano, *Science* **1991**, *253*, 320–323.

[35]  S. Bhat, *Proc. Natl. Acad. Sci. USA* **1991**, *88*, 7131–7134.

[36]  B. Kuberan, S. A. Sikkander, H. Tomiyama, R. J. Linhardt, *Angew. Chem.* **2003**, *115*, 2119–2121; *Angew. Chem. Int. Ed.* **2003**, *42*, 2073–2075.

[37]  C. R. Bertozzi, D. G. Cook, W. R. Kobertz, F. Gonzalez-Scarano, M. D. Bednarski, *J. Am. Chem. Soc.* **1992**, *114*, 10639–10641.

[38]  L. A. Augustin, J. Fantini, D. R. Mootoo, *Bioorg. Med. Chem.* **2006**, *14*, 1182–1188.

[39]  a) T.-C. Wu, P. G. Goekjian, Y. Kishi, *J. Org. Chem.* **1987**, *52*, 4819–4823. b) P. G. Goekjian, T.-C. Wu, H.-Y. Kang, Y. Kishi, *J. Org. Chem.* **1987**, *52*, 4823–4825. c) S. Babirad, Y. Wang, P. G. Goekjian, Y. Kishi, *J. Org. Chem.* **1987**, *52*, 4825–4827. d) Y. Wang, P. G. Goekjian, D. M. Ryckman, Y. Kishi, *J. Org. Chem.* **1988**, *53*, 4151–4153. e) W. H. Miller, D. M. Ryckman, P. G. Goekjian, Y. Wang, Y. Kishi, *J. Org. Chem.* **1988**, *53*, 5580–5582.

[40]  a) Y. Wang, S. A. Babirad, Y. Kishi, *J. Org. Chem.* **1992**, *57*, 468–481. b) Y. Wang, P. G. Goekjian, D. M. Ryckman, W. H. Miller, S. A. Babirad, Y. Kishi, *J. Org. Chem.* **1992**, *57*, 482–489. c) T. Haneda, P. G. Goekjian, S. H. Kim, Y. Kishi, *J. Org. Chem.* **1992**, *57*, 490–498.

[41]  R. Ravishankar, A. Surolia, M. Vijayan, S. Lim, Y. Kishi, *J. Am. Chem. Soc.* **1998**, *120*, 11297–11303.

[42]  a) J.-F. Espinosa, F. J. Cañada, J. L. Asensio, M. Martín-Pastor, H. Dietrich, M. Martín-Lomas, R. R. Schmidt, J. Jiménez-Barbero, *J. Am. Chem. Soc.* **1996**, *118*, 10862–10871. b) J.-F. Espinosa, E. Montero, A. Vian, H. Dietrich, R. R. Schmidt, M. Martín-Lomas, A. Imberty, F. J. Cañada, J. Jiménez-Barbero, *J. Am. Chem. Soc.* **1998**, *120*, 1309–1318. c) J. L. Asensio, F. J. Cañada, A. García-Herrero, M. T. Murillo, A. Fernández-Mayoralas, B. A. Johns, J. Kozak, Z. Zhu, C. R. Johnson, J. Jiménez-Barbero, *J. Am. Chem. Soc.* **1999**, *121*, 11318–11329. d) J.-F. Espinosa, M. Bruix, O. Jarreton, T. Skrydstrup, J.-M. Beau, J. Jiménez-Barbero, *Chem. Eur. J.* **1999**, *5*, 442–448. e) J. Jiménez-Barbero, J. F. Espinosa, J. L. Asensio, F. J. Cañada, A. Poveda in *Advances in Carbohydrate Chemistry and Biochemistry*, Elsevier, **2000**. f) J. L. Asensio, F. J. Cañada, X. Cheng, N. Khan, D. R. Mootoo, J. Jiménez-Barbero, *Chem. Eur. J.* **2000**, *6*, 1035–1041. g) L. M. Mikkelsen, M. J. Hernáiz, M. Martín-Pastor, T. Skrydstrup, J. Jiménez-Barbero, *J. Am. Chem. Soc.* **2002**, *124*, 14940–14951.

[43]  S. Pérez, A. Imberty, S. B. Engelsen, J. Gruza, K. Mazeau, J. Jimenez-Barbero, A. Poveda, J.-F. Espinosa, B. P. van Eyck, G. Johnson, *Carbohydr. Res.* **1998**, *314*, 141–155.

[44]  A. E. Torda, R. M. Scheek, W. F. van Gunsteren, *J. Mol. Biol.* **1990**, *214*, 223–235.

[45]  D. A. Pearlman, P. A. Kollman, *J. Mol. Biol.* **1991**, *220*, 457–479.

[46]  J. S. Potuzak, D. S. Tan, *Tetrahedron Lett.* **2004**, *45*, 1797–1801.

[47]  E. Dubois, J.-M. Beau, *J. Chem. Soc., Chem. Commun.* **1990**, 1191.

[48]  E. Dubois, J.-M. Beau, *Carbohydrate Research* **1992**, *228*, 103–120.

[49]  K. C. Nicolaou, G.-Q. Shi, J. L. Gunzner, P. Gärtner, Z. Yang, *J. Am. Chem. Soc.* **1997**, *119*, 5467–5468.

[50]  D. C. Koester, M. Leibeling, R. Neufeld, D. B. Werz, *Org. Lett.* **2010**, *12*, 3934–3937.

[51]  D. C. Koester, D. B. Werz, *Beilstein J. Org. Chem.* **2012**, *8*, 675–682.

[52]  U. Lehmann, S. Awasthi, T. Minehan, *Org. Lett.* **2003**, *5*, 2405–2408.

[53]  T. Kikuchi, J. Takagi, H. Isou, T. Ishiyama, N. Miyaura, *Chem. Asian J.* **2008**, *3*, 2082–2090.

[54]  W. Koenigs, E. Knorr, *Ber. Dtsch. Chem. Ges.* **1901**, *34*, 957–981.

[55]  H. Gong, R. Sinisi, M. R. Gagné, *J. Am. Chem. Soc.* **2007**, *129*, 1908–1909.

[56]  H. Gong, M. R. Gagné, *J. Am. Chem. Soc.* **2008**, *130*, 12177–12183.

[57]  H. Gong, R. S. Andrews, J. L. Zuccarello, S. J. Lee, M. R. Gagné, *Org. Lett.* **2009**, *11*, 879–882.

[58]  R. S. Andrews, J. J. Becker, M. R. Gagné, *Angew. Chem.* **2010**, *122*, 7432–7434; *Angew. Chem. Int. Ed.* **2010**, *49*, 7274–7276.

[59]  a) J. M. R. Narayanam, C. R. J. Stephenson, *Chem. Soc. Rev.* **2010**, *40*, 102. b) K. Zeitler, *Angew. Chem.* **2009**, *121*, 9969–9974; *Angew. Chem. Int. Ed.* **2009**, *48*, 9785–9789.

[60]  a) B. Giese, J. Dupuis, *Angew. Chem.* **1983**, *95*, 633–634; *Angew. Chem. Int. Ed. Engl.* **1983**, *22*, 622–623. b) B. Giese, J. A. González-Gómez, T. Witzel, *Angew. Chem.* **1984**, *96*, 51–52; *Angew. Chem. Int. Ed. Engl.* **1984**, *23*, 69–70.

[61]  B. Giese, T. Witzel, *Angew. Chem.* **1986**, *98*, 459–460; *Angew. Chem. Int. Ed. Engl.* **1986**, *25*, 450–451.

[62]  J. M. R. Narayanam, J. W. Tucker, C. R. J. Stephenson, *J. Am. Chem. Soc.* **2009**, *131*, 8756–8757.

[63]  S. Lemaire, I. N. Houpis, T. Xiao, J. Li, E. Digard, C. Gozlan, R. Liu, A. Gavryushin, C. Diène, Y. Wang, *Org. Lett.* **2012**, *14*, 1480–1483.

[64]  a) B. Giese, M. Hoch, C. Lamberth, R. R. Schmidt, *Tetrahedron Lett.* **1988**, *29*, 1375–1378. b) R. R. Schmidt, R. Preuss, *Tetrahedron Lett.* **1989**, *30*, 3409–3412. c) R. Preuss, R. R. Schmidt, *J. Carbohydr. Chem.* **1991**, *10*, 887–900. d) J.-A. Mahling, R. R. Schmidt, *Synthesis* **1993**, 325–328. e) A. T. Khan, P. Sharma, R. R. Schmidt, *J. Carbohydr. Chem.* **1995**, *14*, 1353–1367. f) H. Streicher, A. Geyer, R. R. Schmidt, *Chem. Eur. J.* **1996**, *2*, 502–510. g) B. Patro, R. R. Schmidt, *J. Carbohydr. Chem.* **2000**, *19*, 817–826. h) C. H. Röhrig, M. Takhi, R. R. Schmidt, *Synlett* **2001**, 1170–1172. i) W. Notz, C. Hartel, B. Waldscheck, R. R. Schmidt, *J. Org. Chem.* **2001**, *66*, 4250–4260.

[65]  a) H. Berber, T. Brigaud, O. Lefebvre, R. Plantier-Royon, C. Portella, *Chemistry* **2001**, *7*, 903–909. b) A. Dondoni, H. M. Zuurmond, A. Boscarato, *J. Org. Chem.* **1997**, *62*, 8114–8124. c) N. Gemmell, P. Meo, H. M. I. Osborn, *Org. Lett.* **2003**, *5*, 1649–1652. d) F. K. Griffin, D. E. Paterson, R. J. K. Taylor, *Angew. Chem.* **1999**, *111*, 3123–3125; *Angew. Chem. Int. Ed.* **1999**, *38*, 2939–2942. e) G. D. McAllister, D. E. Paterson, R. J. K. Taylor, *Angew. Chem.* **2003**, *115*, 1429–1429; *Angew. Chem. Int. Ed.* **2003**, *42*, 1387–1391.

[66]  B. A. Johns, Y. T. Pan, A. D. Elbein, C. R. Johnson, *J. Am. Chem. Soc.* **1997**, *119*, 4856–4865.

[67]  L. Liu, M. H. D. Postema, *J. Am. Chem. Soc.* **2001**, *123*, 8602–8603.

[68]  M. H. D. Postema, D. Calimente, L. Liu, T. L. Behrmann, *J. Org. Chem.* **2000**, *65*, 6061–6068.

[69]  a) M. H. D. Postema, J. L. Piper, V. Komanduri, L. Liu, *Angew. Chem.* **2004**, *116*, 2975–2978; *Angew. Chem. Int. Ed.* **2004**, *43*, 2915–2918. b) M. H. D. Postema, J. L. Piper, L. Liu, J. Shen, M. Faust, P. Andreana, *J. Org. Chem.* **2003**, *68*, 4748–4754. c) M. H. Postema, D. Calimente, *Tetrahedron Lett.* **1999**, *40*, 4755–4759. d) D. Calimente, M. H. D. Postema, *J. Org. Chem.* **1999**, *64*, 1770–1771. e) M. H. D. Postema, J. L. Piper, R. L. Betts, F. A. Valeriote, H. Pietraszkewicz, *J. Org. Chem.* **2005**, *70*, 829–836.

[70]  J. L. Piper, M. H. D. Postema, *J. Org. Chem.* **2004**, *69*, 7395–7398.

[71]  a) G. Hirai, T. Watanabe, K. Yamaguchi, T. Miyagi, M. Sodeoka, *J. Am. Chem. Soc.* **2007**, *129*, 15420–15421. b) T. Watanabe, G. Hirai, M. Kato, D. Hashizume, T. Miyagi, M. Sodeoka, *Org. Lett.* **2008**, *10*, 4167–4170.

[72]  K. Fukumoto, A. A. Dahy, T. Oya, K. Hayasaka, M. Itazaki, N. Koga, H. Nakazawa, *Organometallics* **2012**, *31*, 787–790.

[73]  L. Kutschabsky, H. Schrauber, *Krist. Techn.* **1973**, *8*, 217–226.

[74]  C. A. Tolman, W. C. Seidel, J. D. Druliner, P. J. Domaille, *Organometallics* **1984**, *3*, 33–38.

[75]  N. M. Brunkan, D. M. Brestensky, W. D. Jones, *J. Am. Chem. Soc.* **2004**, *126*, 3627–3641.

[76]  D. C. Koester, M. Kobayashi, D. B. Werz, Y. Nakao, *J. Am. Chem. Soc.* **2012**, *134*, 6544–6547.

[77]  K. Sonogashira, Y. Tohda, N. Hagihara, *Tetrahedron Lett.* **1975**, *16*, 4467–4470.

[78]  S. Cacchi, E. Morera, G. Ortar, *Synthesis* **1986**, 320–322.

[79]  a) D. Milstein, J. K. Stille, *J. Am. Chem. Soc.* **1978**, *100*, 3636–3638. b) M. Kosugi, K. Sasazawa, Y. Shimizu, T. Migita, *Chem. Lett.* **1977**, 301–302.

[80]  D. Martin, M. Bauer, E. R. Holler, R. E. Benson in *Organic Syntheses*, John Wiley & Sons, Inc, Hoboken, NJ, USA, **2003**.

[81]  a) L. E. Overman, M. Kakimoto, *J. Org. Chem.* **1978**, *43*, 4564–4567. b) Y. Ichikawa, *Synlett* **2007**, 2927–2936.

[82]  a) J. Huang, C. M. Haar, S. P. Nolan, J. E. Marcone, K. G. Moloy, *Organometallics* **1999**, *18*, 297–299. b) K.-i. Fujita, M. Yamashita, F. Puschmann, M. M. Alvarez-Falcon, C. D. Incarvito, J. F. Hartwig, *J. Am. Chem. Soc.* **2006**, *128*, 9044–9045. c) V. V. Grushin, W. J. Marshall, *J. Am. Chem. Soc.* **2006**, *128*, 12644–12645.

[83]  K. Jarowicki, C. Kilner, P. Kocienski, Z. Komsta, J. Milne, A. Wojtasiewicz, V. Coombs, *Synthesis* **2008**, 2747–2763.

[84]  E. Kriemen, *Studien zum modularen Aufbau von C-Glycosiden*. Masterarbeit, Göttingen, **2011**.

[85]  R. Wild, R. R. Schmidt, *Liebigs Ann.* **1995**, *1995*, 755–764.

[86]  O. R'kyek, N. Halland, A. Lindenschmidt, J. Alonso, P. Lindemann, M. Urmann, M. Nazaré, *Chem. Eur. J.* **2010**, *16*, 9986–9989.

[87]  a) K. Fujiwara, M. Tsunashima, D. Awakura, A. Murai, *Tetrahedron Lett.* **1995**, *36*, 8263–8266. b) C. Prandi, A. Ferrali, A. Guarna, P. Venturello, E. G. Occhiato, *J. Org. Chem.* **2004**, *69*, 7705–7709.

[88]  M. Sasaki, M. Ishikawa, H. Fuwa, K. Tachibana, *Tetrahedron* **2002**, *58*, 1889–1911.

[89]  R. Albert, K. Dax, R. Pleschko, A. E. Stütz, *Carbohydr. Res.* **1985**, *137*, 282–290.

[90]  a) H. Wang, J. She, L.-H. Zhang, X.-S. Ye, *J. Org. Chem.* **2004**, *69*, 5774–5777. b) G. Wang, J.-R. Ella-Menye, M. St. Martin, H. Yang, K. Williams, *Org. Lett.* **2008**, *10*, 4203–4206.

[91]  a) R. Johnsson, M. Ohlin, U. Ellervik, *J. Org. Chem.* **2010**, *75*, 8003–8011. b) M. Ohlin, R. Johnsson, U. Ellervik, *Carbohydr. Res.* **2011**, *346*, 1358–1370.

[92]  K. Omura, D. Swern, *Tetrahedron* **1978**, *34*, 1651–1660.

[93]  D. B. Dess, J. C. Martin, *J. Org. Chem.* **1983**, *48*, 4155–4156.

[94]  G. Wittig, G. Geissler, *Justus Liebigs Ann. Chem.* **1953**, *580*, 44–57.

[95]  a) K.-i. Sato, T. Sekiguchi, T. Hozumi, T. Yamazaki, S. Akai, *Tetrahedron Lett.* **2002**, *43*, 3087–3090. b) P. Lemaire, G. Balme, P. Desbordes, J.-P. Vors, *Org. Biomol. Chem.* **2003**, *1*, 4209. c) J. Wolinsky, K. L. Erickson, *J. Org. Chem.* **1965**, *30*, 2208–2211. d) X.-Y. Jiao, W. G. Bentrude, *J. Org. Chem.* **2003**, *68*, 3303–3306. e) H. Lu, R. B. Silverman, *J. Med. Chem.* **2006**, *49*, 7404–7412.

[96]  N. B. Desai, N. McKelvie, F. Ramirez, *J. Am. Chem. Soc.* **1962**, *84*, 1745–1747.

[97]  Y.-Q. Fang, O. Lifchits, M. Lautens, *Synlett* **2008**, 413–417.

[98]  a) C. V. Ramana, R. Murali, M. Nagarajan, *J. Org. Chem.* **1997**, *62*, 7694–7703. b) R. J. Hewitt, J. E. Harvey, *J. Org. Chem.* **2010**, *75*, 955–958.

[99]    E. Corey, P. Fuchs, *Tetrahedron Lett.* **1972**, *13*, 3769–3772.

[100]   a) S. Ohira, *Syn. Commun.* **1989**, *19*, 561–564. b) S. Müller, B. Liepold, G. J. Roth, H. J. Bestmann, *Synlett* **1996**, 521–522.

[101]   R. R. Schmidt, J. Michel, *Angew. Chem.* **1980**, *92*, 763–764; *Angew. Chem. Int. Ed. Engl.* **1980**, *19*, 731–732.

[102]   R. R. Schmidt, *Angew. Chem.* **1986**, *98*, 213–236; *Angew. Chem. Int. Ed. Engl.* **1986**, *25*, 212–235.

[103]   S.-i. Hashimoto, T. Honda, S. Ikegami, *J. Chem. Soc., Chem. Commun.* **1989**, 685.

[104]   a) B. Lorenz, L. Álvarez de Cienfuegos, M. Oelkers, E. Kriemen, C. Brand, M. Stephan, E. Sunnick, D. Yüksel, V. Kalsani, K. Kumar, D. B. Werz, A. Janshoff, *J. Am. Chem. Soc.* **2012**, *134*, 3326–3329. b) A. Holkenbrink, J. Vicente, D. B. Werz, *Synthesis* **2009**, 2596–2604.

[105]   J. R. Parikh, W. v. E. Doering, *J. Am. Chem. Soc.* **1967**, *89*, 5505–5507.

[106]   A. de Mico, R. Margarita, L. Parlanti, A. Vescovi, G. Piancatelli, *J. Org. Chem.* **1997**, *62*, 6974–6977.

[107]   a) R. Johansson, B. Samuelsson, *J. Chem. Soc., Perkin Trans. 1* **1984**, 2371. b) G. Sharma, B. Lavanya, A. Mahalingam, P. R. Krishna, *Tetrahedron Lett.* **2000**, *41*, 10323–10326. c) Y. Oikawa, T. Yoshioka, O. Yonemitsu, *Tetrahedron Lett.* **1982**, *23*, 885–888. d) K. Horita, T. Yoshioka, T. Tanaka, Y. Oikawa, O. Yonemitsu, *Tetrahedron* **1986**, *42*, 3021–3028.

[108]   A. Ries, *Synthese von Lipooligosacchariden für biochemische und biophysikalische Untersuchungen.* Dissertation, Göttingen, **2012**.

[109]   D. C. Koester, *Synthese von C-Glycosiden mittels Palladium-katalysierter Kreuzkupplungs-reaktionen.* Diplomarbeit, Göttingen, **2008**.

[110]   W. M. Pearlman, *Tetrahedron Lett.* **1967**, *8*, 1663–1664.

[111]   R. Chinchilla, C. Nájera, *Chem. Soc. Rev.* **2011**, *40*, 5084.

[112]   P. Espinet, A. M. Echavarren, *Angew. Chem.* **2004**, *116*, 4808–4839; *Angew. Chem. Int. Ed.* **2004**, *43*, 4704–4737.

[113]   a) X. Han, B. M. Stoltz, E. J. Corey, *J. Am. Chem. Soc.* **1999**, *121*, 7600–7605. b) K. Pchalek, M. P. Hay, *J. Org. Chem.* **2006**, *71*, 6530–6535.

[114]   V. Farina, S. Kapadia, B. Krishnan, C. Wang, L. S. Liebeskind, *J. Org. Chem.* **1994**, *59*, 5905–5911.

[115]   C. Amatore, A. A. Bahsoun, A. Jutand, G. Meyer, N. Ntepe, L. Ricard, *J. Am. Chem. Soc.* **2003**, *125*, 4212–4222.

[116]   A. Kreft, *Synthese von C-glycosidischen Disacchariden mittels der Suzuki-Miyaura-Kreuzkupplung.* Bachelorarbeit, Göttingen, **2012**.

[117]   Y. Kasai, T. Ito, M. Sasaki, *Org. Lett.* **2012**, *14*, 3186–3189.

[118]   H. Fuwa, S. Noji, M. Sasaki, *J. Org. Chem.* **2010**, *75*, 5072–5082.

[119]   H. Fuwa, K. Ishigai, K. Hashizume, M. Sasaki, *J. Am. Chem. Soc.* **2012**, *134*, 11984–11987.

[120]   a) S. Pereira, M. Srebnik, *J. Am. Chem. Soc.* **1996**, *118*, 909–910. b) S. P. Thomas, V. K. Aggarwal, *Angew. Chem.* **2009**, *121*, 1928–1930; *Angew. Chem. Int. Ed.* **2009**, *49*, 1896–1898. c) Y. Yamamoto, R. Fujikawa, T. Umemoto, N. Miyaura, *Tetrahedron* **2004**, *60*, 10695–10700.

[121]   R. R. Schmidt, A. Beyerbach, *Liebigs Ann. Chem.* **1992**, *1992*, 983–986.

[122]   a) W. W. Zorbach, T. A. Payne, *J. Am. Chem. Soc.* **1958**, *80*, 5564–5568. b) D. C. Rohrer, M. Kihara, T. Deffo, H. Rathore, D. S. Fullerton, K. Ahmed, A. H. L. From, *J. Am. Chem. Soc.* **1984**, *106*, 8269–8276.

[123]   a) T. Reichstein, *Angew. Chem.* **1951**, *63*, 412–421. b) T. Reichstein, *Angew. Chem.* **1962**, *74*, 887–894. c) K. Repke, *Klin. Wochenschr.* **1964**, *42*, 157–165.

[124]   a) T. Bieg, W. Szeja, *Synthesis* **1985**, 76–77. b) S. Ram, R. E. Ehrenkaufer, *Synthesis* **1988**, 91–95. c) X. Li, L. Li, Y. Tang, L. Zhong, L. Cun, J. Zhu, J. Liao, J. Deng, *J. Org. Chem.* **2010**, *75*, 2981–2988.

[125]   M. Studer, H.-U. Blaser, C. Exner, *Adv. Synth. Catal.* **2003**, *345*, 45–65.

[126]   G. D. Laubach, K. J. Brunings, *J. Am. Chem. Soc.* **1952**, *74*, 705–707.

[127]   M. Raney, US Patent 1628190.

[128]   G. Ertl, H. Knözinger, J. Weitkamp, *Preparation of solid catalysis*, Wiley-VCH, Weinheim, **1999**.

[129]   C. B. C. Boyce, J. S. Whitehurst, *J. Chem. Soc.* **1960**, 4547.

[130]   a) S. J. Roseblade, A. Pfaltz, *Acc. Chem. Res.* **2007**, *40*, 1402–1411. b) A. Pfaltz, J. Blankenstein, R. Hilgraf, E. Hörmann, S. McIntyre, F. Menges, M. Schönleber, S. P. Smidt, B. Wüstenberg, N. Zimmermann, *Adv. Synth. Catal.* **2003**, *345*, 33–43.

[131]   B. Wüstenberg, A. Pfaltz, *Adv. Synth. Catal.* **2008**, *350*, 174–178.

[132]   a) Y. Zhu, K. Burgess, *Acc. Chem. Res.* **2012**, *45*, 1623–1636. b) X. Cui, Y. Fan, M. B. Hall, K. Burgess, *Chem. Eur. J.* **2005**, *11*, 6859–6868.

[133]   V. Voorhees, R. Adams, *J. Am. Chem. Soc.* **1922**, *44*, 1397–1405.

[134]   a) R. R. Schmidt, R. Preuss, R. Betz, *Tetrahedron Lett.* **1987**, *28*, 6591–6594. b) S. Hanessian, M. Martin, R. C. Desai, *J. Chem. Soc., Chem. Commun.* **1986**, 926.

[135]   R. L. Halcomb, S. J. Danishefsky, *J. Am. Chem. Soc.* **1989**, *111*, 6661–6666.

[136]   L. Alberch, G. Cheng, S.-K. Seo, X. Li, F. P. Boulineau, A. Wei, *J. Org. Chem.* **2011**, *76*, 2532–2547.

[137]   U. Majumder, J. M. Cox, H. W. B. Johnson, J. D. Rainier, *Chem. Eur. J.* **2006**, *12*, 1736–1746.

[138]   M. Inoue, S. Yamashita, A. Tatami, K. Miyazaki, M. Hirama, *J. Org. Chem.* **2004**, *69*, 2797–2804.

[139]   S. Krishnamurthy, R. M. Schubert, H. C. Brown, *J. Am. Chem. Soc.* **1973**, *95*, 8486–8487.

[140]   P. J. Zimmermann, I. Blanarikova, V. Jäger, *Angew. Chem.* **2000**, *112*, 936–938; *Angew. Chem. Int. Ed.* **2000**, *39*, 910–912.

[141]   a) T. Katsuki, K. B. Sharpless, *J. Am. Chem. Soc.* **1980**, *102*, 5974–5976. b) R. M. Hanson, K. B. Sharpless, *J. Org. Chem.* **1986**, *51*, 1922–1925. c) R. C. Michaelson, R. E. Palermo, K. B. Sharpless, *J. Am. Chem. Soc.* **1977**, *99*, 1990–1992. d) E. N. Jacobsen, W. Zhang, A. R. Muci, J. R. Ecker, L. Deng, *J. Am. Chem. Soc.* **1991**, *113*, 7063–7064.

[142]   a) Y. Tu, Z.-X. Wang, Y. Shi, *J. Am. Chem. Soc.* **1996**, *118*, 9806–9807. b) Z.-X. Wang, Y. Tu, M. Frohn, J.-R. Zhang, Y. Shi, *J. Am. Chem. Soc.* **1997**, *119*, 11224–11235. c) Z. Xiong, E. J. Corey, *J. Am. Chem. Soc.* **2000**, *122*, 9328–9329. d) Z.-X. Wang, Y. Tu, M. Frohn, Y. Shi, *J. Org. Chem.* **1997**, *62*, 2328–2329. e) Y. Shi, *Acc. Chem. Res.* **2004**, *37*, 488–496.

[143]   O. Mitsunobu, *Synthesis* **1981**, 1–28.

[144]   F. W. Lichtenthaler, T. Schneider-Adams, S. Immel, *J. Org. Chem.* **1994**, *59*, 6735–6738.

[145]   B. M. Trost, A. J. Frontier, O. R. Thiel, H. Yang, G. Dong, *Chem. Eur. J.* **2011**, *17*, 9762–9776.

[146]   a) W. Zhang, J. L. Loebach, S. R. Wilson, E. N. Jacobsen, *J. Am. Chem. Soc.* **1990**, *112*, 2801–2803. b) E. N. Jacobsen, W. Zhang, M. L. Guler, *J. Am. Chem. Soc.* **1991**, *113*, 6703–6704. c) R. Irie, K. Noda, Y. Ito, N. Matsumoto, T. Katsuki, *Tetrahedron Lett.* **1990**, *31*, 7345–7348.

[147]   W. Adam, J. Bialas, L. Hadjiarapoglou, *Chem. Ber.* **1991**, *124*, 2377.

[148]   a) W. Adam, Y. Y. Chan, D. Cremer, J. Gauss, D. Scheutzow, M. Schindler, *J. Org. Chem.* **1987**, *52*, 2800–2803. b) R. W. Murray, M. Singh, *Org. React.* **1998**, *9*, 288–290.

[149]   R. Noyori, *Angew. Chem.* **2002**, *114*, 2108–2123; *Angew. Chem. Int. Ed.* **2002**, *41*, 2008–2022.

[150]   A. Fürstner, T. Gastner, *Org. Lett.* **2000**, *2*, 2467–2470.

[151]   a) E. Corey, W. Mock, D. Pasto, *Tetrahedron Lett.* **1961**, *2*, 347–352. b) S. Hünig, H.-R. Müller, W. Thier, *Tetrahedron Lett.* **1961**, *2*, 353–357. c) E. J. Corey, D. J. Pasto, W. L. Mock, *J. Am. Chem. Soc.* **1961**, *83*, 2957–2958. d) E. E. van Tamelen, R. J. Timmons, *J. Am. Chem. Soc.* **1962**, *84*, 1067–1068. e) Y. J. Abul-Hajj, *J. Org. Chem.* **1971**, *36*, 2730.

[152]   D. H. R. Barton, X. Lusinchi, L. Magdzinski, J. S. Ramirez, *J. Chem. Soc., Chem. Commun.* **1984**, 1236.

[153]   F. A. Carey, H. S. Tremper, *J. Org. Chem.* **1969**, *34*, 4–6.

[154]   D. B. G. Williams, M. Lawton, *J. Org. Chem.* **2010**, *75*, 8351–8354.

[155]   A. B. Pangborn, M. A. Giardello, R. H. Grubbs, R. K. Rosen, F. J. Timmers, *Organometallics* **1996**, *15*, 1518–1520.

PERSÖNLICHE DATEN

|  |  |
|---|---|
| Name: | DENNIS CHRISTOFER KÖSTER |
| Geburtstag: | 17. März 1985 |
| Geburtsort: | Lohne (Oldb.) |
| Eltern: | RAINER und DORIS KÖSTER |
| Familienstand: | Ledig |
| Staatsangehörigkeit: | Deutsch |

AUSBILDUNG

**03/2009-04/2013**  
**GEORG-AUGUST-Universität**                                         **Göttingen**  
Promotion am Institut für Organische and Biomolekulare Chemie  
Anleitung: DANIEL B. WERZ

**08/2011-12/2011**  
**Kyōto Daigaku**(京都大学)                                            **Kyōto, Japan**  
Inter-Doc, Department of Material Chemistry  
Anleitung: YOSHIAKI NAKAO

**05/2008-12/2008**  
**GEORG-AUGUST-Universität**                                         **Göttingen**  
Diplomarbeit, Institut für Organische and Biomolekulare Chemie,  
Note: 1.0 *"mit Auszeichnung"*  
Anleitung: DANIEL B. WERZ

**10/2004-02/2009**  
**GEORG-AUGUST-Universität**                                         **Göttingen**  
Studium der Chemie, Fakultät für Chemie

**08/1997-06/2004**  
**Gymnasium Lohne (Oldb.)**                                          **Lohne (Oldb.)**  
Abitur, Note: 1.2

STIPENDIEN UND PREISE

**Stipendium** der Japanese Society for the Promotion of Science (**JSPS**) für einen Forschungsaufenthalt unter Anleitung von Prof. Dr. YOSHIAKI NAKAO an der Kyōto Daigaku (京都大学), Japan, 2011.

**Reisestipendium** für die Teilnahme am „25th International Carbohydrate Symposium" in Tokyo, Japan, 2010.

Stipendiat des "Fonds der Chemischen Industrie", **Doktoranden- stipendium**, 2009-2012

GUSTAV-TAMMANN-**Preis** der Fakultät für Chemie (Georg-August- Universität Göttingen) für das beste Diplom, 2009

**Stipendiat** der "Studienstiftung des deutschen Volkes", 2005- 2009

**Preis für herausragende Leistungen in einem Leistungskurs Chemie** verliehen durch die CARL-VON-OSSIETZKY-Universität Oldenburg, 2003.

| | |
|---|---|
| LEHRTÄTIGKEITEN | Assistent in *Chemie der Naturstoffe* (SoSe 2012) |

Assistent in *Chemie der Naturstoffe* (SoSe 2012)

Assistent in *Reaktionsmechanismen* (SoSe 2011)

Assistent in *Stereochemie* (WS 2010/2011),

Pratikumsassistent im *Organisch-Chemischen Grundpraktikum* (SoSe 2010)

Betreuung des Seminars *Organische Chemie für Fortgeschrittene* (WS 2009/2010)

Assistent in *Organische Chemie für Studierende im Nebenfach*

Betreuung einer Masterstudentin (2011), Betreuung von zwei Bachelorstudenten (2010, 2012).

**WISSENSCHAFTLICHE TAGUNGEN**

**Chemiedozententagung 2012**, 05.-06. März 2012, Freiburg, Deutschland

**GAFHI 2011**, 26.-29. Mai 2011, Goslar, Deutschland (Posterpräsentation)

**Nikas 2010**, 21.-22 Oktober 2010, Göttingen, Deutschland (Posterpräsentation)

**OrChem 2010**, 13.-15. September 2010, Weimar, Deutschland (Posterpräsentation)

**25th International Carbohydrate Symposium**, 01.-06. August 2010, Tokyo, Japan (Posterpräsentation)

**12. JCF Frühjahrssymposium**, 17.-20. März 2010, Göttingen, Deutschland (Vortrag)

**ZUSATZQUALIFIKATIONEN**

Sprachen: Deutsch (Muttersprache), Englisch (fließend), Italienisch (Basiskenntnisse).

Gerätekompetenzen:

GC, GC-MS, GPC, MPLC, MS, NMR, ATR-IR, Mikrowellenreaktor, Hochdruckreaktor (bis 50 bar), H-Cube

**NICHT-WISSENSCHAFTLICHE INTERESSEN**

**Hochschulpolitik:**

Fachschaftsmitglied 2006-2009, Diplomprüfungsausschuss 2006-2009, Mitglied der Studienkommission 2011-2013, Berufungskommission Nachfolge Jun.-Prof. Dr. Tsogoeva, 2007

**Mitglied in der Auswahlkommission** der Studienstiftung des deutschen Volkes (2009, 2010)

**Römisch-Katholische Kirche** (Lektor, Messdiener)

**Kreisvorsitzender** der Jungen Liberalen, Vechta, 2003-2004.

**Fotographie**

**Sport:** Fitness, Fußball.

Göttingen, Februar 2013     Dennis C. Köster

## DANKSAGUNG

An erster Stelle möchte ich mich bei meinem Doktorvater, Priv.-Doz. Dr. DANIEL B. WERZ, bedanken. Sein großes Engagement und Vertrauen in Bezug auf meine wissenschaftliche Arbeit, sein unermüdlicher Einsatz für die Belange seiner Mitarbeiter, seine einzigartige Art und Weise der Wissensvermittlung werden mir stets ein Vorbild sein. Ich gratuliere ihm ganz herzlich zu seinem Ruf an die Technische Universität CAROLO WILHELMINA zu Braunschweig und wünsche ihm dort einen guten Start und stets das nötige Glück zum Gelingen seiner weiteren wissenschaftlichen Arbeiten.

Weiterhin geht mein herzlicher Dank an Prof. Dr. YOSHIAKI NAKAO. Als mein Mentor an der Kyōto Daigaku in Japan brachte er eine unglaubliche Geduld mir gegenüber auf. Ich danke ihm für die perfekte Organisation meines Aufenthalts dort, ohne die dieser sicherlich so nicht hätte stattfinden können. Er war mir in zahlreichen wissenschaftlichen sowie persönlichen Gesprächen, die ich mit ihm führen durfte, ein guter Lehrer (先生) und ist somit auch verantwortlich dafür, dass dieser Japan-Aufenhalt mich mein ganzes Leben lang prägen wird.

Ich danke Prof. Dr. Dr. h.c. LUTZ F. TIETZE für die Übernahme des Koreferats dieser Arbeit. Zudem waren die Teilnahme an den Seminaren seiner Arbeitsgruppe und die persönlichen Gespräche mit ihm stets eine Bereicherung meiner wissenschaftlichen Arbeit.

Ich danke dem Fonds der Chemischen Industrie und der Japanese Society for the Promotion of Science (JSPS) für die großzügige finanzielle Unterstützung, ohne die meine Doktorarbeit nicht in dieser einzigartigen Freiheit hätte stattfinden können.

Von allen Analytikabteilungen gilt mein größter Dank der NMR-Abteilung um CAROLA ZOLKE, CHRISTIANE SIEVERT, MARTIN WEITEMEYER und Dipl.-Chem. REINHARD MACHINEK. Nie bleib ein Sonderwunsch meinerseits unerfüllt. Herrn MACHINEK danke ich für die zahlreichen wissenschaftlichen und persönlichen Gespräche, die meinen Laboralltag in einzigartiger Weise erheiterten und die ich nie vergessen werde. Ebenfalls sei der Abteilung für Massenspektrometrie um Dr. HOLM FRAUENDORF herzlich gedankt. Für die Messung von UV- und IR-Spektren danke ich Frau EVELYN PFEIL, die nun in ihren verdienten Ruhestand gegangen ist.

Dr. JEROEN S. DICKSCHAT (TU Braunschweig) und Prof. Dr. CLÉMENT MAZET (Université de Genènve) danke ich für ihre Kooperation in Bezug auf meine Arbeiten zu den Hydrierungsreaktionen.

Dankbar bin ich ebenfalls der Abteilung TIETZE für die Unterstützung in wissenschaftlichen Fragen. Besonders danke ich Dr. JÉRÔME CLERC, STEFAN JACKENKROLL und SIMON BILLER für die Unterstützung bei der Durchführung von Hydrierungsreaktionen. Alle Apparate wurden mir geduldig erklärt und bei Problemen waren die drei schnell zur Hand. Ein großes Dankeschön dafür!

Ein ganz besonderer Dank gilt den Mitarbeitern unserer Arbeitsgruppe. Dr. SHAHID I. AWAN, Dr. CHRISTIAN BRAND, Dr. ANNIKA RIES (geb. HOLKENBRINK), MARKUS LEIBELING, TOBIAS F. SCHNEIDER, JOHANNES KASCHEL, LUKAS J. PATALAG, MARTIN A. PAWLICZEK, JAN WALLBAUM, BENJAMIN BOLLMANN, CHRISTIAN D. SCHMIDT. TOBIAS F. SCHNEIDER danke ich für seine aufopfernde Hilfe bei allen Computer- und Handwerksproblemen. Dem Labor 1 – MARKUS und MARTIN – sei besonders für die wissenschaftliche und technische Hilfe gedankt. Mit Euch war es mir im Labor nie langweilig. Ich danke außerdem KATHARINA KETTELHOIT für ihre Unterstützung bei meinem Wohnungs-problem.

Für das sorgfältige Korrekturlesen der vorliegenden Arbeit danke ich von ganzem Herzen CHRISTIAN D. SCHMIDT, TOBIAS F. SCHNEIDER und MARKUS LEIBELING.

Meiner lieben Freundin MAREIKE WEGERMANN danke ich für die schöne gemeinsame Zeit in Japan. Ohne sie hätte ich vermutlich nicht so viel von diesem faszinierenden Land entdecken können. Unsere gemeinsamen Ausflüge waren stets ein Abenteuer.

Ich bedanke mich ganz besonders bei meinem ehemaligen Semester für die gemeinsamen Mittagessen und die interessanten Gespräche. Besonders danke ich meinem guten Freund NILS WITTENBERG für zahlreiche gemeinsame Aktivitäten und für seine tatkräftige Hilfe bei allen Problemen. Dank gilt ebenfalls meinem Schulfreund JÖRG KÜNNING, der mich über all die Jahre des Studiums und der Promotion begleitet hat. Ich wünsche ihm für den weiteren Verlauf seiner Karriere alles Gute und Gottes Segen auf seinen Wegen.

Zu meiner Freundin BEATRICE VOM BERG verbindet mich eine tiefe Liebe. Mit ihrer herzlichen und unnachahmlichen Art munterte sie mich nach vielen Rückschlägen wieder auf und gab mir neue Hoffnung. Sie schenkte mir in unserer gemeinsamen Zeit viel Liebe und Vertrauen. Für meine Sorgen und Nöte brachte sie stets großes Verständnis auf. Dafür sei ihr in ganz besonderer Weise gedankt.

Meiner Familie – MAMA, PAPA und CAROLIN – bin in aufrichtiger Liebe verbunden. Die aufopferungsvolle Art meiner lieben Eltern, die nie an mir zweifelten auch wenn ich es selbst tat, hat mir das Studium der Chemie erst ermöglicht. Stets wurde mir die bedingungslose Unterstützung meiner Eltern zuteil, die man mit keiner Tat und keinem Wort zurückgeben kann. In besonderer Weise möchte ich diese Arbeit deshalb Euch widmen.

Meine akademischen Lehrer waren u.a.: Lutz Ackermann, Gustav Beuermann, Armin de Meijere, Ulf Diedrichsen, Christian Ducho, Götz Eckold, Stefanie Grond, Uwe Klingebiel, Hartmut Laatsch, Jörg Magull, Stefan Mayr, Franc Meyer, Herbert W. Roesky, Carola Schultzke, George M. Sheldrick, Dietmar Stalke, Claudia Steinem, Martin Suhm, Lutz F. Tietze, Jürgen Troe, Svetlana Tsogoeva, Daniel B. Werz.

Herstellung und Verlag:
BoD – Books on Demand, Norderstedt
ISBN 978-3-7322-3690-9